Flugzeugkunde

021 Aircraft General Knowledge
– Airframe & Systems, Electrics –

Ein Lehrbuch für Piloten
nach europäischen Richtlinien

1. Auflage Januar 2010

Final Version 6.280110_K_15.08.15

Herstellung: Verschiedene Druckereien im Auftrag des Verlags
Dieses Buch wurde im Digitaldruckverfahren hergestellt.
Verlag: K.L.S. Publishing, Köln
Umschlaggestaltung, Satz und Layout: K.L.S. Publishing, Köln
Text: Neue deutsche Rechtschreibung
Mit 258 Fotos und Abbildungen, 13 Tabellen

ISBN-13: 978-3-942095-04-4 (Schwarz-Weiß-Druck)
ISBN-13: 978-3-942095-05-1 (Farb-Druck)
ISBN-13: 978-3-942095-53-2 (e-Book)

Bibliografische Information der Deutschen Nationalbibliothek:
Die Deutsche Nationalbibliothek verzeichnet diese Publikation in der Deutschen Nationalbibliographie; detaillierte bibliografische Daten sind im Internet unter http://dnb.d-nb.de abrufbar.

INHALTSVERZEICHNIS

VORWORT 13

LUFTFAHRZEUGTECHNIK TEIL 1 FLUGZEUGKUNDE 15

Luftfahrzeugtechnik 17
Hinweis zu Helikopterthemen 18

01 00 00 Sicherheitskonzepte im Flugzeugbau 19
01 01 00 Konstruktionsmethoden und Bauarten im Flugzeugbau 19
01 01 01 Bauarten im Flugzeugbau 19
Fail-Safe-Methode 19
Safe-Life-Methode 20
Redundanz 20
01 01 02 Zulassungsvorgaben zur Sicherheit 21
Ziele bei Sicherheitsvorgaben 21
01 02 00 Belastungen und Spannung 24
Physikalischer Spannungsbegriff in der Mechanik 25
Hookesches Gesetz und Elastizität 28
Zusammenhang zwischen Spannung und Dehnung (Beispiele) 29
Belastungsgrenzwerte 30
Unfallbeispiel bei Überschreitung der Grenzbelastung 30
01 03 00 Materialermüdung 31
Wöhlerversuch und Wöhlerkurve 32
Spannungskonzentration 34
Unfallbeispiele für Materialermüdung 35
01 04 00 Korrosion 37
01 05 00 Wartung 40
01 05 01 Wartungsmethoden 40
Unfallbeispiel für Wartungsfehler bei der Strukturreparatur 42
Lokalisationsverfahren 43

02 00 00 Konstruktiver Flugzeugbau 45
02 01 00 Konstruktionsgruppen und Verbindungsmethoden 45
Konstruktionsgruppen 45

Verbindungsmethoden ... 47
02 02 00 Verwendete Materialien ... 50
02 03 00 Tragwerk, Leitwerk und Steuerflächen beim Flugzeug ... 57
02 03 01 Ausführungsformen ... 57
Tragwerk ... 57
Leitwerk ... 59
Steuerflächen ... 60
02 03 02 Bauweisen und Strukturkomponenten ... 68
Fachwerkbauweise ... 68
Holm-und-Gurt-Bauweise ... 68
Schalenbauweise ... 69
Integralbauweise ... 69
Leitwerkskomponenten ... 70
02 03 03 Belastungen und aeroelastische Stabilität ... 70
Belastungen ... 70
Aeroelastische Stabilität ... 73
02 04 00 Rumpfwerk und integrierte Komponenten ... 75
Rumpfwerk ... 75
Türen ... 79
Fenster ... 81
Blow-out Panels ... 83
02 06 00 Grenzwerte für die Strukturbelastung ... 84

03 00 00 Hydraulik ... 87
03 01 00 Grundlagen der Hydromechanik ... 87
03 02 00 Hydraulikanlagen ... 89
03 02 01 Hydraulikflüssigkeiten, Typen und Eigenschaften ... 90
03 02 02 Anwendungen, Funktionsweise und Bauelemente ... 91
Anwendungen ... 91
Aufbau und Funktionsweise ... 92
Bauelemente, Klassifizierung ... 94
Redundanz, Monitoring, Fehlerfälle ... 97
Hydraulikanlage der Citation Mustang ... 102

04 00 00 Fahrwerk, Räder, Reifen, Radbremsen ... 105
04 01 00 Fahrwerk ... 105
04 01 01 Fahrwerkstypen ... 105
Bugradfahrwerk ... 107
Hauptfahrwerk ... 109
Verriegelungsmethoden für Fahrwerke ... 111

Mechanismus für das Ein- und Ausfahren des Fahrwerks 113
Fahrwerkanzeigen, Bedienung und Notfallprozeduren 115
04 02 00 Bugradlenkung: Bauweise und Funktion 116
04 03 00 Radbremsen 120
04 03 01 Bremsanlagen: Typen und Materialien 120
Materialien 121
04 03 02 Bauelemente, Funktionsweise, Bedienung und Anzeigen 122
04 03 03 Antiblockiersystem (Anti-Skid-System) 123
04 03 04 Auto-Brake-System 124
04 04 00 Räder, Felgen und Reifen 126
04 04 01 Typen, Bestandteile und Betriebsgrenzen 126

05 00 00 Steuerungssysteme 131
05 01 00 Flugzeug: Primäres Steuerungssystem 132
Arten der Steuerungssysteme 133
05 01 01 Manuelles Steuerungssystem (reversibel) 133
05 01 03 Servounterstütztes Steuerungssystem(reversibel) 134
05 01 02 Irreversibles Steuerungssystem 136
Trimmung 138
Trimmung bei komplexen Steuerungssystemen 140
Mach Trimmung 142
Gierdämpfer (Yaw Damper) 142
05 01 04 Komponenten, Bauweise, Betrieb, Anzeigen und Warnungen 143
05 02 00 Flugzeug: Sekundäres Steuerungssystem 147
05 02 01 Komponenten, Bauweise, Betrieb, Anzeigen und Warnungen 147
Spoiler, Arten und Funktion 148
05 04 00 Flugzeug: Fly-by-Wire-Steuerungssystem 153

06 00 00 Druckluftsysteme, Kabinendruck und Klimatisierung 159
06 01 00 Druckluftsysteme 159
06 01 01 Druckluftsysteme bei Kolbentriebwerken 159
06 01 02 Druckluftsysteme/Bleed Air Systeme bei Turbinentriebwerken 161
06 03 00 Flugzeug: Systeme für Kabinendruck und Klimatisierung 163
06 03 01 Komponenten, Bauweise, Betrieb, Anzeigen und Fehlerwarnungen 163
Funktionsweise eines fixbarometrischen Kabinendrucksystems 163
Monitoring und Bedienung eines fixbarometrischen Kabinendrucksystems 165
Funktionsweise eines Systems mit variabel geregelter Kabinendruckhöhe 165
Monitoring und Bedienung eines variabel geregelten Kabinendrucksystems 168
Kabinendruck- und Klimatisierungssystem einer B737 170
Kabinendruck- und Klimatisierungssystem der Socata TBM 700/850 176

Randbedingungen der Konstruktion ... 178
Kontaminierung der Kabinenluft ... 178
Maximale Operating Altitude ... 178
Konstruktionsvorschriften ... 178
Druckkabine bei High Altitude Airports ... 179
Bereiche mit und ohne Druckbeaufschlagung ... 180

07 00 00 Anti-Icing-Systeme, Enteisungssysteme ... 183
07 01 00 Typen, Bauweise, Bedienung, Monitoring, Betriebsgrenzen ... 183
Mechanische Enteisungssysteme ... 184
Thermische Anti-Icing-Systeme ... 185
Chemische Anti-Icing-Systeme ... 187
Anti-Icing/De-Icing-Systeme für Propeller ... 189
Chemische Enteisung am Boden ... 191
07 02 00 Eiswarnsysteme ... 193
Typen der Eiswarnsysteme ... 193
Bedienung und Anzeigen der Eiswarnsysteme ... 194

08 00 00 Treibstoffsystem ... 197
08 01 00 Flugkolbentriebwerke ... 198
08 01 01 Treibstoffsorten und ihre Charakteristiken ... 198
Motorklopfen und Oktanzahl ... 199
Details zu AvGas-Treibstoffsorten ... 199
Verbrennungsrate beim Ottomotor ... 200
Bedingungen für Motorklopfen ... 201
Selbstzündung durch Hot Spots ... 201
Treibstoffsorten für Flugdieselmotoren ... 201
Nageln und Cetanzahl ... 202
Dichte und weitere Kenngrößen von Avgas und Diesel ... 203
Dampfblasenbildung ... 203
Kontaminierung des Treibstoffs ... 204
MoGAS ... 205
08 01 02 Treibstoffsystem: Bauweise, Komponenten, Anzeigeinstrumente ... 205
08 01 00 Treibstoffpumpen ... 208
08 02 00 Flugturbinentriebwerke ... 209
08 02 01 Treibstoffsorten, Eigenschaften, Grenzwerte ... 209
JP-1 bis JP-10, Jet A bis Jet B ... 210
Treibstofftests beim Jettreibstoff ... 212
Wasser im Jet-Treibstoff ... 214
Kälteadditiv ... 214

08 02 02 Treibstoffsystem: Bauweise, Komponenten, Anzeigeinstrumente 214
Bedienung und Monitoring 218
Strömungsbarrieren im Tank (Baffels) 219
Ausfall der Boosterpumpen 219
Dripsticks, Floatsticks 219
Ablassen von Jet Fuel im Flug 220

09 00 00 Elektrische Systeme 221
09 01 00 Grundlagen und Definitionen 221
09 01 01 Elektrostatik, elektrostatische Aufladung 221
Elektrostatische Kraftgleichung 222
Elektrostatische Aufladung 222
09 01 02 Gleichspannung und Gleichstrom 223
Leiter, Halbleiter, Nichtleiter 223
Geschlossener Schaltkreis, Schalter 224
Ohmsches Gesetz 225
Widerstandsgesetze bei mehreren ohmschen Widerständen 225
Temperaturkoeffizient bei Widerständen 226
Elektrische Arbeit, elektrische Leistung 227
Elektrisches Feld, magnetisches Feld 227
Kondensator 229
09 01 03 Wechselspannung und Wechselstrom 230
Wechselspannung im Bordnetz 232
09 01 04 Widerstände, Kondensatoren, Spulen bei Wechselstrom 233
09 01 05 Permanentmagnete 234
09 01 06 Elektromagnetismus 235
Das Induktionsgesetz 237
09 01 07 Sicherungsselbstschalter, Schmelzsicherungen 238
09 01 08 Halbleiter und logische Schaltkreise 240
09 02 00 Akkumulatoren (Bordbatterien) 243
09 02 01 Typen, Eigenschaften und Leistungsgrenzen 245
Energiespeicherung bei Akkus im Vergleich 246
Neuere Technologien 247
09 03 00 Stromerzeugung 250
09 03 01 Gleichstromerzeugung 250
Gleichstromgenerator (DC generator) 250
Startergenerator 253
Gleichstromalternator (DC alternator) 254
Generatorregelung 254
09 03 02 Wechselstromerzeugung 255

09 03 03 Frequenzstabilisierung, Generatorausfall 259
Mechanisches Konstantdrehzahlgetriebe 259
Elektronische Frequenzerzeugung 261
Wild Frequency Generator 261
Generatorfehler, Generatorausfall 261
09 03 04 Transformatoren, Transformator-Gleichrichter-Baugruppen, Umrichter 263
09 04 00 Stromverteilung 266
09 04 01 Grundlagen 266
Zulassungsvorschriften 269
09 04 02 Gleichstromverteilung 270
System mit einem Generator 270
Systeme mit zwei Generatoren 271
Typische DC-Verbraucher 274
09 04 03 Drehstromverteilung 275
Drehstromverteilungssysteme 275
Notfallsituationen 277
Typische AC-Verbraucher 282
09 04 04 Elektrisches Lastmanagement 283
09 04 04 Monitoringsysteme 285
Airbus A320 285
Boeing B737 288
09 05 00 Elektromotor 290
09 05 01 Grundlagen 290
09 05 02 Funktionsweise 290
Gleichstrommotor 290
Drehstrommotor 291
09 05 03 Bestandteile 292

12 00 00 Schutz- und Überwachungssysteme 293
12 01 00 Rauchmeldesystem 293
12 01 01 Typen, Bauweise, Betrieb, Warnanzeigen 293
12 02 00 Brandschutzsystem 296
12 02 01 Feuerlöscheinrichtungen 296
12 02 02 Feuermeldesystem 297
12 03 00 Schlechtwettersichtschutz 303

13 00 00 Sauerstoffsysteme 305
Sauerstoffsysteme im Cockpit 305
Sauerstoffsysteme für die Passagiere 308
Bedienpanel der Sauerstoffsysteme 313

Gefahren beim Handling von Sauerstoffsystemen und Sauerstoffdruckflaschen ... 313
Nachfüllen der Sauerstoffflaschen ... 314
Sauerstoffsysteme bei Flugzeugen ohne Druckkabine ... 315

AIRFRAME AND SYSTEMS (SYLLABUS) ... 317
Verteilung der Prüfungsfragen gemäß PART.ARA ... 385

ANHANG ... 387
Hintergrundinformation zu Sicherheitsvorgaben nach CS 25.1309 ... 389
Literaturverzeichnis ... 399
Internetlinks ... 400
Bildnachweis ... 400
Autor dieses Bandes ... 401
Übersicht der ATPL-Lehrbuchreihe nach PART-FCL ... 402

Vorwort

Seit Gründung der Joint Aviation Authorities (JAA) zur Einführung und Regelung einheitlicher europäischer Luftfahrtstandards wird ein einheitlicher Themenkatalog als Basis für alle Prüfungen zur Erlangung europäischer Luftfahrtlizenzen verwendet, der Flight Crew Licensing (FCL) Syllabus.

Das vorliegende Buch ist ein Einzelband aus der K.L.S. Publishing Lehrbuchreihe zur Pilotenausbildung, mit dem Schwerpunkt auf Berufs- und Verkehrspilotenausbildung. Es ist wie alle Bände aus dieser Reihe (eine Übersicht über sämtliche Bände befindet sich im Anhang) nach den Lernzielvorgaben des europäischen Themenkatalogs strukturiert und behandelt kurz und genau sämtliche Sachgebiete zum Prüfungsfach. Es eignet sich zur Vorbereitung auf die theoretische Prüfung beim Lizenzerwerb von ATPL, CPL und PPL/IR (tlw.) und kann daneben als ergänzende Vertiefung zum Computertraining genutzt werden.

Das vorliegende Buch kann als Lehrbuch im Selbststudium und parallel dazu im Theorieunterricht verwendet werden. Es bietet sich an, die einzelnen Kapitel bzw. Themen des vorliegenden Faches jeweils einzeln zu studieren bzw. im Unterricht durchzunehmen und danach mit Selbstübungen oder mit Gruppenübungen im Unterricht zu vervollständigen. Zur Prüfung des Erlernten in Selbstprüfungen bzw. bei gemeinsamen Übungssessions in der Gruppe bietet sich zusätzlich die Verwendung marktgängiger Computerlernprogramme an.

Noch ein Wort zu Prüfungsaufgaben. Die K.L.S. Publishing Lehrbuchreihe beinhaltet keine Sammlung von Prüfungsaufgaben zum Lernfach. Die Autoren und der Verlag sind der Meinung, dass zum Üben von Prüfungsaufgaben und für Selbsttests die bekannten Computerlernprogramme wegen der interaktiven Arbeitsweise und der ent-

haltenen Möglichkeiten bei Statistik und Auswertung das bessere Medium darstellen. Andererseits ist das Buch das bessere Medium, wenn es um die Vermittlung komplexer Zusammenhänge geht, die man sich meistens nur in einer ruhigen Studienumgebung mit Hilfe eines Fachbuches selbst erarbeiten kann.
Daher werden in den Lehrbüchern dieser Reihe neben der Darstellung von Sachthemen und Theorie ausschließlich einzelne Beispielaufgaben mit nach zu vollziehenden Berechnungen behandelt und ihr jeweiliger Lösungsweg aufgezeigt. Beide Lern- bzw. Arbeitsmethoden – das Buch, um den Stoff zu erlernen, und der Computer, um das Gelernte zu üben – lassen sich so gut miteinander kombinieren.

Noch ein Wort zur Korrektheit der Darstellung. Das Buch wurde durch eine Reihe von Experten auf Fehler hin überprüft. Wer trotzdem Fehler oder Ungenauigkeiten erkennt, möge bitte den Verlag anschreiben. Aufgrund des Digitaldruckverfahrens besteht die Möglichkeit, Fehler relativ zügig so zu korrigieren, dass bereits nach kurzer Zeit weitere gelieferte Exemplare fehlerbereinigt sind. Die im Buch verzeichneten Hyperlinks können sich im Laufe der Zeit ändern, ohne dass wir hier stets eine Korrektur vornehmen werden.

Am Ende des Buches ist der englische Original-Syllabus für das Prüfungsfach ergänzt. Die dort als Fragen formulierten Lernziele können in einem Unterrichtskonzept ergänzend zur Ausbildung direkt als mündliche Übungsfragen verwendet werden.

Der Verlag dankt allen, die beim Verfassen des Buches durch Überlassen von Fotos unterstützt haben oder die nach Durchlesen des Manuskripts wertvolle fachliche Hinweise oder Kommentare gaben. Besonderer Dank geht an Chris Brady für die freundliche Genehmigung zur Nutzung einiger seiner B737-Fotos (www.b737.org.uk) und an Dr. Brand ebenfalls für die freundliche Genehmigung zur Nutzung von Abbildungen des Vogel Buchverlags.

K.L.S. Publishing Verlag, Köln, im Januar 2010

Luftfahrzeugtechnik Teil 1
FLUGZEUGKUNDE

021 Aircraft General Knowledge
- Airframe & Systems, Electrics -

Lernziele für das Fach Luftfahrzeugkunde

Für den Betrieb von Flugzeugen ist ein gewisses Maß an Kenntnissen zur Konstruktion von Flugzeugen und zur Funktionsweise ihrer vielfältigen Systeme erforderlich. Der Pilot hat nachzuweisen, dass er diese Kenntnisse besitzt.

Lernziele:

Kenntnisse. Nach Beendigung seines/ihres Trainings muss der/die Pilot(in) in der Lage sein,

1. die Komponenten eines Flugzeuges wie Rumpf, Kabine, Tragwerk, Fahrwerk, Hydraulik, Elektrik usw. in seinen Grundkonstruktionen zu verstehen,
2. die möglichen Gefahren durch Ausfall von Komponenten oder Teilen hiervon und ihre Wirkung auf das Flugzeug zu verstehen,
3. die Sicherheitsauslegung von Flugzeugen und ihre physikalischen Belastungsgrenzen richtig zu interpretieren.

Fähigkeiten. Nach Beendigung seines/ihres Trainings muss der/die Pilot(in) in der Lage sein,

1. Außenchecks durchzuführen, die für einen geplanten Flug relevant sind,
2. Funktion der Bordsysteme sowohl vor als auch während eines Fluges zu analysieren und zu bewerten,
3. alle Probleme zu bewältigen, die durch Bordsysteme verursacht sind.

Gültigkeitsbereich. Die Lernziele sind anzuwenden für (Flugzeug und Helikopter):

1. Verkehrspilotenlizenzen (ATPL) für Flüge auf allen Levels weltweit
2. gewerbliche Pilotenlizenzen (CPL) bei Flügen in Europa

Theoretischer Unterricht und Prüfungen

Der *theoretische Unterricht* umfasst das Training, den theoretischen Syllabus und die Lernziele.
Mit den abschließenden theoretischen Prüfungen wird ermittelt, ob der Pilot das erforderliche Wissen und die Fähigkeiten im Hinblick auf die Lernziele des Syllabus durch Unterricht und Training erzielt hat.

Luftfahrzeugtechnik

Das Thema *Luftfahrzeugtechnik* (Aircraft General Knowledge) ist mit seinen Lernzielen im JAA/EASA Syllabus in Kapitel 021 und 022 festgelegt. Wegen des großen Umfangs der Themen und Lernziele ist der Lernstoff beim Thema Luftfahrzeugtechnik in drei Bände aufgeteilt.

Die Bände umfassen folgenden Lernstoff:

- **Band 021.1 Flugzeugkunde** : Technik der Systeme bei Luftfahrzeugen Syllabus-Abschnitte 1- 9 und 12 - 13 (ohne Helikopterabschnitte)
- **Band 021.2 Triebwerkkunde**: Flugkolben- und Turbinentriebwerke Syllabus-Abschnitte 10 und 11
- **Band 022 Instrumentenkunde**: alle Syllabus-Abschnitte

Beginnen wir mit der Einteilung bei Luftfahrzeugen. Die folgende Grafik gibt eine grobe Übersicht, die Darstellung erhebt keinen Anspruch auf Vollständigkeit.

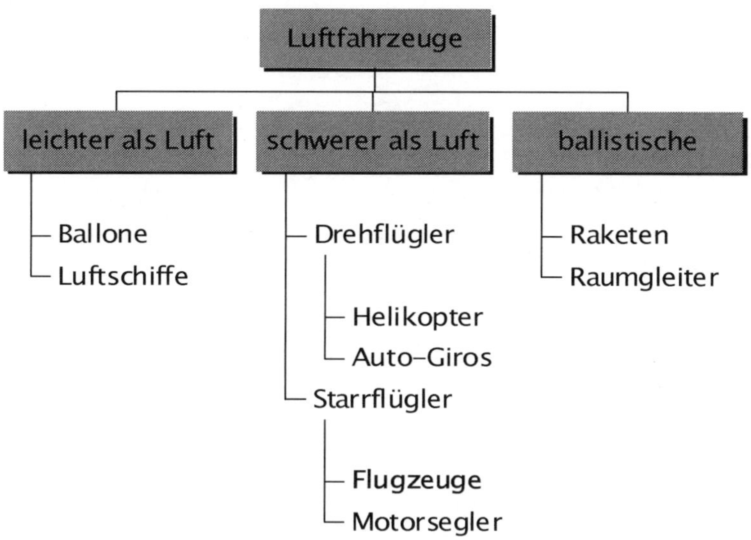

Im vorliegenden Buch werden wir uns ausschließlich mit der Technik von Flugzeugen beschäftigen, dabei geht es schwerpunktmäßig um Flugzeuge der Transportkategorie (Zulassung nach EASA CS 25).

Beim Thema Flugzeugtechnik werden sukzessive Kenntnisse zu den einzelnen Konstruktionsgruppen (fett markiert) vermittelt, wie sie in der folgenden Übersicht dargestellt sind.

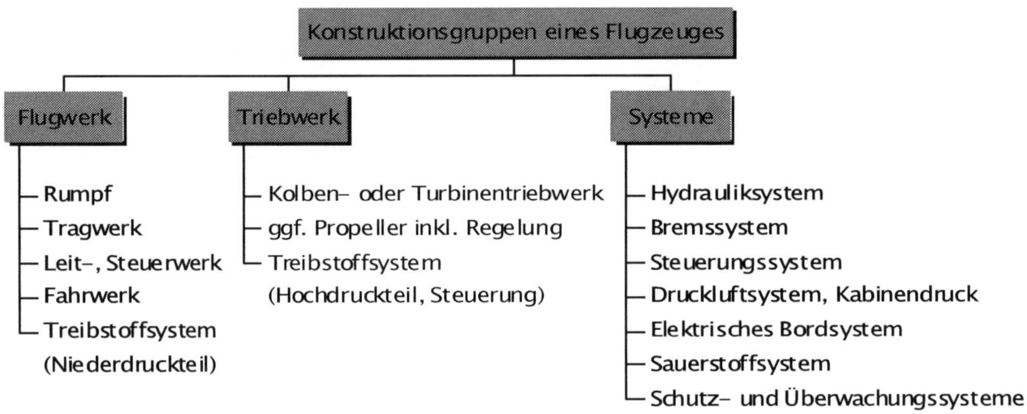

Hinweis zu Helikopterthemen

In der Struktur des Syllabus sind spezielle Themengebiete zur Helikoptertechnik enthalten, und zwar folgende:

02 05 00 HELICOPTER : FLIGHT CONTROLS STRUCTURAL ASPECTS
04 05 00 HELICOPTER EQUIPMENT
05 03 00 HELICOPTER: FLIGHT CONTROLS
05 05 00 HELICOPTER: FLY-BY-WIRE (FBW) CONTROL SYSTEMS
06 02 00 HELICOPTER: AIR CONDITIONING SYSTEMS
07 03 00 HELICOPTER BLADE HEATING SYSTEMS
14 00 00 HELICOPTER: MISCELLANEOUS SYSTEMS
15 00 00 HELICOPTER: ROTOR HEADS
16 00 00 HELICOPTER: TRANSMISSION
17 00 00 HELICOPTER: BLADES

Die genannten Themen sind ausschließlich beim Erwerb der Helikopterlizenzen relevant und werden in diesem Band nicht behandelt.

01 00 00
Sicherheitskonzepte im Flugzeugbau

01 01 00 Konstruktionsmethoden und Bauarten im Flugzeugbau

01 01 01 Bauarten im Flugzeugbau

Beim Flugzeugbau müssen die Ingenieure durch die Vorgabe optimaler Nutzlast bei möglichst geringem Gewicht hinsichtlich der Festigkeit der Struktur und der Einzelbauteile zwangsläufig Kompromisse eingehen. Ziel ist es, trotz dieser Vorgaben Struktur und Bauteilen eine hohe Dauerfestigkeit zu geben, um maximale Sicherheit für den Betrieb eines Flugzeuges über den gesamten Zeitraum seiner geplanten Betriebsdauer zu erreichen. Es gibt unterschiedliche Wege zu diesem Ziel.
Bei den möglichen Bauarten im Flugzeugbau unterscheidet man beim Entwurf der Struktur eines Flugzeuges folgende Konstruktionsphilosophien:

- die Fail-Safe-Methode
- die Safe-Life-Methode

Fail-Safe-Methode

Nach der Fail-Safe-Methode muss eine Baugruppe so ausgelegt sein, dass beim Ausfall einer Hauptbaugruppe die Festigkeit und Steifigkeit der verbleibenden fehlerfreien Struktur ausreicht, um die Stabilität über einen begrenzten Zeitraum weiterhin sicher zu stellen. Bei diesem Konstruktionsverfahren werden somit im Falle eines Schadens an einem Bauteil die daraus entstehenden höheren Belastungen auf alle anderen Bauteile einer Baugruppe verteilt.
Um dies zu erreichen, wird bei einem Auslegungsprinzip die Struktur vervielfacht (multi-structure), bei einem anderen Auslegungsprinzip erfolgt die Aufteilung der

Kräfte auf verschiedene Kraftflusspfade (multi load path). Darüber hinaus gibt es die Möglichkeit der Parallelschaltung von Bauteilen (back-up structure).
Bei der Fail-Safe-Methode wird keine völlige Vermeidung von Rissbildungen angestrebt, sondern man geht davon aus, dass durch systematische Kontrollen Risse frühzeitig erkannt und repariert werden. Wichtig ist daher, dass die ausgewählten Werkstoffe ein möglichst geringes Rissbildungsverhalten ggf. durch Anbringen von Rissstoppblechen bieten.
Bei der Fail-Safe-Methode geht man insgesamt davon aus, dass durch das gewählte Konstruktionsprinzip die Möglichkeit eines gefährlichen Strukturschadens nahezu ausgeschlossen werden kann. Bei dieser Methode baut man ein gewisses Maß an Fehlertoleranz ein, d.h. eine nach dieser Methode konstruierte Struktur kann selbst bei Schaden an einigen Bauteilen noch weiter funktionieren.

Safe-Life-Methode

Einen anderen Weg beschreitet man mit der Safe-Life-Methode. Dabei strebt man an, einen Belastungsschaden über die gesamte Lebensdauer der Struktur bzw. des Bauteils auszuschalten. Man versucht dieses Ziel erreichen, indem man die Struktur bzw. das Bauteil für ein gewisses Vielfaches der statistisch zu erwartenden Maximalbelastung auslegt. Hierbei wird der Fall der Materialermüdung nicht in Betracht gezogen.
Folgende Forderungen sind umzusetzen:

- Nachweis der Festigkeit bei statischen und dynamischen Lastannahmen im Rahmen der statistisch zu erwartenden Maximalwerte plus Sicherheitszuschlag
- Nachweis der Bauteilfunktion in Dauerfestigkeitsversuchen (Werkstoffe mit hoher Dauerfestigkeit erforderlich)
- Vermeidung von ungünstiger Spannungsverteilung, Spannungsspitzen usw. im Bauteil
- Überwachung der dynamischen Belastungen während des Flugbetriebes

Redundanz

Ein weiteres Konstruktionsprinzip zur Erhöhung der Sicherheit beim Flugzeugbau ist die sogenannte Redundanz (engl. redundancy). Unter Redundanz versteht man die Vervielfältigung (oft Verdoppelung oder Verdreifachung) einer Systemkomponente mit einer bestimmten Aufgabe, deren Funktion bei ihrem Ausfall durch die andere(n) redundanten Systemkomponenten übernommen werden können.

Bei einer Redundanz handelt es sich um eine zusätzliche Systemkomponente, die ausschließlich der Erhöhung der Sicherheit dient. So sind in Verkehrsflugzeugen die Computersysteme für Flugführung, die Computer der Triebwerksteuerung, die hydraulischen Steuerungen der Steuerungsorgane (Quer-, Höhen- und Seitenruder, Spoiler, Klappen, Fahrwerk) und auch das elektrische Bordnetz meistens redundant ausgelegt. Bereits bei der Concorde ging man dabei soweit, als Flugführungscomputer drei voneinander unabhängige Computer zu nutzen, wobei diese sogar mit unterschiedlicher Hardware unter unterschiedlichen Betriebssystemen liefen. Wich ein Computer mit seiner Aussage drastisch von den anderen beiden ab, galt das Mehrheitsprinzip.
Es gibt auch "unechte" Redundanzen. Bei einer unechten Redundanz kann eine große Systemkomponente in mehrere kleine aufgeteilt werden. Ein einfaches Beispiel ist die Anzahl der Triebwerke. Bei einem beispielsweise vierstrahligen Verkehrsflugzeug ist der Ausfall eines Triebwerks im Reiseflug relativ unkritisch, da die restlichen drei Triebwerke die Aufgabe problemlos mit übernehmen können. Es handelt sich beim vierten Triebwerk dann nicht um eine echte Redundanz, da es für die standardmäßig zu erbringenden Flugleistungen ständig benötigt wird und nicht ausschließlich der erhöhten Sicherheit dient.

01 01 02 Zulassungsvorgaben zur Sicherheit

Trotz sicherer Konstruktionsmethoden kann es eine hundertprozentige Sicherheit beim Flugzeugbau nicht geben, da Flugsituationen nicht auszuschließen sind, bei denen die Grenzwerte der Belastung überschritten werden, z.B. beim Flug durch Gewitter oder bedingt durch extreme Flugmanöver. Allerdings muss gewährleistet sein, dass alle Flugzeuge nach Vorgabe identischer Richtlinien konstruiert werden, die sich hinsichtlich der erreichbaren Sicherheit am technisch Machbaren orientieren. Diese Aufgabe übernehmen die Zulassungsrichtlinien.
Die Zulassung (engl. certification) eines Flugzeuges erfolgt nach den Richtlinien und Vorgaben anerkannter Zulassungsbehörden, also der FAA in USA oder der EASA in Europa. Große Verkehrsflugzeuge in Europa werden dabei nach EASA CS-25 zugelassen. Das CS-25 Dokument umfasst ca. 500 Seiten. Wir wollen an dieser Stelle nur die Erklärungen zu den Sicherheitsvorgaben zitieren[1]:

Ziele bei Sicherheitsvorgaben

« a. Das Ziel von CS 25.1309 ist es, ein allgemein akzeptables Sicherheitslevel für Struktur, Ausrüstung und Bordsysteme eines Flugzeuges fest zu setzen. Hier muss

[1] Freie Übersetzung des Originaltextes. Der Originaltext befindet sich im Anhang dieses Buches.

zwischen der Wahrscheinlichkeit P pro Flugstunde und der Schwere eines Schadenfalles eine Umkehrbeziehung bestehen, sodass gilt:

(1) Für geringe Schäden ohne Sicherheitsrisiko gibt es keine Wahrscheinlichkeitsvorgabe.
(2) Schäden mit geringem Risiko dürfen zugelassen werden ($P > 10^{-5}$).
(3) Schäden mit großem Risiko müssen unwahrscheinlich sein ($P = 10^{-5}$ bis 10^{-7}).
(4) Systembedrohliche Schäden müssen hochgradig unwahrscheinlich sein ($P= 10^{-7}$ bis 10^{-9}).
(5) Katastrophale Schäden müssen extrem unwahrscheinlich sein ($P < 10^{-9}$).

Figure 2: Relationship Between Probability and Severity of Failure Condition

Effect on Aeroplane	No effect on operational capabilities or safety	Slight reduction in functional capabilities or safety margins	Significant reduction in functional capabilities or safety margins	Large reduction in functional capabilities or safety margins	Normally with hull loss
Effect on Occupants excluding Flight Crew	Inconvenience	Physical discomfort	Physical distress, possibly including injuries	Serious or fatal injury to a small number of passengers or cabin crew	Multiple fatalities
Effect on Flight Crew	No effect on flight crew	Slight increase in workload	Physical discomfort or a significant increase in workload	Physical distress or excessive workload impairs ability to perform tasks	Fatalities or incapacitation
Allowable Qualitative Probability	No Probability Requirement	<---Probable---->	<----Remote---->	Extremely <------------------> Remote	Extremely Improbable
Allowable Quantitative Probability: Average Probability per Flight Hour on the Order of:	No Probability Requirement	<------------------> $<10^{-3}$ Note 1	<------------------> $<10^{-5}$	<------------------> $<10^{-7}$	$<10^{-9}$
Classification of Failure Conditions	No Safety Effect	<-----Minor------>	<-----Major------>	<--Hazardous-->	Catastrophic

Note 1: A numerical probability range is provided here as a reference. The applicant is not required to perform a quantitative analysis, nor substantiate by such an analysis, that this numerical criteria has been met for Minor Failure Conditions. Current transport category aeroplane products are regarded as meeting this standard simply by using current commonly-accepted industry practice.

Abbildung 1: CS-25.1309 Fig.2 (Quelle: Original EASA CS25 Dokument)

b. Die Ziele für die Einhaltung der Sicherheit sind in Tabelle 2 beschrieben. »
Der Zusammenhang zwischen der Schadenswahrscheinlichkeit und der Schwere des Schadens ist in der abgebildeten Tabelle dargestellt. Man unterscheidet dort zwischen fünf Klassen: ohne Beeinträchtigung der Sicherheit (no safety effect), gering (minor), bedeutend (major), systembedrohlich (hazardous) und katastrophal (catastrophic). Die tolerierten Wahrscheinlichkeitsbereiche verhalten sich umgekehrt zur Schadenstiefe. Je höher die Schadenstiefe, desto geringer ist die maximal erlaubte Wahrscheinlichkeit für das Auftreten eines solchen Schadens.
«
c. Die Sicherheitsziele bei katastrophalen Schadensfällen werden wie folgt präzisiert:

1. Kein Einzelschaden resultiert in einem katastrophalen Schaden.
2. Jeder katastrophale Schadensfall ist extrem unwahrscheinlich.

d. Im Ausnahmefall, dass es technologisch oder ökonomisch nicht praktikabel ist, die numerische Wahrscheinlichkeitsvorgabe unter Paragraf 8c(2) zu erreichen, soll das erstrebte Sicherheitsziel durch folgende Vorgaben erreicht werden :

1. Es sind gut geprüfte Methoden für den Entwurf und Bau des Systems anzuwenden.
2. Es sind Durchschnittswerte für die Wahrscheinlichkeit eines Schadens des Systems zu ermitteln mittels Fault-Tree-Analyse, Markov-Analyse oder Abhängigkeitsdiagrammen.
3. Die Summe der Durchschnittswerte für die Wahrscheinlichkeit eines Schadens pro Flugstunde bei allen katastrophalen Schadensbedingungen, die durch das System verursacht sind, liegt im Bereich 10^{-7} oder weniger.

»

Die genannten Sicherheitsvorgaben führen zwangsläufig dazu, dass einige Systeme redundant ausgelegt werden müssen, im Flugzeug also doppelt oder sogar dreifach eingebaut werden. So lässt sich die Forderung nach einer sehr hohen Ausfallrate beispielsweise eines Geschwindigkeitsmessers, eines Anzeigedisplays oder eines elektronischen Speichers gegebenenfalls nur durch Verdoppelung dieser Komponente erzielen. Dort wo technologisch Grenzen bestehen, erlaubt Paragraf 8d die Senkung der Vorgabe auf eine Art technologischen Bestwert.
Zu den redundant ausgelegten Komponenten gehören insbesondere nahezu alle Sensoren (Pitots, static ports, Temperatur- und Drucksensoren der Triebwerke, Magnetfeldsensoren, Drehratensensoren usw.). Allerdings lassen sich nicht alle Komponenten

beliebig verdoppeln. Dies trifft insbesondere für die Strukturkomponenten eines Flugzeuges zu, da ansonsten die Gewichtsvorgaben nicht einzuhalten wären.

01 02 00 Belastungen und Spannung

Flugzeugbauteile werden im Laufe ihrer Lebensdauer unterschiedlich belastet. Mit Belastung wird dabei allgemein die jeweilige Belastung durch Kräfte, Drehmomente, Spannungen, Schwingungen, Vibrationen usw. bezeichnet. Im Allgemeinen unterscheidet man zwischen statischen und dynamischen Belastungen.
Zu den statischen Belastungen zählen alle Belastungen durch statische Kräfte und Drehmomente, wie beispielsweise die Gewichtskraft eines Triebwerks, das durch die Struktur einer Tragfläche aufgenommen werden muss oder etwa die statische Gewichtskraft und das Moment der gesamten Tragfläche, die von der Rumpfstruktur aufgenommen werden müssen.
Zu den dynamischen Belastungen zählen solche, die durch variable Kräfte und Drehmomente dynamisch während eines Fluges auftreten. Zu den auslösenden Kräften gehören Beschleunigungskräfte am Boden und in der Luft, positiv und negativ, sich ändernde Auftriebs- und Widerstandskräfte an allen Komponenten des Flugzeuges im Flug, durch ein besonderes Flugmanöver oder wetterbedingt durch Böen usw., veränderliche Druckkräfte in der Kabine, veränderliche Kräfte und Momente verursacht durch Elektromotoren oder durch die Hydraulik an Bord des Flugzeuges und Ähnliches. Dynamische Kräfte können auch durch Vibrationen der Triebwerke oder durch Flattern der Steuerflächen zu dynamischen Belastungen führen.
Beim Entwurf eines Flugzeuges wird vielfach auch differenziert zwischen Belastungen, die pro Flug zyklisch auftreten und solchen, die nicht direkt mit dem einzelnen Flugzyklus korrelieren, wobei man Letztere durch statistische Häufigkeitswerte simulieren kann. Erstere nennt man zyklische Belastungen. Hierzu gehören:

- Normale lineare Beschleunigungskräfte (pos./neg.) entsprechend einem normalen Flugverlauf
- Normale Flügel- und Leitwerksauftriebskräfte entsprechend einem normalen Flugverlauf ohne Böenkräfte
- Kräfte durch das Betätigen der Steuerorgane und der Landeklappen
- Kräfte an den Druckkabine entsprechend einem normalen Flugzyklus mit Steigflug-, Reiseflug- und Sinkflugphase

- Kräfte am Fahrwerk durch den Landestoß sowie beim Ein- und Ausfahren

Physikalischer Spannungsbegriff in der Mechanik

Etwas genauer als der eher allgemein gehaltene Begriff der Belastung definiert man in der Physik den Begriff der Spannung (engl. stress) σ als Quotient aus dem Betrag der Kraft F und Flächeneinheit A. Als Einheit wird die Größe N/mm^2 oder MPa (Mega-Pascal) verwendet.

$$\sigma = \frac{|F|}{A}$$ Definition der Spannung

Je nachdem in welcher Art und Weise die Kraft auf die Fläche eines Bauteils einwirkt, wird der Begriff weiter präzisiert. Wirkt die Kraft nicht senkrecht zur Fläche, sondern tangential, spricht man von einer Schubspannung.

Kraftgröße	Spannungsgröße	Engl. Begriff
Druckkraft	Druckspannung	compression stress
Zugkraft	Zugspannung	tension stress
Scherkraft	Schubspannung	shear stress

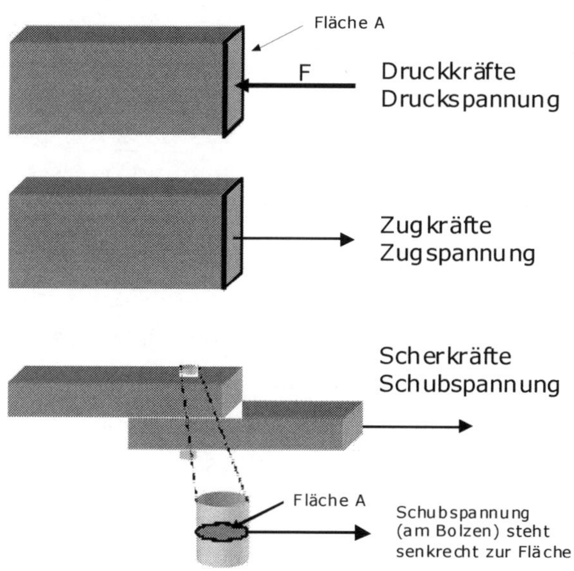

Abbildung 2: Darstellung der drei Grundspannungen (Grafik: KLSP)

Des Weiteren sind weitere Belastungsbegriffe gebräuchlich, die sich gleichzeitlich aus mehreren Spannungsgrößen aufbauen. Zu diesen gehören Knickbelastung, Biegebelastung und Torsions- oder Drehbelastung. Beim Biegen nach oben entsteht beispielsweise an der Oberseite eine Druckspannung und an der Unterseite gleichzeitig eine Zugspannung.

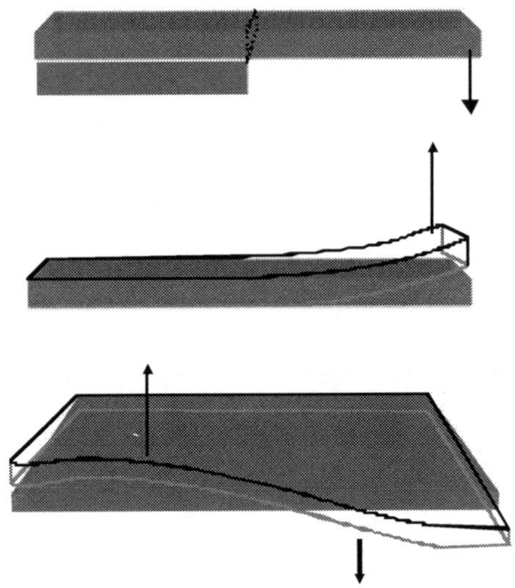

Abbildung 3: Abgeleitete Belastungsgrößen (Grafik: (KLSP)

Belastungsgröße	Spannungsgröße	Engl. Begriff
Knickbelastung	Zug- + Druckspannung	buckling stress
Biegebelastung	Zug- + Druckspannung	bending stress
Torsionsbelastung	Drehende Schubspannung	torsional stress

Tragflächen und Höhenleitwerk eines Flugzeuges sind im Wesentlichen Biege- und Torsionsbelastungen ausgesetzt. Das maximale Belastungsmoment entsteht dabei an der Wurzel der Tragfläche. Das Seitenleitwerk erfährt bei Seitenruderausschlägen Torsionsbelastungen proportional zum Seitenruderausschlag.

Abbildung 4: Biegebelastungen bei einer B747 (Grafik: KLSP)

Der Rumpf bzw. genauer die Druckkabine ist Druckbelastungen (Druckspannungen) ausgesetzt, die auf die vordere und hintere Druckkalotte und auf die Rumpfinnenfläche wirken. Die maximale Druckkraft auf die Kabinenhaut beträgt bei heutigen Verkehrsflugzeugen bis zu 9,5 PSI[1].

Wie sich leicht ausrechnen lässt, beträgt bei einem Differenzdruck von 500 hPa der Druck auf eine 2 m^2 große Kabinentür ca. 10 Tonnen. Selbst der Druck auf jedes 20 mal 30 cm große Seitenfenster aus 2 Lagen Acrylharzfenster außen und einer Lage Acrylharzfenster innen in der Kabinenverkleidung beträgt ca. 300 kp, also etwa der Gewichtskraft eines Motorrades mit Seitenwagen.

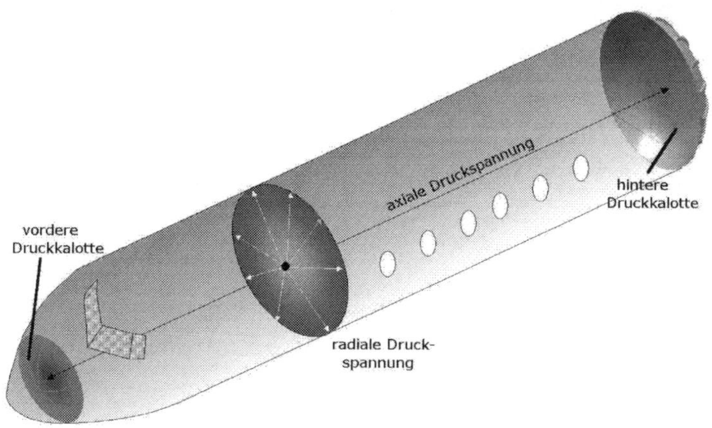

Abbildung 5: Spannungen bei einer Druckkabine (Grafik: KLSP)

[1] 1 PSI = 1 pound force per square inch = 68,95 hPa

Hookesches Gesetz und Elastizität

Rufen wir uns ein Experiment aus dem Physikunterricht ins Gedächtnis zurück. Unter der Wirkung einer Spannung wird ein metallischer Stab der Länge L und vom Querschnitt A gedehnt. Die entstehende Verlängerung ΔL ist dabei proportional zur Stablänge L und umgekehrt proportional zum Querschnitt A. Es gilt also:

$$\varepsilon = \frac{\Delta L}{L} = const. * \frac{F}{A} = const * \sigma = \frac{1}{E} * \sigma$$

Es handelt sich hierbei um das sogenannte Hookesche Gesetz und die Konstante E wird dabei als Elastizitätsmodul bezeichnet. Die relative Verlängerung oder Dehnung ε (engl. strain) steigt demnach proportional zur einwirkenden Spannung. Dies gilt genauer nur, solange bestimmte Elastizitätsgrenzen nicht überschritten werden. Mit modernen Messverfahren lassen sich Dehnungen direkt bildlich darstellen:

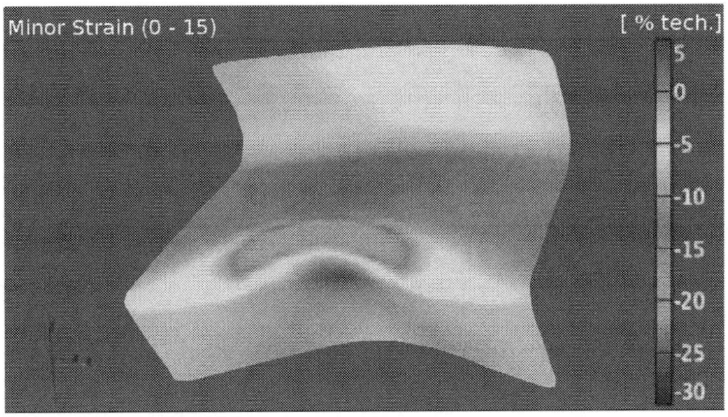

Abbildung 6: Dehnung in Falschfarbendarstellung (Quelle: Alcan, Schweiz)

Die Dehnung wird oft prozentual zur ursprünglichen Größe des Objektes angegeben. Bewegt sich die Dehnung im Bereich der linearen Abhängigkeit der Spannungs-Dehnungs-Kurve spricht man von elastischer Deformation. Ein Charakteristikum der elastischen Deformation ist die schadenfreie Rückkehr des gedehnten oder gestauchten Materials in seine Ausgangsform bei fehlender Krafteinwirkung.

Eine bekannte Anwendung ist beispielsweise die Federwaage, bei der die Verlängerung einer Metallfeder zum Messen von Kraftgrößen verwendet wird. Auch die Federbeine beim Automobil nutzen diese Eigenschaft der elastischen Deformation.

Dem Bereich der linear-elastischen Deformation folgt ein nichtlinear-elastischer Dehnungsbereich, der aber noch reversibel ist.

Im Unterschied zur elastischen Deformation steht die plastische Deformation, bei der die Deformation irreversibel ist. Der Bereich der plastischen Deformation folgt (materialabhängig) oft einem nichtlinear-elastischen Dehnungsbereich. Am Ende der plastischen Deformation steht der Materialbruch.

Zusammenhang zwischen Spannung und Dehnung (Beispiele)

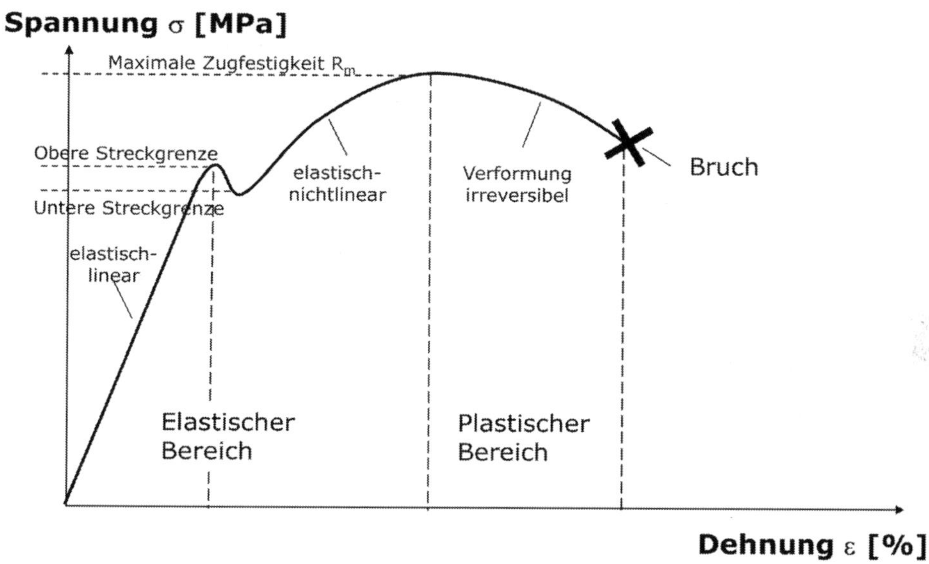

Abbildung 8: Typische Spannungsdehnungskurve eines Metalls (Grafik: KLSP)

Die Abbildung zeigt den typischen Verlauf des Zusammenhangs zwischen Spannung und Dehnung für ein Metall.

(i) der linke Bereich zeigt einen linearen Verlauf bei zur oberen Streckgrenze

(ii) es folgt ein nichtlinearer, aber noch elastischer Bereich bis zur maximalen Zugfestigkeit

(iii) darüber beginnt der plastische Bereich, wobei das Metall durch die hohe Spannung meistens einschnürt und am Ende bricht

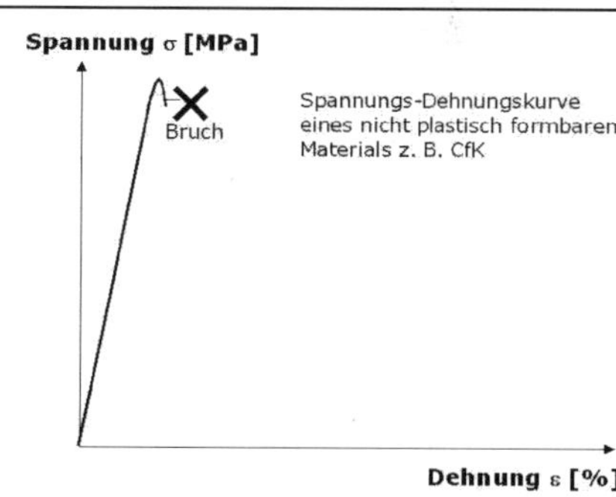

Abbildung 7: Spannungs-Dehnungskurve von CfK (Grafik: KLSP)

Es gibt eine Reihe von Materialien, die bei der Dehnungscharakteristik überhaupt keinen linearen Bereich kennen und ab einer bestimmten Spannung schlagartig versagen.

Dazu zählt unter anderem Beton und der auch in der Luftfahrt verwendete Kohlefaserverbundwerkstoff CfK.

Belastungsgrenzwerte

In den Zulassungsvorschriften von FAA/EASA ist ein Vielzahl von Belastungsgrenzwerten angegeben, deren Einhaltung bei der Zulassung durch den Hersteller nachzuweisen ist. Piloten müssen zumindest die Belastungsgrenzwerte für Flugmanöver kennen (engl. limit manoeuvring load factors), da diese für den Flugbetrieb relevant sind. Die Maximalbelastung wird in Vielfachen der Erdbeschleunigung 'G' (9,81 m/s^2) angegeben. Man unterscheidet hierbei zwischen Design Limit Load (DLL) und Design Ultimate Load (DUL). Der DLL-Wert gibt den maximalen Wert an, dem das Flugzeug im normalen Betrieb ausgesetzt werden darf. Aus Sicherheitsgründen wird die Struktur für den 1,5 fach höheren DUL-Wert ausgelegt. Die Struktur eines Flugzeuges muss beim Zulassungstest den DUL-Belastungswert schadenfrei überstehen.
Je nach Zulassungsklasse sind, wie in Tabelle 1 zusammengestellt bestimmte Toleranzmindestwerte für die G-Belastung vorgeschrieben.

Zulassung nach EASA	Flugzeugklasse	Positive G-Belastung (DLL)	Negative G-Belastung (DLL)	Positive G-Belastung (DUL)	Negative G-Belastung (DUL)
CS 23	Normal/ Commuter	3,8	1,5	5,7	2,3
CS 23	Utility	4,4	1,8	6,6	2,6
CS 23	Aerobatic	6,0	3,0	9,0	4,5
CS 25	Transport	2,5	1,0	3,8	1,5

Tabelle 1: Maximalwerte (Quelle: EASA CS 23 und CS25 Dokumente)

Unfallbeispiel bei Überschreitung der Grenzbelastung

Am 12. November 2001, um 9:16 EST stürzte der Airbus A300-605R mit dem Rufzeichen N14053 über Belle Harbor, einem Wohngebiet von New York City kurz nach seinem Start vom John F. Kennedy Flugplatz ab. Seitenleitwerk und Seitenruder hatten sich im Flug abgetrennt und fielen in die eine Meile vom Unglücksort entfernte Jamaica Bucht. Die Triebwerke hatten sich ebenfalls beim Absturz von den Tragflächen gelöst und schlugen etliche Blocks entfernt auf. Die Kräfte beim Aufschlag und das anschließende Feuer zerstörten das

Flugzeug vollständig. Alle 260 Insassen an Bord und weitere fünf Personen am Boden kamen ums Leben.
Was war geschehen? Das Flugzeug war zeitnah hinter einer Boeing 747 gestartet und kam in die Verwirbelungen des vorausfliegenden Jumbos. Der First Officer (Pilot Flying) versuchte durch heftige und wiederholte Seitenruderausschläge die Turbulenzen abzuwehren. Die aerodynamischen Kräfte am Seitenruder erzeugten am Seitenleitwerk ein derart hohes Schubmoment, das der Belastungsgrenzwert überschritten wurde und das Seitenleitwerk vom Rumpf abgeschert wurde. Als Konsequenz aus diesem Unglück wurden beim A300 und weiterer Flugzeuge der Airbusreihe die durch die Seitenruderpedale erzeugbaren Kräfte am Seitenruder elektronisch begrenzt und ferner die diesbezüglichen Schulungsinhalte der Pilotenausbildung angepasst.

01 03 00 Materialermüdung

Die Materialermüdung (engl. fatigue) beschreibt einen langsam voranschreitenden Schädigungsprozess in einem Werkstoff oder Bauteil unter dauerhaften Einsatzbedingungen. Hierzu gehören die wechselnde mechanische Belastung beim Arbeitseinsatz des Werkstoffs bzw. Bauteils, die Umgebungseinflüsse wie wechselnde Temperatur, Druck, Luftfeuchtigkeit usw. sowie die zusätzliche Einwirkung von Korrosion.

Materialermüdung bedeutet, dass auch eine statisch unkritische Belastung unterhalb der Zugfestigkeit, aber auch unterhalb der Streckgrenze des Werkstoffs, insbesondere bei zyklischer Belastung, zu einem Schaden z.B. durch Ermüdungsrissbildung oder auch zum Totalausfall durch den Ermüdungsbruch eines Bauteiles führen kann, wenn sie nur stark genug bzw. oft genug wiederholt einwirkt.

Zyklisch belastete Teile haben meist nur eine begrenzte Lebensdauer. Deshalb müssen an kritischen Bauteilen vor dem Einsatz eine Lebensdauerbewertung, -berechnung und Versuche durchgeführt werden, die eine Abschätzung der Haltbarkeit des Bauteils zulassen.

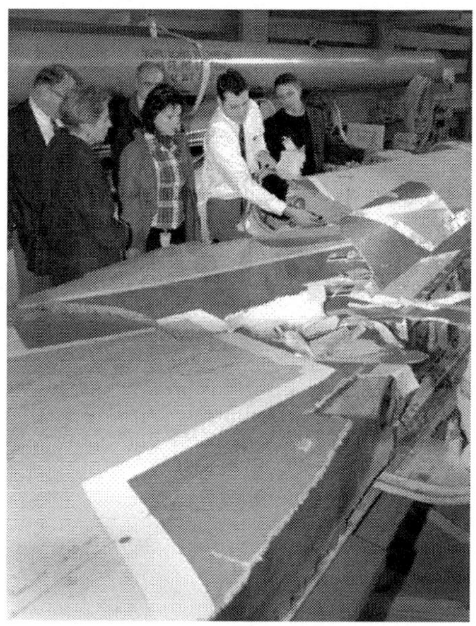

Abbildung 9: Zerstörtes Seitenruder des A300 nach Überbelastung (Foto: NTSB)

Wöhlerversuch und Wöhlerkurve

Eine bekannte Materialprüfungsmethode besteht im sogenannten Wöhlerversuch. Mit dem Wöhlerversuch lässt sich die Schwingfestigkeit (engl. fatigue behaviour) eines Werkstoffes oder Bauteils ermitteln. Dabei wird der Versuchskörper zyklisch mit einer sinusförmigen Zugkraft[1] belastet. Die Lastamplitude sowie das Spannungsverhältnis aus Unterlast zu Oberlast werden zur Ermittlung eines einzelnen Messwertes konstant gehalten.

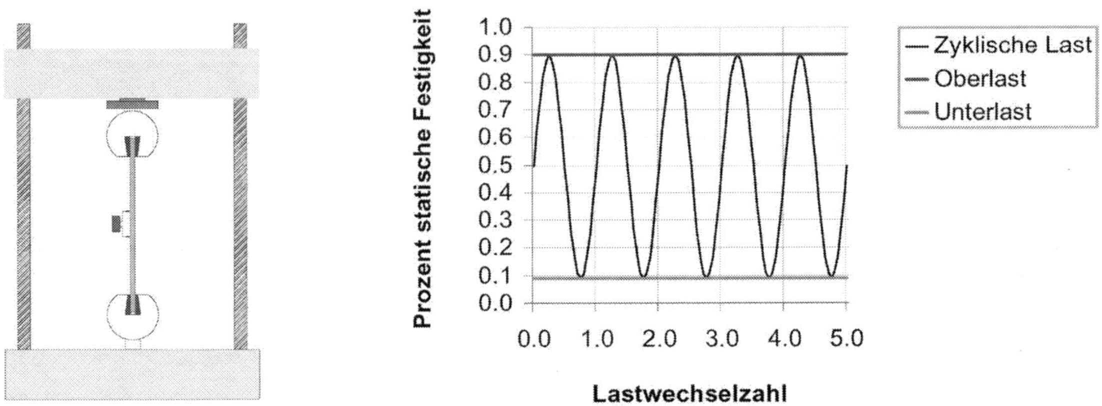

Abbildung 10: Versuchsaufbau des Wöhlerversuches (Quelle: ETH Zürich)

Der jeweilige Einzelversuch läuft so lange, bis ein definiertes Versagen durch Bruch oder Anriss eintritt oder eine festgelegte Anzahl Schwingungen ohne erkennbares Versagen erreicht wird (Durchläufer). Zur Ermittlung der gesamten Reihe von Messwerten werden im möglichen Belastungsbereich jeweils gleiche Versuchskörper bei dem jeweiligen Belastungswert bis zu ihrem Versagen geprüft, wobei zu höheren Belastungswerten natürlich höhere Spannungswerte und größere Last- bzw. Dehnamplituden gehören.

Die Ergebnisse des Versuchs werden im Allgemeinen in einem Wöhlerdiagramm auf doppelt logarithmischen Achsen dargestellt. Üblicherweise wird im Wöhlerdiagramm die Nennspannungsamplitude S_a über der Anzahl der Schwingungen bis zum Versagen aufgetragen.

[1] Der Wöhlerversuch lässt sich in weiteren Varianten durchführen, z.B. in Form einer Zug-Druck-Belastung oder Druck-Druck-Belastung, was zu etwas anderen Ergebniswerten und jeweils anderem Kurvenverlauf führt.

Den sich ergebenden Kurvenzug nennt man die Wöhlerkurve (engl. S-N diagram or Wöhler curve). In der im Folgenden abgebildeten Wöhlerkurve sind die drei Bereiche K, L und D eingetragen.

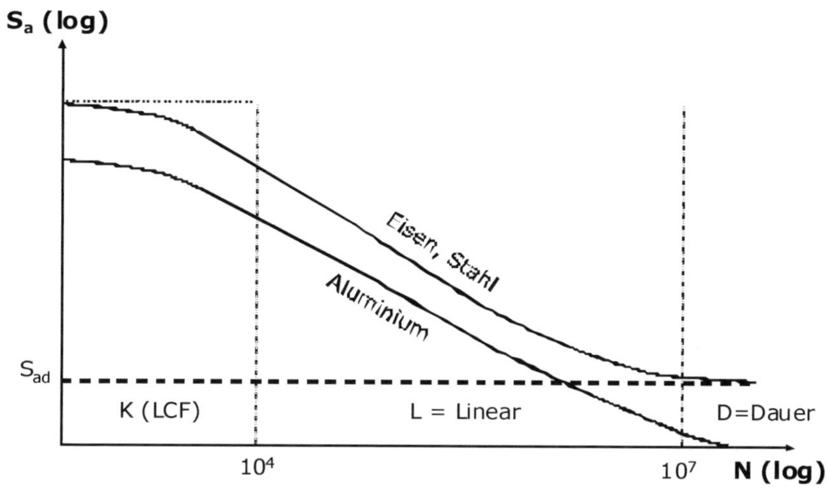

Abbildung 11: Wöhlerkurven (Grafik: KLSP)

1. Unterhalb von etwa zehntausend (10^4) erfolgten Schwingungen liegt der Bereich der Kurzzeitschwingfestigkeit K (engl. LCF = Low-Cycle Fatigue). Diese Art der Ermüdung tritt bei hohen Dehnamplituden auf, die zu frühem Versagen führen.

2. Darüber bis etwa 10^6 bis 10^7 erfolgten Schwingungen liegt der Bereich der linearen Schwingfestigkeit L, in dem die Wöhlerkurve bei doppellogarithmischer Darstellung nahezu linear abnimmt.

3. Es schließt sich der Bereich der so genannten Dauerfestigkeit D an, bei dem der Spannungswert nicht weiter abnimmt, d.h. das Material kann die Schwingungsbelastung unterhalb von S_{ad} ohne zeitliche Begrenzung aushalten. Bei bestimmten Stahlsorten beginnt dieser Bereich bei etwa einer Million Schwingungen.

Bei Aluminium fällt die tolerierbare Amplitude mit der Anzahl der Schwingungen kontinuierlich weiter ab. Eine „echte" Dauerfestigkeit existiert nicht. Aluminium merkt sich quasi die Anzahl der bereits ertragenen Schwingungen und versagt irgendwann. Daher wird bei Aluminium und vergleichbaren Materialien die gerade noch tolerierte Amplitude bei 10^7 Lastwechseln als Dauerfestigkeit festgelegt.

Der Wöhlerversuch lässt sich in weiteren Varianten durchführen, z.B. in Form einer Zug-Druck-Belastung oder Druck-Druck-Belastung, was zu etwas anderen Ergebniswerten und jeweils anderem Kurvenverlauf führt.

Die Zahl der tolerierbaren Anzahl Schwingungen eines Bauteils unter Betriebsbelastung also bei variablen Belastungsamplituden bis zum Ausfall kann im Rahmen statistischer Genauigkeit mit Hilfe der Wöhlerlinie und beispielsweise der Methode der linearen Schadensakkumulation nach Palmgren, Langer und Miner vorausgesagt werden. Man spricht hierbei von betriebsfester Bemessung eines Bauteils. Betriebsfestigkeit wird heute in nahezu allen Bereichen der Luftfahrttechnik bzw. der Technik allgemein zum Zweck des Leichtbaus eingesetzt.
Unterliegt ein Bauteil ständiger Korrosion oder stark erhöhter Temperaturen, müssen diese zusätzlichen Bedingungen der Materialermüdung durch zusätzliche Korrekturen bei der Planung der Betriebsfestigkeit berücksichtigt werden.

Spannungskonzentration

Ein wichtiger Aspekt zur Verhinderung von frühzeitiger Materialermüdung ist die Verhinderung von Spannungskonzentration an einzelnen Punkten. Durch moderne Analyseverfahren bestehen heute wesentlich bessere Möglichkeiten, unmittelbar die Faktoren der Spannungskonzentration (engl. stress concentration factor) zu erkennen und die jeweilige Konstruktion hinsichtlich einer gleichmäßigen Spannungsverteilung zu optimieren.
Zu diesen Verfahren gehören die Fotoelastizität, die radiometrische Thermoelastizität und ähnliche Verfahren. Hierbei nutzt man bestimmte Materialeigenschaften aus, um die Spannungsverteilung direkt mit einem bildgebenden Verfahren sichtbar zu machen. Bei der radiometrischen Thermoelastizität nutzt man beispielsweise aus, dass sich aufgrund der Spannungsverteilung im gleichen Maße die Temperatur (Atomabstände) in einem Festkörper ändern, die mit einer Wärmebildkamera messbar sind.

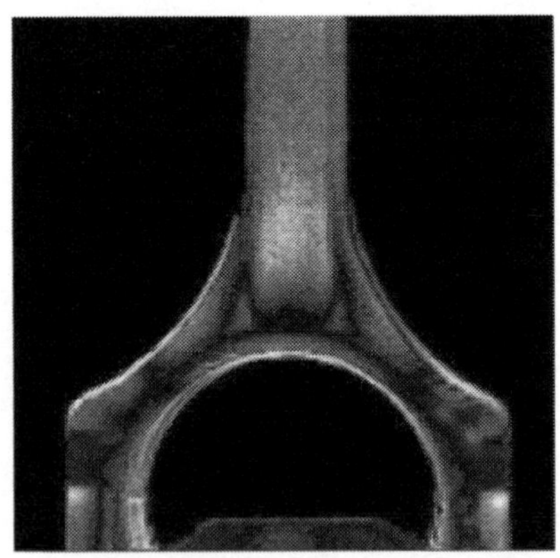

Abbildung 12: Spannungsverteilung in einer Pleuelstange
(Quelle: University of Tennessee)

Insbesondere hat mit den genannten Verfahren feststellen können, dass sogenannte Stellen mit geometrischen Diskontinuitäten, das sind Stellen, die sich durch Löcher, Bohrungen, Einschnürungen oder besonders enge Krümmungsradien kennzeichnen, zu ungünstigen Spannungsverteilungen mit hohen Spannungswerten in ihrer Umgebung führen. Man führt den Fatigue Stress Concentration Factor K_f als Verhältnis der maximalen Spannung am Rand der Diskontinuität zur nominalen Spannung ohne Diskontinuität ein. So lassen sich komplexe Bauteile mit wesentlich besserer Betriebsfestigkeit berechnen, da den Konstrukteur durch den Faktor K_f eine höhere Festigkeit einplanen muss.

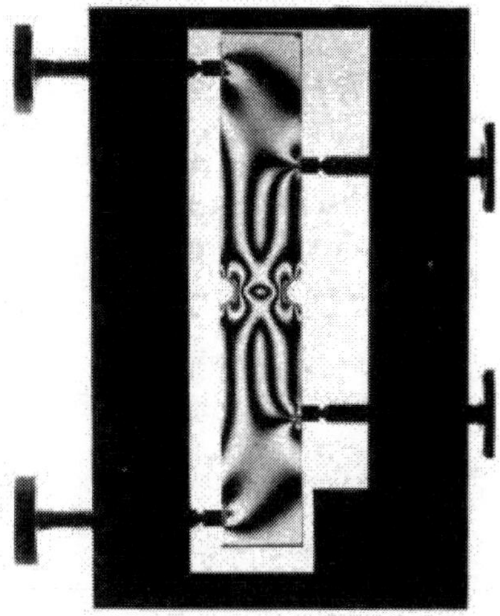

Abbildung 13: Biegeversuch eines Bauteils mit zwei Nuten (Quelle: University of Tennessee)

Unfallbeispiele für Materialermüdung

Beispiel 1: Ein berühmtes Beispiel für Materialermüdung ist das der De Havilland DH-106 Comet. Am 10. Januar 1954 um 9:51 UTC brach der Funkverkehr zwischen dem Kontrollturm des Flughafens Ciampano bei Rom und der nach London abfliegenden Comet G-ALYP, BOAC Flugnummer 781, abrupt ab. Die Flughöhe des Flugzeuges betrug zu dieser Zeit bereits 27.000 Fuß. Nach Zeugenaussagen stürzte die Maschine wenige Minuten später, um 10 Uhr UTC, bei Elba ins Meer. Bereits zuvor war am 2. Mai 1953 ein Flugzeug desselben Typs über Indien in der Luft zerbrochen. Erste Untersuchungen brachten kein Ergebnis (es gab damals weder Voice Recorder noch Black Box). Zwei Wochen nach Wiederindienststellung der Comet nach dem Elba-Unfall trat ein dritter vergleichbarer Unfall bei Neapel auf. Die Comet wurde endgültig gegroundet.

Abbildung 14: De Havilland Comet DH-106 (Quelle: ETH Zürich)

Die nun folgende sehr aufwendige Rekonstruktion des Schadensvorgangs bei Elba anhand der Auswertung der gefundenen Überreste ergab als Ursache des Absturzes Versagen der Rumpfstruktur. Nach Rissbildung und Risswachstum durch Ermüdung erfolgte das katastrophale Versagen. Das Risswachstum begann an Orten erhöhter Belastungen durch Kerbwirkung in der Nähe des vorderen Notausstiegs. Die Rissbildung war durch die periodisch bei jedem Flug auftretenden Druckspannungen der Druckkabine bedingt und begann an den Ecken der damals noch nahezu quadratischen Kabinenfenster, also an Stellen mit hoher Spannungskonzentration. Die Rumpfstruktur erreichte noch nicht einmal ein Drittel der geplanten Lebensdauer.

Abbildung 15: Innenansicht der nach Wachstum eines Ermüdungsrisses gebrochenen Struktur der de Havilland DH-106 Comet (Quelle: ETH Zürich)

Die Erkenntnisse der Untersuchung führten zu kleineren, stark abgerundeten Fenstern, die heute bei allen Verkehrsflugzeugen üblich sind. Neben der Verwendung von weicheren Legierungen im Flugzeugbau, die weniger spröde und rissanfällig sind, wurden die Flugzeugrümpfe weiter verstärkt. Mit weiteren konstruktiven Maßnahmen wie dem Einsatz von Rissstoppblechen wurde ein Ausbreiten eventueller Risse verhindert.

Beispiel 2: Aloha Airlines Flug 243, eine Boeing B737-297 mit Registration N73711, flog am 28. April 1988, um 13.46 Uhr Ortszeit, von Hilo nach Honolulu, als sich plötzlich in 24.000 Fuß ca. 6 m des Kabinendaches mit den entsprechenden Strukturteilen von der Maschine lösten. 89 Passagiere und 6 Besatzungsmitglieder waren an Bord. Eine Flugbegleiterin wurde während des Vorfalls aus der Maschine gewirbelt. Sie wurde auch später nicht mehr gefunden und gilt seither als tödlich verunglückt. 7 Passagiere und 1 Flugbegleiterin erlitten schwere Verletzungen. Die Piloten landeten auf dem nächstgelegenen Flughafen von Kahului, Maui.

Nach der Landung stellte man erst das gesamte Ausmaß der Katastrophe fest, der gesamte Teil der Rumpfsektion 43 fehlte.

Die Boeing 737 war 1969 ausgeliefert worden und hatte 35.496 Betriebsstunden und 89.680 Flight Cycles. Die geplante Lebensdauer einer 737 betrug laut Boeing 51.000 Betriebsstunden und 75.000 Flight Cycles. Das Flugzeug hatte wegen der vielen kurzen Flüge zwischen den Inseln ungewöhnlich viele Flight Cycles.

Bei den ersten Boeing B737-Flugzeugen wurden die Überdeckungsstöße (engl. lap joints) mit Epoxid getränkten Textilstücken entlang der Kanten der Hautbleche am Rumpf „kalt" geklebt. Zur Verstärkung dienten drei Reihen Nieten. Die Untersuchung der Abrissstellen an der Außenhaut führte sehr schnell zu Korrosion und Rissbildungen als Ursache. Der Kleber war im Überdeckungsstoß nicht mehr wirksam, wodurch die gesamte Druckbelastung auf die Nieten verlagert wurde. An den scharfen Kanten der Nietlöcher hatten sich durch Materialermüdung feine Risse gebildet, die sich weiter mit jedem Flight Cycle ausgebreitet hatten. Die Erkenntnisse aus diesem Unfall führten weltweit zu einem veränderten Stellenwert bei der Fatigue-Prüfung und Wartung der Flugzeugstruktur.

Abbildung 16: Aloha Unfall 1988, Aufnahme nach der Landung, die obere Rumpfsektion 43 wurde weggerissen (Quelle: Hawaii State Archives)

01 04 00 Korrosion

Bei den in der Luftfahrt verwendeten Metallen und Metalllegierungen tritt wie auch anderswo in der Technik Korrosion auf. Korrosion ist nichts anderes als die Verbindung des Metalls mit Sauerstoff. Dabei bilden sich Metalloxide und man spricht von Oxidation.

Oxidation wird besonders durch technische Säuren wie Schwefelsäure, schweflige Säure und anderen aggressiven Industrieluftschadstoffe in der Atmosphäre verursacht, die zu Korrosion auf den Strukturkomponenten und Bauteilen von Flugzeugen führen. Man unterscheidet zwei Formen der Oxidation, die chemische Oxidation und die elektrochemische Oxidation.

Bei der rein chemischen Oxidation findet die Metalloxidbildung im atomaren Bereich statt, d.h. die äußeren Metallatome gehen mit dem Sauerstoff der Luft eine neue chemische Verbindung ein, dem jeweiligen Metalloxid. Bei Eisen bildet sich Rost, bei Aluminium entsteht Aluminiumoxid. Bei einigen Metallen ist die gebildete Oxidschicht so dicht, dass eine weitere Oxidation nahezu verhindert wird, man spricht von einer Oxidhaut.

Bei der elektrochemischen Oxidation handelt es sich um galvanische Zersetzung. Am häufigsten tritt sie zwischen benachbarten Bauteilen auf, deren Metalle unterschiedliche elektrochemische Potenziale aufweisen. Bei gleichzeitiger Anwesenheit eines Elektrolyten, der sich bei Feuchtigkeit leicht bilden kann, entstehen elektrische Ströme, wodurch die Metalle durch Elektronen- und Ionenwanderung galvanisch oxidiert werden. Diese Art der Oxidation kann bei Metalllegierungen auch auf Molekularebene passieren und man spricht von interkristalliner Oxidation.

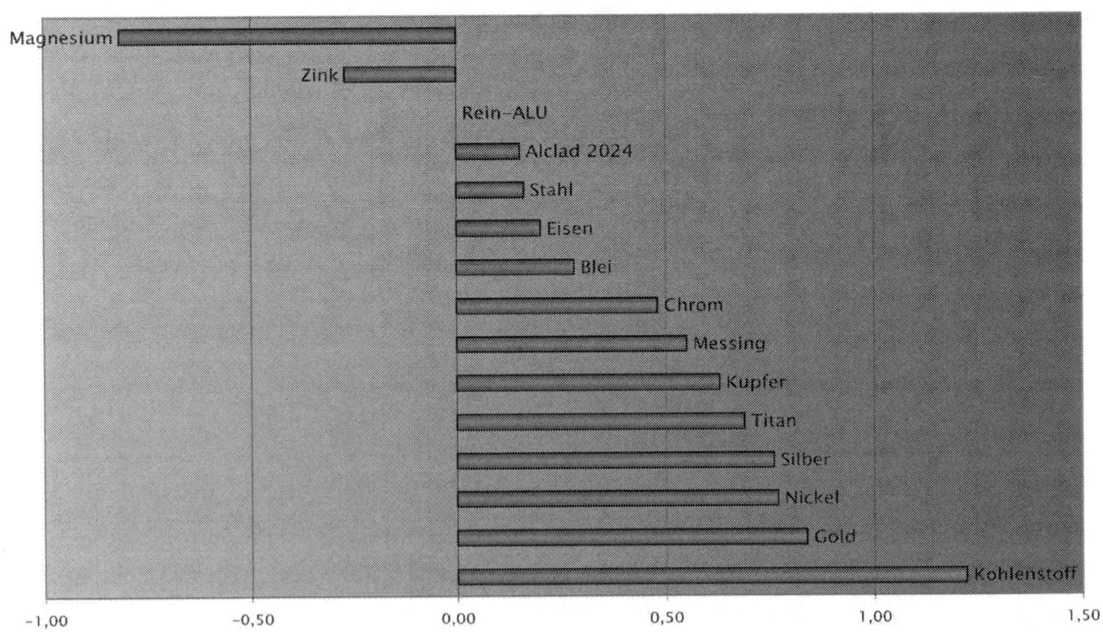

Abbildung 17: Galvanische Spannungsreihe in Volt im Verhältnis zu Rein-Aluminium; ALCLAD ist eine Aluminium-Legierung für den Flugzeugbau (Grafik: KLSP)

Bei der weiteren Analyse lassen je nach besonderen Eigenschaften der Korrosion folgende Korrosionsarten unterscheiden:

- Filiform-Korrosion (unter Schutz- und Farbschichten)
- Korrosion in Verbundbauteilen (ausgelöst durch bestimmte Klebstoffe)
- Spannungsrisskorrosion (durch mechanische Spannung und Rissbildung)
- Kontaktkorrosion (Zusammenbau von Bauteilen aus unterschiedlichen Metallen)
- Interkristalline Korrosion (in Legierungen auf Molekularebene)
- Lochfraß (durch chemische Ursachen auf der Oberfläche)

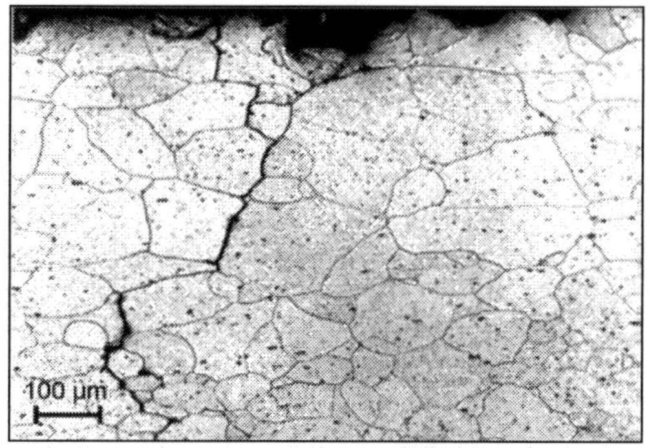

Abbildung 18: Spannungsrisskorrosion (Quelle:Hydro Aluminium Deutschland GmbH)

- Spaltkorrosion (zwischen vernieteten Blechen)
- Reibkorrosion (durch Vibration und Elektrolyteinwirkung)
- Schichtkorrosion (besondere Form der Interkristallinen Korrosion in Walzblechen)
- Mikrobenkorrosion (durch Stoffwechselprodukte von Mikroben und Bakterien)

Eine Kombination von ständigen Zug- und Druckspannungen und Korrosionsbedingungen erzeugt eine sogenannte Spannungsrisskorrosion, die, wie der Name schon sagt, zur Rissbildung führt. Die Risse können dabei so klein sein, dass sie nur mit besonderen Verfahren z.B. unter Ultraviolettlicht festgestellt werden können.
Die Spannungen entstehen dabei größtenteils durch die periodischen Belastungen wie beispielsweise durch den periodischen Auf- und Abbau des Drucks in der Druckkabine und durch die andauernden Biegebelastungen des Tragwerks.
Metalle korrodieren unter diesen Bedingungen schneller als sonst, da sich unter der Belastung Moleküle an der Oberfläche ablösen und ein Miniaturriss entsteht. Riss und Korrosion können an dieser Stelle zunehmen bis es zu einem Bruchschaden kommt.

01 05 00 Wartung

01 05 01 Wartungsmethoden

Bei den Wartungsmethoden unterscheidet man zwischen

- Wartung nach Zeitvorgabe (engl. hard time maintenance);
  z.B. werden die Triebwerke unabhängig von ihrem äußeren Zustand oder ihrem Funktionszustand in fest definierten Zeitvorgaben inspiziert, demontiert und überholt oder vollkommen ausgetauscht
- Wartung nach Zustand (engl. on condition maintenance);
  z.B. werden die Bremsbeläge des Fahrwerks ersetzt, sobald sie eine bestimmte Mindeststärke unterschreiten

Ein besonderes Kapitel ist die Wartung der Struktur eines Flugzeuges. Wartungen dieser Art dürfen nur strikt nach den Herstellerangaben und - unterlagen durchgeführt werden. Für jeden Flugzeugtyp gibt es hierfür ein entsprechendes Reparaturhandbuch, das sogenannte SRM (Structural Repair Manual). Die Einteilung des SRM-Dokuments ist nach ATA Spec. 100 normiert und enthält folgende Kapitel:

00	Introduction	Einleitung
51	Structure/General	Struktur/Allgemeines
52	Doors	Türen
53	Fuselage	Rumpf
54	Nacelles/Pylons	Triebwerksverkleidung/-aufhängung
55	Stabilizers	Leitwerk
56	Windows	Fenster
57	Wings	Tragflächen

Tabelle 2: Normierung nach ATA Spec. 100 (KLSP)

Die weitere Einteilung erfolgt nach Abschnitt und Bauteil, wobei jedem Bauteil feste Nummern zugeordnet sind (z.B. 11 Beplankung, 12 Spante, 13 Stringer ..). Das Verfahren einer Strukturreparatur erfolgt nach äußerst strengen Vorschriften. Nach Feststellung des Schadenortes erfolgt die Reparaturmaßnahme in der Reihenfolge - Schadensort feststellen - Schaden identifizieren - Schadensgröße ermitteln und im SRM die Vorgaben für die Reparaturmaßnahme ermitteln - nach exakter Vorschrift reparieren.

Die Reparatur erfolgt nur entsprechend der im SRM erlaubten maximalen Schadensgröße. Bei einer Überschreitung der Grenzwerte kann eine Reparatur oftmals nur noch aufwendig durch den Tausch eines Bauteils beim Hersteller erfolgen.

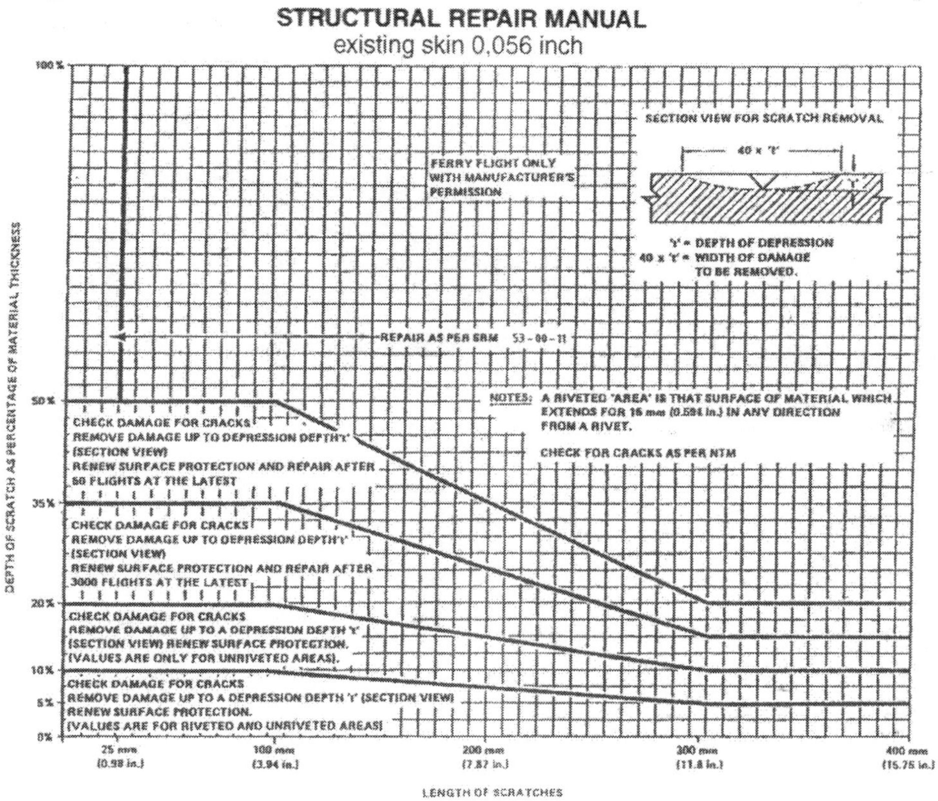

Abbildung 19: Reparatur der Rumpfbeplankung, Auszug aus einem SRM
(Quelle: Airbus aus Schulungsunterlage bei LTT)

Abbildung 20: oben: Baugleiches Schwesternflugzeug;
rechts: Amateurfoto der Unglücksmaschine
(Quelle: Wikipedia Commons)

Unfallbeispiel für Wartungsfehler bei der Strukturreparatur

Die Boeing 747-SR46 des Japan Airlines Fluges 123 von Tokio-Haneda nach Osaka-Itami startete am 12. August 1985 um 18:12 Uhr zu dem knapp einstündigen Flug. An Bord befanden sich die 15-köpfige Besatzung sowie 509 Passagiere. Die Maschine hatte soeben ihre Reisehöhe von 7.300 Meter erreicht, als vom Heck eine starke Explosion zu vernehmen war, begleitet von der Dekompression der Druckkabine. Zudem war das Flugzeug wegen fehlender Hydraulik nicht mehr steuerbar. Obwohl die Besatzung eine bemerkenswerte Leistung vollbrachte und das Flugzeug für weitere 32 Minuten trotz fehlender Hydraulik allein mittels Triebwerksleistung steuern konnte, zerschellte die Maschine in einer Höhe von 1.460 Metern an einem Berg.

Die Ursache lag in einer früheren fehlerhaften Strukturwartungsmaßnahme. Bei der Reparatur nach einem Tailstrike auf dem Osaka International Airport am 2. Juni 1978 wurde eine Ausbesserung am Druckschott im Heck der Maschine nicht wie von Boeing gefordert mit einer durchgehenden Verstärkung (doupler plate) mit drei Nietreihen durchgeführt sondern durch eine einfachere Reparaturmaßnahme mittels zwei Verstärkungen, eine mit einreihiger, die andere mit zweireihiger Vernietung. Die Entscheidung dafür wurde lokal durch von Boeing geschulte Techniker getroffen. 12.319 Landungen später barst beim Flug JAL 123 das fehlerhaft reparierte Druckschott, wobei der Kabinendruck das Seitenleitwerk regelrecht absprengte und so alle vier Hydrauliksysteme lahm legte.

Lokalisationsverfahren

Bei Bau und Wartung eines Verkehrsflugzeuges ist es wichtig, möglich schnell und genau einen bestimmten Ort im Flugzeug zu finden. Dazu hat man drei verschiedene Methoden entwickelt.

- Koordinatensystem
- Stationspläne
- Zoning Nummerierung

Bei der Koordinatensystem-Methode verwendet man eine fest definiertes Koordinatensystem, bei dem die x-Achse der Längsachse, die y-Achse der Querachse und die z-Achse der Hochachse des Flugzeuges entspricht und man einen ganz bestimmten Punkt als Nullpunkt festlegt.

Bei der Methode der Stationspläne (engl. station numbers and waterlines) verwendet man eine Nummerierung der Rumpfspanten und der Tragflächenrippen als Orientierung. Die vertikale Orientierung im Rumpf wird durch Wasserlinien erleichtert, die einen bestimmten Abstand zur horizontalen Bodenlinie haben.

Beim Zoning-System (engl. zoning system) werden die einzelnen Teile nach ihrer Objektzugehörigkeit ausgemacht. Man bildet dabei zunächst Hauptzonen, die mit ganzen Hunderterwerten, also mit 100..900 bezeichnet sind. Unterteilungen der Hauptzonen erhalten danach je nach Objekttiefe weitere Ziffern zur Identifizierung. Intermediate Zones haben eine 0 am Ende und die einfachen Zonen erhalten eine Nummerierung ohne 0, also z.B. 112, 245, 678 und so weiter. Die geradzahligen Objekte liegen rechts, die ungeradzahligen links von der Rumpfmitte. Das System kennt eine Reihe weiterer Feinheiten, auf die wir in diesem Buch nicht eingehen wollen.

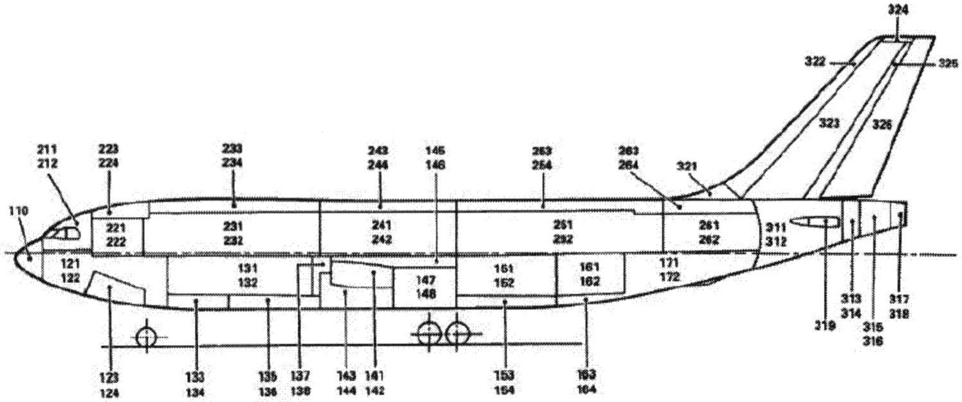

Abbildung 21: Zoning Nummerierung beim Airbus
(Quelle: Airbus)

02 00 00
Konstruktiver Flugzeugbau

02 01 00 Konstruktionsgruppen und Verbindungsmethoden

Konstruktionsgruppen

Im Flugzeugbau gibt es eine Reihe etablierter Konstruktionsgruppen- und -methoden, die wir ein wenig beleuchten wollen. Doch zunächst zu ein paar Definitionen, die uns im Folgenden bei der genaueren Benennung helfen sollen.

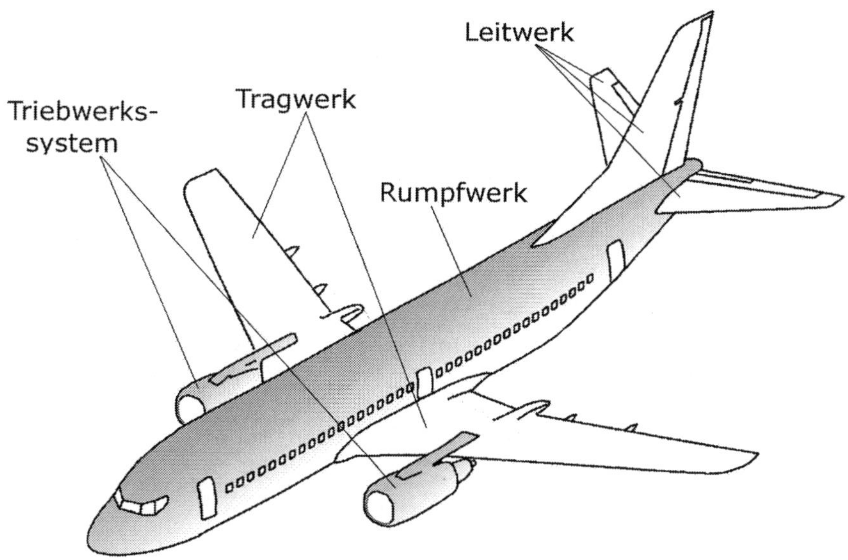

Abbildung 22: Konstruktionsgruppen eines Flugzeuges (Grafik: KLSP)

Eine Flugzeugstruktur besteht im Allgemeinen aus den folgenden Konstruktionsgruppen

- Rumpfwerk

- Tragwerk
- Leitwerk
- Steuerwerk
- Fahrwerk

Hinzu kommen das Triebwerkssystem und die Ausrüstung.

Das Rumpfwerk (engl. fuselage) oder kurz der Rumpf dient zur Unterbringung von Nutzlast und Besatzung, zur Aufnahme von Tragwerk und Leitwerk und je nach Auslegung gegebenenfalls auch zur Aufnahme von Fahrwerk und Triebwerkssystem.
Das Tragwerk (engl. wings) dient zur Auftriebserzeugung bei Start-, Flug- und Landephase, zur Aufnahme der Steuerflächen, zur Aufnahme von Fahrwerk und Triebwerkssystem und Teilen des Treibstoffsystems. Das Tragwerk besteht aus den Tragflächen, die konstruktiv unterschiedlich angeordnet sein können.
Das Leitwerk (engl. stabilizers) dient der Stabilität und Steuerung des Flugzeuges inklusive der Trimmung. Es besteht, von Sonderformen abgesehen, aus dem Höhenleitwerk (engl. horizontal stabilizer) und dem Seitenleitwerk (engl. vertical stabilizer).
Die Themen Rumpf-, Trag- und Leitwerk werden weiter unten in diesem Kapitel noch genauer behandelt.

Das Steuerwerk (engl. controls) besteht aus den Steuerelementen (Bedienorganen) und den Übertragungselementen. Das Steuerwerk wird in Haupt- und Nebensteuerwerk eingeteilt. Das Hauptsteuerwerk dient dazu, die primären Steuerflächen zu bewegen und besteht aus Querruder-, Höhenruder- und Seitenrudersteuerwerk inklusive Steuerwerk für die Spoiler (falls vorhanden) und die Trimmung.
Das Nebensteuerwerk bedient Nasenklappen, Vorflügel, Landeklappen und Bremsklappen. Die gesamte Steuerung umfasst die Bedienorgane, die den jeweiligen Steuerungsbefehl übertragenden Bauteile und die angesteuerten Steuerflächen, also Ruder, Trimmruder, Klappen oder dergleichen.
Bei kleineren Flugzeugen ist das Steuerwerk oft mechanisch und bewegt die Steuerflächen direkt über Steuerseile, Steuerstangen, Drehwellen, Ketten und ähnliche Steuerverbindungen. Bei größeren Verkehrs- und Geschäftsflugzeugen wird die Steuerung durch das Fly-by-wire-Prinzip elektrohydraulisch durchgeführt. Dabei wird der Steuerbefehl elektronisch, also per Kabelverbindung ("by-wire") zu einer intelligenten Steuerungseinheit übermittelt, die dann elektrohydraulisch über hydraulische Arbeitszylinder auf kürzestem Weg die jeweilige Steuerfläche betätigt. Aus der Steuerung

wird so ein komplexes Steuerungssystem. Das Thema Steuerungssysteme wird in Kapitel 5 des Buches tiefer gehend behandelt.

Das Fahrwerk (engl. gear, british-engl. undercarriage) eines Flugzeuges erlaubt das Manövrieren am Boden, fängt den Landestoß bei der Landung auf und ermöglicht das Abbremsen über die im Fahrwerk eingebauten Radbremsen. Bei der Konstruktion des Fahrwerks gilt es, einen brauchbaren Kompromiss zwischen den Anforderungen nach Stabilität, Landekomfort, Gewicht, Steuerungs- und Wartungsanforderungen und Wirtschaftlichkeit zu finden. Grundsätzlich sind starre Fahrwerke leicht und stabil, eignen sich aber meist nur für kleinere Flugzeuge. Bei größeren und insbesondere schnelleren Flugzeugen ist das Fahrwerk wegen des Wegfalls des störenden Luftwiderstandes stets als einziehbares Fahrwerk ausgeführt, auch wenn dies mit einem Gewichtsnachteil verbunden ist.
Das Thema Fahrwerk wird in Kapitel 4 des Buches tiefer gehend behandelt.

Verbindungsmethoden

Beim Flugzeugbau gilt es, einzelne Komponenten zu Baugruppen zu verbinden und aus den Baugruppen letztendlich ein komplettes Flugzeug herzustellen. Hierzu müssen die Basiselemente hinreichend fest miteinander verbunden werden und zwar wie immer im Flugzeugbau: leicht und stabil. Dazu gibt es unterschiedliche Verbindungsmethoden, die auch Fügetechniken genannt werden.
Folgende Verbindungsmethoden sind gebräuchlich:

- Nietverbindungen (engl. riveting)
- Verbinden durch Schweißen (engl. welding)
- Verbinden durch Kleben (engl. bonding)
- Verbinden durch Schrauben und Bolzen (engl. bolting)

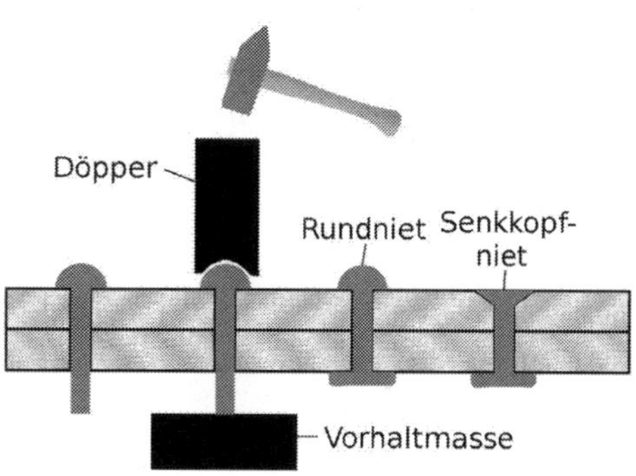

Abbildung 23: Handnietung (Grafik: KLSP)

Die Nietverbindung ist im Flugzeugbau die wichtigste Verbindungsart, um Bleche aus Leichtmetalllegierungen fest und dauerhaft miteinander zu verbinden. Die Verbindung wird dabei durch Niete zusammengehalten. Der Niet ist dabei ein Metallbolzen, der am oberen Ende aus dem Setzkopf besteht, gefolgt von einem Nietschaft ausreichender Länge. Der Niet wird durch eine die Bleche durchdringende Bohrung gesteckt und durch den Nietvorgang am unteren Ende gestaucht, es entsteht der sogenannte Schließkopf. Der Nietvorgang erfolgt im einfachsten Fall manuell, wobei die zu stauchende Seite durch eine Vorhaltmasse gestützt wird und der Niet von der Setzkopfseite unter Verwendung eins sogenannten Döppers Schlag für Schlag gestaucht wird (indirekte Nietung). Der Niet kann auch direkt von der zu stauchenden Seite bearbeitet werden (direkte Nietung).

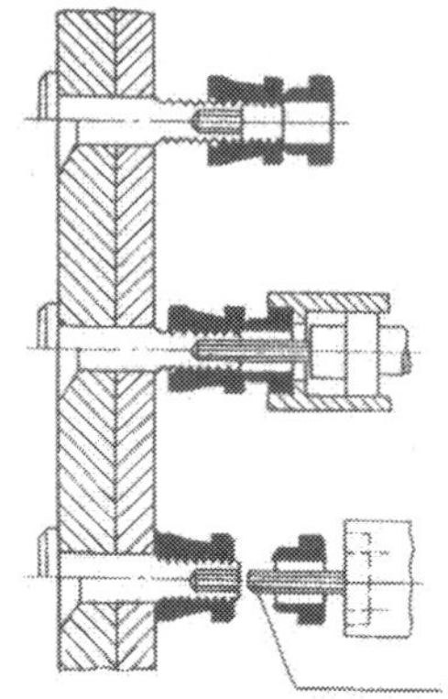

Abbildung 24: Anbringen eines Hi-Loks (Grafik: Engmann [1], S.212)

Im Allgemeinen werden Nietvorgänge beim Flugzeugbau nicht manuell sondern halbautomatisch mittels Druckluftniethammer oder heutzutage meist vollautomatisch mittels Nietautomat durchgeführt.
Ferner gibt es eine Vielzahl unterschiedlicher Nietarten, darunter beispielsweise der Vollniet mit abgerundetem Setzkopf oder der Senkniet mit flachem Kopf. Insbesondere hat sich der Einsatz sogenannter Hi-Lok-Passniete etabliert. Hierbei handelt es sich um einen Niet, der am Ende des Nietschaftes ein Gewinde besitzt. Ferner ist dort ein Innensechskant eingearbeitet. Das Aufschrauben der Spezialmutter auf der Schraubseite erfolgt durch ein Spezialwerkzeug. Die Spezialmutter wird an ihrem hinteren Ende festgezogen, wobei der Innensechskant das Drehen des Hi-Loks verhindert. Bei einem bestimmten Drehmoment bricht der obere Teil der Mutter an einer eingebauten Sollbruchstelle ab.

Beim Schweißen wird durch Anwendung sehr hoher Temperatur und ggf. zusätzlicher Druckkraft zwischen den zu verbindenden Teilen auf molekularer Ebene eine unlösbare Schweißverbindung hergestellt. Im Flugzeugbau werden hauptsächlich folgende Schweißverfahren angewendet:

- Gasschmelzschweißen
- Metall-Lichtbogen-Schweißen
- Schutzgasschweißen
- Elektronenstrahlschweißen

- Laserstrahlschweißen

Das klassische Gasschmelz-Schweißverfahren, besser bekannt unter dem Namen „Autogen-Schweißen“, mittels Schweißbrenner und einer Flamme aus der Verbrennung von Acetylen und Sauerstoff wird auch in der Luftfahrt für einfache Verbindungen geringer Güte verwendet. Die Schweißflamme wird bis zu 3.150 °C heiß. Aluminium lässt sich hiermit allerdings nur unter Zugabe von Flussmitteln schweißen.
Beim Lichtbogen-Schweißen wird zum Schweißen ein Lichtbogen verwendet, erzeugt durch ein hohen Ionenstrom über die Luftstrecke zwischen Elektrode und Schweißobjekt, der auf der zu schweißenden Metalloberfläche die sehr hohe Temperatur von bis zu 4.200 °C erreichen kann.
Beim Schutzgasschweißen wird der zum Schweißen verwendete Lichtbogen bzw. die Schweißelektrode von einem Schutzgas (meistens Argon) umströmt, um den schädlichen Einfluss des Luftsauerstoffs (Oxidbildung) auf die Schweißnaht auszuschließen.
Beim Elektronenstrahlschweißen wird die Temperatur am Schweißort durch einen gebündelten Elektronenstrahl erzeugt. Damit erzielt man extrem gute Schweißverbindungen bei geringem Wärmeverzug und hoher Güte der Schweißnaht. Dieses Verfahren kommt insbesondere beim Schweißen der wärmebeständigen Metalllegierungen in Turbinensektionen von Triebwerken zum Einsatz, wo alle anderen Schweißverfahren versagen würden.
Seit 2001 wird zusätzlich Laserstrahlschweißen beim Verbinden von Rumpfoberfächen verwendet. Die Energie liefert dabei der Laser in Form eines energiereichen Photonenstrahls. Zum Beispiel werden beim A380 größere Hautfelder des Rumpfes und die zugehörigen Stringer mit einem Laser gefügt. Im Vergleich zu Nietverbindungen kann man dabei bis zu 15 % an Masse einsparen.

Eine weitere unlösbare Verbindungsmethode ist die Klebeverbindung. Beim Kleben wird die Verbindung zwischen zwei gleichen oder zwei unterschiedlichen Werkstoffen durch einen Kleber hergestellt. Die Festigkeit der Verbindung ergibt sich aus der Festigkeit des Klebers (Kohäsion) und der Haftung zwischen Kleber und Werkstoff (Adhäsion). Im Flugzeugbau kommen chemisch reagierende Klebstoffe, sogenannte Reaktionskleber, zum Einsatz, einfache Haft- oder Lösungsmittelkleber dagegen nicht.
Reaktionskleber härten durch chemische Umsetzung z.B. durch Polymerisation o.ä. Prozesse meist unter Zuführung von Wärme (ca. 60-180 °C) innerhalb etwa einer Stunde aus. Derartige Klebeverbindungen halten sehr hohe Scherspannungen aus und werden beispielsweise zur Verbindung von Rumpfstringern mit der Außenhaut eines

Flugzeuges verwendet.

Bei der Schraubverbindung mittels Schrauben oder Bolzen handelt es sich im Unterschied zu den bereits beschriebenen Methoden um die Herstellung einer lösbaren Verbindung. Der begriffliche Unterschied zwischen Schrauben und Bolzen liegt lediglich in ihrer Größe. Als Schrauben werden nach DIN nur Schraubverbindungselemente mit einem Gewindedurchmesser von maximal 5 mm bezeichnet. Alle größeren Schraubverbindungselemente werden als Bolzen bezeichnet. Schraubverbindungen werden in der Regel hauptsächlich auf Zug belastet. Dementsprechend sind maximale Zugspannung und Streckgrenze wesentliche Kennzahlen. Übliche Zugspannungen reichen von 300 N/mm^2 bis 1.600 N/mm^2. Bei der Verwendung langer Bolzen beispielsweise bei der Aufnahme eines Tragflügels im Rumpf werden diese auch mit Scherspannungen belastet und müssen für die dort auftretenden Scherkräfte geeignet sein.

Wichtig bei Schraubverbindungen im Flugzeugbau ist die Sicherung von Muttern gegen eventuelles Sich-Lösen durch Vibrationen und ähnlichen Einflüssen. Die Muttern sind daher als Kronenmuttern (engl. castle nut) ausgeprägt, die einen Sicherungsstift (engl. cotter pin) aufnehmen können.

Abbildung 25: Bolzen, Kronenmutter und Splint (Quelle: AN Bolts)

02 02 00 Verwendete Materialien

Im Flugzeugbau kommen aus Gewichtsgründen hauptsächlich Leichtmetalllegierungen auf der Basis von Aluminium und Magnesium, Titanlegierungen, verschiedene Stahlsorten und Verbundwerkstoffe zum Einsatz.

Dabei sind die Anteile in etwa wie in der folgenden Abbildung verteilt.

Die Verwendung von reinem Metall ist in der Regel für den jeweiligen Zweck weniger gut geeignet. Beispiel Aluminium, es ist als reines Metall zu weich. Aus diesem Grunde verwendet man Beimischungen anderer Metalle, um die jeweils gewünschten besseren Eigenschaften zu erhalten, es werden Metalllegierungen gebildet.

Der hohe Anteil an Aluminiumlegierungen (ca. 20 verschiedene) ist durch günstige mechanische Eigenschaften, durch Beständigkeit gegenüber Witterungs- und sonstigen Umwelteinflüssen, durch gute Bearbeitbarkeit und die gute Leitfähigkeit begründet. Die Legierungsanteile (Mn, Mg, Si, Cu, Zn, Li) dienen im Wesentlichen der Erhö-

hung der Festigkeit und der Verbesserung der Korrosionseigenschaften. Magnesiumanteile senken als leichteres Metall das spezifische Gewicht der Legierung.
Für Spanten, Rippen und Stringer wird meistens Alclad 2024 oder Varianten hiervon verwendet, eine Legierung aus Al, Cu, Mg. Für hoch beanspruchte Teile wie beispielsweise Holme oder die Beplankung der Tragflügeloberseiten wird in der Regel Alclad

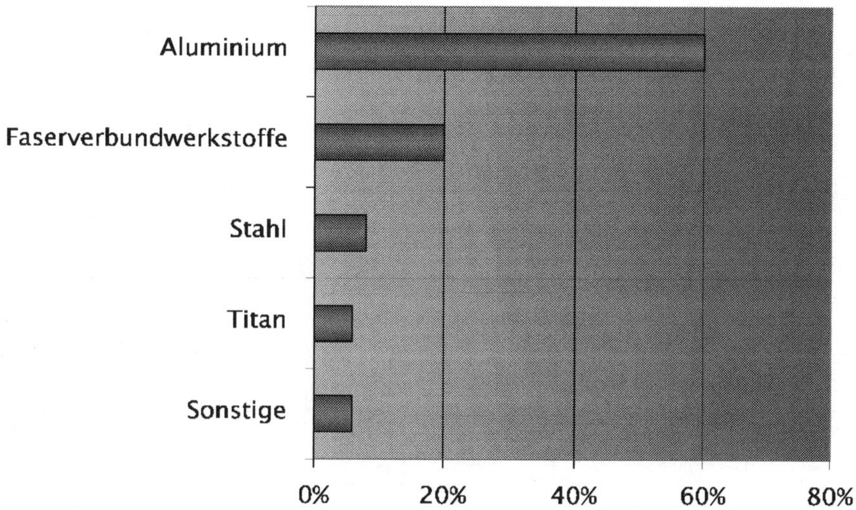

Abbildung 26: Materialanteile im Flugzeugbau (Grafik: KLSP)

7075 oder Varianten hiervon verwendet, eine Legierung, in der zusätzlich Zinkanteile enthalten sind.

Titanlegierungen (ca. 10 verschiedene) kommen beim Flugzeugbau im Wesentlichen im Verdichter der Gasturbinentriebwerke vor. Titan ist im Vergleich zu Stahl relativ leicht und hat trotzdem eine sehr hohe Zugfestigkeit und gute Korrosionsbeständigkeit auch bei hohen Temperaturen (in der Endstufe des Verdichters einer modernen Gasturbine herrschen etwa 600°C). Titan wird auch als Metall für Nieten und Schrauben verwendet.

Stähle bzw. Stahllegierungen (ca. 10 verschiedene) kommen überall dort zum Einsatz, wo es sich um hochbelastete Bauteile handelt. Die Zugfestigkeit von Stählen kann bis zu 2.000 N/mm^2 betragen. Zum Beispiel besteht das Fahrwerk aus einer hochfesten Stahllegierung. In der Turbinensektion des Gasturbinentriebwerks verwendet man in der Regel für die Turbinenschaufeln und benachbarte Teile hochwarmfeste Stahllegie-

rungen, bei denen hohe Anteile von Nickel und Cobalt mit jeweils etwa 20 % beigemischt sind.
An vierter Stelle bei den verwendeten Materialien sind Faserverbundwerkstoffe (engl. composites) zu nennen. Da im Flugzeugbau eine weitere Gewichtsreduzierung der Strukturteile auf der Basis von Aluminium nicht mehr zu erreichen war, werden heute in zunehmendem Maße die leichteren Faserverbundwerkstoffe genutzt. Hierzu gehören folgende drei Werkstoffsorten:

- Glasfaserverbundwerkstoff (Abk. GfK = Glasfaser verstärkter Kunststoff)
- Kohlefaserverbundwerkstoff (Abk. CfK = Carbonfaser verstärkter Kunststoff)
- Aramidfaserverbundwerkstoff (Abk. AfK = Aramidfaser verstärkter Kunststoff)

Faserverbundwerkstoffe werden aus einem Mattengewebe des jeweiligen Faserstoffes gebildet, die mit einem genauen Mischungsverhältnis aus Gießharz (engl. resin) und Härter (engl. filler) getränkt wird. Die getränkten Formen werden bei 180 °C in einem Autoklav zur Aushärtung gebracht. Je nach genutztem Faserstoff entsteht bei Glasfasern GfK, bei Aramidfasern AfK und bei Kohlefasern CfK.
Die englischen Bezeichnungen und Abkürzungen dafür lauten:

Abbildung 27: Kohlenstofffasermatte
(Quelle: Wikipedia Commons)

- GFRP = Glass Fiber-Reinforced Plastic, kurz: ‚glass fiber'
- CFRP = Carbon Fiber-Reinforced Polymer, kurz: ‚carbon fiber'
- AFRP = Aramid Fiber-Reinforced Polymer, auch bekannt unter Markennamen wie beispielsweise Kevlar

Das Gießharz (Epoxid, Polyester) dient bei der gesamten Struktur als Bettungsmasse (engl. matrix) für die Fasern. Die Kräfte werden im fertigen Produkt im Wesentlichen von den Fasern aufgenommen, die allerdings nur in Faserrichtung hohe Zugbelastungen aushalten können. Aus diesem Grund werden Fasergelege mit Fasern in Längs- und Querrichtung genutzt.

Insgesamt lassen sich genauer folgende Werkstoffeigenschaften vergleichen: Elastizität, Plastizität, Zugfestigkeit, spez. Zugfestigkeit, Härte, Dauerfestigkeit, Warmfestigkeit, Leitfähigkeit. Die ersten drei Größen wurden bereits im ersten Abschnitt erklärt, sie ergeben sich aus der Spannungsdehnungskurve. Die spezifische Zugfestigkeit ist ein Maß für die Zugfestigkeit im Verhältnis zur Dichte des Materials. Härte ist ein Maß für den Widerstand eines Materials gegen das Eindringen anderer Festkörper. Die Dauerfestigkeit ergibt sich aus der Wöhlerkurve und gibt an, wie viel Lastwechsel (Zug, Druck) ein Material ertragen kann. Materialeigenschaften sind temperaturabhängig. Die Warmfestigkeit gibt an, wie gut ein Material seine Zugfestigkeit in Abhängigkeit von der Temperatur erhalten kann.

Eigenschaft	Stahl	Aluminium	CFK	AFK	GFK
Sorte	AISI 4130	AA201.0-T6	mittlere Werte		
Zugfestigkeit in N/mm^2	560	485	2.000	2.200	1.000
Druckfestigkeit in N/mm^2	460	435	1.100	270	580
Scherfestigkeit in N/mm^2	80	23	100	55	80
Elastizitätsmodul in kN/mm^2	205	71	150	80	45
Dichte in g/cm^3	7,85	2,8	1,7	1,4	2,4
spez. Zugfestigkeit in km	7	18	120	160	42

Tabelle 3 : Materialien im Vergleich, Festigkeitswerte der Faserverbundwerkstoffe in Faserrichtung (Quelle: Stahl, Aluminium Werte: WolframAlpha; CFK,AFK,GFK: Werte übernommen aus [1])

Als Verbundmaterial sind die Eigenschaften von CfK, AfK, GfK in großem Maße von der Eigenschaft und vom jeweiligen Aufbau der Fasern und der gewählten Polymerbasis abhängig. Ein großer Unterschied liegt in der Anisotropie der Fasern als Basismaterial, d.h. die Materialeigenschaften der Fasern sind hochgradig abhängig von der Richtung der Belastung. Nur durch entsprechende Anordnung der Fasern in der Matrix lässt sich eine Quasi-Isotropie erreichen. Die Isotropie-Eigenschaft lässt sich in mancherlei Weise vorteilhaft nutzen, indem man beispielsweise bei komplexen Bauteilen die Fasern in Richtung der maximalen Zugspannung legt.

Elastizität, Plastizität, Zugfestigkeit, spez. Zugfestigkeit. Wie man aus den Werten der Tabelle entnehmen kann, haben Faserverbundwerkstoffe im Mittel hohe Festigkeitswerte bei geringer Dichte d.h. bei geringem Gewicht. Bei der Elastizität sind die Eigenschaften grob vergleichbar mit denen von Aluminium. Das Verhalten der Faserverbundwerkstoffe ist allerdings im plastischen Bereich grundverschieden von dem von Metallen her bekannten: Vom elastischen Bereich erfolgt schlagartig der Übergang zum Bruch, die Materialien kennen also keinen plastischen Bereich wie Metallwerkstoffe. Das Material bricht in einem Ruck durch, etwa vergleichbar wie dem Brechen von Holz oder jenem von einfachem Kunststoff wie Bakelit. Wegen der geringen Dichtewerte haben Faserverbundwerkstoffe ausgesprochen gute spezifische Zugfestigkeit.

Härte. CfK besitzt eine ausgesprochen hohe Härte und Sprödigkeit. Es ist härter als Stahl und lässt sich daher nur mit Diamantwerkzeugen oder Laserstrahlschneidwerkzeugen bearbeiten. GfK ist dagegen weniger hart und spröde, lässt sich folglich einfacher bearbeiten und ist empfindlicher gegen Verletzungen der Oberfläche.

Dauerfestigkeit. Faserverbundwerkstoffe weisen ähnlich wie Aluminium keine Dauerfestigkeit auf, sondern versagen irgendwann bei einer relativ hohen Anzahl von Lastwechseln. Man spricht daher wie bei Aluminium von Zeitfestigkeit. Die heutzutage erzielbaren Werte für die Zeitfestigkeit sind bei manchen Sorten mit denen von Aluminium vergleichbar.

Warmfestigkeit. Faserverbundwerkstoffe besitzen nur geringe Warmfestigkeit, da sie auf Polymerbasis gebildet sind und solche Verbindungen bei höheren Temperaturen ihre Festigkeit verlieren. Die Kohlefasern selbst sind dagegen thermisch überaus stabil und werden daher sogar als Bremsscheiben und -beläge verwendet.

Leitfähigkeit. Faserverbundwerkstoffe besitzen nur geringe Leitfähigkeit, sodass wegen der Notwendigkeit von Blitzschutzeigenschaften bei der Verwendung von CfK-Laminaten im Außenbereich von Flugzeugen zusätzlich Drahtnetze (wire mesh) eingebaut werden müssen.

Die folgende Tabelle zeigt in einem vereinfachten Vergleich zwischen der Bauweise mittels CfK und Aluminiumlegierung die jeweiligen Vor- und Nachteile.

	CFK	**Aluminiumlegierung (ALU)**
Elastizität	ca. 2-mal höher als ALU	gut (1/3 von Stahl)
Plastizität	nicht vorhanden (bei Überlast Bruch)	gut
Spez. Festigkeit	ca. 6-mal höher als ALU	gut (2,5 mal höher als Stahl)
Anpassung an Belastungsrichtung	durch Anpassung der Faserrichtung möglich	nicht möglich
Leitfähigkeit	schlecht (erfordert zusätzliches wire mesh)	sehr gut (Vorteil beim Blitzschutz)
Warmfestigkeit	Polymer schlecht, Kohlefaser gut	sehr gut
Materialermüdung	nicht dauerfest, begrenzte Anzahl Zyklen	nicht dauerfest, begrenzte Anzahl Zyklen
Alterung	Alterung durch versch. chemische Prozesse	Alterung durch Korrosion
Kosten	sehr hoch	hoch

Tabelle 4: Vor- und Nachteile von CFK und Aluminiumlegierung (KLSP)

Beim Bau großer Verkehrsflugzeuge werden neben den für die Luftfahrt geeigneten Aluminiumlegierungen und den reinen Faserverbundwerkstoffen weitere Verbundwerkstoffe genutzt, wobei man Metalle mit Faserverbundwerkstoffen kombiniert.

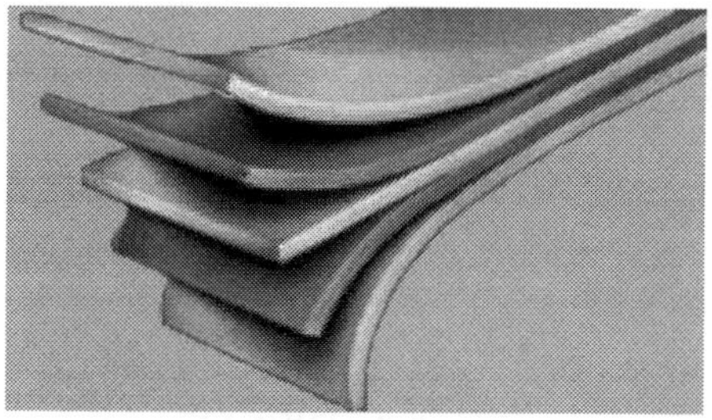

Abbildung 28: GLARE®
(Grafik: Luftpiraten.de; modifiziert KLSP)

Ein solcher Werkstoff ist beispielsweise GLARE®, der aus mehreren Lagen Aluminium besteht, die mit Lagen von Glasfaserverbundwerkstoff GfK verklebt sind. Der Werkstoff GLARE® (= GLAssfiber REinforced) wird z.B. beim Airbus A380 als Außenhaut im vorderen und hinteren Rumpfbereich verwendet.

Die Verwendung reiner Faserverbundwerkstoffe als alleinige Basis für eine Vielzahl von Komponenten hat sich im Flugzeugbau immer mehr durchgesetzt. So beträgt beispielsweise der Anteil von CfK am Strukturgewicht des Airbus A380 bereits 22 %. Die folgende Abbildung gibt einen Überblick.

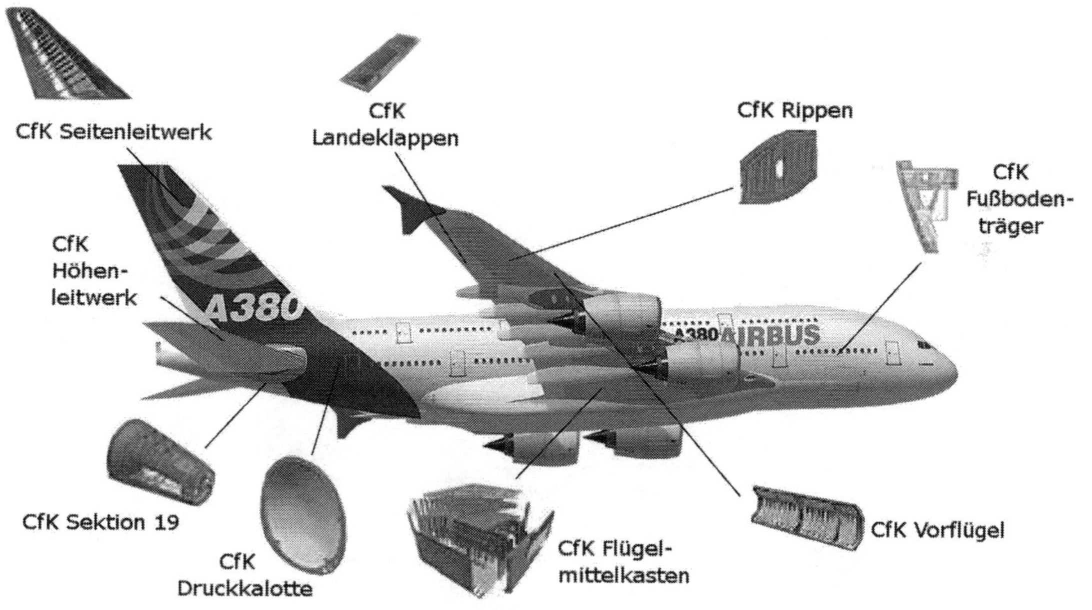

Abbildung 29: Verwendung von CfK beim Airbus A380
(Quelle: Airbus, aus [7] S.6, Überarbeitung KLSP)

Für den Innenausbau verwendet man häufig auch Faserverbundwerkstoffe in Sandwichbauweise, die aus zwei Kraft aufnehmenden Decklagen meist aus faserverstärktem Kunststoff (z.B. CfK) bestehen, welche durch einen leichten Kernwerkstoff auf Abstand gehalten werden. Der Kernwerkstoff kann dabei aus Hartschäumen oder Faserverbundwerkstoffen bestehen. Zum Teil wird der Kernwerkstoff wabenförmig ausgeformt und es entsteht ein sehr leichter Wabensandwich-Werkstoff (engl. honeycomb sandwich). Mit den so gebildeten Sandwichmaterialien werden hauptsächlich Türen, Böden, Verkleidungen und Gepäckablagen gefertigt. Sandwichbauteile benötigen zusätzliche strukturelle Verstärkungen, um höhere Lasten tragen zu können und werden daher meist nur in Teilbereichen genutzt.

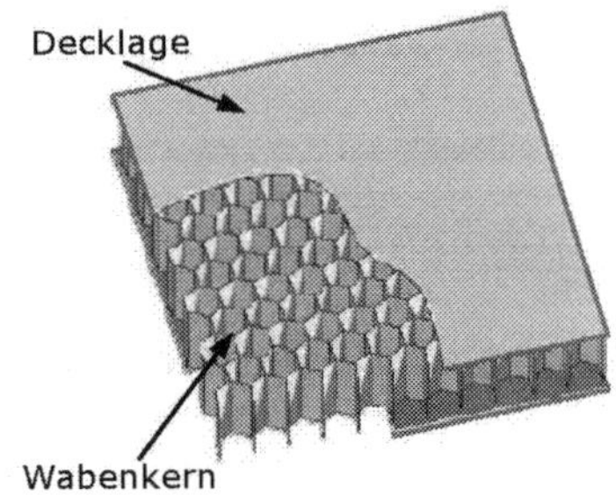

Abbildung 30: Wabensandwich (Grafik: aus [8], S. 20-2)

Die Nutzung von Faserverbundwerkstoffen wie GfK und CfK als Basismaterial für das gesamte Flugzeug hat sich im Segel- und Kleinflugzeugbau bereits seit Jahrzehnten etabliert. Auch beim Bau von Verkehrsflugzeugen beschreitet man seit einigen Jahren diesen Weg und entwickelt mit Boeing 787 Dreamliner und Airbus A350 XWB erste Verkehrsflugzeuge, die vorwiegend aus Faserverbundwerkstoffen hergestellt werden.

Abbildung 31: Boeing 787 Dreamliner (Foto: Rolls-Royce)

02 03 00 Tragwerk, Leitwerk und Steuerflächen beim Flugzeug

02 03 01 Ausführungsformen

Tragwerk

Das Tragwerk dient zur Auftriebserzeugung bei Start-, Flug- und Landephase, zur Aufnahme der Steuerflächen, zur Aufnahme von Fahrwerk und Triebwerkssystem und Teilen des Treibstoffsystems.

Das Tragwerk besteht aus den Tragflächen, die vielfältig angeordnet sein können. Historisch an erster Stelle zu nennen ist das Tragwerk des Doppeldeckers, bei dem zwei Tragflächen übereinander liegen und mit Abstandsstreben diagonal miteinander verspannt werden. Auch Dreidecker wurden während des Ersten Weltkrieges realisiert (z.B. Fokker F1).

Aufgrund des Wunsches nach mehr Geschwindigkeit hat man etwa ab 1930 wegen des geringeren Luftwiderstandes vermehrt Flugzeuge mit einer einzigen Tragfläche realisiert.

Beim Hochdecker ist eine einzelne Tragfläche über offene Verstrebungen mit dem Rumpf verbunden und verstrebt, er ist sozusagen ein Doppeldecker ohne untere Tragfläche.

Doppeldecker
Flugzeug: Stampe
Foto: Klaus Schulte, KLSP

Hochdecker
Flugzeug: Weller Sprint (UL)
Foto: Weller Flugzeugbau

Schulterdecker
Flugzeug: Cessna 172
Foto: Klaus Schulte, KLSP

Mitteldecker
Flugzeug: HFB 320 Hansajet im Museum of Air and Space Paris, Le Bourget (France)
Foto: Wikipedia Commons

Tiefdecker
Flugzeug: DC3
Foto: Klaus Schulte, KLSP

Beim Schulterdecker ist die Tragfläche im oberen Teil des Rumpfes angeordnet.
Bei einfachen Konstruktionen dieser Art wie beispielsweise bei den sehr bekannten Schul- und Reiseflugzeugen Cessna 152, 172, 182 sind die Tragflächen oft zusätzlich

abgestrebt (engl. braced), d.h. die Kräfte werden zusätzlich über die Streben in den unteren Rumpf abgeleitet. Fehlen diese Abstrebungen, spricht man von einer freitragenden Tragfläche (engl. cantilever wing, die Bedeutung leitet sich von seitlich („cant") und Hebel („lever") ab), beim Schulterdecker spricht man folglich vom freitragenden Schulterdecker. Der freitragende Schulterdecker wird oft bei kleineren Verkehrsflugzeugen mit Turbopropantrieb ausgeführt (z.B. Fokker F50, ATR 42, u.v.a.), da bei dieser Anordnung ausreichend Bodenfreiheit für große Propellerdurchmesser besteht.

Abbildung 32: abgestrebter Schulterdecker (links), Cantilever Konstruktion (rechts)
(Grafik links: KLSP; Foto rechts: Wikimedia Commons)

Wird die Tragfläche von der Rumpfmitte aufgenommen, spricht man von einem Mitteldecker. Mitteldecker finden man heutzutage noch bei Segelflugzeugen. Bei Flugzeugen für den Passagiertransport würde die Tragflächenkonstruktion die Kabine teilen, ein nahezu nicht zu überwindender Nachteil. Eine seltene Ausführung eines Mitteldeckers für den Passagiertransport stellt der Businessjet HFB 320 (1964) dar, bei dem man das Problem durch eine negative Pfeilung gelöst hat, sodass alle Passagiere vor der Tragflächenaufnahme im Rumpf sitzen konnten.

Beim Tiefdecker sitzt die Tragfläche im unteren Teil des Rumpfes. Es kann sich dabei um eine durchgehende Tragfläche handeln, die mit dem Rumpf verbunden wird, oder der Rumpf besitzt einen sogenannten Mittelkasten für die Aufnahme der beiden Tragflügel. Es ist interessant, dass die ersten Flugzeugtypen der Passagierluftfahrt, nämlich Junkers Ju52 (1931) und Douglas DC-3 (1936), bereits als Tiefdecker konstruiert waren. Bei der Verkehrsluftfahrt überwiegt auch heute noch zumindest bei großen Verkehrsflugzeugen die Ausführung als Tiefdecker.

Neben den beschriebenen Tragwerkanordnungen gibt es weitere wie beispielsweise der Entenflügel (canard) und der Deltaflügel, auf die wir in diesem Buch nicht weiter eingehen.

Leitwerk

Das Leitwerk dient der Stabilität und Steuerung des Flugzeuges inklusive der Trimmung. Im Laufe der Zeit wurden eine Reihe unterschiedlicher Leitwerkformen realisiert.

Zu den Ausführungsformen zählen:

- Das konventionelle Leitwerk mit tief liegendem Höhenruder seitlich am Rumpf
- Leitwerke mit zwei- und dreiteiligem Seitenruder
- Leitwerke mit Höhenruder in halber Höhe des Seitenleitwerks
- Das T-Leitwerk
- Zwei Seitenruder mit Höhenruderbrücke bei Flugzeugen mit zwei Rümpfen oder zwei Rumpfenden
- Das V-Leitwerk mit zwei schräg gestellten Höhenleitwerken und ohne konventionelles Seitenleitwerk

Zu den am häufigsten ausgeführten Leitwerksformen zählen die konventionelle Form und das T-Leitwerk. Letzteres wird meist bei Jets mit Triebwerksbefestigung am hinteren Rumpf eingesetzt.

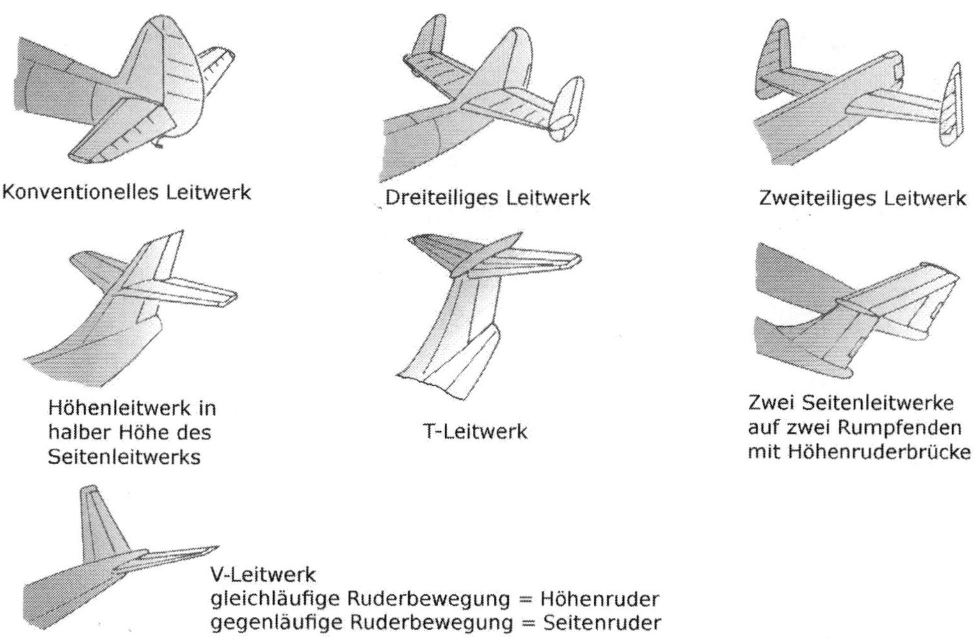

Abbildung 33: Bekannte Leitwerksformen (Grafik: KLSP nach Vorlage Engmann [1])

Steuerflächen

Neben dem bereits behandelten Tragwerk und Leitwerk spielt beim Flugzeugbau das Steuerungssystem eine besondere Rolle. Es besteht aus den Steuerflächen, den Bedienorganen und den konstruktiven Übertragungselementen zu ihrem Antrieb. Bedienorgane und Übertragungselemente werden auch als Steuerwerk bezeichnet. Das Steuerungssystem wird, wie im Syllabus vorgegeben, im Kapitel '05 00 00 Steuerungsysteme' mit dem Schwerpunkt auf Steuerung behandelt. An dieser Stelle widmen wir uns ausschließlich einigen Grundsätzen zur Konstruktion der Steuerflächen.

Die primären Steuerflächen wie Querruder/Rollspoiler, Höhenruder, Seitenruder eines Flugzeuges lassen sich im Flug frei um ihre Scharnierachse bewegen und werden zur Steuerung zeitweise in den Luftstrom gestellt. Hierdurch entstehen aerodynamische Kräfte, die zur Steuerung um die drei Raumachsen (siehe Abbildung 34) genutzt werden. Gleichzeitig entstehen Momente, die vom Steuerwerk und der Struktur aufgenommen werden müssen.

Abbildung 34: Die drei Achsen eines Flugzeuges und die zugeordneten Steuerungen (Grafik: KLSP)

Ruderscharniermoment. Prinzipiell entsteht beim Ausschlag einer Steuerfläche oder eines Ruders in Trag- oder Leitwerk durch den Luftstrom an der Drehachse des Ruders auch ein Drehmoment, das durch ein Gegendrehmoment kompensiert werden muss, solange das Ruder in dieser Lage verweilen soll. Das jeweilige Gegendrehmoment (bzw. bei mehreren Rudern die Summe der Drehmomente) wird bei mechanischen Systemen durch die Kräfte am Steuerknüppel/Steuerhorn und den Seitenruderpedalen durch den Piloten erzeugt. Bei elektrohydraulischen Systemen werden die Rudermomente durch die Kräfte bzw. Momente der hydraulischen Aktuatoren kompensiert.

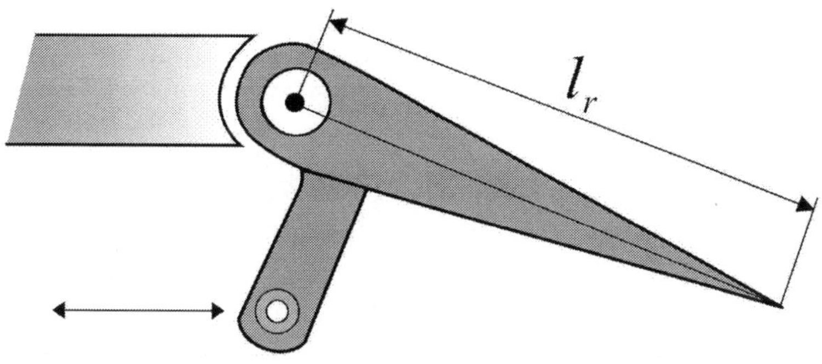

$$M_r = c_r * q_\infty * S_r * l_r$$

Ruderscharniermoment

$$q_\infty = \frac{\rho}{2} * v^2$$

Staudruck

Abbildung 35: Ruderscharniermoment (Grafik: KLSP)

Das Rudermoment, auch Ruderscharniermoment (engl. hinge moment) genannt, ist proportional zur angreifenden Kraft über der Ruderfläche mal der Länge des Hebelarmes der Ruderfläche. Die aerodynamische Kraft über der Ruderfläche ist gleich der dort herrschenden Auftriebskraft und damit proportional zu seiner Fläche und dem Staudruck (halbe Luftdichte mal Quadrat der Geschwindigkeit). Das Gesamtmoment ist dabei nicht nur vom Ausschlag der Ruderfläche sondern zusätzlich vom Anstellwinkel der Tragfläche abhängig. In der angegebenen Formel wird dies durch c_r = f(Anstellwinkel, Ausschlagswinkel) berücksichtigt.

Aerodynamischer Ruderausgleich. Je schneller ein Flugzeug fliegt, desto höher sind die Ruderkräfte. Sie steigen quadratisch mit der Geschwindigkeit. Da die höheren Ruderkräfte bei mechanischer Auslegung ab einem bestimmten Punkt für den Piloten zu hoch sind, sind Methoden für den Kraftausgleich erforderlich. In den 1940er Jahren erfand man hierfür den aerodynamischen Ruderausgleich. Dabei wird ein Teil der aerodynamischen Kraft an einem Ruder genutzt, um die aufzuwendende Kraft zu begrenzen.

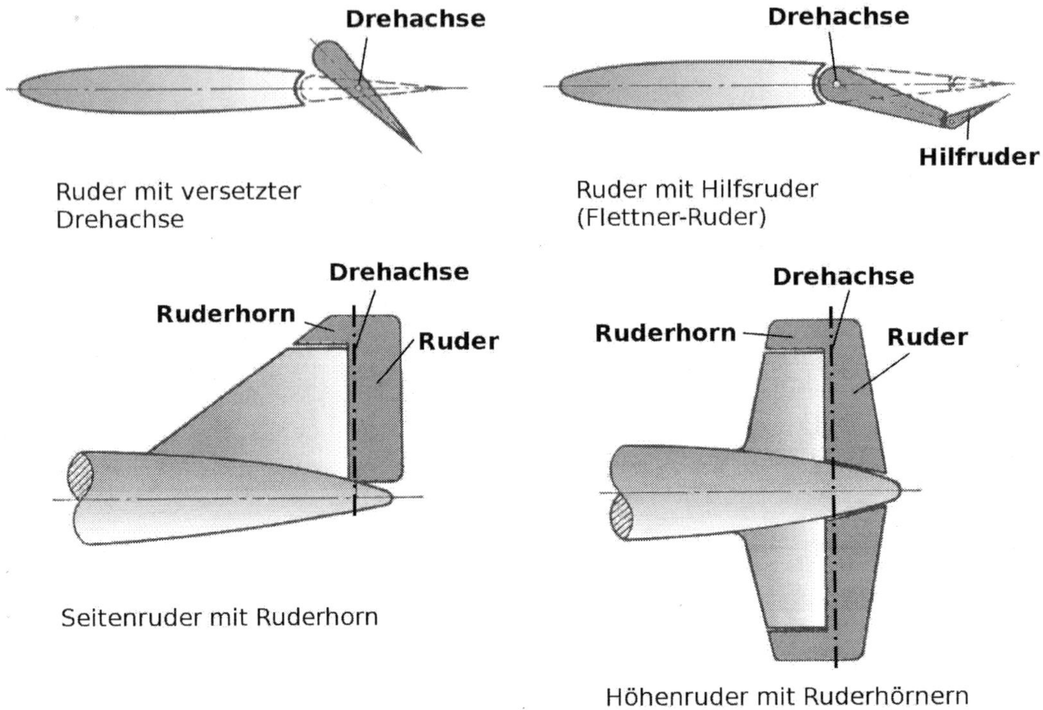

Abbildung 36: Aerodynamischer Ruderausgleich (Grafik: KLSP)

Die Abbildung zeigt bekannte Methoden, wobei die folgend Genannten gemein haben, dass jeweils ein Teil der Strömung genutzt wird, um ein Gegendrehmoment am Ruderscharnier zu erzeugen.

- Rückversetzung der Drehachse
- Ruderhorn (ein Teil des Ruders liegt vor der Drehachse des Ruders)

Im Unterschied dazu verwendet das Flettner-Ruder die Strömung am Ende der Ruderfläche, um ein Teil der Ruderkraft bzw. des Rudermoments dynamisch zu erzeugen. Die erzeugten Momente beim aerodynamischen Ruderausgleich wachsen, wie die Ruderkräfte selbst, quadratisch mit der Geschwindigkeit, sodass die Ruderkräfte über einen weiten Bereich im selben Verhältnis reduziert werden können.

Statischer Ruderausgleich. Beim statischen Ruderausgleich (engl. mass balance) wird das Ruder durch ein Gegengewicht vor dem Ruderscharnier statisch ausbalanciert.

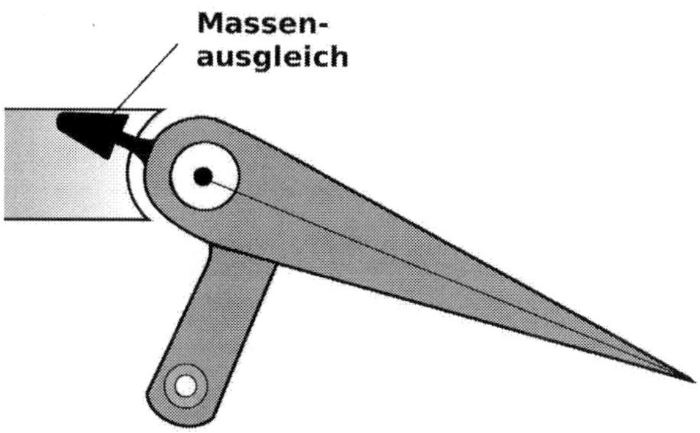

Abbildung 37: Ruder mit Massenausgleich (Grafik: KLSP)

In den meisten Fällen wird der statische Ruderausgleich so ausgeführt, dass der Massenschwerpunkt des Ruders vor der Drehachse zu liegen kommt. Dies verhindert Ruderflattern bei normalen Geschwindigkeiten und wirkt bei höheren Geschwindigkeiten als Flatterdämpfung. Bei manchen Ausführungsformen ist der Massenausgleich aerodynamisch geformt, sodass neben dem Massenausgleich ein aerodynamisches Moment überlagert wird.

Besonderheiten bei der Rollsteuerung. Bei kleineren Flugzeugen erfolgt die Rollsteuerung meistens allein durch zwei Querruder, die gegensinnig ausschlagen d.h. bei einer Rollbewegung beispielsweise nach rechts schlägt das rechte Querruder nach oben und das linke Querruder nach unten aus. Die Querruder sind dabei weit außen positioniert, da sie dort den größten Hebelarm haben und so bei gleicher Fläche die beste Wirkung erzielen.
Auf der Seite, die angehoben wird, entsteht neben dem erhöhten Auftrieb auch ein erhöhter induzierter Widerstand und auf der Seite, die gesenkt wird, entsteht ein geringerer induzierter Widerstand. Dies erzeugt ein Moment gegen die Drehrichtung, das sogenannte negative Wendemoment (engl. adverse aileron yaw). Dies gilt es konstruktiv zu beseitigen. Hierzu werden folgende Maßnahmen verwendet:

1. *Differenzielle Querruder*. Die Anlenkung der Querruder ist so gestaltet, dass das Querruder nach oben mehr ausschlägt als nach unten.
2. *Frise Querruder*. Die Querruder sind in der Formgebung asymmetrisch, sodass der Ausschlag nach oben einen größeren Luftwiderstand erzeugt als der Ausschlag nach unten.

3. *Querruder-Seitenruder-Kopplung.* Hierbei schlägt gleichzeitig zum Querruder das Seitenruder geringfügig gleichsinnig aus, um das negative Wendemoment zu kompensieren.

Abbildung 38: Tragfäche B747 (Quelle: Wikipedia Commons)

Bei großen Transportflugzeugen ist die Rollsteuerung neben den äußeren Querrudern oft durch weitere Steuerflächen realisiert. Der Nachteil der äußeren Querruder liegt in der Erzeugung hoher Biege- und Verwindungsmomente an der Tragfläche, was bei sehr großen Tragflächen nicht wünschenswert ist. Daher werden in bestimmten Fällen zusätzlich *innen liegende Querruder* eingesetzt, wobei der jeweilige Ausschlag je nach Geschwindigkeit vom Bordcomputer im gewünschten Verhältnis verteilt wird (z.B. B747). Die äußeren Querruder kommen bei niedrigen Geschwindigkeiten und die inneren bei höheren Geschwindigkeiten zum Einsatz.

Rollsteuerung mittels Flight Spoiler. Die sogenannten Flight Spoiler, das sind Stör- oder Bremsklappen auf der Oberseite der Tragflächen (siehe auch den Abschnitt auf Seite 148), können ebenfalls zur Rollsteuerung verwendet werden. In dieser Funktion bezeichnet man sie als Roll Spoiler (auch Spoilerons genannt). Es gibt Flugzeuge, die sich bei der Rollsteuerung komplett auf Spoiler verlassen (z.B. Mitsubishi MU-2). Die meisten Transportflugzeuge nutzen Roll Spoiler nur als Ergänzung zum konventionellen Querruder.
Die Nutzung von Roll Spoilern für die Rollsteuerung hat einige Vorteile:

- Kein negatives Wendemoment
- Weniger Verwindungsmomente an der Tragfläche
- Bei transsonischer Geschwindigkeit (ab ca. 0,8 Mach) ist ihre Funktion nicht durch Stoßwellen beeinflusst
- Kein Ruderflattern
- Spoiler belegen nicht den hinteren Tragflächenrand, der so durchgehend für Klappen genutzt werden kann

Sonderformen bei Steuerflächen. In seltenen Fällen kommen bei Steuerflächen Sonderformen zum Einsatz. Darunter fallen beispielsweise:

Flaperons. Flaperons ist ein Kunstwort, gebildet aus Flaps (Klappen) und Ailerons (Querruder). Es handelt sich dabei um Steuerflächen, welche auf jeder Seite den gesamten hinteren Rand einer Tragfläche ausnutzen. Die Querruderfunktionalität wird wie bei normalen Querrudern realisiert. Für die Klappenfunktionalität werden beide Steuerflächen in ihrer Nullpunktslage nach unten gedreht, wobei die Querruderausschläge um den neuen Nullpunkt herum funktionieren.

Elevons. Elevons ist ebenfalls ein Kunstwort, gebildet aus elevator (Höhenruder) und Ailerons (Querruder). Diese Steuerflächen werden konstruktiv bei Deltaflüglern (Kampfjets) oder auch Nurflüglern verwendet. Sie ermöglichen sowohl Nick- als auch Rollsteuerung, indem sie im ersten Fall gleichsinnig und im zweiten Fall gegensinnig ausschlagen.

Steuerflächen am V-Leitwerk. Ähnlich wie Elevons arbeiten die Steuerflächen eines V-Leitwerks, wobei Flugzeuge mit V-Leitwerk (z.B. Beech Bonanza V35 "V-tail Bonanza") mit ihren beiden Steuerflächen am Leitwerk durch gleich- oder gegensinniges Ausschlagen sowohl die Nick- als auch eine Art kombinierte Gier- und Rollsteuerung übernehmen.

Die *sekundären Steuerflächen* dienen in Form von Vorflügel, Flügelnasenklappen, Flügelendklappen als Auftriebshilfen für den Langsamflug, die Brems- oder Störklappen dienen als Auftriebsvernichter. Die auftriebserhöhenden Komponenten werden ausschließlich beim Langsamflug eingesetzt, vorwiegend bei Start und Landung. Die auftriebsvernichtenden Komponenten werden im Sinkflug genutzt, um das Sinkprofil anzupassen.

Auftriebshilfen (Vorflügel und Klappen)

Abbildung 39 zeigt einige der konstruktiv gängigen Formen von *Auftriebshilfen* wie sie bei verschiedenen Flugzeugen zum Einsatz kommen. Bei großen Transportflugzeugen kommen an der vorderen Flügelkante innen zum Rumpf hin oftmals Nasenklappen (engl. leading edge flaps) oder alternativ Krüger-Klappen (engl. Kruger flaps) und weiter außen oftmals Vorflügel (engl. slats) zum Einsatz.

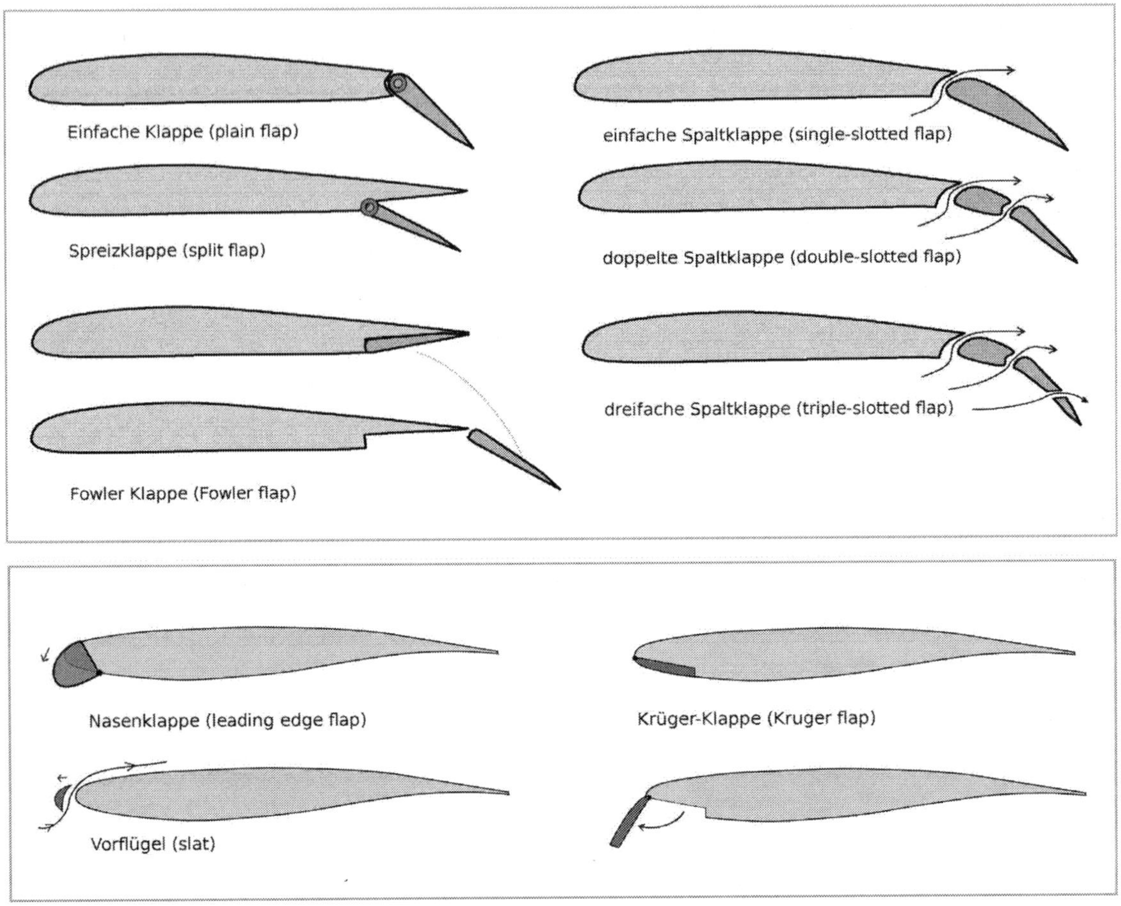

Abbildung 39: Gängige Auftriebshilfen, oben trailing edge flaps, unten leading edge flaps und slats (Grafik: KLSP)

Am hinteren Ende der Tragfläche findet man nur bei kleineren oder historischen Flugzeugen einfache Klappen oder Spreizklappen, beispielsweise war die berühmte Douglas DC-3 mit Spreizklappen ausgestattet.

Einfache Klappen verändern lediglich die Wölbung einer Tragfläche, weshalb sie auch als *Wölbklappen* bezeichnet werden. Große Transportflugzeuge verwenden heutzutage meistens Klappen vom Fowler-Typ, die nicht nur die Wölbung sondern auch die Fläche des Tragflügels vergrößern. Vorwiegend werden konstruktiv Fowler-Klappen, Klappen mit doppeltem Spalt (engl. double-slotted flaps) oder sogar z.B. bei der Boeing 747 Klappen mit Dreifachspalt genutzt. Die folgende Abbildung gibt eine Übersicht.

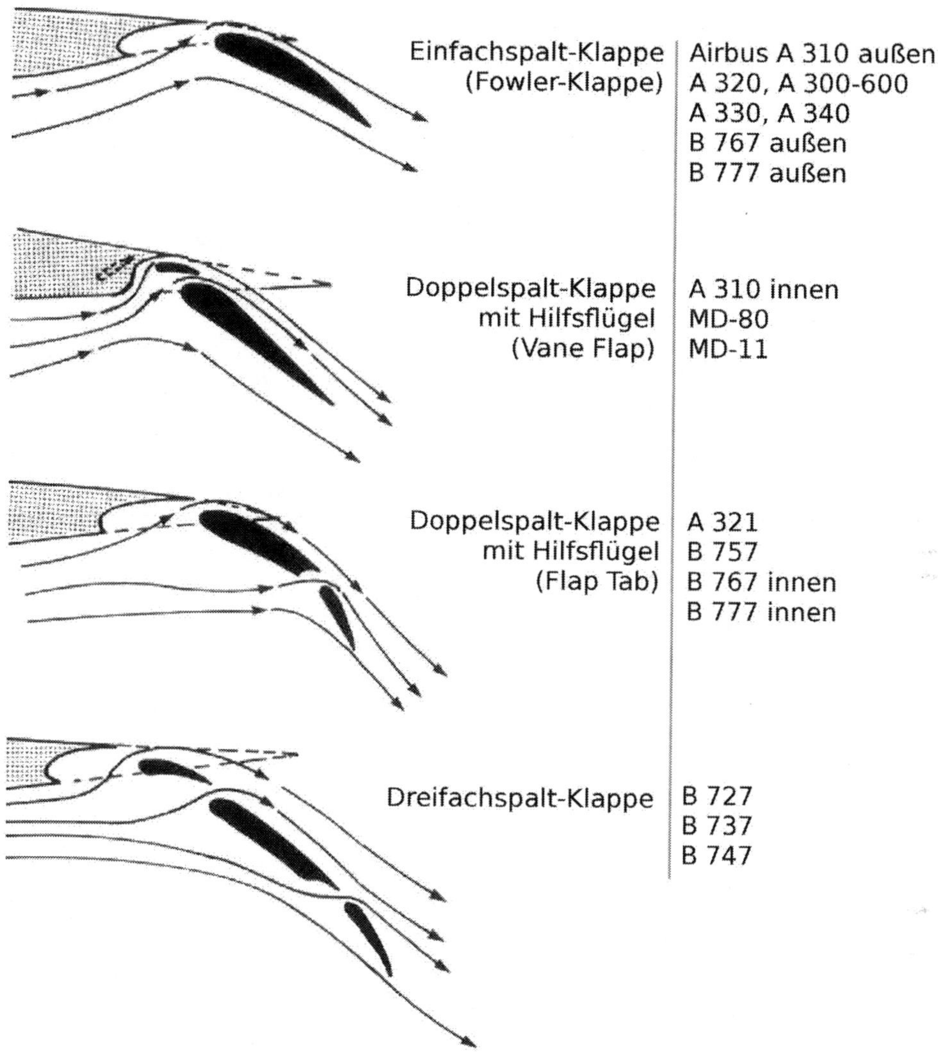

Abbildung 40: Beispiele für Klappenkonstruktionen bei Airlinern
(Grafik: aus „Aerodynamik der Klappen und Leitwerke", Folie 11,
Prof. Hakenesch, Universität München)

Die Klappen werden an mehreren Pylonen gleichzeitig nach hinten und nach unten ausgefahren und vergrößern auf diese Weise sowohl die Wölbung als auch die Fläche des Tragflügels und damit den Auftrieb (Fowler-Prinzip). Bei gleicher, natürlich niedriger als der normalen, Geschwindigkeit lässt sich der Auftrieb mittels Vorflügel und auf 50°-gefahrenen, doppelspaltigen Fowler-Klappen gegenüber einer „clean configuration" etwa um maximal den Faktor drei erhöhen.

02 03 02 Bauweisen und Strukturkomponenten

Fachwerkbauweise

In den Anfängen der Luftfahrt dominierte beim Bau des Trag- und Leitwerks (und auch des Rumpfes) die Fachwerkbauweise, bei der die Luftkräfte vollkommen von einem Fachwerk aus Holz oder Rohr aufgenommen werden.
Das Flügelfachwerk besteht dabei in der Regel aus ein oder zwei Holmen (engl. spar), die mit vielen Rippen (engl. rib) zusammen mit Nasen- und Endleiste (engl. nose spar, trailing spar) zu einer stabilen Struktur verklebt wurden. Die Rippen dienen dabei der Formgebung des Profils. Gegebenenfalls wurden diagonale Querverstrebungen aus Holz oder Spanndrähten ergänzt. Die Bespannung respektive Beplankung (engl. skin) nimmt bei dieser Bauweise keinerlei Kräfte auf, was sich bei der anfangs vorherrschenden Tuchbespannung auch gar nicht hätte realisieren lassen.

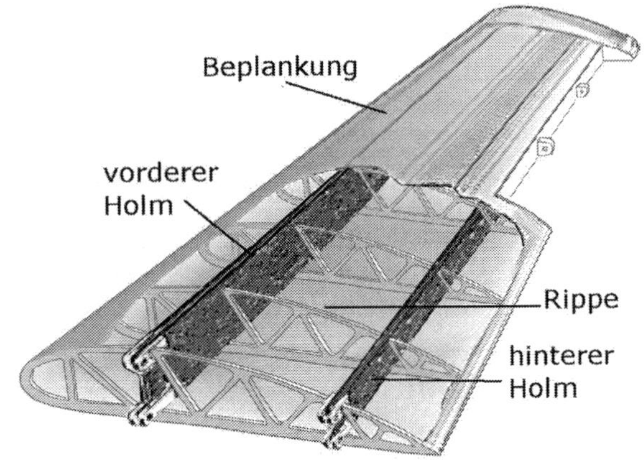

Abbildung 41: Fachwerkbauweise
(Grafik: KLSP nach Vorlage auf aviation4u.de)

Holm-und-Gurt-Bauweise

Aufgrund der höheren Fluggeschwindigkeiten, die insbesondere während des Zweiten Weltkrieges einen gewaltigen Schub von 130 kts auf 350 kts und mehr erlebten, war eine Bauweise gefragt, welche die höheren Tragflügelbelastungen meistern konnte. Es entstand die sogenannte Holm-und-Gurt-Bauweise. Diese zeichnet sich dadurch aus, dass man die Metallbeplankung mit zusätzlichen Längsverstrebungen (engl. stringer) versieht und mit den beiden Holmen und den Rippen zu einem Torsionskasten (engl. torsion box) verbindet. Ober- und Unterseite der

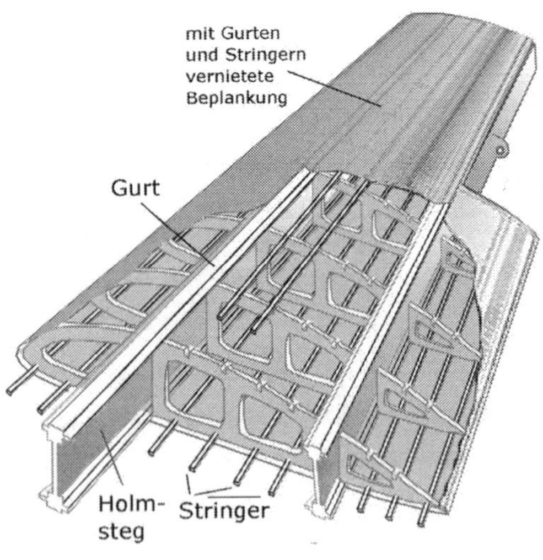

Abbildung 42: Holm-und-Gurt-Bauweise
(Grafik: KLSP nach Vorlage auf aviation4u.de)

Holme bilden dabei über sogenannte Gurte eine feste Verbindung mit der Beplankung. Der Holm selbst besteht dabei aus dem Holmsteg (engl. spar web) und dem unteren und oberen Gurt (engl. spar cap), die zusammen eine T-Struktur bilden. Die Gesamtstruktur eines so konstruierten Flügels ist äußerst stabil und konnte die entstehenden g-Belastungen bei Geschwindigkeiten bis 400 kts aushalten.

Schalenbauweise

Bei der Schalenbauweise werden noch konsequenter als bei der Holm-und-Gurt-Bauweise die Luftkräfte von einer verstärkten Beplankung aufgenommen. Dabei wird eine Fertigungsmethode verwendet, bei der sehr viele Längsverstrebungen unmittelbar Bestandteil der Tragflächenbeplankung werden. Man findet bei der dieser Bauweise meistens drei Holme, die zusammen mit Rippen und Tragflächenober- und -unterseite eine sehr stabile Torsionsbox bilden.

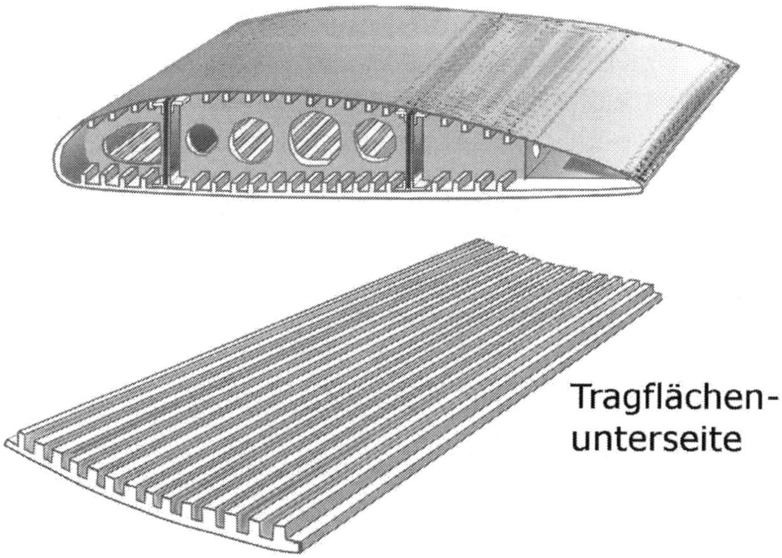

Abbildung 43: Schalenbauweise (Grafik: KLSP nach Vorlage auf aviation4u.de)

Integralbauweise

Mit zunehmender Flächenbelastung setzt sich im Flugzeugbau mehr und mehr die sogenannte Integralbauweise durch. Dabei werden in konsequenter Fortsetzung der Schalenbauweise Ober- und Unterseiten der Tragflächen aus einem Stück gefertigt. Die Herstellung erfolgt mittels Fräs- oder Ätztechnik, wobei das Material direkt über die gesamte Länge eines Tragflügels herausgefräst oder herausgeätzt wird. Der Vorteil besteht in der extremen Maßtreue und dem vollständigen Fehlen von Nieten. Biege- und Torsionskräfte werden von Tragflächen dieser Bauweise sehr gut aufgenommen.

Leitwerkskomponenten

Das Leitwerk besteht in der Regel aus zwei Komponenten, dem Höhenleitwerk (engl. horizontal stabilizer) und dem Seitenleitwerk (engl. vertical stabilizer). Beide Leitwerkskomponenten bestehen jeweils aus einem Mittelstück und dem jeweiligen Ruder, dem Höhenruder (engl. elevator) bzw. Seitenruder (engl. rudder).

Die linken und rechten Höhenruder werden ähnlich wie bei der Tragfläche in der Regel von einem Mittelkasten aufgenommen. Mittelstücke, Mittelkasten und Ruder bestehen jeweils aus mehreren Holmen und Rippen, die beplankt werden.

Höhenleitwerk und -ruder können auch in der Form eines Pendelruders ausgeführt sein, wobei sich das gesamte Ruder um eine Achse drehen lässt.

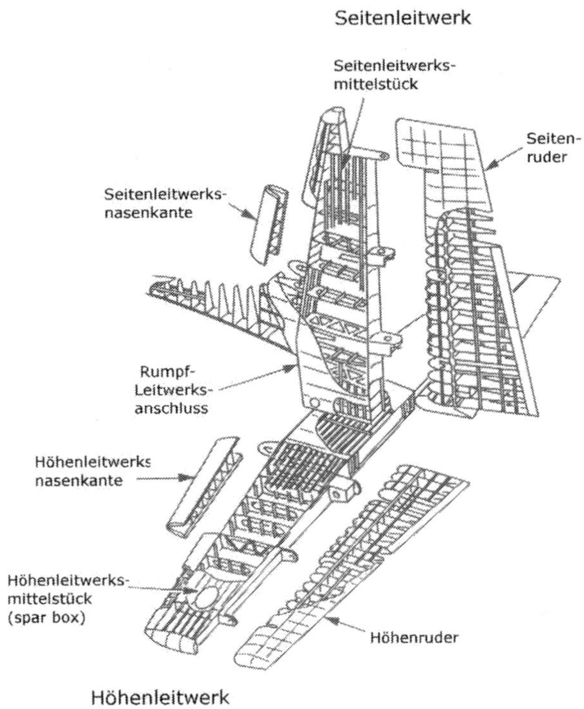

Abbildung 44: Leitwerkskomponenten
(Grafik: KLSP nach Vorlage Engmann [1])

Als Bauweise des Leitwerks verwendet man im Normalfall die selbe Bauweise wie beim Tragflügel. Unterschiede kann es bei den verwendeten Materialien geben. So wird bei vielen Airbusmodellen das Seitenleitwerk in CfK-Technik, das Höhenwerk aber noch in konventioneller Technik gefertigt.

02 03 03 Belastungen und aeroelastische Stabilität

Belastungen

Steht ein Flugzeug am Boden z. B. auf dem Rollfeld, so wirken an der Struktur ausschließlich die statischen Kräfte und Momente. In vertikaler Richtung wirkt die Gewichtskraft der einzelnen Komponenten an ihren jeweiligen Angriffspunkten. So zieht beispielsweise ein Triebwerk, das an einer Tragfläche aufgehängt ist, mit seiner Gewichtskraft an seinem Aufhängungspunkt nach unten. Darüber hinaus entsteht ein Drehmoment, das - wenn wir uns das Fahrwerk für den Moment im Rumpf vorstellen - an der Flügelwurzel angreift. Das Moment entspricht der Gewichtskraft mal Hebelarm, also dem Abstand des Triebwerks von der Flügelwurzel. Bei einem Gewicht von etwa 2,5 to für ein CFM56-Triebwerk in einem A320 oder einer B737 ergibt dies ein gewaltiges Moment. Ähnliche Überlegungen lassen sich mit Tankinhalt und der Zuladung im Rumpf durchführen. Die maximalen statischen Kräfte und Momente führen zu Grenzbelastungswerten, die nicht überschritten werden dürfen, z.B. zur Maximum Zero Fuel Mass (MZFM), das ist die maximal zulässige Masse des Flugzeuges bei leeren Tanks.

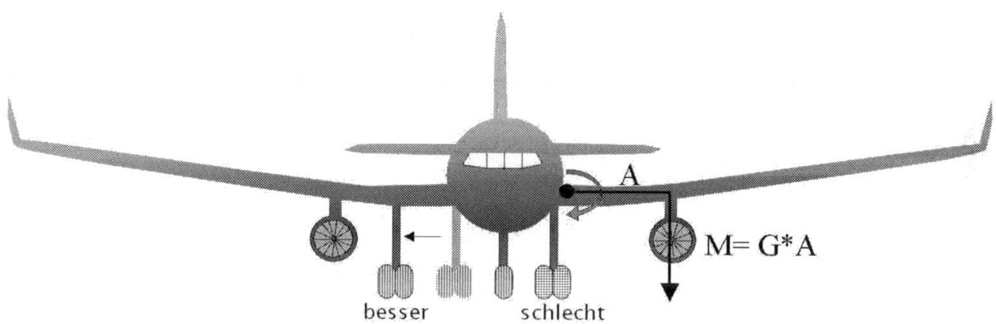

Abbildung 45: Beispiel: Die statische Gewichtskraft führt am Boden zur Biegebelastung an der Tragflügelwurzel (Grafik: KLSP)

In horizontaler Richtung wirken am Boden Kräfte bei der Beschleunigung des Flugzeuges auf der Startbahn bzw. beim Abbremsen des Flugzeuges auf der Landebahn. Hierbei treten Drehmomente an der Tragflächenwurzel um die Hochachse auf, insbesondere auf der Startbahn bei gesetztem Schub und gehaltenen Bremsen.

Während sich das Flugzeug in der Luft nicht beschleunigt bewegt, sich also beispielsweise mit konstanter Geschwindigkeit auf gleichbleibender Altitude im Reiseflug befindet, sind die angreifenden Kräfte am Tragflügel

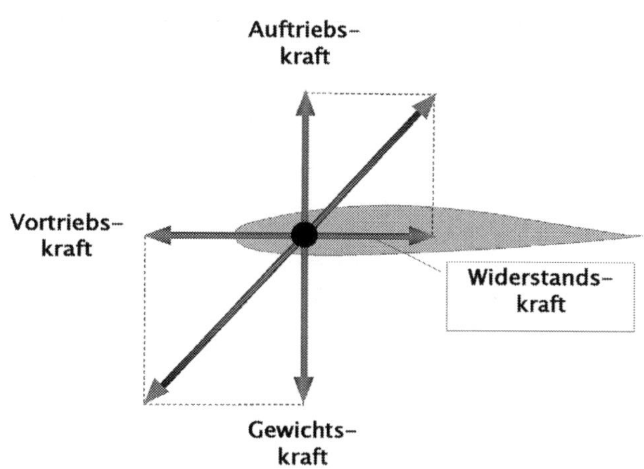

Abbildung 46: Kräftediagramm (Grafik: KLSP)

im Gleichgewicht. Die Vortriebskraft ist gleich der Widerstandskraft und die Auftriebskraft ist gleich der Gewichtskraft. Dies bedeutet auch, dass bei ruhiger Luft im Reiseflug nahezu keine Torsionsmomente an der Flügelwurzel entstehen. Dies ändert sich, sobald das Flugzeug in Turbulenzen gerät oder sich im Kurvenflug befindet. Im ersten Fall ändert sich die Auftriebskraft als Funktion der Zeit je nach Stärke der Turbulenz von moderat bis drastisch, was zu positiven wie negativen g-Belastungen und entsprechenden Biegemomenten führt. Im Kurvenflug mit Höhenhaltung stellt sich ein anderes Gleichgewicht ein. Da die senkrechte Auftriebskomponente mit zunehmendem Neigewinkel sinkt, muss durch Änderung des Anstellwinkels (Pitch) der Auftrieb soweit erhöht werden, bis die vertikale Auftriebskomponente die Gewichtskraft kompensiert. Da die Pitchänderung nur im geringen Rahmen möglich ist, muss bei größeren Neigungswinkeln dafür zusätzlich die Geschwindigkeit erhöht werden. Der Tragflügel wird dabei mit zunehmendem Neigungswinkel stärker und stärker belastet, bei 60 Grad bank beträgt sie bereits 2g und liegt damit nahe am zulässigen Maximum für große Verkehrsflugzeuge (Zulassung nach CS25).

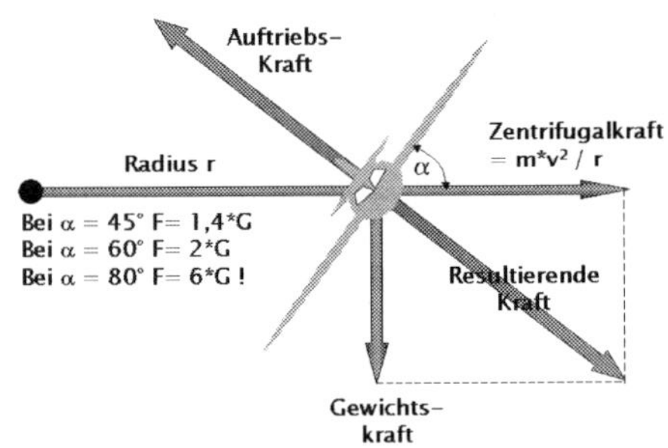

Abbildung 47: Belastung im Kurvenflug
(Grafik: KLSP)

Auch im asymmetrischen Flugzustand, nachdem beispielsweise eins von zwei Flügeltriebwerken ausgefallen ist oder abgestellt werden musste, sind die Belastungen erhöht. Zunächst einmal ist die Tragfläche aufseiten des defekten Triebwerks aufgrund des fehlenden Schubs einer erhöhten Schubspannung in Flugzeuglängsachse ausgesetzt, d.h. die durch den Triebwerksausfall erhöhte Widerstandskraft versucht die Tragfläche quasi nach hinten zu drehen. Hierzu kommen die erhöhten Kräfte aufgrund der nun ständig aus der Neutralstellung heraus operierenden Ruder, wobei die Querruder eine Torsionsspannung in den Tragflügeln erzeugten und das Seitenruder ein dauerhaftes Drehmoment am Seitenleitwerk erzeugt. Auch am Rumpf sind die Belastungen durch die schräge Anströmung etwas erhöht. Mehrmotorige Flugzeuge sind von der Konstruktion her so ausgelegt, dass sie solche Belastungen auf Dauer aushalten, jedoch verringert sich im asymmetrischen Flugzustand an den belasteten Stellen der Abstand zu der insgesamt tolerierbaren Grenzbelastung.

Wichtig bei der Konstruktion ist es, die einzelnen Belastungen sowohl über die Länge als auch über die Breite des Tragwerks und des Leitwerks möglichst gleichmäßig zu verteilen. Aus diesem Grund sind beispielsweise die Triebwerke – anders als in obiger

Abbildung 45 - möglichst nahe am Rumpf und neben den Hauptfahrwerksbeinen platziert, sodass die Gewichtskraft am Boden direkt von Rumpf und Hauptfahrwerk aufgenommen wird.

Aeroelastische Stabilität

Unter bestimmten Bedingungen können aerodynamische Luftkräfte mit mechanischen Kräften und Momenten wechselwirken und es kann zu Vibrationen oder Schwingungen kommen. Mit Phänomenen dieser Art beschäftigt sich die aeroelastische Stabilität. Ziel dieses Bereiches ist es, Flugzeuge so zu konstruieren, dass Phänomene wie Schwingungen des Tragwerks, Leitwerks und der Steuerflächen möglichst nicht auftreten oder nur außerhalb der Betriebsgrenzen eines Flugzeuges in Erscheinung treten.

Aeroelastische Phänomene entstehen beim Flugzeug durch Einkoppelung von aerodynamischen Kräften aufgrund starker Druckschwankungen in die Flugzeugstruktur. Zwei Fälle sind zu unterscheiden.

Low-speed Buffeting. Das Ablösen der Strömung beim Überschreiten des maximal möglichen Anstellwinkels, d.h. beim Stall, führt zu turbulenter Strömung oberhalb der Tragfläche. Die dadurch entstehenden, schwankenden Druckunterschiede werden als oszillierende Druckkräfte in Tragfläche und eventuell Höhenleitwerk eingekoppelt und führen zum Rütteln des Flugzeugs.

High-speed Buffeting. Im transsonischen Geschwindigkeitsbereich oberhalb der kritischen Machzahl, die bei den meisten Verkehrsflugzeugen bei etwa 0,8 Mach liegt, erreicht die den Tragflügel umströmende Luft auf der Oberseite des Profils Überschallgeschwindigkeit. Oberhalb dieser Airspeed entstehen sogenannte Stoßwellen (engl. shock waves). Unmittelbar dahinter findet eine Strömungsablösung statt und die entstehende turbulente Strömung erzeugt oszillierende Druckkräfte, die auf die Tragfläche übertragen werden und heftiges Schütteln, das sogenannte High-speed Buffeting auslösen. Bei höheren Geschwindigkeiten können Stoßwellen auch an der Unterseite der Tragfläche entstehen.

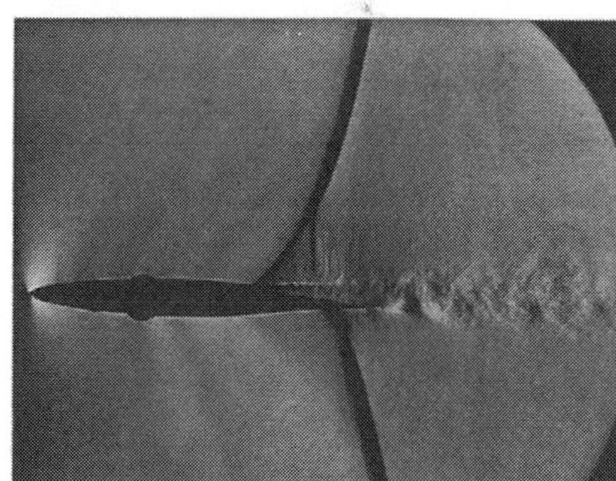

Abbildung 40: Bildung von Stoßwellen M0.95; Schlierenaufnahme (Quelle: National Physical Laboratory, England)

High-Speed Buffeting kann auch am Höhenleitwerk entstehen, sogenanntes Tail Buffeting. Hinzu kommt, dass das Tail Buffeting auch strömungsseitig durch die Turbulenzen der Tragfläche verstärkt werden kann.

Resonanzen und Ruderflattern. Buffeting, insbesondere die Varianten des Buffeting bei hohen Geschwindigkeiten kann aeroelastische Phänomene auslösen. Zum einen können Teile der Tragflächen in Resonanz geraten und zum anderen kommt es zum Oszillieren der Steuerflächen, auch Ruderflattern genannt, was im Falle einer Dauerbelastung zu Schäden führen kann.

Ruderflattern kann unabhängig vom High-Speed Buffeting auch bereits bei niedrigeren Geschwindigkeiten auftreten. Der Grund hierfür liegt dann in der einfachen Ruderauslegung ohne Dämpfung, wie sie bei Kleinflugzeugen teilweise zu finden ist.

Gegen Resonanzen und Ruderflattern lassen sich konstruktiv einige Maßnahmen anwenden. Resonanzen der Tragfläche lassen sich konstruktiv durch Vermeidung von Eigenschwingungen durch entsprechende Auslegung der Bauteile erzielen, d.h. die Torsionsbox muss eine ausreichende Schwingungsdämpfung bezüglich der in Frage kommenden Frequenzen besitzen.

Die Anregung der Steuerflächen zu Flatterschwingungen in den beschriebenen Bereichen ist unvermeidbar. Allerdings lassen sich schädliche Auswirkungen durch den Einsatz von Schwingungsdämpfern verhindern oder zumindest abschwächen. Einfache mechanische Systeme in kleinen Flugzeugen haben den Nachteil, dass in einem solchen System nur geringe mechanische Dämpfung vorhanden ist. Bei Systemen in großen Flugzeugen verwendet man überwiegend hydraulische Aktuatoren, die mit Schwingungsdämpfung ausgestattet sind (engl. anti-pogo system) und somit Ruderflattern wirkungsvoll dämpfen können.

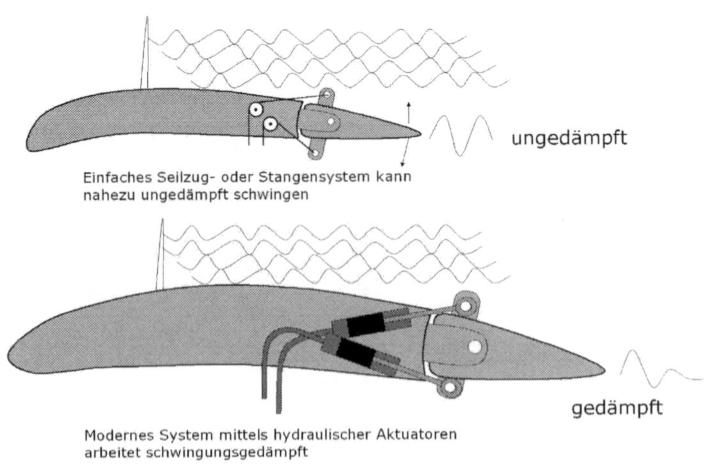

Abbildung 48: Ruderflattern (Grafik: KLSP)

Da sich High-Speed Buffeting nicht verhindern lässt, gilt es für die Crew, den entsprechenden Bereich zu meiden. Für Verkehrsflugzeuge wird dies durch die dynamische Anzeige der barber pole speed vereinfacht, zusätzlich gibt es entsprechende Kurvendiagramme im Flughandbuch, die in Abhängigkeit der Masse die kritische Geschwindigkeitsgrenze angeben.

02 04 00 Rumpfwerk und integrierte Komponenten

Rumpfwerk

Das Rumpfwerk (engl. fuselage) oder kurz der Rumpf dient zur Unterbringung von Nutzlast und Besatzung, zur Aufnahme von Tragfläche und Leitwerk und je nach Auslegung eventuell auch zur Aufnahme von Fahrwerk und Triebwerkssystem. Der Rumpf muss die Beanspruchungen durch Luft- und Massenkräfte sowie die Kräfte bei Starts und Landungen aushalten. Die Kräfte am Rumpf setzen sich aus den Kräften im Rumpf selbst sowie durch die eingeleiteten Kräfte von Tragwerk, Leitwerk und Fahrwerk zusammen. Sie können bis zu sieben Tonnen pro Quadratmeter betragen.
Für den Rumpf gibt es eine ganze Reihe unterschiedlicher Konstruktionsmethoden, von denen wir uns einige näher ansehen wollen.

Fachwerkrahmenbauweise. Eine klassische Bauweise ist die Fachwerkrahmenbauweise. Hierbei besteht der Rumpf aus einem selbsttragenden Fachwerkrahmen (engl. truss), der in den Anfängen der Luftfahrt als ein mit Spanndrähten verstrebtes Holzfachwerk und später als Rohrfachwerk als Verbund miteinander verschweißter Rohre aus leich-

Abbildung 49: links: Bleriot mit Holzfachwerkrahmen, rechts: Piper J3C mit Stahlrohrfachwerkrahmen (Foto links: Weller Flugzeugbau; Foto rechts: KLSP)

tem Spezialstahl (z. B. Chrom-Molybdän-Stahl) hergestellt wurde. Die Methode des Fachwerkrahmenbaus ist für größere Flugzeuge ungeeignet, hat aber im Umfeld von Kleinflugzeugen seinen festen Platz, insbesondere bei UL/LSA-Flugzeugen. Ein Vorteil besteht in der hohen Elastizität und der Dauerfestigkeit des Stahlrohrfachwerkrahmens gegenüber Schwingungsbelastung. Darüber hinaus sind leichte Schäden an der separat aufgebrachten, nicht tragenden Außenhaut beispielsweise aus Bespannmaterial oder aus Glasfaserkunststoff (GfK) nicht sicherheitskritisch für den Betrieb.

Monocoque-Bauweise. Bei der Monocoque-Bauweise (auch Schalenbauweise genannt; frz. monocoque = Schale) wird die gesamte Belastung direkt durch die Rumpfhaut aufgenommen. Die Rumpfhaut ist dabei nur durch Rahmen- oder Formverstrebungen (engl. frames oder formers) verstärkt, die im Wesentlichen die Aufgabe der Formgebung haben. Der Vorteil der Monocoque-Bauweise liegt im extremen Leichtbau. Allerdings sind die erzielbaren Belastungsgrenzen so, dass diese Bauweise nur für kleinere Flugzeuge geeignet ist.

Abbildung 50: Aufbau des rechteckigen Rumpfes einer Murphy Goose in Monocoque- Bauweise

Semi-Monocoque-Bauweise. Mit der Semi-Monoque-Bauweise (auch Halbschalenbauweise genannt) werden die erzielbaren Belastungsgrenzen wesentlich vergrößert. Dies erreicht man durch eine Struktur aus Spanten und zusätzlichen Längsversteifungen (engl. stringers). Die an sich bereits stabile Struktur aus Spanten und Stringern wird durch die feste Verbindung (z.B. Vernietung) mit der Beplankung zu einer extrem stabilen Gesamtstruktur.

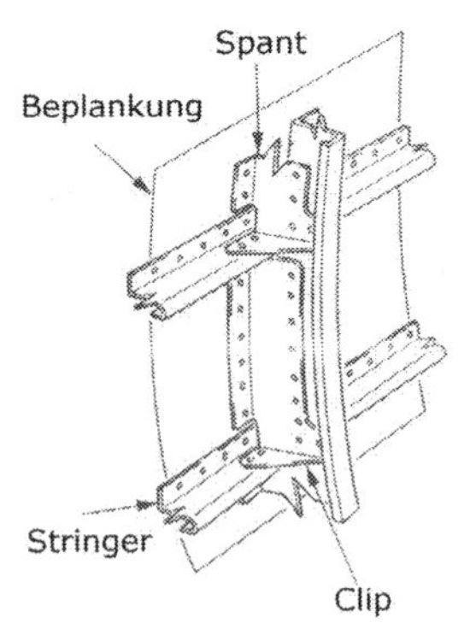

Abbildung 51: Semi-Monoque Bauweise
(Grafik: Engmann [1], S. 344)

Der Rumpf der meisten Verkehrsflugzeuge ist heutzutage größtenteils in Semi-Monocoque-Bauweise ausgeführt. Darüber hinaus wird der Rumpf bei größeren Verkehrsflugzeugen in mehrere Sektionen aufgeteilt, die einzeln hergestellt werden und danach erst zum gesamten Rumpf zusammengebaut werden. So besteht der Rumpf des Airbus A 300 beispielsweise aus insgesamt neun Sektionen (siehe Abb. 52). Teil des Rumpfes ist in der Regel auch der sogenannte Mittelkasten, der die Tragflügel aufnimmt. Er wird besonders stabil ausgeführt, da er die Kräfte und Momente der Tragflügel aufnehmen muss.

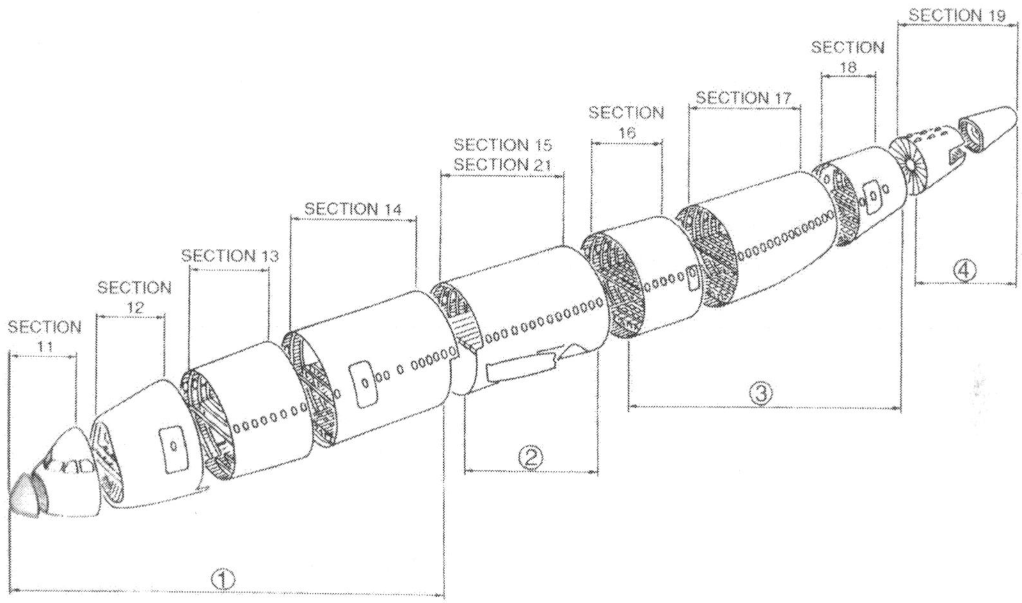

Abbildung 52: Rumpfaufbau des Airbus A300 (Quelle: Airbus, Engmann [1])

Die Bauteile des Rumpfes bestehen im Einzelnen aus

- Spanten (engl. frames oder formers)
- Vorderem und hinterem Druckschott (engl. bulkheads)
- Brandschott (engl. firewall)
- Längsversteifungen (engl. stringers oder stiffeners)
- Längsholme (engl. longerons)
- Verbindungsverstärkungen (engl. doublers)
- Außenhaut oder Beplankung (engl. skin)

Abbildung 53: Crossbeams
(Foto: TECT Aerospace)

- Querverstrebungen (engl. cross beams)
- Bodenplatten (engl. floor panels)

Sehr viel Aufwand entfällt beim Bau heutiger Verkehrsflugzeuge auf Entwurf und Bau der inneren Struktur des Rumpfes, der Verkleidung und der Innenausrüstung.
Die innere Struktur wird dabei von Quer- und Längsverstrebungen gebildet, die mit der Rumpfschale zu einer festen Einheit verbunden wird. Wegen der hohen Belastungen des Bodens z.B. durch das Gewicht der Passagiere sind die Querverstrebungen selbst bei Neukonstruktionen aus Metall, auch wenn überwiegend CfK verwendet wird.

Abbildung 54: Rumpfsektion des A380 (Quelle: EADS/Airbus)

Bezüglich des Rumpfquerschnittes haben die Konstrukteure mehrere Optionen: kreisrund, oval, rechteckig oder bei Sonderanwendungen in Form zweier übereinander liegender Kreise. Bei Druckkabinen ist die kreisrunde Form am besten geeignet, da die Kräfte in der Außenhaut tangential aufgefangen werden und diese somit nicht verformen können. Bei allen anderen Formen entstehen Zugspannungen in der Außenhaut,

die durch Spanten und Stringer zusätzlich getragen werden müssen, sodass man diese stärker und damit schwerer dimensionieren muss.
Auf den Rumpf wirken neben den Druckkräften durch die Bedruckung der Kabine, die bereits im vorher gehenden Kapitel beschrieben wurden, die statischen Kräfte und Momente durch die Nutzlastverteilung im Innern plus die Belastung, die über das Tragwerk und das Fahrwerk in den Rumpf abgeleitet werden.
Insbesondere wird die Belastung des Fahrwerks beim Landestoß auf den Rumpf übertragen. Hierbei wirken Kräfte sowohl senkrecht als auch waagerecht. Beim Abbremsen der Fahrwerksräder entstehen beispielsweise starke Biegebelastungen an der Aufhängung der Fahrwerksbeine, die auf den Rumpf übertragen werden.
Beim Rollen am Boden entstehen ferner bei Fahrwerksbeinen mit mehreren Rädern (sogenanntes bogie gear) beim Kurven mit engen Drehradien beträchtliche Torsionskräfte, die ebenfalls am Rumpf wirken.

Bei einer Bugradlandung kann beim Überschreiten der maximalen Strukturlast die Bugradaufhängung oder die Kraft ableitende Struktur versagen. Die Struktur ist bei Flugzeugen so ausgelegt, dass nur das Hauptfahrwerk den Landestoß auffangen kann, auch hierbei natürlich nur bis zu seiner Grenzbelastung. Die Struktur des Bugrades ist wesentlich schwächer ausgelegt und kann einen Landestoß nicht auffangen.

Des Weiteren ist ein Kontakt des hinteren Rumpfteils (engl. tail strike) entweder beim Start oder bei der Landung problematisch, da unter Umständen das hintere Druckschott beschädigt werden kann. Bei manchen Verkehrsflugzeugen sind besondere Schleifer oder Verstärkungen am Rumpf installiert, die den Rumpf schützen sollen. Bei Langrumpfversionen sind vielfach zusätzliche Prozeduren einzuhalten, unterstützt durch besondere Anzeigen im Cockpit, um den Pitch bei Start und Landung zu begrenzen.

Abbildung 55: Tailstrike-Versuch beim A380
(Quelle: arte TV)

Türen

Wichtige Bauteile des Rumpfwerks stellen die Türen der Druckkabine dar. Für Verkehrsflugzeuge gibt es drei verschiedene Bauweisen:

- Plug-Type Door
- Slide-Up Door

- Translating Door

Die Plug-Type Tür (bei frühen Boeing Modellen bis ca. 1980) öffnet nach innen, wird um etwa neunzig Grad gedreht und kann danach durch die Türöffnung nach außen geschwenkt werden (siehe auch Abb. 16). Der Rahmen der Tür ist größer als das Rahmengegenstück im Rumpf und wird daher im Flug durch den Kabinendruck quasi wie ein Stöpsel (plug) in den Rahmen gepresst und bietet so eine sichere Abdichtung.
Die Slide-Up Tür wurde bei Boeing für das Modell 767 eingeführt. Sie öffnet sich ebenfalls nach innen und wird danach mittels Elektroantrieb auf Gleitschienen im Rumpf nach oben geschoben und gibt damit die gesamte Türöffnung frei.

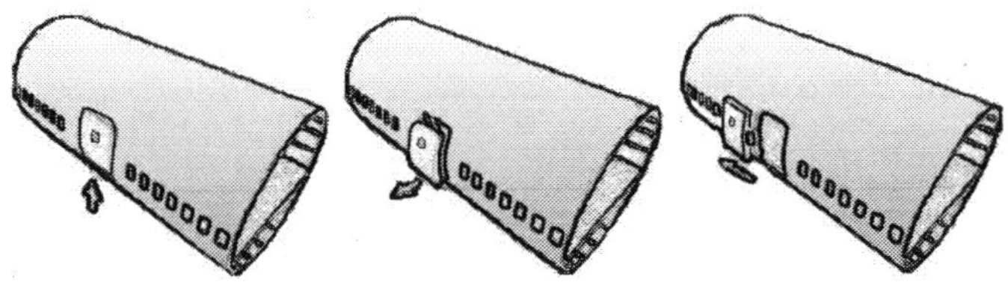

Abbildung 48: Translating Door (Grafik: aus [9] S.82; modifiziert KLSP)

Heute hat sich im Großen und Ganzen die von Airbus eingeführte Translating Tür durchgesetzt. Die Translating Tür öffnet sich direkt nach außen und wird danach an einer Schwinge so zur Seite bewegt, dass die Türaußenseite weiterhin nach außen zeigt. Im Unterschied zu den Plug-Type Türen ist der Rahmen der Translating Tür nicht größer als das Rahmengegenstück im Rumpf. Prinzipiell könnte die Tür also durch den Kabinendruck nach außen gedrückt werden. Dies wird allerdings durch die Door Stops verhindert, die im geschlossenen Zustand in ihre Widerlager im Rumpf einrasten. Beim Öffnen wird die Tür zunächst wenige Millimeter nach innen gezogen und mit Hilfe von Führungen etwas angehoben. Durch Schaftrollen, die sich auf einer festen Bahn bewegen, werden die Door Stops ausgehakt und die Tür kann nach außen geöffnet werden.

Abbildung 49: Door Handle Beech King Air 300
(Foto: NTSB Australien)

Bei allen drei Bauweisen kann eine Kabinentür während des Fluges nicht geöffnet werden, selbst dann nicht, wenn man den Locking-Mechanismus überwinden würde. Dies ist durch die Tatsache begründet, dass wegen des Druckunterschiedes einen tonnenschwerer Druck auf jeder Kabinentür lastet. Er beträgt bei normaler Reiseflughöhe in FL300 bei einer 2 m^2 großen Tür etwa zehn Tonnen. Da alle Bauweisen zunächst eine Bewegung nach innen erfordern, müsste man zum Öffnen folglich eine Kraft von etlichen Tonnen (abhängig von der jeweiligen Flughöhe) aufbringen. Am Boden erfolgt beim Öffnen ein Druckausgleich, da trotz automatischer Druckregelung der Kabinendruck innen nicht ganz dem Außendruck entspricht. Bei manchen Türen erfolgt der Druckausgleich durch Drücken eines Knopfes und erst danach lässt sich der Türriegel in die Unlock-Position bewegen.

Fenster

Cockpitfenster. Die Fenster des Flight Decks bestehen aus mehrschichtigem Spezialglas, für das ein besonderer Festigkeitsnachweis erbracht werden muss. Hierzu gehört unter anderem der für das Fenster schadenfreie Aufprall eines Normvogels mit einem Gewicht von 4 lb bei Cruisegeschwindigkeit v_c auf MSL oder 0,85* v_c auf 8.000 ft, je nachdem, was kritischer ist (CS25.631).

Die vorderen Cockpitfenster bestehen in der Regel aus drei Schichten, einer äußeren sehr dicken Schicht Hartglas, einer Verbundschicht aus Vinylkunststoff und einer inneren, etwas dünneren Hartglasschicht.

Die hinteren Seitenscheiben im Cockpit sind meistens aus zwei Schichten Plexiglas mit einer Trennschicht aus Luft dazwischen.

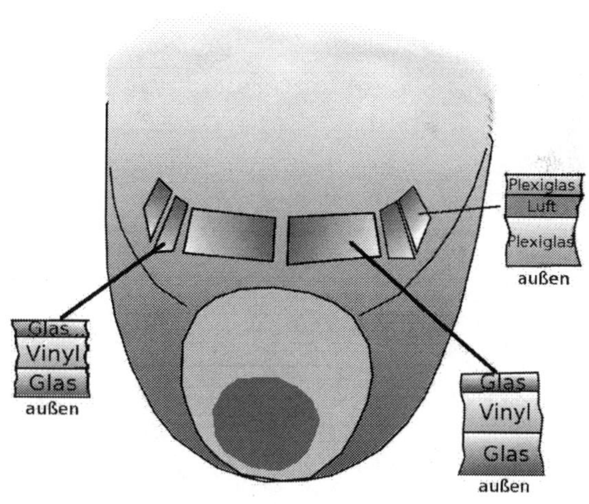

Abbildung 56: Materialien Cockpitfenster (Grafik: KLSP)

Die Cockpitfenster müssen dauerbeheizt werden, nicht nur um eventueller Vereisung vorzubeugen, sondern auch um die Festigkeit des Glas-Vinyl-Verbundes zu gewährleisten. Die Beheizung der

Scheiben geschieht überwiegend elektrisch z.B. durch in den Scheiben eingelassene sehr dünne Drähte, vereinzelt wird auch Zapfluft der Triebwerke verwendet.
Die Zulassungsvorschriften nach CS 25.773 (b) (3) schreiben ferner das Vorhandensein eines Direct-Vision-Fensters für den Kapitänssitzplatz vor. Bei diesem Direct-Vision-Fenster handelt es sich um ein kleines Fenster, das im Notfall von durch Hagel oder Vogelschlag beschädigten Hauptfenstern oder im Vereisungsfall beim Ausfall der Scheibenheizung noch eine sichere Flugführung inklusive Landung ermöglichen soll. Bei Flugzeugen ohne Druckkabine kann dies im einfachsten Fall durch ein öffnungsfähiges Fenster realisiert sein. Bei Flugzeugen mit Druckkabine reicht der Nachweis, dass ein besonderer Teil der Cockpitfenster auch noch im beschriebenen Notfall die Sicht nach draußen garantiert.
Um der Crew die Einstellung der optimalen Sitzposition mit der besten Sicht aus den Cockpitfenstern zu ermöglichen, sind entsprechende Referenzpunkte, beispielsweise drei Kugeln, vor den Cockpitfenstern angebracht, die bei korrekter Einstellung in einer Fluch liegen und so die korrekte Augenhöhe garantieren (engl. eye reference position).

Kabinenfenster. Die Kabinenfenster heutiger Verkehrsflugzeuge bestehen aus mehreren Schichten Acrylglas. Bei den vielfach eingesetzten Fenstern aus drei Schichten befinden sich zwei Fensterschichten mit ihren Dichtungen und einem Abstandsring direkt im Fensterrahmen des Rumpfes und ein drittes Fenster ist im größeren Abstand dazu als Teil der Kabinenverkleidung montiert.

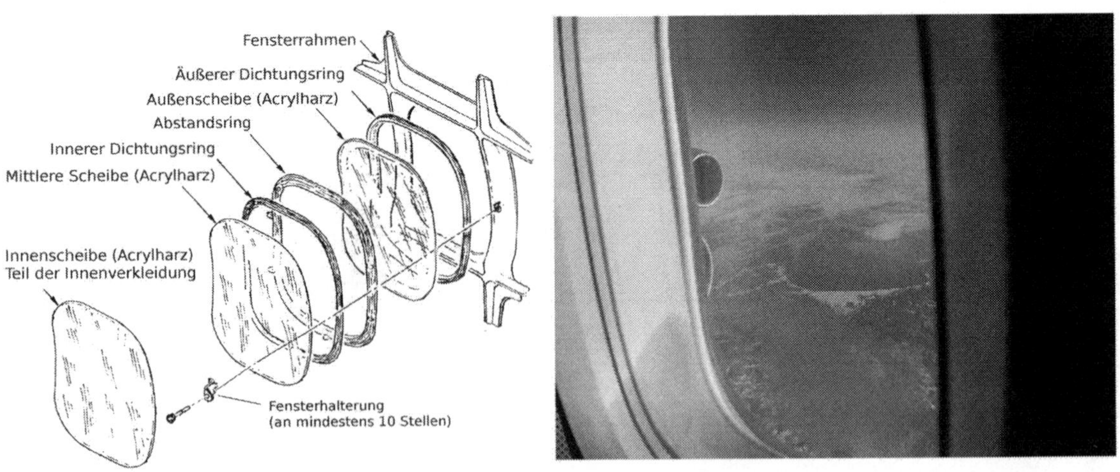

Abbildung 57: Bestandteile eines Kabinenfensters
(Grafik: KLSP nach Vorlage, Foto: KLSP)

Genau wie die Passagiertüren müssen auch die Kabinenfenster den Druckunterschied zur äußeren Atmosphäre aushalten. Bei Cruise Altitudes zwischen FL300 und FL450 wirken dabei erhebliche Kräfte.

Beispielrechnung: Ein Verkehrsflugzeug fliegt im Reiseflug auf FL390 (Außendruck 200 hPa). Wie groß ist die Kraft auf die Fläche eines 20 mal 30 cm großen Kabinenfensters, wenn die Cabin Altitude 8.000 ft (Innendruck 750 hPa) beträgt?
Lösung: Der Druckunterschied beträgt 750 hPa - 200 hPa = 550 hPa = 550 x 100 N/m². Die Fläche beträgt 0,2 m *0,3 m = 0,06 m². Da der Druck P als Kraft F pro Fläche A definiert ist, gilt:

$$F = P * A = 55.000 * 0{,}06 = 3.300\ Newton = 336{,}4\ kp$$

Auf das Kabinenfenster wirkt folglich ein Druck, der einer Gewichtskraft einer Masse von 336,4 kg auf der Erdoberfläche entspricht.
Zusatzaufgabe: Berechnen Sie nach dem gleichen Schema die Kraft auf eine 2 m² große Kabinentür.

Blow-out Panels

Im Fall eines plötzlichen Druckverlustes der Kabine besteht die Gefahr der Überbelastung der Rumpfstruktur. Stellen wir uns beispielsweise den Fall vor, dass ein plötzlich auftretender, enger Durchbruch nach außen in der Druckkabine im darunter liegenden, ebenfalls bedruckten Laderaum entsteht. Der Druckimpuls würde im Normalfall sehr konzentriert in dem eng begrenzten Rumpfbereich auftreten und der Rumpf würde an dieser Stelle möglicherweise bersten. Man verhindert dies durch sogenannte Blow-out Panels. Das sind Panels, die im Falle des Druckverlustes "herausgeblasen" werden, und somit den Druckausgleich über eine viel größere Fläche ermöglichen, sodass die Stärke des Druckimpulses an den Rumpfwänden reduziert wird und eine gleichmäßige Dekompression garantiert wird.
Blow-out Panels befinden sich zwischen der Druckkabine und den Laderäumen. Ferner werden sie auch in Schiebetüren (z.B. Cockpittür) und ggf. Kabinenabtrennungen eingebaut.
Neben dem Herausfliegen der Blow-out Panels werden im Fall einer Dekompression auch alle Türen wie beispielsweise die Toilettentüren geöffnet, damit die innere Struktur der Kabine nicht zerstört wird.

02 06 00 Grenzwerte für die Strukturbelastung

Für jedes Flugzeug findet man im Flughandbuch folgende Grenzwerte für die Strukturbelastung, die bei jeder Flugplanung zu berücksichtigen sind.

Maximum Taxi Mass (MTM), (auch Maximum Ramp Mass)
Maximal erlaubte Masse für das Rollen des Flugzeuges am Boden, begrenzt durch die Stärke der Flugzeugstruktur. Beinhaltet den Treibstoff für Anlassen, ggf. Run-Up und Rollen zum Start.

Maximum Takeoff Mass (MTOM)
Maximal erlaubte Masse zu Beginn des Startlaufs, begrenzt durch die Stärke der Flugzeugstruktur.

Maximum Landing Mass (MLM)
Maximal erlaubte Masse für die Landung, begrenzt durch die Stärke der Flugzeugstruktur und die Anforderungen der Lufttüchtigkeit.

Maximum Zero Fuel Mass (MZFM)
Maximal erlaubte Masse bevor Treibstoff und ähnliche Verbrauchsstoffe in den entsprechenden Tanks oder Abteilungen geladen sind, begrenzt durch die Stärke der Flugzeugstruktur (Biegemomente) und die Anforderungen der Lufttüchtigkeit.

Operating Empty Mass (OEM)
Masse von Struktur, Triebwerken, Einrichtung und Ausrüstungssystemen, nicht nutzbarem Treibstoff und anderen für den Betrieb notwendigen Ölen und Flüssigkeiten und allen sonstigen Ausrüstungen, die integraler Bestandteil des Flugzeugs sind. Ebenfalls enthalten ist das für das Fliegen des Flugzeuges erforderliche Flugpersonal. OEM ist folglich die Masse eines voll betriebsbereiten Flugzeuges ohne nutzbaren Treibstoff und die Nutzlast.

Maximum Payload
Die maximale Nutzlast ist die Differenz zwischen MZFM und OEM.

☞ Eine genauere Behandlung der verschiedenen Massengrößen befindet sich in Band 031 ‚Masse und Schwerpunktlage'.

Maximum Seating Capacity
Maximalzahl der Passagiere entsprechend der Zulassung.

Maximum Cargo Volume
Maximales Transportvolumen beim Cargo-Einsatz.

Usable Fuel
Maximale Masse (in kg oder lb.) oder Volumen (in Liter) des nutzbaren Treibstoffs.

Neben den rein statischen Grenzwerten für die Strukturbelastung gibt es weitere Grenzwerte, welche die dynamische Grenzbelastung widerspiegeln. Verkehrsflugzeuge sind danach ausgelegt für:

- eine maximale Anzahl von Flugstunden,
- eine maximale Anzahl von Flugzyklen.

Beide dynamischen Grenzwerte bestimmen letztendlich die Lebensdauer eines Verkehrsflugzeuges. Je nachdem, ob das Flugzeug mehr im Lang- oder Kurzstreckenbereich eingesetzt wird, entscheidet die Anzahl der Flugstunden (Langstrecke) oder die Anzahl der Flugzyklen (Kurzstrecke) über die mögliche Nutzungsdauer durch den Betreiber.

☞ In älteren Lehr- und Flughandbüchern findet man oft noch die Darstellung der Größen als Gewicht statt als Masse, also beispielsweise MTOW für Maximum Take-Off Weight. Da die physikalische Größe Gewicht eine Kraft darstellt, müsste man hiernach das MTOW korrekt in kp (techn.) oder in N (phys.) angeben. Zudem wäre der Wert von der Elevation abhängig, da die Erdbeschleunigung mit der Entfernung vom Erdmittelpunkt abnimmt. Aus praktischen Gründen verwendet man daher die Masse, da diese unabhängig vom Gravitationsfeld ist und einfach in kg angegeben werden kann.

Abbildung 58: Boeing 787 Dreamliner am 26.9.2011 bei der Erstauslieferung an die japanische Fluggesellschaft ANA (Quelle: planetalkinglive.com)

03 00 00
Hydraulik

03 01 00 Grundlagen der Hydromechanik

Die Lehre der Hydromechanik wird in zwei Bereiche eingeteilt, erstens die *Hydrostatik* und zweitens die *Hydrodynamik*. Die Hydrostatik beschäftigt sich mit dabei mit statischen Gleichgewichtszuständen unbewegter Flüssigkeiten. Unter Hydrodynamik versteht man die dynamischen Strömungsgesetze der bewegten, also strömenden Flüssigkeiten. Die Hydrodynamik berücksichtigt im Unterschied zur Hydrostatik auch die Bewegungsenergie der Flüssigkeit.

Kommen wir zu einigen Basisgrößen und Gesetzmäßigkeiten der Hydrostatik. Der Druck P ist allgemein definiert als Kraft F, die auf eine Fläche A wirkt. F wird dabei im physikalischen Maßsystem in Newton [N] angegeben, die Fläche in Quadratmeter [m^2]. Die Größe [N/m^2] besitzt eine eigene Bezeichnung und heißt Pascal [Pa]. Eine für höhere Drücke genutzte Größe ist das Bar [bar], das 10^5 Pa entspricht.

$$P = \frac{F}{A}$$

Eine bekannte Druckgröße ist der sogenannte *hydrostatische Druck*, der sich beispielsweise am Boden eines mit Wasser gefüllten Gefäßes oder auch am Meeresgrund messen lässt. Er entsteht durch die Gewichtskraft der Wassersäule über der betrachteten Fläche plus der Gewichtskraft der Luftsäule darüber, die nichts anderes als der Luftdruck ist. Es gilt folglich:

$$P_{hydrostatisch} = P_{Luft} + \rho_{Flüssigkeit} * g * h$$

P_{Luft} ist dabei der äußere Luftdruck, ρ ist die Dichte der Flüssigkeit, g die Erdbeschleunigung und h die Höhe der Wassersäule. Rechnet man einmal mit 1 bar für den Luftdruck, mit $\rho = 1\ kg/dm^3$ für die Dichte von Wasser und 10 m Wassertiefe, so erhält man einen Druck von 1,981 bar, d.h. in zehn Meter Wassertiefe hat sich der Druck in etwa verdoppelt.

Eine wichtige Erkenntnis im Bereich der Hydrostatik wurde vom französischen Mathematiker Blaise Pascal im siebzehnten Jahrhundert bewiesen:

Pascalsches Gesetz:
Jeder von außen auf eine Flüssigkeit wirkende Druck breitet sich in der Flüssigkeit gleichmäßig nach allen Seiten aus.

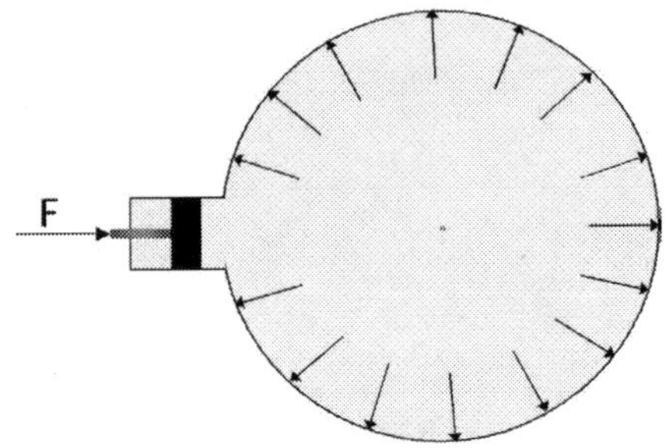

Abbildung 59: zum Pascalschen Gesetz (Grafik: KLSP)

Das Pascalsche Gesetz mag auf den ersten Blick trivial erscheinen. Es hat allerdings Konsequenzen, die nicht unmittelbar ersichtlich sind. Hieraus folgt nämlich die Möglichkeit eines hydromechanischen Hebelarmes, der ähnlich wie ein mechanischer Hebelarm zur Kraftverstärkung genutzt werden kann.

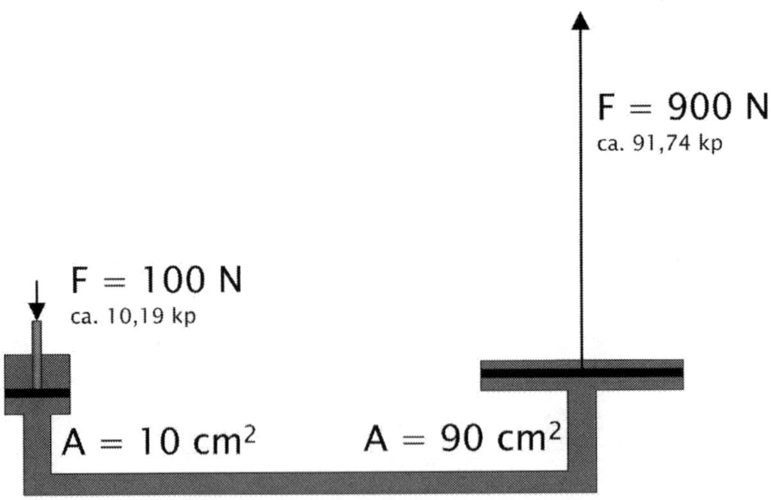

Abbildung 60: Hydromechanische Kraftverstärkung (Grafik: KLSP)

Betrachten wir hierzu obige Abbildung 60. Wir lassen über einen Kolben, der auf einer Fläche von 10 cm^2 wirkt, eine Kraft von 100 N auf eine Flüssigkeit einwirken. Die Flüs-

sigkeit ist über eine Rohrleitung mit einem zweiten Kolben verbunden, der auf eine neunmal größere Fläche von 90 cm^2 wirkt. Der zweite Kolben erzeugt dabei die neunfache Kraft, nämlich 900 N. Da der Druck im hydrostatischen System nach dem Pascalschen Gesetz gleich bleiben muss, folgt aus der Vergrößerung der Fläche die Erhöhung der Kraftgröße.
Würde man das abgebildete System etwa nutzen, um mit dem zweiten Kolben ein Gewicht zu heben, so wäre die geleistete Arbeit aufgrund der Energieerhaltung auf beiden Seiten gleich.

$$W = F_1 * s_1 = F_2 * s_2 \Rightarrow \frac{F_1}{F_2} = \frac{s_2}{s_1}$$

Hieraus folgt, vollkommen in Analogie zum mechanischen Pendant, dass der zurück gelegte Weg des ersten Kolbens in unserem Beispiel neun mal länger ist als der des zweiten.

Beispielaufgabe: Ein Kolben übt eine Kraft von 1.500 N auf eine Fläche von 0,002 m^2 aus. Welche Kraft entsteht an einem zweiten Kolben mit einer Fläche von 0,003 m^2 im selben System? Wie hoch ist der Druck und wie viel Arbeit wird geleistet, wenn der kleine Kolben um 0,025 m bewegt wird?
Lösung:
P= 1.500 N/0,002 m^2 = 750.000 Pa = 7,5 bar
F= P*A = 7,5 bar *0,003 m^2 =2.250 N
W = F_1*s_1= 1.500 N*0,025 m = 37,5 Nm = 37,5 Joule [J]

03 02 00 Hydraulikanlagen

Die beim Flugzeugbau verwendeten Hydraulikanlagen arbeiten vorwiegend nach dem hydrostatischen Prinzip. Dabei wird Druck erzeugt und der Volumenstrom einer Verdrängungspumpe genutzt, um über Rohrleitungssysteme mechanische Arbeit zu verrichten.
Beim hydrodynamischen Prinzip wird die Druckerzeugung aus der Strömungsenergie realisiert. Als einzige Anwendung im Flugzeugbau sind dabei Kreiselpumpen zu nennen, die oft als Vorpumpen zu den jeweils an anderer Stelle verwendeten Hochdruckpumpen verwendet werden.

03 02 01 Hydraulikflüssigkeiten, Typen und Eigenschaften

Da Hydraulikflüssigkeiten meist für lange Zeit unter ständig wechselnden äußeren Bedingungen in Hydraulikanlagen von Flugzeugen einwandfrei funktionieren müssen, werden hieran hohe Anforderungen gestellt. Diese sind im Wesentlichen:

- Sie sind thermisch stabil und haben einen Gefrierpunkt unterhalb von -60 °C.
- Sie verursachen keine Korrosion an den beweglichen Teilen.
- Sie sind schwer entflammbar und brennen nur bei Temperaturen über +700 °C.
- Sie sind von -50 °C bis +110 °C schmierfähig und ändern dabei kaum ihre Viskosität.
- Sie verdunsten selbst bei maximaler Betriebstemperatur nicht.
- Sie schäumen fast nicht.
- Sie sind im verwendeten Druckbereich nahezu inkompressibel.

Es gibt zwei Sorten Hydraulikflüssigkeiten, und zwar synthetische Hydraulikflüssigkeiten und solche, die auf Mineralölbasis hergestellt sind. Bei Verkehrsflugzeugen werden heutzutage nahezu ausschließlich synthetische Hydraulikflüssigkeiten genutzt. Chemisch sind sie Phosphorsäure-Ester aromatischer Alkohole. Synthetische Hydraulikflüssigkeiten sind überwiegend <u>violett</u> eingefärbt. Folgende Fabrikate sind bekannt (Auswahl):

- Skydrol 500 B-4 (Solutia Inc., USA)
- HyJet IV (Exxon Company, USA)
- Aerosafe 2300 W (Stauffer Chemical, USA)

Synthetische Hydraulikflüssigkeiten greifen Haut und Schleimhaut des Menschen an und können Entzündungen hervorrufen. Sie haben ferner Weichmachereigenschaften und können Kunststoffe, Gummisorten, Lacke usw. zersetzen. Daher sollten synthetische Hydraulikflüssigkeiten nur von geschultem Fachpersonal gehandhabt werden.

Neben synthetischen Hydraulikflüssigkeiten gibt es weitere Sorten auf Mineralölbasis. Diese sind in der Handhabung weit weniger problematisch, jedoch leicht brennbar und werden daher bei Verkehrsflugzeugen nur zur Befüllung der Federbeine des Fahrwerks oder in geschlossenen Stoßdämpfern verwendet. Ausnahmen werden für Hydraulikanlagen von Militärflugzeugen gemacht. Bekannte mineralische Hydraulikflüssigkeiten sind mit DEF STAN 91-48 (Brit.), Mil-H-5606 und Mil-H-6083 (U.S.) bezeichnet und weinrot eingefärbt.

Ein Vermischen der beiden Hydraulikflüssigkeitsgruppen (synthetisch und mineralisch) ist unbedingt zu vermeiden, da ansonsten die Hydraulikanlagen beschädigt werden.

03 02 02 Anwendungen, Funktionsweise und Bauelemente

Anwendungen

Bei Hydraulikanlagen im Flugzeug wird mechanische Arbeit verwendet, um über hydraulische Arbeitszylinder, sogenannte Hydraulikzylinder (engl. actuator oder hydraulic jacks, kurz „jacks"), beispielsweise das Fahrwerk, die Bremsen, die Steuerflächen inklusive Spoiler oder die Klappen zu bedienen. Die hydraulische Betätigung hat etliche Vorteile. Gegenüber der rein mechanischen Betätigung der Steuerflächen beispielsweise zählen die wesentlich höhere Präzision der Ruderbewegung, die wesentlich bessere Ruderdämpfung und die Entkopplung der tatsächlich aufzuwendenden Kräfte an den Steuerflächen von denen an den Steuerorganen im Cockpit zu den Vorteilen.
Das alles wird natürlich erkauft mit einigen Nachteilen. Dazu zählt Größe und Gewicht der Hydraulikkomponenten und die höhere technische Komplexität des Systems, die insbesondere im Fehlerfall problematisch werden kann. Allerdings ist ein Vergleich nicht wirklich sinnvoll, da ab einer bestimmten Größe (etwa der Größe einer DC-3) die rein mechanische oder auch elektromechanische Betätigung von Fahrwerk, Steuerflächen, Klappen usw. keine realistische Option mehr darstellt.

Die hauptsächlichen Verbraucher der Hydraulikanlage im Flugzeug sind folgende:

- Fahrwerk (hydraulisches Aus- und Einfahren, Bugradlenkung)
- Radbremsen (hydraulische Bremskraftverstärkung)
- Klappen, Slats, Speed Brakes (hydraulisches Aus- und Einfahren)
- Steuerflächen inkl. Spoiler und Yaw Damper (hydraulische Betätigung inkl. Kraftverstärkung; Input manuell oder durch Autopilot)
- Schubumkehr (hydraulische Betätigung der Mechanik)

Aufbau und Funktionsweise

Im einfachsten Fall besteht eine Hydraulikanlage nur aus der hydraulischen Kraftverstärkung wie im abgebildeten Beispiel einer einfachen Scheibenbremsanlage bei einem Kleinflugzeug.

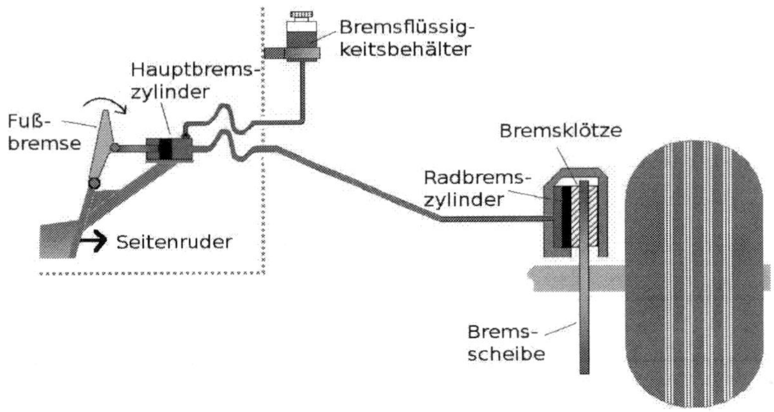

Abbildung 61: Einfaches Scheibenbremssystem bei einem Kleinflugzeug (Grafik: KLSP)

In diesem Fall wird der Druck bei Bedarf mittels Fußpedalkraft erzeugt und verstärkt auf die Radbremszylinder übertragen, welche die Bremsklötze mit verstärkter Kraft auf die Bremsscheibe pressen. Ein solches System ohne Hydraulikpumpe wird allgemein

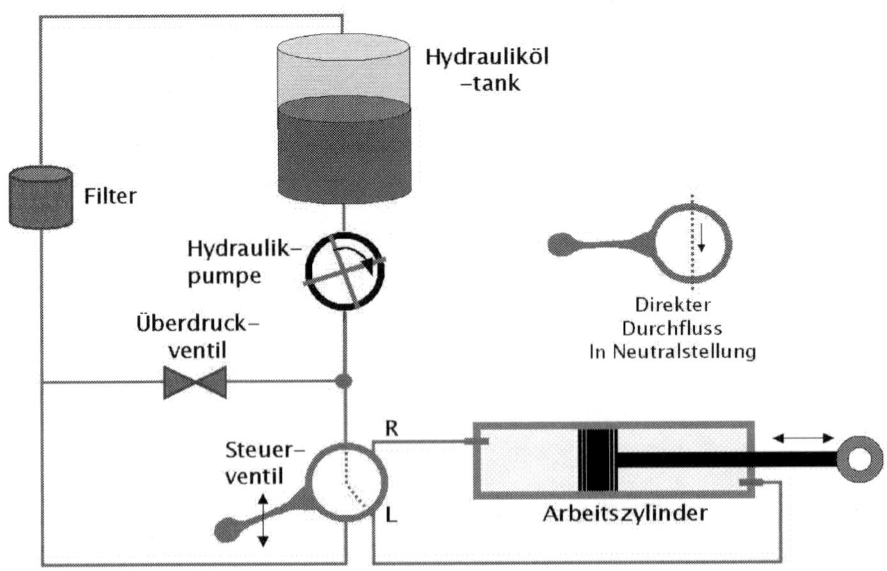

Abbildung 62: Einfache aktive Hydraulikanlage, Open-Center System (Grafik: KLSP)

als *passive Hydraulikanlage* bezeichnet.
Es ist nicht möglich, die vielfältigen Aufgaben hydraulischer Stellkraftbetätigung allesamt passiv zu bewerkstelligen. Aus diesem Grund besitzt jede größere Hydraulikanlage mindestens eine Hydraulikpumpe, die entweder unmittelbar mechanisch vom Triebwerk oder mittelbar über die Bordstromversorgung und einen Elektromotor angetrieben wird.
Ein einfache aktive Hydraulikanlage besteht in der Regel aus folgenden Bauelementen:

- Tank für die Hydraulikflüssigkeit (engl. reservoir)
- Hydraulikpumpe (engl. hydraulic pump)
- Überdruckventil (engl. relief valve)
- Filter (engl. filter)
- Steuerventil (engl. selector valve)
- Arbeitszylinder (engl. actuator)

Im zentralen Leerlauf stellt das Steuerventil für die Hydraulikflüssigkeit einen offenen Durchfluss zur Verfügung, sodass die Hydraulikpumpe die Hydraulikflüssigkeit ohne Widerstand d.h. ohne Druck im Kreislauf umherpumpt und hieraus auch einen Teil der

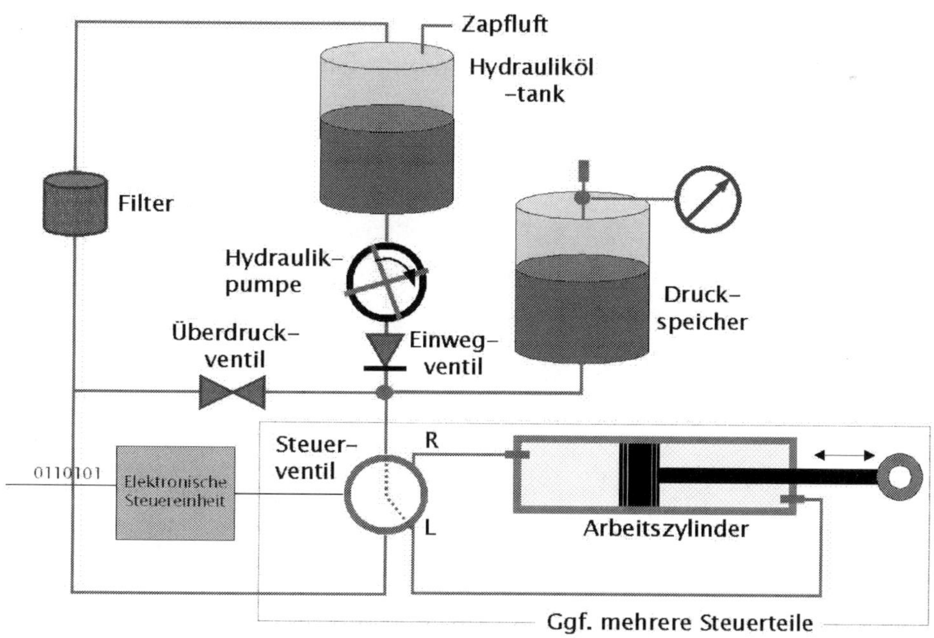

Abbildung 63: Geschlossene Hydraulikanlage, Closed-Center System (Grafik: KLSP)

eigenen Kühlung bezieht. Wird das Steuerventil in eine der beiden anderen möglichen Stellungen (rechts, links) gebracht, entsteht ein Druck auf die jeweilige Kolbenfläche im Arbeitszylinder, die den Kolben in die entsprechende Richtung bewegt. Bei den hierbei verwendeten Pumpen ist der erzeugte Druck in der Regel abhängig von der Drehzahl der Pumpe.
Ein solches System wird *Open-Center System* genannt und kommt in manchen kleineren Flugzeugen zum Einsatz. Eine weitere Anwendung ist die Nutzung in großen Transportflugzeugen zum Öffnen und Schließen der Ladetüren.

Im Unterschied zum Open-Center System wird beim *geschlossenen System* (engl. closed-center system) der Druck vor dem Stellventil stets konstant gehalten, es gibt dabei keinen offenen Durchfluss. Für die Regelung des konstanten Drucks gibt es verschiedene konstruktive Möglichkeiten. In der Regel arbeitet man in diesem Fall mit einem Druckspeicher (engl. accumulator), dessen Druck durch eine entsprechende Pumpenregelung kontinuierlich aufrecht erhalten wird. Als Gas im Druckspeicher wird fast ausnahmslos Stickstoff verwendet. Bei den verwendeten Pumpen ist der erzeugte Druck unabhängig von der Drehzahl der Pumpe konstant (constant pressure pump).

Bauelemente, Klassifizierung

Im Folgenden wollen wir die in einer Hydraulikanlage verwendeten Bauelemente vervollständigen und auf die einzelnen Bauelemente etwas genauer eingehen.
Hydrauliktank. Der Hydrauliktank (engl. reservoir) beinhaltet die Hydraulikflüssigkeit („Hydrauliköl"), die von dort in das System gepumpt wird und hinter den Verbrauchern wieder dorthin zurückfließt. Der Hydrauliktank ist bei großen Anlagen druckbeaufschlagt, bei kleineren Anlagen dagegen meistens nicht.
Druckspeicher. Der Druckspeicher (engl. accumulator) speichert hydraulische Energie, indem er Hydrauliköl unter Druck hält. Er wirkt wie ein Kondensator in einem elektrischen Netzwerk und kann seine hydraulische Energie im Notfall oder bei Lastspitzen in das Netz abgeben, um den Druck zu erhalten.

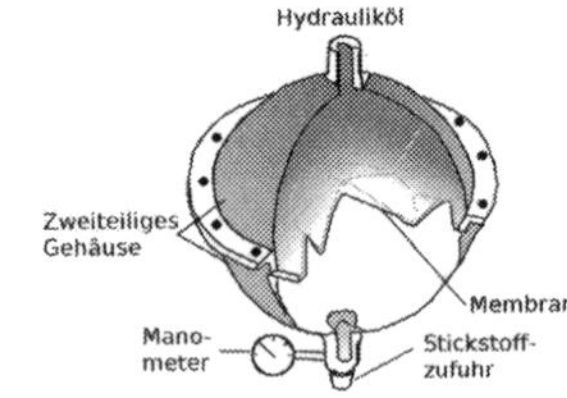

Abbildung 64:
Druckspeicher (Grafik: KLSP)

Kühlelemente. Kühlelemente (engl. fluid cooler) dienen zur Kühlung des Hydrauliköls und sind oft als Wärmetauscher in den Treibstofftanks realisiert. Dies hat zur Folge, dass für den Betrieb eine bestimmte Minimalmenge an Treibstoff in den Tanks sein muss.

Hydraulikzylinder. Hydraulikzylinder (engl. actuators) verrichten die Arbeit in einer Hydraulikanlage, indem der hydraulische Druck auf einen Kolben einwirkt und diesen linear bewegt. Die Rückstellkraft kann dabei von einer Feder stammen (single acting actuator) oder auch die Rückstellkraft wirkt hydraulisch (double acting actuator).

Abbildung 65: Kolbenpumpe

Hydraulikpumpe. Die Hydraulikpumpe (engl. hydraulic pump) wird in einfachen Systemen als Zahnrad- oder Gerotorpumpe ausgeführt, bei den geschlossenen Systemen in großen Flugzeugen kommen ausschließlich Kolbenpumpen zum Einsatz, die einen konstanten und höheren Druck erzeugen.

Filter. Filter kommen in zwei Formen zum Einsatz. Zum einen als Druckfilter (engl. pressure filter), die hinter der Druckpumpe eingebaut sind und nur grobe Filterarbeit leisten und zum anderen als Rücklauffilter (engl. return filter), die auch feinsten Abrieb aus der Hydraulikflüssigkeit herausfiltern.

Selbsttätige Ventile. Selbsttätige Ventile (engl. self controlling valves) werden in Hydraulikanlagen mit vielfältigen Aufgaben eingesetzt.

Einwegventil. Das Einwegventil (engl. non-return (check) valves) dient dazu, an der eingesetzten Stelle den Rückfluss der Hydraulikflüssigkeit zu verhindern.

Überdruckventil. Das Überdruckventil (engl. relief valve) dient dazu, eine Drucküberlastung zu verhindern, indem es bei Überdruck den direkten Rückfluss zum Tank öffnet.

Umschaltventil. Das Umschaltventil (engl. shuttle valve) schaltet bei Druckverlust automatisch von der Hauptdruckversorgung zur alternativen Druckversorgung um.

Sicherungsventil. Das Sicherungsventil (engl. fuse valve) sorgt dafür, dass bei einem plötzlichen Druckabfall im Verbraucherkreis der Zustrom geschlossen wird, sodass das Abpumpen des Hydrauliköls verhindert wird.

Abbildung 66: B737 Sicherungsventile (Foto: Chris Brady)

Weitere Ventile. Eine Vielzahl weiterer selbsttätiger Ventile werden in Hydraulikanlagen verbaut, auf deren Eigenschaften wir nicht näher eingehen wollen: Einwegdrossel, Zweiwegdrossel, veränderliche Drossel,

Volumenstrombegrenzer, Druckminderer, Vorrangventile und andere.
Gesteuerte Ventile. Darüber hinaus gibt es Schalt- und Regelventile, die durch eine äußere Stellgröße gesteuert werden. Die Steuerung kann manuell, pneumatisch, hydraulisch oder elektrisch erfolgen. Als ein Beispiel seien die Fire Shut-off Ventile genannt, die im Brandfall geschlossen werden.
Leitungen und Verbindungen. Die einzelnen Bauelemente einer Hydraulikanlage sind natürlich mit Leitungen und sonstigen Verbindungsteilen miteinander verbunden. Flexible Schläuche werden dabei aus Teflon hergestellt und sind mit einem Chrom-Nickel-Stahl-Gewebe ummantelt. Feste Rohrleitungen können aus verschiedenen Materialien z.B. aus Aluminiumlegierungen, Chrom-Nickel-Stahl, oder Titanlegierungen gefertigt sein.
Antrieb von Hydraulikpumpen. Hydraulikpumpen sind die wichtigsten Komponenten einer Hydraulikanlage. Ohne sie kann im System keine Arbeit verrichtet werden. Daher ist das Pumpensystem meist auf mehrere Pumpen unterschiedlicher Antriebsart aufgeteilt und so mit geringer Ausfallwahrscheinlichkeit versehen. Prinzipiell lassen sich konstruktiv mehrere Antriebsarten für eine Hydraulikpumpe realisieren. Dazu gehören:

- Handantrieb (z.B. für den Bodenservice, bei Kleinflugzeugen wie C172RG auch für das Ein- und Ausfahren des Fahrwerks im Notfall)
- Auxiliary Gear Box (AGB) des Triebwerks oder Direktantrieb
- elektrisch durch die Bordstromversorgung
- pneumatisch über Druckluft (Zapfluft oder APU)
- durch die Luftströmung (Ram Air Turbine)
- hydraulisch durch eine Power Transfer Unit (PTU)

Bei kleineren Flugzeugen oder Helikoptern stehen natürlich nicht alle diese Optionen zur Verfügung sondern je nach Konstruktion nur Teile hiervon.

Die in Flugzeugen eingesetzten Hydraulikanlagen lassen sich in Niederdruckanlagen und Hochdruckanlagen einteilen. Erstere verwenden einen Hydraulikdruck von bis zu 2.000 psi (ca. 138 bar). Darüber spricht man von Hochdruckanlagen, wobei in heutigen Verkehrsflugzeugen meist ein Arbeitsdruck um 3.000 psi herum (ca. 207 bar) verwendet wird. Das entspricht etwa dem zweihundertfachen Atmosphärendruck. Beim A380 kommt sogar eine Hydraulikanlage mit 5.000 psi zum Einsatz.

Der Vorteil einer Hochdruckanlage liegt in der Gewichtseinsparung. Da zwischen Kraft und Druck der Zusammenhang F=P*A gilt, lässt sich bei höherem Druck dieselbe Kraft an einer kleineren Fläche erzeugen, d.h. es lassen sich kleinere Hydraulikzylinder einsetzen und dies spart Gewicht.

Redundanz, Monitoring, Fehlerfälle

Aus Gründen der Ausfallsicherheit werden Hydraulikanlagen in Verkehrsflugzeugen redundant ausgelegt. Üblich sind mehrere voneinander unabhängige Systeme. Beispielsweise verwendet Boeing im Kurz- und Mittelstreckenflugzeug B737 drei Hydrauliksysteme, das A-System, das B-System und ein weiteres Stand-by-System.

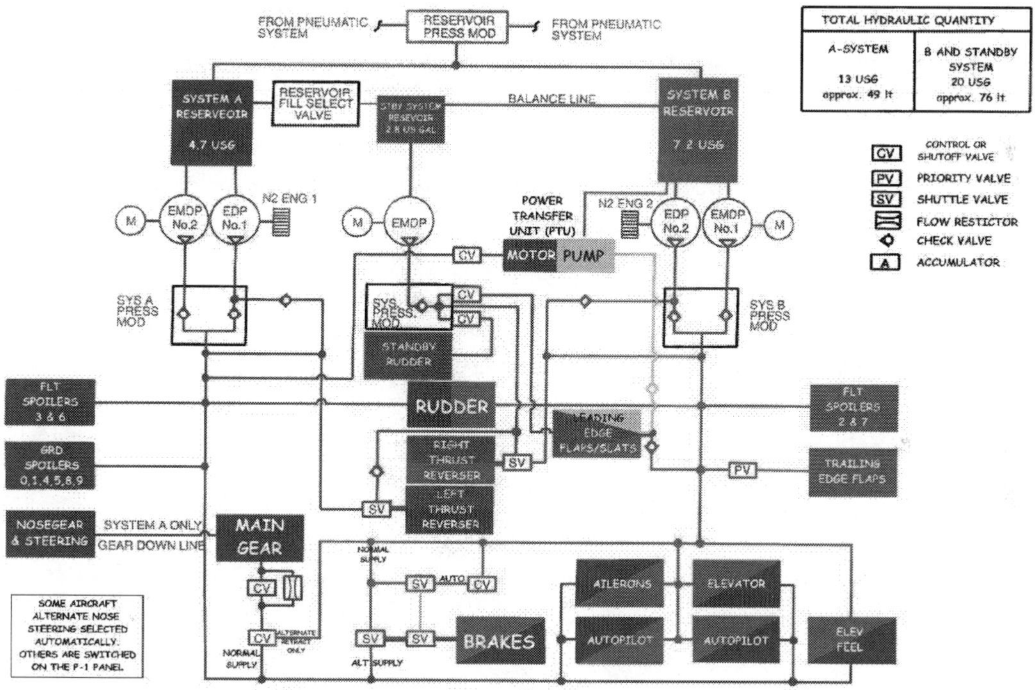

Abbildung 67: Hydraulikanlage einer Boeing B737, Rückflussleitungen sind nicht dargestellt (Quelle: Chris Brady)

Die Hydraulikanlage der B737 wird aus drei getrennten Hydrauliktanks gespeist. Alle drei Tanks sind druckluftbeaufschlagt, wobei die Druckluft aus dem pneumatischen System (Zapfluft) stammt. Das B-Reservoir liefert dabei die Druckluft für das Stand-by-System. Die Hydraulikanlage ist vom Hochdrucktyp und arbeitet mit 3.000 psi. Sie wird aus insgesamt fünf Hydraulikpumpen gespeist. Jedes Triebwerk treibt dabei mechanisch eine Hauptpumpe an, eine weitere Zusatzpumpe des jeweiligen Systems wird elektrisch über das Bordnetz angetrieben. Die mechanischen Hauptpumpen liefern dabei den höheren Druck. Zwei Pumpen (mechanisch 1 + elektrisch 2) bilden das A-System und zwei weitere das B-System (mechanisch 2 + elektrisch 1). Aufgrund der Überkreuzanordnung der Pumpen funktionieren beim Ausfall eines Triebwerk weiterhin beide Hydraulikkreise. Die normale Aufgabenverteilung unter den beiden Systemen ist leicht asymmetrisch (siehe Tabelle unten).

Die fünfte Pumpe wird elektrisch angetrieben und gehört zum Stand-by-System, das bei Ausfall eines der beiden Hauptsysteme den Part des jeweils ausgefallenen Systems übernehmen kann. Jedes System, A und B, kann die gesamten hydraulischen Aufgaben vollkommen eigenständig übernehmen.

System A	*System B*
Querruder (ailerons)	Querruder (ailerons)
Seitenruder (rudder)	Seitenruder (rudder)
Höhenruder und künstliche Höhenrudersteuerkraft (elevator and elevator feel)	Höhenruder und künstliche Höhenrudersteuerkraft (elevator and elevator feel)
Steuerklappen (flight spoilers)	Steuerklappen (flight spoilers)
Bodenbremsklappen (ground spoilers)	Nasenklappen und Vorflügel (leading edge flaps and slats)
Zweitbremskreis (alternate brakes)	Hauptbremskreis (normal brakes)
Umkehrschub 1 (No. 1 thrust reverser)	Umkehrschub 2 (No. 2 thrust reverser)
Autopilot A	Autopilot B
Normale Bugradsteuerung (normal nose wheel steering)	Notfallbugradsteuerung (alternate nose wheel steering)
Fahrwerk (landing gear)	Fahrwerk Transfereinheit (landing gear transfer unit)
Power Transfer Unit (PTU)	Automatische Vorflügel (autoslats)
	Gierdämpfer (yaw damper)
	Landeklappen (trailing edge flaps)

Tabelle 5: Hydrauliksystem einer B737 (Quelle: aus [2])

Im Fall von zu niedrigem Druck bzw. Überhitzung der elektrischen Pumpen leuchten am Overheadpanel entsprechende Warnlampen an. Im ersten Fall wird die jeweilige Pumpe durch ein Absperrventil vom System getrennt, um den Druck aufrecht zu erhalten. Beim Abschalten einer mechanischen Pumpe wird diese übrigens weiterhin angetrieben, abgeschaltet wird lediglich der Förderstrom der Pumpe.

Abbildung 68: B737 Overheadpanel Hydraulikpumpen (Foto: Chris Brady)

Die Abbildung rechts zeigt die üblichen Monitoringanzeigen der Hydraulikanlage. Im Fall eines Lecks im Bereich der Hauptpumpe vom A-System und ihren Zuleitungen verhindert ein senkrecht stehendes Ansaugrohr bestimmter Höhe im Tank das Auslaufen der gesamten Hydraulikflüssigkeit (20 % bleiben erhalten). In diesem Fall hält die elektrische Pumpe den Druck aufrecht. Falls auch in den Zuleitungen zur Elektropumpe ein Leck ist, verliert das betrachtete A-System die gesamte Hydraulikflüssigkeit. Umgekehrt gilt Ähnliches für das B-System. Eine Leckage im A- oder B-System beeinflusst nicht den Einsatz des Stand-by-Systems. Insgesamt ist also ausreichend Redundanz in der Hydraulikanlage einer B737 vorhanden, was ein Ausfallen hochgradig unwahrscheinlich macht.

Abbildung 69: Hydraulikanzeigen einer älteren B737, oben Bremsdruck; darunter Hydraulikdruck A,B; darunter Füllstand Hydraulikflüssigkeit A,B
(Foto: Chris Brady)

Leckagen sind kritisch unter den theoretisch möglichen Fehlerfällen einer Hydraulikanlage, haben allerdings den Vorteil, dass sich in einem solchen Fall die Stellgrößen automatisch symmetrisieren oder auf einen unkritischen Nullpunkt zurücksetzen (d.h. neutrale Ruderstellung), sodass unmittelbar keine kritische Fluglage entsteht.

Kritischer ist dagegen die Entstehung einer durch die Hydraulik verursachten Asymmetrie beispielsweise beim Ausfahren der Klappen. Daher ist bei allen Systemen eine besondere Vorkehrung gegen entstehende Asymmetrie eingebaut, die beispielsweise bei Ungleichheit das weitere Ausfahren verhindert. Auch beim Anflug mit asymmetrischem Schub, wobei unter anderem auch Teile der Hydraulikanlage durch das Abstellen eines Triebwerks ausfallen, muss das gleichmäßige Fahren der Klappen gesichert sein. Daher sind Hydraulikanlagen mit mechanischen <u>und</u> elektrischen Hydraulikpumpen ausgelegt, die über Kreuz arbeiten.

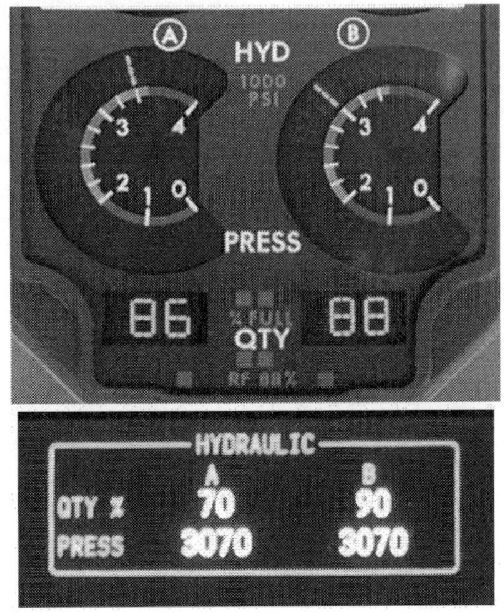

Abbildung 70: Neuere B737 Hydraulikanzeigen, unten die Anzeige der B737 NG (Fotos: Chris Brady)

Extrem kritisch sind Fehlerfälle bei Hydraulikzylindern, da diese eventuell zu einer unbeherrschbaren Fluglage führen können. Zu unterscheiden sind dabei Situationen, die hydraulisch (hydraulic lock) oder mechanisch (mechanic lock) passieren.

(i) Eine Situation mit einem *hydraulic lock* kann im Normalfall durch Abschalten des Hydraulikdrucks am betroffenen Arbeitszylinder gerettet werden, d.h. die Crew muss ggf. den richtigen (Anzeigen erforderlich!) Hydraulikkreis abschalten. Besonders sind hierbei Trim Runaways zu nennen und das sogenannte Hardover, bei dem die Steuerfläche urplötzlich maximal ausschlägt.

> <u>Beispiel[1]:</u> In diesem Zusammenhang ist das Problem der Seitenruderansteuerung der B737 zu nennen, deren hydraulische Ansteuerung bei der Zulassung 1967 konstruktiv nur über einen einzigen Arbeitszylinder realisiert wurde. Zwei Flugunfälle mit Todesfolgen, einer 1991 in Colorado Springs und ein weiterer 1994 in Pittsburgh sind nach heutiger Erkenntnis auf das Hardover des Seitenruders zurückzuführen. Boeing begann im Jahr 2000 mit einem Redesign der Seitenrudersteuerung und der Einbau der Änderungen in alle weltweit noch operierenden B737 dauerte bis Ende 2008.

---

[1] Siehe [2], S.199 ff. ‚The Rudder Story'

(ii) Noch kritischer ist der *mechanic lock*. Falls sich etwa ein Zylinder der Querrudersteuerung mechanisch festfrisst und beispielsweise Kolben und Zylinder durch einen Blitzschlag verschweißt werden, tritt eine superkritische Situation ein, bei der die Crew bordseitig meistens keine Abhilfe mehr herbeischaffen kann. Eine vollständige Absicherung bei den Hauptsteuerflächen ist konstruktiv nicht für jeden denkbaren Fall realisierbar, sodass folglich eine Restwahrscheinlichkeit für bestimmte mechanische Ruderlocks besteht, die das jeweilige Flugzeug nahezu unfliegbar machen würden. Der Leser mag sich selbst ausmalen, welche Optionen in bestimmten Situationen verbleiben.
Allerdings sind solche eher theoretischen Fälle extrem unwahrscheinlich und daher bislang in der kommerziellen Luftfahrt nicht vorgekommen bzw. zumindest dem Autor nicht bekannt.

Bei sehr hoher Last in der Hydraulikanlage kann insbesondere bei kleineren Flugzeugen die abgenommene Hydraulikleistung in anderen Systemen (Triebwerk, Elektrik) spürbar werden, was ggf. mit mehr Triebwerkleistung zu kompensieren ist.

> Beispiel: Berühmter Flugunfall mit Versagen der Hydraulikanlage
> United Airlines Flug 232 (UA232) war ein regulärer Linienflug von Stapleton International Airport, Denver, Colorado, zum O'Hare International Airport in Chicago, Illinois. Am 19. Juli 1989, erlitt die Douglas DC-10 auf diesem Flug am mittleren Triebwerk, das bei der DC-10 im Seitenleitwerk montiert ist, einen Fanrotorburst, wobei durch die abgetrennten Rotorblätter alle drei hydraulischen Systeme gleichzeitig zerstört wurden. Ein solcher Fall war weder von den Ingenieuren konstruktiv bedacht noch im Emergency Training jemals geübt worden.
> Die einzig verbliebenen Controls zur Steuerung des Flugzeuges waren die Schubhebel der beiden verbliebenen Triebwerke an den Tragflächen. Es ist dem Geschick der Crew und einem an Bord befindlichen DC-10 Fluglehrer zu verdanken, dass die Notlandung in Sioux City, Iowa, zumindest insofern glückte, dass nur 110 der 285 Passagiere und nur eins der 11 Besatzungsmitglieder getötet wurden. Das Flugzeug musste bei der Notlandung auf dem Flughafen von Sioux City mit extrem hoher Geschwindigkeit aufsetzen und brach dabei in mehrere Teile auseinander.

Abbildung 71: UA232 vor der Landung in Sioux City (Quelle: Wikipedia Commons)

Hydraulikanlage der Citation Mustang

Abschließend wollen wir uns noch kurz exemplarisch einem einfachen Hydrauliksystem widmen, wie es typischerweise bei Flugzeugen der Allgemeinen Luftfahrt eingesetzt wird. Wir schauen uns hierzu das System der Cessna Citation Mustang an.

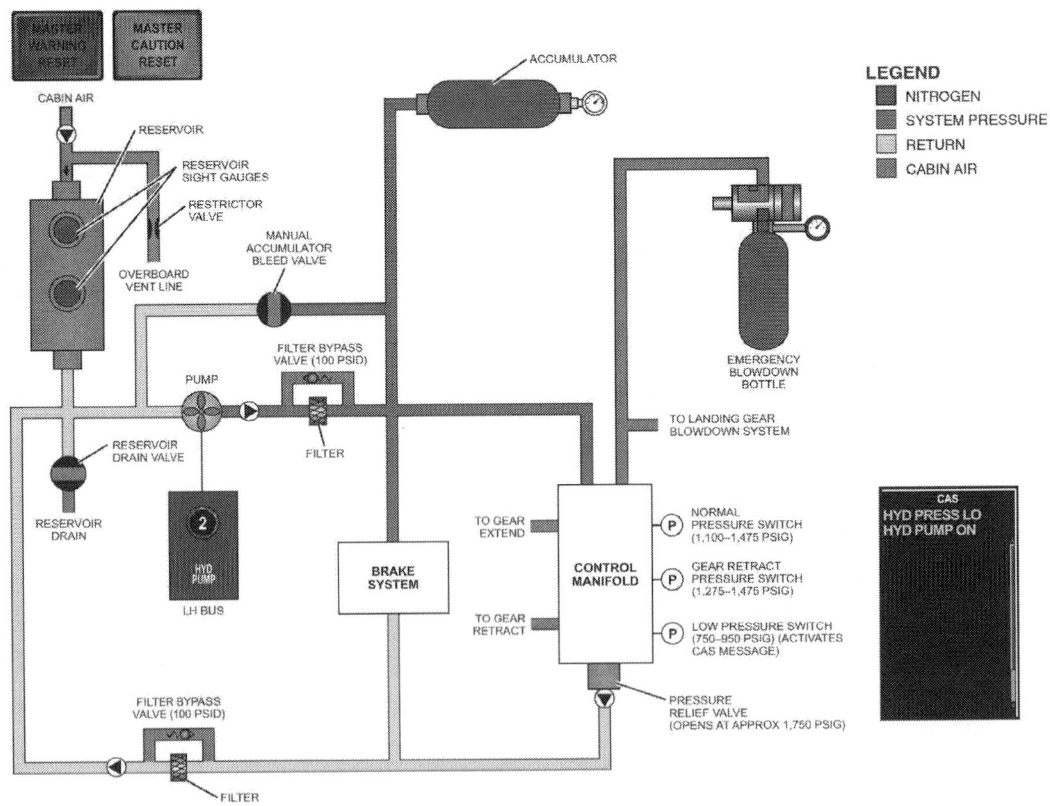

Abbildung 72: Hydraulikanlage Cessna Citation Mustang (Quelle: Cessna Mustang Manual)

Es besteht aus nur aus einem einzigen Hydrauliktank (siehe Reservoir in der Grafik links oben), der mittels der Zapfluft der Triebwerke (hier cabin air) unter Druck gehalten wird.
Es gibt nur eine einzige Hydraulikpumpe, die elektrisch durch die Bordgleichspannung angetrieben wird. Die Hydraulikanlage hat lediglich zwei Aufgaben zu erfüllen, und zwar den Druck für die Radbremsen und ferner für das Aus- und Einfahren des Fahrwerks zu liefern. Für beide Aufgaben stehen Backups zur Verfügung. Für die Radbremsen gibt es einen zusätzlichen Bremsakkumulator und für das Fahrwerk eine Druckluftflasche (emergency blowdown bottle). Die Steuerung erfolgt bei der Mustang immer noch rein mechanisch.
Die Hydraulikanlage ist vom Typ closed-center system, d.h. im Leerlauffall strömt das Hydrauliköl nicht durch die Anlage, sondern nur dann, wenn sie bei den Bremsen oder dem Fahrwerk Arbeit verrichtet oder wenn sie den Accumulator auflädt. Es handelt sich um ein Niederdrucksystem, das im Bereich von 1.050 bis maximal 1.550 psi seine Arbeit verrichtet. Als Hydrauliköl wird rotes MIL-87257 verwendet.
Die Steuereinheit (control manifold) besitzt insgesamt drei Druckschalter, den Schalter für den Normaldruck (Leerlauf), den Schalter für die Fahrwerksbetätigung (gear retraction) und einen dritten Low Pressure Switch, der für die Low Pressure Warnmeldung zuständig ist. Der Normalswitch regelt zwischen 1.050 und 1.550 psi, der Gear retraction Switch regelt zwischen 1.300 und 1.550 psi, d.h. bei Fahrwerkoperationen wird der untere Minimaldruck auf 1.300 psi angehoben.
Der Low Pressure Switch meldet sich bei 1.000 - 750 psi und sorgt für eine HYD PRESS LO Anzeige auf dem Crew Alerting Display. Unterhalb von 750 psi leuchtet ferner die Master Caution Warnleuchte. Außerdem gibt es in der Hydraulikanlage ein weiteres separates Überdruckventil, das bei 1.750 psi öffnet.
Zu den Checklisten Items gehört der Check des Hydrauliköls, deren Füllhöhe sich über zwei Schaulöcher ablesen lässt. Zum Zweiten lässt sich der Druck am Bremsakkumulator ablesen. Beide Anzeigen sind vom vorderen Gepäckraum aus zugängig und ablesbar. Mittels einem Bleed Valve lässt sich am Boden Hydrauliköl aus dem Bremsakkumulator zum Hydrauliktank zurückpumpen. Auf weitere Feinheiten beim Betrieb wollen wir an dieser Stelle nicht weiter eingehen.

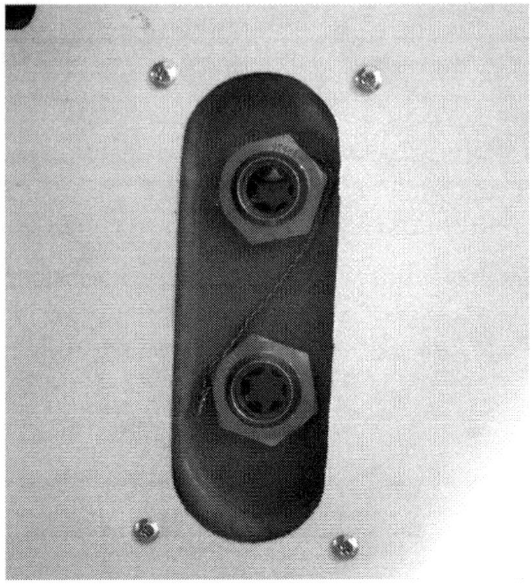

Abbildung 73: Füllstandsanzeige bei der Citation Mustang
(Quelle: Cessna Citation Mustang Manual)

Abbildung 74: Anzeige des Drucks am Bremsakkumulator bei der Citation Mustang
(Quelle: Cessna Mustang Manual)

Bei vergleichbaren Flugzeugen der GA sind die Hydraulikanlagen meist ähnlich. Sie sind in der Regel wartungsarm und funktionieren über Jahrzehnte hinweg vollkommen problemlos.

04 00 00
Fahrwerk, Räder, Reifen, Radbremsen

04 01 00 Fahrwerk

04 01 01 Fahrwerkstypen

Abbildung 75: Fahrwerkstypen (Collage: KLSP, Fotos: KLSP, Chris Brady, Wikipedia)

In der Anfangszeit der Luftfahrt herrschte auch bei Verkehrsflugzeugen das *Spornrad-fahrwerk* (engl. tail-wheel landing gear[1], Spornradflugzeug = „taildragger") vor, bei

---

[1] Im britischen Englisch wird für ‚Fahrwerk' anstatt ‚landing gear' das Wort ‚undercarriage' verwendet

dem die Hauptlast auf zwei vorderen Fahrwerksbeinen lastet, die durch ein am hinteren Teil des Flugzeuges angebrachtes Spornrad unterstützt werden (z.B. bei DC-3, Ju52 u.a.). Ab etwa Anfang der Fünfziger Jahre setzte sich dann das *Dreibeinfahrwerk* (engl. tricycle landing gear) mit lenkbarem Bugrad (engl. steerable nose-wheel) durch, das etliche Vorteile aufweist. Zum einen besteht beim Dreibeinfahrwerk nicht mehr die Gefahr des „Nachvornekippens“ bei zu starkem Abbremsen und zweitens ist wegen der geänderten Schwerpunktlage vor dem Hauptfahrwerk die Seitenwindempfindlichkeit stark reduziert. Die Gefahr von „groundloops“ war damit gebannt. Hinzu kommt der erhöhte Komfort für die Passagiere, die beim Einsteigen und Rollen waagerecht sitzen.
Für Sonderanwendungen bei der Landung auf dem Wasser oder auf Eis und Schnee kommen besondere Fahrwerke zur Anwendung (Schwimmerfahrwerk, Fahrwerk mit Skiern, amphibische Fahrwerke). Bei kleineren Helikoptern werden darüber hinaus einfache *Kufen* (engl. skids) als Fahrwerk verwendet.
Neben den bereits genannten Typen unterscheidet man ferner zwischen starren Fahrwerken (engl. fixed landing gear) und einziehbaren Fahrwerken (engl. retractable landing gear). Letztere haben den Vorteil des geringeren Luftwiderstandes, was man aber mit höherem Gewicht, größerer Komplexität und höherem Wartungsaufwand bezahlen muss.

04 01 02 Bauelemente, Funktionsweise, Cockpitanzeigen
Bei den heutzutage vorherrschenden Dreibeinfahrwerken werden ca. 90 % des Flugzeuggewichts vom Hauptfahrwerk aufgenommen. Da die statischen und dynamischen Aufnahmekräfte des Betons der Start- und Landebahnen begrenzt ist, werden die Kräfte von etlichen hundert Tonnen bei Großflugzeugen (z.B. MTOW A-380 ca. 560 to) auf mehrere Räder bzw. Radgruppen verteilt. Beim Airbus 380 besteht das Hauptfahrwerk aus insgesamt vier Fahrwerkbeinen, nämlich zwei Rumpffahrwerkbeinen und zwei Tragflächenfahrwerkbeinen. Jedes Rumpffahrwerkbein trägt sechs Räder, jedes Tragflächenfahrwerkbein vier Räder. Zusammen mit den zwei Rädern des Bugradfahrwerks besitzt das A-380 Fahrwerk also insgesamt 22 Räder. Jedes der 20 Haupträder hat selbst im statischen Fall bereits 25 to zu tragen.
Einfache Fahrwerke bei Kleinflugzeugen haben oft ein ungedämpftes Hauptfahrwerk beispielsweise aus Federstahl. Der Nachteil solcher Fahrwerke besteht darin, dass die Energie eines Landestoßes wieder an das Flugzeug zurück gegeben wird, es springt ggf. nach der Landung erneut hoch. Bei größeren Flugzeugen ist das Fahrwerk mit Stoßdämpfern (engl. shock absorber) ausgestattet. Hierbei wird die Energie des Lan-

destoßes in den Dämpfungselementen in Wärme umgesetzt. Die überwiegend verwendeten Bauelemente für die Stoßdämpfung sind Gasdruckfederbeine mit Öldämpfung (engl. oleo-pneumatic struts).

Gasdruckfederbeine bestehen dabei aus zwei ineinander laufenden Zylindern und einem Kolben. Ein Zylinder ist mit Dämpferöl gefüllt, der andere mit Gas, vorwiegend Luft oder Stickstoff. Ein Kolben in der Mitte trennt beide Bereiche. Wirkt eine Kraft ein, so wird das Gas komprimiert und das Federbein federt ein. Beim impulsartigen Einwirken einer Kraft wie bei einem Landestoß würde das Gassystem nahezu ungedämpft schwingen. Um dies zu verhindern, wird die Bewegung ölgedämpft, indem jeder Kolbenhub dazu gezwungen wird, Öl durch enge Überströmkanäle hin und her zu pumpen.

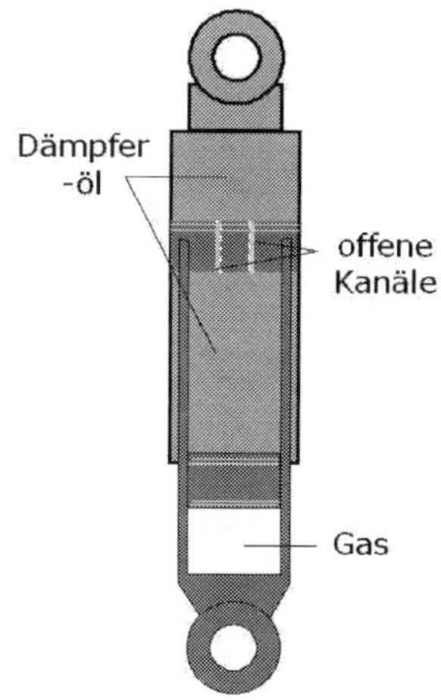

Abbildung 76: Prinzip des Gasdruckdämpfers (Grafik: KLSP)

Bugradfahrwerk

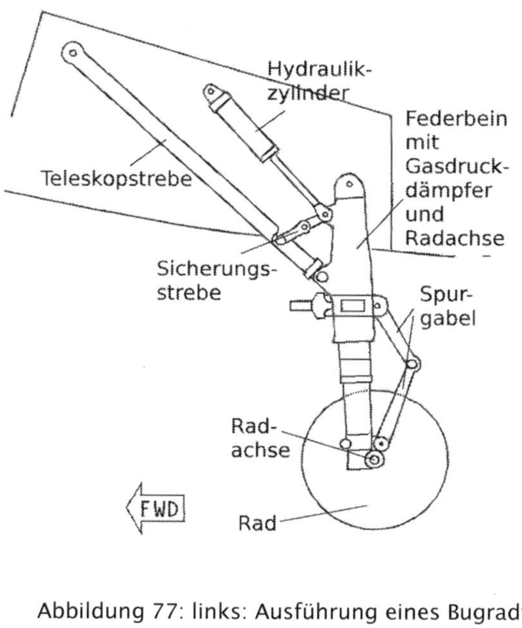

Abbildung 77: links: Ausführung eines Bugradfahrwerks mit typischen Bauelementen (Originalabb. des Syllabus; Beschriftung KLSP); rechts Bugradschacht der B737 (Foto: Chris Brady)

Abbildung 77 zeigt die typischen Bauelemente eines einfachen Bugradfahrwerkes, bestehend aus:

- dem Federbein mit Gasdruckdämpfer inkl. Radachse zur Aufnahme des Rades oder des Radpaares,
- der Spurgabel (engl. torsion link) für die Führung des Rades oder des Radpaares und dem Rad oder Radpaar,
- der Strebe für das Ein- und Ausfahren, die meistens entweder als Teleskopstrebe oder als Knickstrebe ausgeführt ist,
- der Sicherungsstrebe, die für die Stabilisierung und Verriegelung des Bugrades in der Endposition sorgt,
- dem Hydraulikzylinder, der mittels Hydraulikdruck das Bugrad aus- und einfährt,
- dem Verriegelungshydraulikzylinder für die Verriegelung (nicht dargestellt, bei einer Teleskopstrebe findet die Verriegelung meist im Innern der Strebe statt),
- der Bugradlenkung (nicht dargestellt),
- und dem Lenkungsdämpfer (nicht dargestellt).

Hinzu kommt der Mechanismus für das Öffnen und Schließen der Türen des Bugradraums.
Das Bugradfahrwerk ist normalerweise wesentlich leichter in der Konstruktion als das Hauptfahrwerk. Trotzdem ist es einer Reihe von Kräften und Momenten ausgesetzt:

- senkrechte Kräfte: ca. 10 % des Flugzeuggewichts plus erhöhter dynamischer Belastung beim Aufsetzen des Bugrades nach dem Touchdown
- Biegemomente in Längsrichtung beim geradeaus rollen, seitliche Biegemomente beim Kurvenrollen und ggf. bei der Landung, Torsionsmomente beim Lenken im Stand
- Zugkräfte und damit Biegemomente hauptsächlich in Längsrichtung durch das Ziehen der Zugmaschinen am Boden

Konstruktiv wird für das Bugrad gefordert:

- Es muss sich bei Start und Landung frei bewegen können (engl. free castoring).
- Es muss sich beim Einfahren selbsttätig zentrieren (engl. self centering).
- Es muss am Boden z.B. über einen Tiller steuerbar sein.

- Es muss eine Vorkehrung gegen Vibrieren haben (engl. anti-shimmy).
- Es muss die zu erwartenden Belastungsmomente aushalten können.

Hauptfahrwerk

Abbildung 78 zeigt die in Flugrichtung linke Seite zweier typischer Hauptfahrwerks-konstruktionen heutiger Verkehrsflugzeuge, die in der Tragfläche aufgehängt sind und zum Rumpf hin eingefahren werden. Die verwendeten Komponenten können sich im Einzelfall unterscheiden, bestehen aber im Wesentlichen aus den folgenden Bau-elementen:

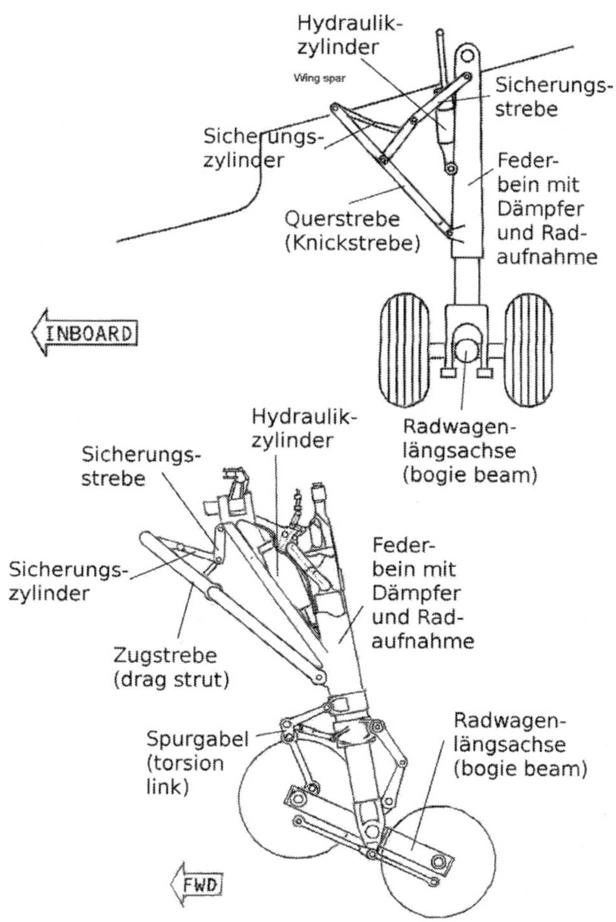

Abbildung 78: Hauptfahrwerke mit typischen Elementen
(Originalabbildung des Syllabus; Beschriftung durch KLSP)

- dem Federbein mit Gasdruckdämpfer inkl. Radachse zur Aufnahme des Radpaares oder eines Radwagens (engl. bogie),
- der Spurgabel(n) für die Führung des Radpaares bzw. des Radwagens und dem Radpaar bzw. dem Radwagen,
- der(den) Strebe(n) für die Führung des Federbeins beim Ein- und Ausfahren und für stabile Lage in den Endpositionen, bei größeren Fahrwerken inkl. Zugstreben zur Aufnahme der Luftwiderstandskräfte (engl. drag struts),
- der Sicherungsstrebe(n), die für die Stabilisierung und Verriegelung des Fahrwerkbeins in der Endposition sorgt(en),
- dem Hydraulikzylinder, der mittels Hydraulikdruck das Fahrwerkbein aus- und einfährt,
- dem(n) Verriegelungshydraulikzylinder(n) für die Endverriegelung.

Auch hier kommt der Mechanismus für das Öffnen und Schließen des Fahrwerkraums des jeweiligen Fahrwerkbeins hinzu.
Da ein einzelnes Fahrwerkrad nicht mehr als etwa 33 Tonnen maximale Kraft aufnehmen kann, ist bei schweren Verkehrs- oder Transportflugzeugen die Verteilung der

Abbildung 79: Hauptfahrwerksbein der Boeing B777
(Foto: Wikipedia, public domain; Beschriftung KLSP)

Kraft an einem Fahrwerksbein auf mehrere Räder zwangsläufig notwendig. Statt Einzelrädern oder einem Radpaar wird in einem solchen Fall ein Radwagen (engl. bogie) aus vier oder sechs Rädern an einem Fahrwerksbein gefestigt. Der Radwagen besitzt eine eigene Längsachse (engl. bogie beam), welche die Achsen und Bremssysteme der Räderpaare aufnimmt.

Die konkrete Realisierung eines Hauptfahrwerks kann im Einzelfall sehr aufwendig sein. So besitzt beispielsweise das Hauptfahrwerk einer Boeing 747 vier Fahrwerkbeine mit vier Bogies zu je vier Rädern, wobei die inneren Bogies zusätzlich lenkbar sind, um das seitliche Reiben der Räder beim Rollen in Kurven zu verringern.

Abbildung 80: Hauptfahrwerk B747 von unten gesehen (Foto: Wikipedia, public domain)

Verriegelungsmethoden für Fahrwerke

Fahrwerke müssen sowohl im ein- wie ausgefahrenen Zustand mechanisch verriegelt sein. In ausgefahrenen Zustand muss das Fahrwerk stabil wie ein starres Fahrwerk sein und darf unter Einwirkung von Kräften nicht aus Versehen einknicken oder halb einfahren. Folgende Methoden sind üblich:

1. Verriegelung im Knickpunkt einer Knickstrebe
2. Verriegelung durch einen Haken
3. Verriegelung durch eine Sicherungsstrebe
4. Verriegelung in einer Teleskopstrebe

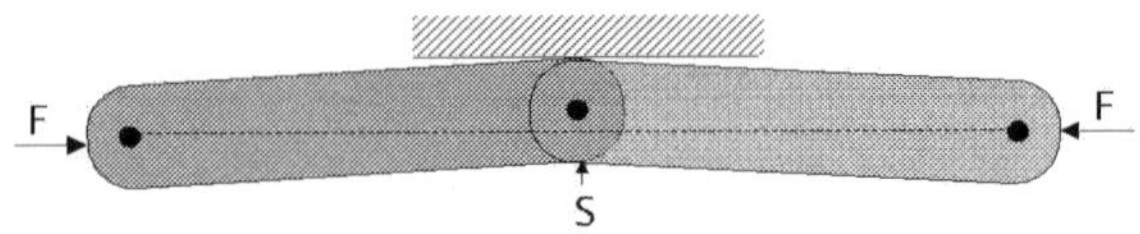

Abbildung 81: Prinzip der Knickstrebensicherung (Grafik: KLSP)

1. Bei einer Knickstrebensicherung wird eine Knickstrebe (siehe Abbildung) durch eine geringe Sicherungskraft S in eine Überzenterung gebracht, gegen einen Anschlag gedrückt und so miteinander verriegelt. Die seitlichen Kräfte F schaffen es nicht, die Knickstrebe aus dieser stabilen Lage heraus zu bewegen. Die Knickstrebensicherung wird häufig zur Verriegelung des ausgefahrenen Zustandes genutzt.

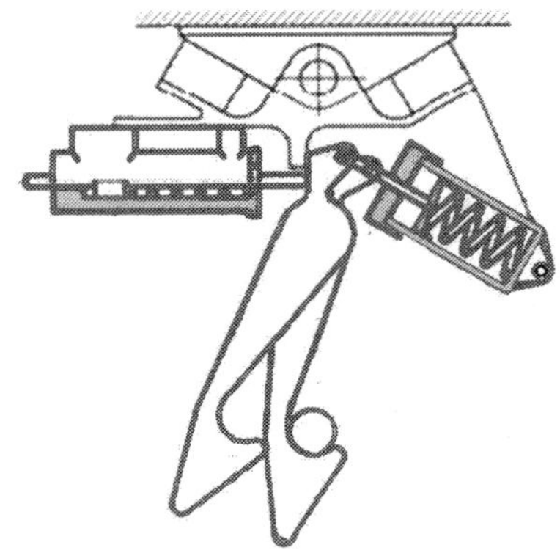
Abbildung 82: Hakenverriegelung (Quelle: Ausschnitt aus Engmann [1], S.316)

2. Für die Einfahrverriegelung wird oft ein Haken verwendet. Dabei fährt eine Verriegelungsrolle am Fahrwerk in einen mit dem Rumpf verbundenen Aufnahmehaken ein. Durch Drehen des Hakens mittels Hydraulik oder Federkraft wird die Verriegelungsrolle und damit das Fahrwerk in dieser Position gesichert.

3. Bei der Verriegelung durch eine Sicherungsstrebe dient diese dazu, eine überzenterte Knickstrebe in ihrer Lage zu halten. Die Sicherungsstrebe muss dabei selbst nicht überzentert sein. In der ausgefahrenen Stellung reicht bereits eine Feder zur Verriegelung, ohne dass eine Druckkraft am Hydraulikzylinder anliegen muss.

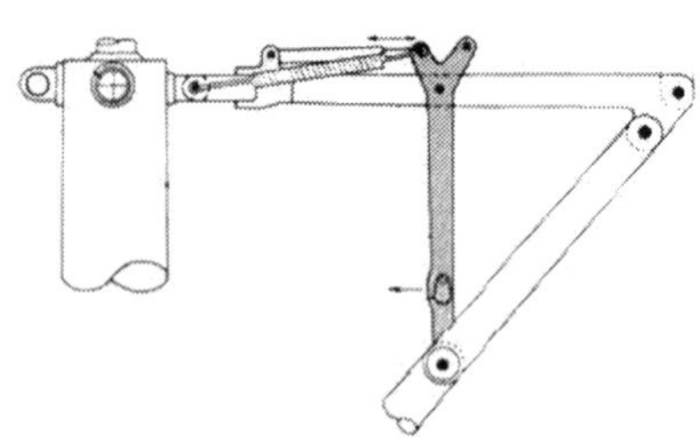
Abbildung 83: Sicherungsstrebe (Quelle: Ausschnitt aus Engmann [1], S. 317)

4. Im Falle einer Teleskopstrebe reicht ein

Stift zur Verriegelung, der hydraulisch oder durch Federkraft in ein Sicherungsloch einfährt und so den aktuellen Zustand, z.B. ausgezogener Zustand, erhält.

Mechanismus für das Ein- und Ausfahren des Fahrwerks

Die folgende Abbildung stellt vereinfacht den Mechanismus für das Ein- und Ausfahren eines hydraulisch gesteuerten Hauptfahrwerkbeins dar.

Betrachten wir zunächst das Ausfahren auf der rechten Seite der Grafik. Mit dem Betätigen des Fahrwerkhebels („gear down“) wird zunächst Druck auf den Türzylinder geleitet, der die Fahrwerkstür soweit öffnet, bis durch die Öffnungsmechanik ein Schaltventil schaltet, das den Druck an den Verriegelungs- und Fahrbeinzylinder weiterleitet, was das Fahrwerkbein entriegelt und ausfährt. In der Endposition rastet durch den senkrechten Verriegelungszylinder die Verriegelung ein. Das Fahrwerkbein ist nun ausgefahren und verriegelt (grüne Anzeige leuchtet).

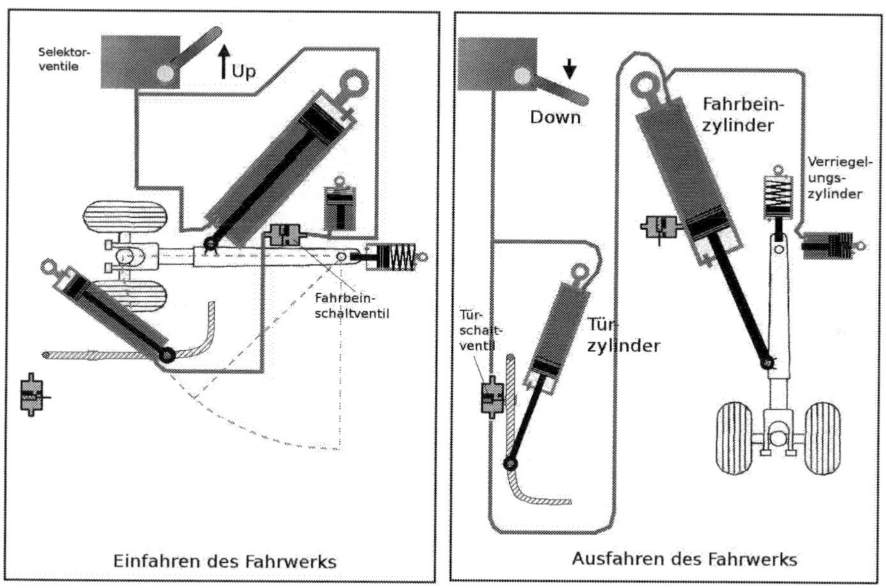

Abbildung 84: Prinzip Fahrwerkmechanismus; Darstellung ohne Rückflussleitungen (Grafik: KLSP)

Die linke Seite zeigt das Einfahren. Mit dem Betätigen des Fahrwerkhebels („gear up“) wird zunächst Druck auf den Verriegelungs- und Fahrbeinzylinder geleitet. Das Fahrwerkbein wird entriegelt und der Druck auf die Schließseite der Fahrwerkbeinzylinders sorgt für das seitliche Einklappen des Fahrwerkbeins. Dabei wird in der Endposition das Fahrwerkbeinschaltventil geschaltet. Hierdurch wird der Druck auf den Türzylinder weitergeleitet, der nun die Fahrwerkstür schließt. In der Endposition rastet durch den

waagerechten Verriegelungszylinder die Verriegelung ein. Das Fahrwerkbein ist nun eingefahren und verriegelt (rote Transitanzeige erlischt).
Die tatsächliche Implementierung ist meistens noch ein Stück komplexer.

Theoretisch besteht bei der beschriebenen Sequenz die Gefahr, das jemand am Boden unabsichtlich den Fahrwerkschalter im Cockpit auf „gear up“ setzt. Falls das Fahrwerk tatsächlich einfahren würde, wäre der Schaden groß. Um das zu verhindern, sind alle Fahrwerksysteme für den Fall zusätzlich gesichert.
Mehrere Methoden sind möglich.

- Beim Gear Selector Lock sorgt ein Federkraft gesteuerter Verschlusszylinder dafür, dass der Fahrwerkshebel nicht in die Up-Position bewegt werden kann.
- Bei Gear Locking Pins werden metallische Pins am Fahrwerk angebracht, die ein Einfahren unmöglich machen.
- Bei elektrisch betriebenen Fahrwerken wird oft ein Groundsensorswitch genutzt, um das Einfahren des Fahrwerks in einem solchen Fall elektrisch über einen einfachen Logikschaltkreis zu verhindern.

Außer der beschriebenen Konstruktion eines hydraulisch betätigten Fahrwerks kommen - meist bei kleineren Flugzeugen - auch pneumatisch oder elektrisch betätigte Fahrwerksmechanismen zum Einsatz.

Pneumatische Systeme werden beispielsweise in einigen russischen Flugzeugen (YAK52, YAK18T u.a.) genutzt. Dort ist oft für das Anlassen eines Sternmotors bereits ein Druckbehälter vorhanden, der auch für das Fahren des Fahrwerks verwendet wird. Die Verwendung von Druckluft hat Vorteile bei extremer (sibirischer) Kälte.

Konstruktiv ist die Steuerung bei einem pneumatischen System mit einem hydraulischen System vergleichbar mit dem Unterschied, das die pneumatischen Arbeitszylinder keinen Rückfluss haben, sondern die „Rückfluss-Luft“ in die Atmosphäre ablassen.
Beim elektrischen System werden ein oder mehrere Elektromotoren für das Ein- und Ausfahren verwendet. Wird nur ein Motor verwendet, so erfolgt die mechanische Kraftübertragung meist durch Wellen zu den einzelnen Fahrwerkteilen.

Fahrwerkanzeigen, Bedienung und Notfallprozeduren

Da der Status beim Ein- und Ausfahren des Fahrwerks vom Cockpit aus meistens nicht gesehen aber in jedem Fall nicht beurteilt werden kann, sind Anzeigen zum Status unabdingbar. Im Normalfall wird der Status für jedes Fahrwerkbein einzeln mittels zweier Kontroll-leuchten angezeigt:

- Beide aus: Fahrwerk eingefahren und verriegelt
- Rot: Fahrwerk befindet sich in Transition
- Grün: Fahrwerk ausgefahren und verriegelt

Abbildung 85: Fahrwerkhebel und -anzeigen einer B737 (Foto: Chris Brady)

Die Anzeigen sind durch elektrische Mikroschalter und einer Steuerlogik realisiert. Bei manchen Flugzeugen wird zusätzlich der jeweilige Status der Türen der Fahrwerkschächte angezeigt.
Der Fahrwerkhebel selbst hat neben der Beschriftung in der Regel eine passende Form, die ihn eindeutig als Fahrwerkhebel kennzeichnet, mit den möglichen Positionen (Up, Off, Down), siehe auch die Abbildung rechts.

Für das Fahren des Fahrwerks sind die entsprechenden Maximalwerte für die Fluggeschwindigkeit im Flugzeughandbuch zu beachten:

- V_{LO} - maximal erlaubte Geschwindigkeit (KIAS) zum Zeitpunkt des Ausfahrens
- V_{LE} - maximal erlaubte Geschwindigkeit (KIAS) mit ausgefahrenem und verriegeltem Fahrwerk

Für den Fall, dass sich das Fahrwerk wegen fehlendem Hydraulikdruck, fehlendem Luftdruck, einem Fehler im elektrischen System o.Ä. nicht regulär ausfahren lässt, ist konstruktiv eine Notfalleinrichtung vorhanden und ein Notverfahren für das Fahren des Fahrwerks vorgeschrieben.
Dabei sind folgende Methoden gebräuchlich:

- Fahrwerk fällt nach Lösen einer Sperre mittels Schwerkraft heraus
- Fahrwerk wird durch einen Notfallakkumulator (Luft/Stickstoff) betätigt

- Fahrwerk wird manuell mittels einer Mechanik und/oder einer hydraulischen Handpumpe betätigt

Auch beim Notfallverfahren bleibt die Reihenfolge der Fahrwerkbetätigung erhalten: Entriegelung, Fahren des Fahrwerks, neue Verriegelung. Ob die Verriegelung beispielsweise beim Schwerkraftverfahren erfolgreich war, lässt sich normalerweise an den Kontrollleuchten ablesen. Bei einigen Flugzeugtypen besteht auch die Möglichkeit, über Prismen vom Cockpit bzw. der Kabine in den Fahrwerkschacht hineinzusehen.

Abbildung 86: Manuelles Entriegeln des Fahrwerks einer B737 (Foto Chris Brady)

Im Einzelfall werden bei der Notfallhandhabung je nach Konstruktion Unterschiede bestehen. Daher gilt natürlich wie immer vorrangig die entsprechende Information im Operating Manual des jeweiligen Flugzeugtyps.

04 02 00 Bugradlenkung: Bauweise und Funktion

Bei größeren Flugzeugen ist eine Bugradlenkung aufgrund der hohen Gewichtskraft auf dem Bugrad nur noch mit hydraulischer Servounterstützung möglich. Konstruktiv sind folgende Varianten in Gebrauch:

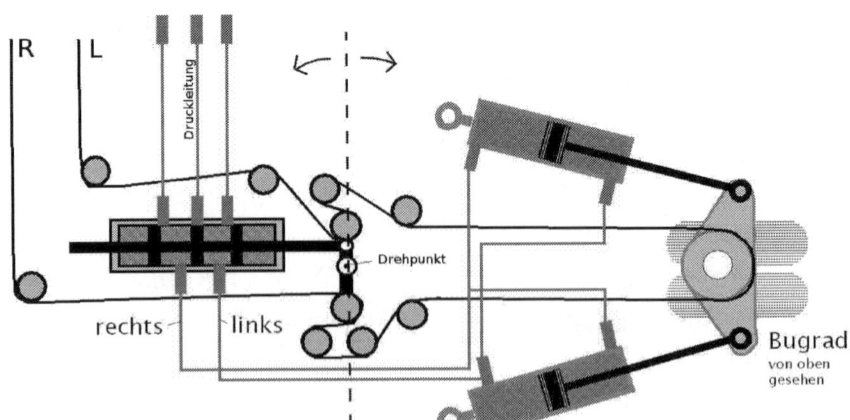

Abbildung 87: Hydraulische Bugradlenkung als Seilzugfolgesteuerung (Grafik: KLSP)

- Hydraulikmotor, der direkt die Lenkachse dreht
- Zahnstangenlenkung, wobei die Zahnstange hydraulisch bewegt wird
- Betätigung über einen hydraulischen Lenkhebel und einen Hydraulikzylinder
- Betätigung über einen Lenker und zwei Hydraulikzylinder

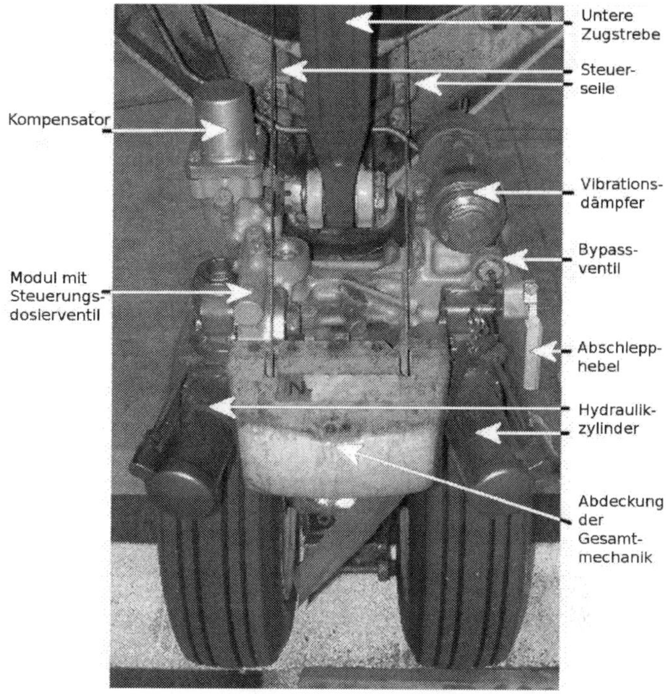

Abbildung 88: Bugradkomponenten (Foto: Chris Brady)

Abbildung 87 zeigt das Funktionsschema der letztgenannten Variante, die in ähnlicher Form z.B. bei der B737 eingesetzt wird. Hierbei gehen Steuerseile von den Seitenruderpedalen und vom Handsteuerrad aus, die zum Steuerventil und zum Lenkkopf des Vorderrades führen. Durch Verkürzen und Verlängern der Seile L und R wird über die Wippe am Drehpunkt das Steuerventil geöffnet, sodass der jeweilige Hydraulikzylinder die eingeleitete Bewegung unterstützt und das Rad dreht. Durch das Drehen des Rades wird die Wippe wieder in ihre Nullpunktlage zurück gedreht und das Steuerventil schließt sich. Es handelt sich hierbei also um eine servounterstützte Seilzugfolgesteuerung.

Die Seile und damit das Bugrad können über die Seitenruderpedale gesteuert werden, wobei der seitliche Steuerausschlag dabei in der Regel auf etwa 7 bis 8 Grad zu jeder Seite begrenzt ist. Über das Handsteuerrad (engl. tiller) lässt sich das Rad in der Regel um bis zu 70 bis 80 Grad nach links oder rechts drehen.

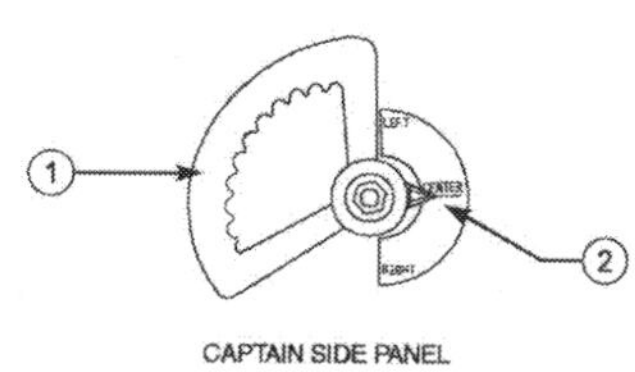

Abbildung 89: Handsteuerung (Tiller) (Quelle: B737 Manual)

Ungelenktes Bugrad. Bei Kleinflugzeugen und auch bei Helikoptern mit Dreibeinfahrwerk findet man unter anderem das ungelenkte Bugrad. Dabei lässt sich das Bugrad vom Cockpit aus nicht direkt lenken, es kann sich um die Aufhängungsachse herum frei drehen (engl. free castoring nose wheel). Die Richtungssteuerung am Boden erfolgt in diesem Fall durch differenzielles Bremsen der Haupträder.

Automatische Bugradzentrierung. Eine Besonderheit beim Einfahren des Bugrades ist zu erwähnen. Es muss nämlich gewährleistet sein, dass unabhängig von der aktuellen Seitenruderpedallage das Bugrad zentriert einfährt. Hierzu ist das Bugrad mit einem automatischen Zentriermechanismus versehen, der konstruktiv unterschiedlich gelöst sein kann. Im einfachen Fall werden beim Einfahren die Lenkzylinder drucklos geschaltet und das Entspannen des Federbeins wird dazu genutzt, um über eine besondere Führung das Bugrad zu zentrieren.

Lenkungsdämpfer. Das Bugrad kann aufgrund einer Unwucht der Reifen anfangen, seitlich um die Lenkungsachse herum zu flattern. Um diese Schwingung zu dämpfen, ist am Bugrad ein Lenkungsdämpfer (engl. shimmy damper, von to shimmy = flattern) installiert.

Lenkung des inneren Rumpffahrwerks. Bei Großflugzeugen wie beispielsweise dem A380 oder der B747 mit vier- oder sechsrädrigen Bogies am inneren Rumpffahrwerk entstehen bei engen Kurvenradien extreme Torsionsmomente an den Federbeinaufhängungen, da die inneren Bogies nahezu im Drehpunkt stehen und die Räder dabei seitlich über den Boden geschoben werden („Radieren der Räder"). Um dem entgegen zu wirken, ist das Rumpffahrwerk bei diesen Flugzeugen mit einem eigenen Lenkmechanismus ausgestattet.

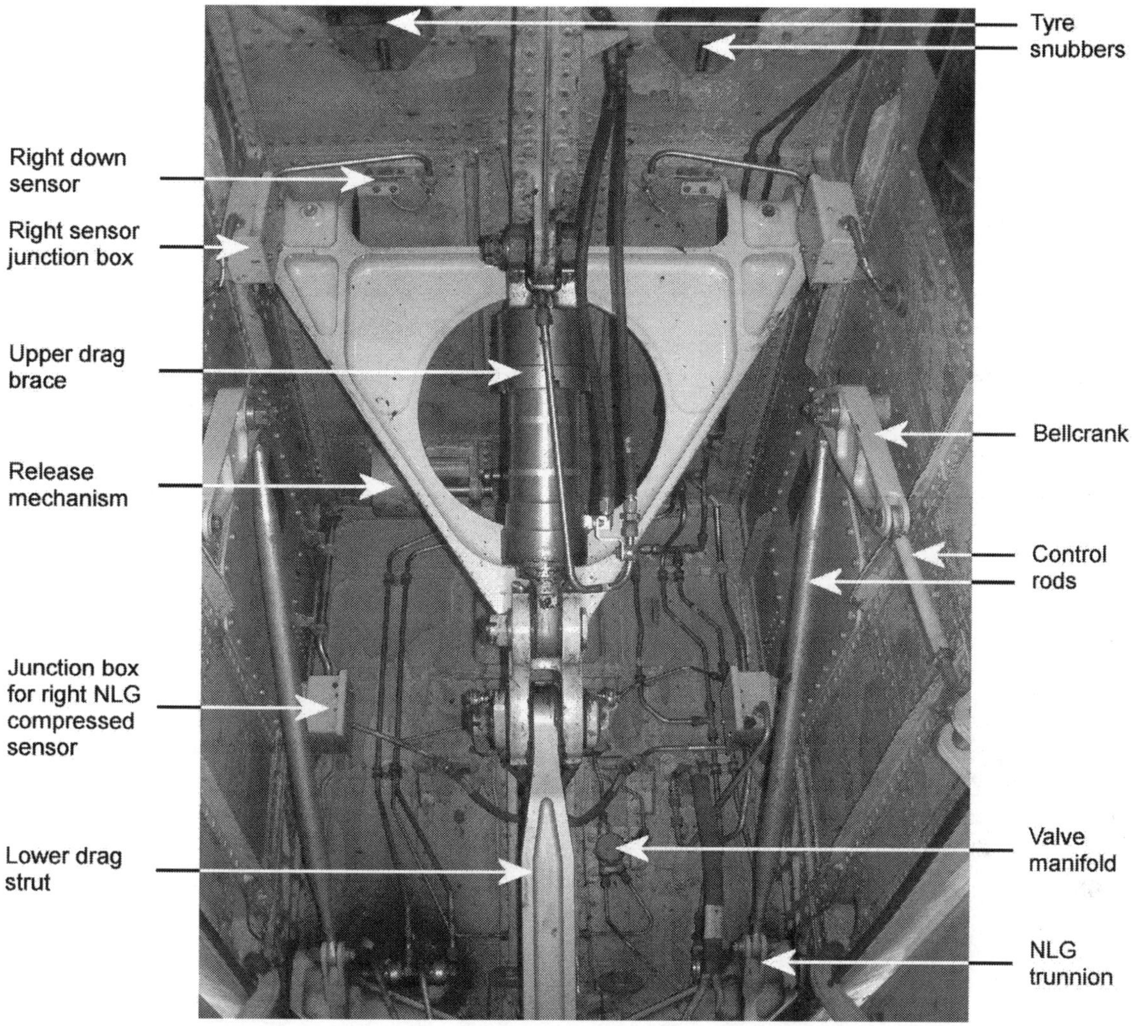

Abbildung 90: B737 Bugradschacht (Foto und Beschriftung: Chris Brady)

04 03 00 Radbremsen

04 03 01 Bremsanlagen: Typen und Materialien

Bei nahezu allen Flugzeugen hat sich heutzutage als Bremsmittel ähnlich wie beim Automobil die Scheibenbremsanlage durchgesetzt. Sie dient zum Abbremsen der Hauptfahrwerkräder nach der Landung oder beim Rollen, dabei durch differenzielles Bremsen auch für die Richtungssteuerung. Das Bugrad wird bei Flugzeugen nicht abgebremst, erstens da dort nur ca. 10 % der Gewichtskraft anfällt und zweitens wegen der fehlenden Festigkeit für den Bremsvorgang. Bei großen Verkehrs- oder Transportflugzeugen kommen ausschließlich Mehrscheiben-Mehrkolben-Bremsen zum Einsatz, da die kinetische Energie mit einfachen Einscheibenbremsanlagen nicht abzubremsen wäre. Immerhin muss bei einem Landemasse von beispielsweise 100.000 kg und einer Aufsetzgeschwindigkeit von 135 Knoten eine Energie von ca. 222 MJ (MegaJoule) vernichtet oder, genauer formuliert, in Wärme umgewandelt werden. Das erfordert eine Bremsleistung im Megawattbereich, wobei der Bremsdruck über die Hydraulikanlage

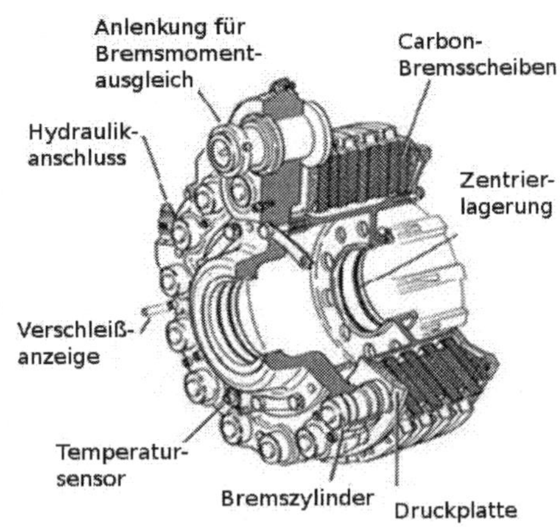

Abbildung 91: links: Scheibenbremsanlage einer Boeing 737 (Foto: Chris Brady)
rechts: Carbonbremse des A310 (Grafik: Engmann [1], S.331)

bereitgestellt wird. Mehrscheibenbremsen bestehen dabei aus *Statoren* und *Rotoren*, die in mehreren Schichten zu einem Bremspaket geschnürt sind. Die Statoren sind dabei fest mit dem Achsflansch des Federbeins verbunden, die Rotoren drehen sich zusammen mit dem Rad. Sie haben dazu Zapfen an der Außenkante, die in die Nuten der Radfelge eingreifen. Die Statoren entsprechen dem Bremssattel und die Rotoren der Bremsscheibe, wenn man es mit einer einfachen Autoscheibenbremse vergleicht.

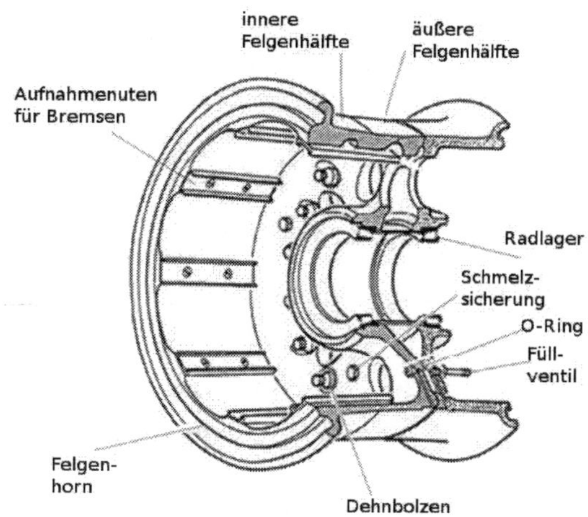

Abbildung 92: Radfelge des A310 mit Bremsnuten (Grafik: Engmann [1], S. 325)

Materialien

Bremsen müssen aus einem Material hergestellt werden, das hitzebeständig ist und eine hohe Wärmekapazität hat.

Für Bremsrotoren und Bremsstatoren haben sich deshalb folgende Materialpaarungen durchgesetzt.

1. Stahl-Keramik
2. Carbon-Carbon

Für neuere Flugzeugmodelle werden nur noch Carbonbremsen verwendet. Das Carbon ist dabei ein Verbundwerkstoff aus zwei Kohlenstoffmaterialien. Zur Herstellung wird ein Kohlenstofffasermaterial in einem Ofen mit Methangas so lange geglüht, bis der Kohlenstoff des Methans in das Fasermaterial übergeht. Das so entstandene Material ist extrem hitzebeständig und leichter als Stahl. Bei großen Flugzeugen können durch Einsatz von Carbonbremsen bis 500 kg eingespart werden. Carbonbremsen halten Temperaturen bis 3.000 °C aus, wobei Stahl bereits unterhalb von 2.000 °C flüssig wird und versagt. Carbonbremsen haben ferner eine höhere innere Reibung und somit bei gleicher Fläche die höhere Bremswirkung. Als weiterer Vorteil kommt hinzu, dass sie weniger schnell verschleißen und zudem wiederaufgearbeitet werden können. Mit einer Carbonbremse können im Mittel 1.500 Landungen bewerkstelligt werden gegenüber 1.000 Landungen bei einer Stahl-Keramik-Bremse.

04 03 02 Bauelemente, Funktionsweise, Bedienung und Anzeigen

Bei Kleinflugzeugen findet man teilweise Bremsanlagen, die nur mit passiver Hydraulikverstärkung (siehe auch im Kapitel Hydraulik) versehen sind. Bei großen Verkehrs- oder Transportflugzeugen wird die Bremskraft von der Hydraulikanlage des Flugzeuges geliefert.

Bremsen beim Rollen. Beim Rollen werden die Bremsen über Fußbremspedale betätigt, die in der Regel auf irgendeine Weise in die Seitenruderpedale integriert sind.

Bremsen nach der Landung. Die Radbremsanlage hat trotz aufwendiger Bauweise und hydraulischer Bremskraftverstärkung eine begrenzte Bremsleistung, die oft nicht ausreichend ist, um das Flugzeug allein mit den Radbremsen abbremsen zu können. Von der Konstruktion her ist vorgesehen, dass die Crew bei den höheren Geschwindigkeiten nach dem Aufsetzen Umkehrschub nutzt und mit einer für den jeweiligen Fall passenden Auto-Brake-Option (Auto-Brake siehe weiter unten) zusätzlich die Radbremsen einsetzt. Hinreichender Umkehrschub sorgt dafür, dass die Bremsanlage nicht überhitzt.

Automatisches Abbremsen der Räder beim Einziehen des Fahrwerks. Bei den meisten Fahrwerkskonstruktionen erfolgt synchron zum Einziehen des Fahrwerks auch das Abbremsen der Räder nach dem Abheben durch eine Automatik (retract auto brake system).

Bremsakkumulator. Der Bremsakkumulator ist ein hydraulischer Akkumulator, der im normalen Betrieb für die Stabilisierung des Drucks im hydraulischen Bremssystem sorgt. Im Notfall beim Ausfall einer oder aller Hydraulikpumpen ist der Bremsakkumulator immer noch in der Lage, den Druck für mindestens eine vollständige Notbremsung zu liefern.

Abbildung 93: Bremsakkumulator B737 (Foto: Chris Brady)

Parkbremse. Die Parkbremse sichert das Flugzeug im Stand gegen Wegrollen. Die Parkbremse kann bei kleineren Flugzeugen rein mechanisch realisiert sein, bei größeren Flugzeugen mit hydraulischer Bremsanlage wird beim Betätigen der Parkbremse ein kontinuierlicher Druck auf die Bremszylinder eingestellt. Dieser Druck stammt meistens aus dem Bremsakkumulator, wobei dieser Druck auch ohne laufende Hydraulikpumpen über mehrere Stunden erhalten bleibt (z.B. etwa acht Stunden bei einer B737).

Verschleißanzeige. Die einzelnen Bremspakete der Haupträder haben eine Verschleißanzeige (engl. wear indicator). Dies ist meist ein Stift (brake pin), der über eine mechanische Nachführeinrichtung an einer bestimmten Marke anzeigt, wie stark die Bremsscheiben bereits verschlissen sind.

Abbildung 94: Verschleißanzeige (Foto: Chris Brady)

Bremstemperaturanzeige. Teil der Cockpitanzeigen zur Bremsanlage ist meistens auch die Bremstemperaturanzeige. Sie dient dazu, beim Bremsen zu kontrollieren, ob die maximal zulässige Bremstemperatur überschritten wird, womit unter anderem verhindert wird, dass die Temperatursicherungen durchschmelzen und die Reifen drucklos werden.

Je nach Beanspruchung wird außerdem zulassungsbedingt (d.h. je nach Flugzeugtyp unterschiedlich) eine von der Bremstemperatur abhängige Abkühlungszeit benötigt, bevor der nächste Flug angetreten werden darf. Die Bremstemperatur muss dabei unter einen vorgegebenen Wert gesunken sein. Diese Zeit kann bei Überbeanspruchung länger dauern und so eventuell in Konflikt mit geplanten Bodenzeiten kommen.

04 03 03 Antiblockiersystem (Anti-Skid-System)

Teil einer jeden Bremsanlage bei großen Flugzeugen ist das Anti-Blockiersystem (Abk. ABS; engl. anti-skid system). Es verhindert ein Blockieren der Räder bei zu starkem Bremsen und verkürzt so signifikant die benötigte Bremsstrecke. Die Funktionsweise ist relativ simpel. Beim Bremsen wird die Winkelgeschwindigkeit des ungebremsten Bugrades durch den Anti-Skid Computer kontinuierlich mit der Winkelgeschwindigkeit der beiden Haupträder verglichen[1]. Zwischen beiden Rädern wird durch den Bremsvorgang nur eine ganz bestimmte maximale Schlupfgrenze (engl. wheel slip limit) zugelassen. Beim A310 liegt sie bei 13 %, d.h. die gebremsten Räder dürfen sich nicht langsamer drehen als die 0,87-fache Geschwindigkeit des ungebremsten Rades. Falls doch, gibt der Anti-Skid Computer ein Bremslösesignal, sodass ein Blockieren des betrachteten Rades unterbleibt.

[1] Die Winkelgeschwindigkeiten werden dabei natürlich vorher auf den gleichen Radumfang normiert.

Die Vorteile des Antiblockiersystems lassen sich wie folgt zusammenfassen:

- Maximale Bremsperformance durch optimale Ausnutzung der Reibung
- Kein Durchbremsen der Reifenoberflächen möglich
- Sichere Führung des Flugzeuges auch bei Aquaplaning
- Wirtschaftlicher wegen längerer Nutzung der Reifen

Kleinere Flugzeuge sind vorwiegend nicht mit einem Anti-Skid-System ausgerüstet.

04 03 04 Auto-Brake-System

Das Auto-Brake-System übernimmt die Aufgabe der automatischen Bremsung nach der Landung. Es arbeitet schneller und zuverlässiger als die manuelle Abbremsung durch den Piloten und spart so wertvolle Meter Landestrecke.
Mit den Optionen (1,2,3, Max) bei Autobrake stellt man den maximalen Bremsdruck und die maximale negative Beschleunigungsrate und damit indirekt das maximales Bremsmoment ein. Die abgebildete Tabelle gibt eine Übersicht im Falle der Boeing 737:

Autobrake Selector	Max Pressure at Brakes (PSI)	Deceleration Rate (ft/sec²)
1	1250	4
2	1500	5
3	2000	7.2
Max	3000	12 (below 80kts)
"	"	14 (above 80kts)
RTO	Full	Not Controlled

Abbildung 95: Bremsdruckeinstellung bei einer B737 (Quelle: Chris Brady)

Nach einer Landung wird bei ‚Autobrake' beim ersten Betätigen der Fußbremse das automatische Abbremsen mittels der Radbremsen inaktiviert, sodass der restliche Bremsvorgang manuell erfolgen muss.

Die Einstellung RTO (Rejected Take-Off) lässt sich vor einem Startlauf aktivieren. Im Fall eines Startabbruchs, also beim Herausnehmen des Schubs und ggf. Umkehrschub unterhalb von V_1 wird automatisch der maximale Bremsdruck (3.000 PSI bei B737) angewendet.

Autobrake...SET

If operational, the use of auto brakes for landing is required.

It is estimated that manual braking techniques frequently involve a 4 to 5 second delay between main gear touchdown and brake pedal application, even when conditions reflect the need for a more rapid initiation of braking. This delayed braking can result in the loss of 800 to 1000 feet of runway. Directional control requirements for crosswind conditions and low visibility may further increase the above delays as can the distraction arising from a malfunctioning reverser system. Use of reverse thrust will allow the autobrake system to reduce brake pressure to the minimum level, thus minimizing brake and tire wear and keeping brake temperatures in the normal range. The use of minimum reverse thrust will almost double the brake energy requirements. During landing roll if the deceleration is not suitable for the desired stopping distance, take over manual braking. The autobrake should be released by smoothly applying brake pedal force, as in a normal stop, until the autobrake system disarms, as noted by the illumination of the **AUTO BRAKE DISARM** light, or by moving the speedbrake lever full forward.

For normal operation of the autobrake system, it is necessary to arm it by selecting a deceleration setting. The following is offered as selection criteria:

1	This selection should be made as the normal setting for routine operations. It will provide a nominal deceleration rate.
2 or 3	These settings should be used when moderate deceleration rates are required for wet and slippery runways, when landing rollout distance is limited, any time a reverser is inoperative, single engine landings, and any landing requiring higher than normal landing speeds.
MAX	This setting should be used when maximum deceleration rates are required for minimum stop distance. The deceleration rate is less than produced by full manual braking.

Abbildung 96: B737 Autobrake Beschreibung (Quelle: B737 Manual)

Zur Nutzung des Auto-Brake-Systems muss das Antiblockiersystem aktiviert und funktionstüchtig sein. Aus diesem Grund ist bei der B737 eine diesbezügliche Anzeige (Anti-Skid inoperative) direkt im Auto-Brake Panel eingebaut (siehe Abbildung 95).
In der Einstellung Off wird das System inaktiviert und gleichzeitig zurückgesetzt. Manche Flugzeuge besitzen eine zusätzliche Disarm-Schalterposition, die dazu dient, den automatischen Bremsvorgang per Schalter zu beenden. Meistens wird aber der Übergang zum manuellen Bremsen durch Betätigen der Fußbremse oder etwa durch Herausnehmen der Speedbrakes realisiert.

04 04 00 Räder, Felgen und Reifen

04 04 01 Typen, Bestandteile und Betriebsgrenzen

Flugzeugräder bestehen aus den Felgen inklusive der Achslagerung und den Reifen. Die *Felgen* bestehen in der Regel aus einer vergüteten Aluminium- oder Magnesiumlegierung, sind *zweigeteilt* und können zur Reifenmontage in der Mitte oder am Felgenrand getrennt werden. Schlauchlose Reifen werden durch den Luft-/Gasdruck auf den Felgenrand gepresst und dichten auf diese Weise ab. Das Luft-/Gaszuführungsventil sitzt bei großen Rädern für schlauchlose Reifen unmittelbar in der Felge, sodass durch das Wandern des Reifens nicht wie bei Schlauchreifen die Gefahr besteht, das Ventil abzuscheren.

Die Felgen der großen Flugzeuge enthalten ferner eine *thermische Schmelzsicherung* (engl. fusible plug), die bei Überhitzung der Felge z.B. bei Extrembremsungen das Platzen der Reifen verhindern soll, indem durch die Sicherung die Luft aus dem Reifen abgelassen wird. Die Schmelzsicherung ist dazu mit einem Entlüftungskanal in der Felge verbunden. Sie ist entsprechend der Schmelztemperatur farblich gekennzeichnet, und zwar:

- rot 155 °C
- grün 177 °C
- gelb 199 °C.

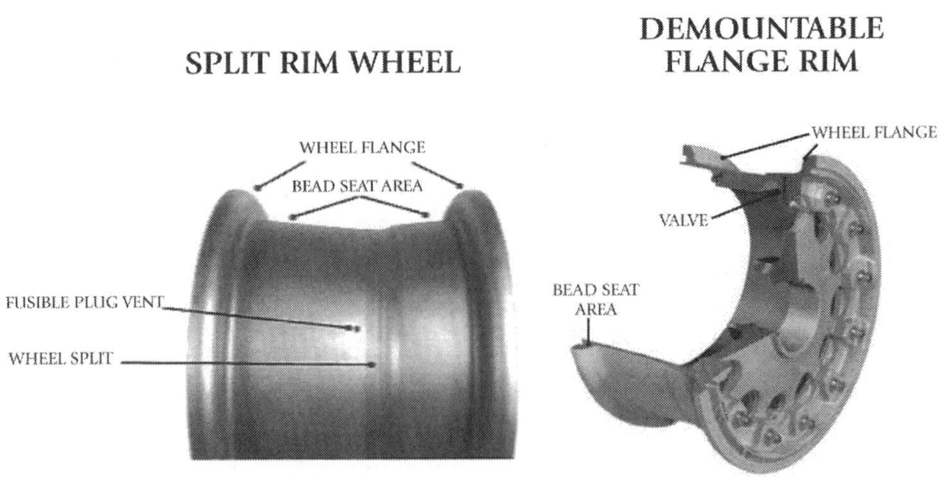

Abbildung 97: Zweiteilige Felge (Grafik: Goodyear [10])

Als Flugzeugreifen werden heutzutage fast ausnahmslos *schlauchlose (tubeless) Gürtelreifen* (Radialreifen) eingesetzt. Nur bei einigen Kleinflugzeugen findet man noch Schlauchreifen.

Der Reifenaufbau eines Radialreifens ist wie folgt:

Die *Lauffläche* (engl. tread) stellt die Verbindung zur Fahrbahn her. Sie enthält das Profildesign, das bei Flugzeugreifen lediglich aus Längsrillen besteht.

Die *Karkasse* (engl. casing) stellt den tragenden Unterbau eines Reifens dar. Sie ist der entscheidende Festigkeitsträger eines Reifens. Sie besteht aus mehreren Gewebeschichten (casing plies), die in Gummi eingebettet sind. Das Gewebe besteht aus Kunstfasern, Kunstseide (Rayon) und bei Radialreifen zusätzlich aus radialen Stahlkorden. Die Karkasse verleiht dem Reifen seine Stabilität.

Der *Gürtel* (engl. belt) besteht ebenfalls aus mehreren Gewebeschichten die diagonal in abwechselnden Richtungen oberhalb der Karkasse aufgebracht sind. Zwischen Lauffläche und Gürtel sind meistens weitere Verbindungsgewebe eingebracht. Die Karkasse bildet zusammen mit dem Gürtel und der Lauffläche den wesentlich Teil des Reifens.

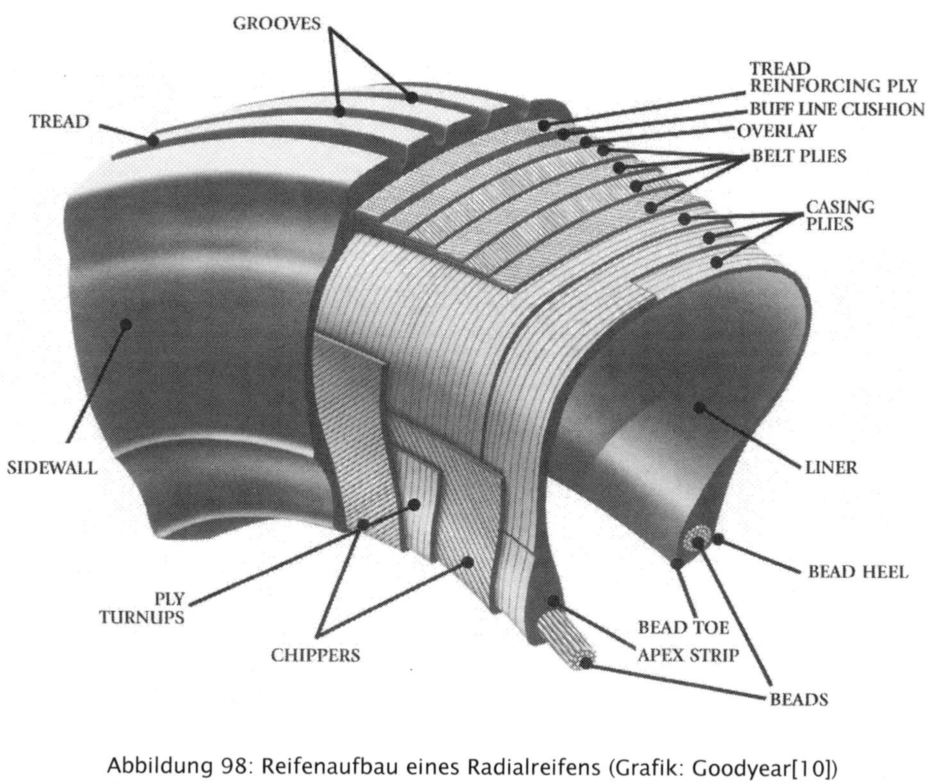

Abbildung 98: Reifenaufbau eines Radialreifens (Grafik: Goodyear[10])

Die *Seitenwand* (engl. side wall) stellt den äußeren Schutz der Karkasse dar.
Die *Wulst* (engl. bead) sorgt für die feste Verbindung zwischen Reifen und Felge und besteht aus Stahldrähten sowie aus Wulstzehe (engl. bead toe) und Wulstferse (engl. bead heel).
Die *Innenschicht* (engl. liner) besteht aus einer besonderen Gummimischung und sorgt für die Abdichtung der Luft- oder Gasfüllung nach außen.

Der Aufbau des Reifens erlaubt unter anderem eine mehrfache Erneuerung der Lauffläche (Runderneuerung) sofern der Reifen nicht anderweitig beschädigt ist.

Beim *Diagonalreifen* besteht die unterste festigende Struktur aus diagonalem Gewebe ohne weitere Verstärkung durch Stahlkorde. Diagonalreifen haben folglich eine geringere Seitenstabilität und werden daher so gut wie nicht mehr eingesetzt.

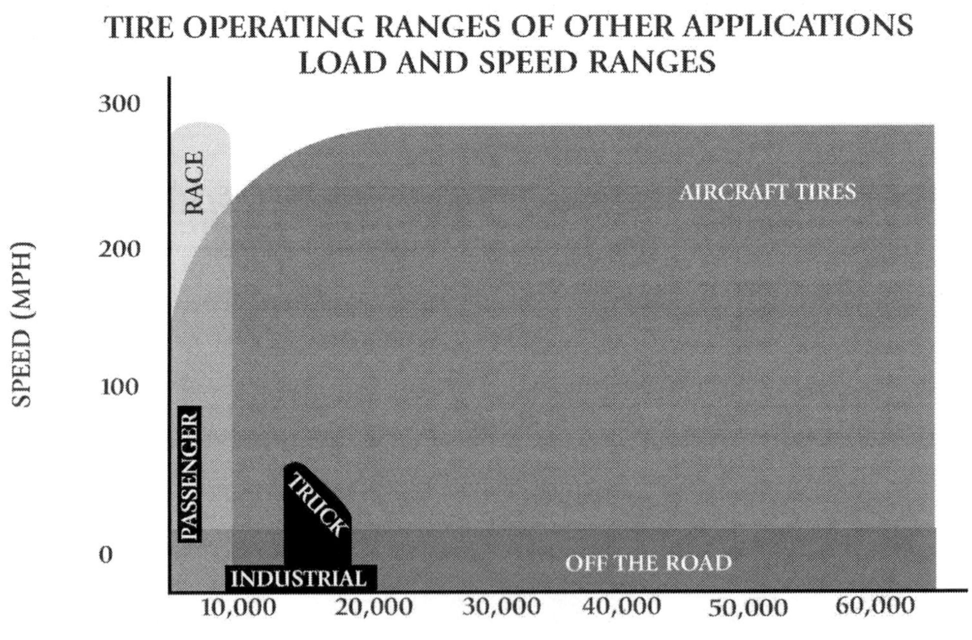

Abbildung 99: Belastung von Flugzeugreifen (Quelle: Goodyear[10])

Die Belastung von Flugzeugreifen ist im Vergleich zu anderen Reifen beispielsweise für Automobile oder für andere industrielle Anwendungen um etliche Größenordnungen höher. Neben der maximalen Tragkraft von etlichen Tonnen pro Reifen, werden diese ständig bei jedem Start- oder Landevorgang in kurzer Zeit auf sehr hohe Geschwindigkeiten im Bereich von ca. 300 Km/h beschleunigt. Hinzu kommt der thermische Stress der Flugzyklen.

Flugzeugreifen müssen folglich wesentlich mehr Belastung aushalten und haben daher im Unterschied zu Autoreifen eine weitere Kennzeichnung: das *Ply Rating*. Früher gab das Ply Rating tatsächlich die Anzahl der Gewebeschichten (plies) an, heute wird der Wert als Indexwert für die Belastungsstärke des Reifens genutzt.

Abbildung 100: Defekte Lauffläche (Quelle: Goodyear[10])

Ähnlich wie bei Autoreifen wird auch bei Flugzeugreifen eine maximal erlaubte Geschwindigkeit angegeben. Die folgende Tabelle gibt eine Übersicht einiger Reifenparameter eines Flugzeugreifens im Vergleich zu einem etwa gleich großen Autoreifen.

PARAMETER	FLUGZEUG	AUTO
Größe	27 x 7.75-15	P205/75R15
Durchmesser (Zoll / cm)	27.0" / 68,6	27.1"/ 68,8
Breite (Zoll / cm)	7.75"/ 19,7	7.99"/ 20,3
Ply Rating	12	–
Load Rating	9.650	1.598
Druck (psi / bar)	200 / 13,8	35 / 2,4
Max. Geschw. (mi/h / km/h)	225 / 360	112 / 180
Gewicht (lb / kg)	244 / 111	78 / 35

Tabelle 6: Vergleich Flugzeugreifen zum Autoreifen (KLSP)

Bei Überlastung eines Flugzeugreifens besteht die Gefahr, dass sich die Lauffläche ablöst und/oder der Reifen platzt. Dies stellt eine erhebliche Gefahr auch für die Struktur des Flugzeuges dar, da die Reifenteile mit sehr hoher kinetischer Energie gegen Tragfläche und Rumpf geschleudert werden und dort erheblichen Schaden anrichten können. Hinzu kommt die Brandgefahr durch die entstehende Reibungshitze und ggf. Funkenflug am Felgenrand.

Abbildung 101: Reifenbrand bei der Landung einer B737 (Quelle: Houston Airport)

Die Prüfung des Reifenzustandes ist daher wichtig und muss von der Crew oder vom lokalen Wartungspersonal vor jedem Flug durchgeführt werden. Der Check sollte immer mindestens den Reifendruck, den Zustand der

Laufflächen (Profiltiefe, auffällige Stellen, eingefahrene Fremdkörper usw.) umfassen. Bei Flugzeugen mit Schlauchreifen kommt die Überprüfung der Rutschmarken hinzu, da dort beim Rutschen der Reifen (engl. tyre creep, slippage) auf der Felge das Füllventil abgeschert werden kann.

Der korrekte Reifendruck kann je nach Reifentyp sehr unterschiedlich sein:

Niedrig (low pressure)	25 -35 psi	1,73-2,42 bar
Mittel (medium pressure)	35 -70 psi	2,42-4,83 bar
Hoch (high pressure)	70 -90 psi	4,83-6,21 bar
Extrahoch (extra high pressure)	90 - 350 psi	6,21-24,2 bar

Tabelle 7: Klassifizierung der Reifendrücke (KLSP)

In der Regel werden die Reifen mit Stickstoff oder einem vergleichbaren trägen, nicht entflammbaren Gas befüllt.

Bei stehendem Wasser auf der Start-/Landebahn kann es zu *Aquaplaning* kommen, wobei die Reifen den Kontakt zum Boden verlieren und auf dem Wasserfilm gleiten. Die *Aquaplaning-Speed* AQS in Knoten ist abhängig vom Reifendruck P (in psi) und lässt sich wie folgt abschätzen:

$$AQS = x * \sqrt{P}$$

Beim Start rechnet man mit x=9 (Aufgleiten und Beenden der Reifenrotation, engl. spin-down speed), bei der Landung rechnet man besser mit x=7,7 (Absinken und beginnende Reifenrotation, spin-up speed).

Beispielrechnung:
Ein Flugzeug hat einen Reifendruck von 225 psi. Wie hoch ist seine minimale Aquaplaning-Geschwindigkeit beim Startlauf/bei der Landung?

$$AQS(Start) = 9 * \sqrt{225} = 9 * 15 = \underline{\underline{135\ KIAS}}$$

$$AQS(Landung) = 7{,}7 * \sqrt{225} = 7{,}7 * 15 = \underline{\underline{115{,}5\ KIAS}}$$

05 00 00
Steuerungssysteme

Beginnen wir zunächst mit der Definition einiger Begriffe. Das Steuerungssystem (engl. flight control system) oder kurz die Steuerung eines Flugzeuges soll die Steuerinputs der Crew in äquivalente Ausschläge der Steuerflächen oder die passende Konfiguration bei Klappen oder Trimmanlagen umsetzen. Die Steuerung besteht zum einen aus den Steuerflächen und zum anderen aus dem Steuerwerk. Letzteres zerfällt in die Steuerelemente (Bedienorgane) und die Übertragungselemente. Des Weiteren unterscheidet man zwischen primärer und sekundärer Steuerung bzw. primärem und sekundärem Steuerungssystem. Die primäre Steuerung umfasst die notwendigen Komponenten für

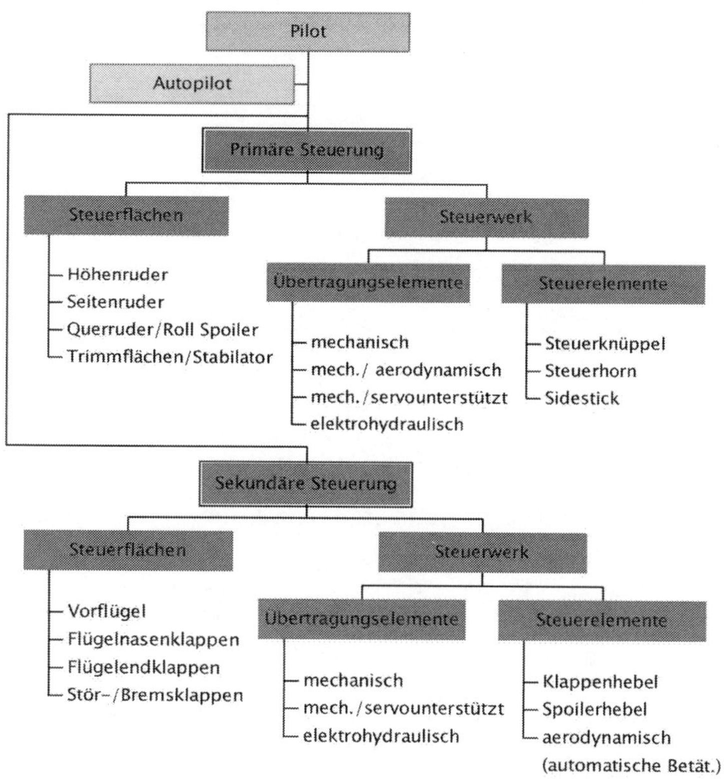

Abbildung 102: Komponenten des Flugsteuerungssystems im Überblick (Grafik: KLSP)

den Normalflug. Die sekundäre Steuerung besteht aus allen Komponenten, die für besondere Flugphasen wie Start- und Landephase benötigt werden. Die folgende Darstellung gibt einen Überblick.

05 01 00 Flugzeug: Primäres Steuerungssystem

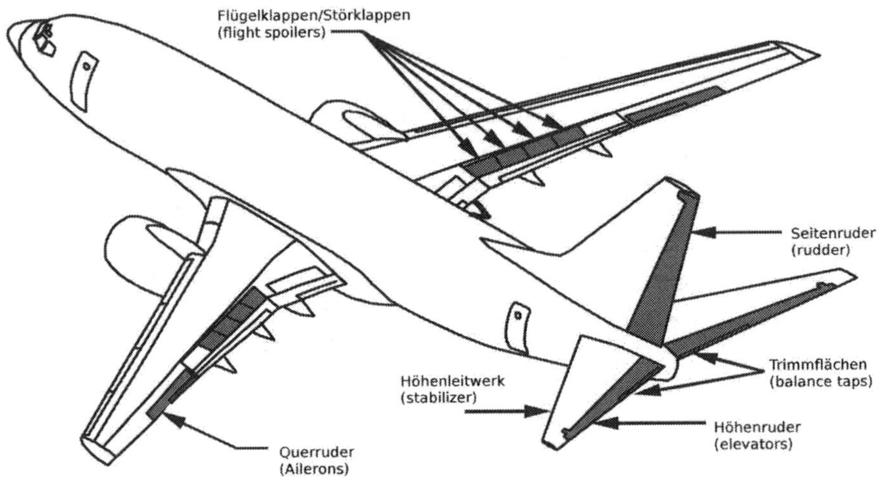

Abbildung 103: Steuerflächen und Auftriebshilfen einer B737 NG, die primären Steuerflächen sind gekennzeichnet (Grafik: KLSP nach Vorlage B737 Manual)

Das *primäre Steuerungssystem* dient der Steuerung eines Flugzeuges um seine drei Achsen. Dabei dient

- das *Höhenruder* (engl. elevator) zur Steuerung um die Querachse (Nickbewegung; Steig- oder Sinkbewegung),
- das *Seitenruder* (engl. rudder) zur Steuerung um die Hochachse (Gierbewegung) und
- die *Querruder/Roll Spoiler* [1] zur Steuerung um die Längsachse (Rollbewegung).

[1] Spoiler sind im nächsten Abschnitt 05 02 00 behandelt

Arten der Steuerungssysteme

Aufgrund der bei höheren Fluggeschwindigkeiten zwangsläufig höheren Steuerkräfte, aus Gründen der Gewichtsreduzierung und der Vereinfachung der Übertragungselemente wie Seile, Umlenkrollen, Gestänge, Führungen und ferner hydraulische Steuerventile, Leitungen und Aktuatoren sind insbesondere die servounterstützten Steuerungssysteme im Laufe der Zeit stufenweise vom einfachen manuellen System über servounterstützte Systeme bis zu den heutzutage vorwiegend genutzten computergesteuerten Steuerungssystemen weiterentwickelt worden.
Je nachdem, ob das Steuerungssystem eine Rückfallmöglichkeit auf die manuelle Steuerungsform bietet oder nicht, bezeichnet man es als reversibel oder irreversibel.
Folgende Arten von Steuerungssystemen sind zu unterscheiden:

- Reversible Steuerungssysteme
  - Manuelles Steuerungssystem ohne Kraftverstärkung (mechanisch)
  - Manuelles Steuerungssystem mit aerodynamischer Kraftverstärkung (mechanisch aerodynamisch)
  - Servounterstütztes Steuerungssystem (mechanisch hydraulisch)
- Irreversible Steuerungssysteme
  - Vollständig servogestütztes Steuerungssystem, „Fly-By-Cable“ (mechanisch hydraulisch)
  - Fly-By-Wire Steuerungssystem (elektrisch hydraulisch)
  - Fly-By-Optics Steuerungssystem (optisch hydraulisch)

Im Folgenden gehen wir auf die unterschiedlichen Arten von Steuerungssystemen ein.

05 01 01 Manuelles Steuerungssystem (reversibel)

Bei kleineren Flugzeugen erfolgt die Betätigung der Steuerflächen meist durch ein *manuelles Steuerungssystem*, d.h. die Kräfte vom Steuerhorn und den Seitenruderpedalen werden unmittelbar über Seile und Umlenkrollen oder mechanische Gestänge zu den Steuerflächen übertragen. Der Pilot fühlt beim manuellen System die aerodynamischen Kräfte unmittelbar in den Steuerorganen.

05 01 03 Servounterstütztes Steuerungssystem[1] (reversibel)

Bei einem *servounterstützten Steuerungssystem* (engl. partially powered or reversible system) erfolgt die Betätigung der Steuerflächen servounterstützt durch das Hydrauliksystem. Dabei gibt es immer noch eine direkte mechanische Verbindung von den Steuerorganen zu den Steuerflächen, sodass auch bei solchen Systemen der Pilot ein gewisses Feedback der aerodynamischen Kräfte bekommt. Bei manchen Systemen lässt sich die Servounterstützung im Fehlerfall sogar komplett abschalten und das System arbeitet danach rein manuell.
Da der Pilot bei einem solchen System immer noch ein direktes Feedback von den Steuerflächen bekommt, wäre eigentlich ein künstliches ‚Feel System' nicht notwendig.

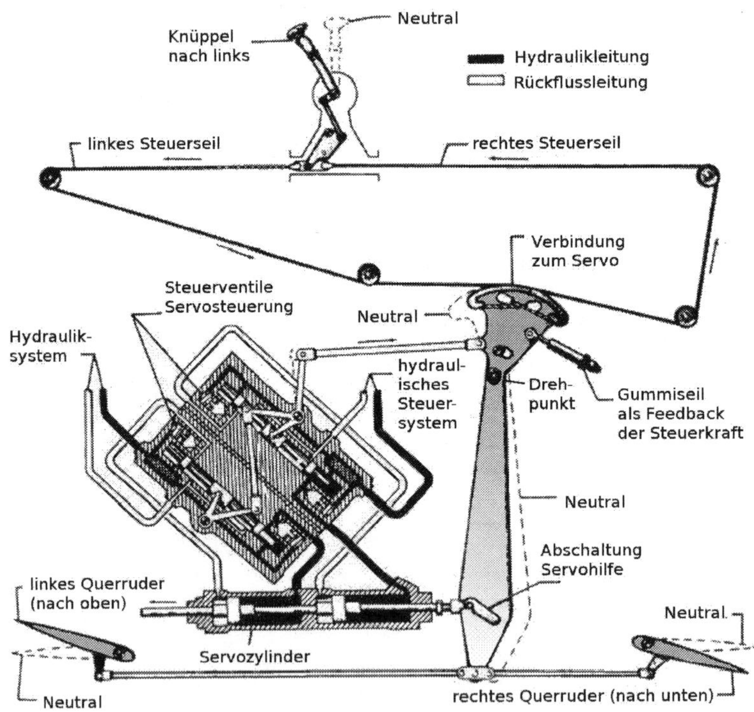

Abbildung 104: Servounterstütztes Steuerungssystem, nur Querrudersteuerung dargestellt (Grafik: tpub.com, Anpassung KLSP)

In vielen Fällen werden jedoch die Steuerkräfte beispielsweise durch Federkräfte oder in einfachen Fällen auch Gummiseilen (siehe obige Abb.) künstlich erhöht, da ansonsten das Ruderfeeling zu „weich" wäre.

---

[1] Aus didaktischen Gründen wurde an dieser Stelle die Reihenfolge ggü. dem Syllabus vertauscht

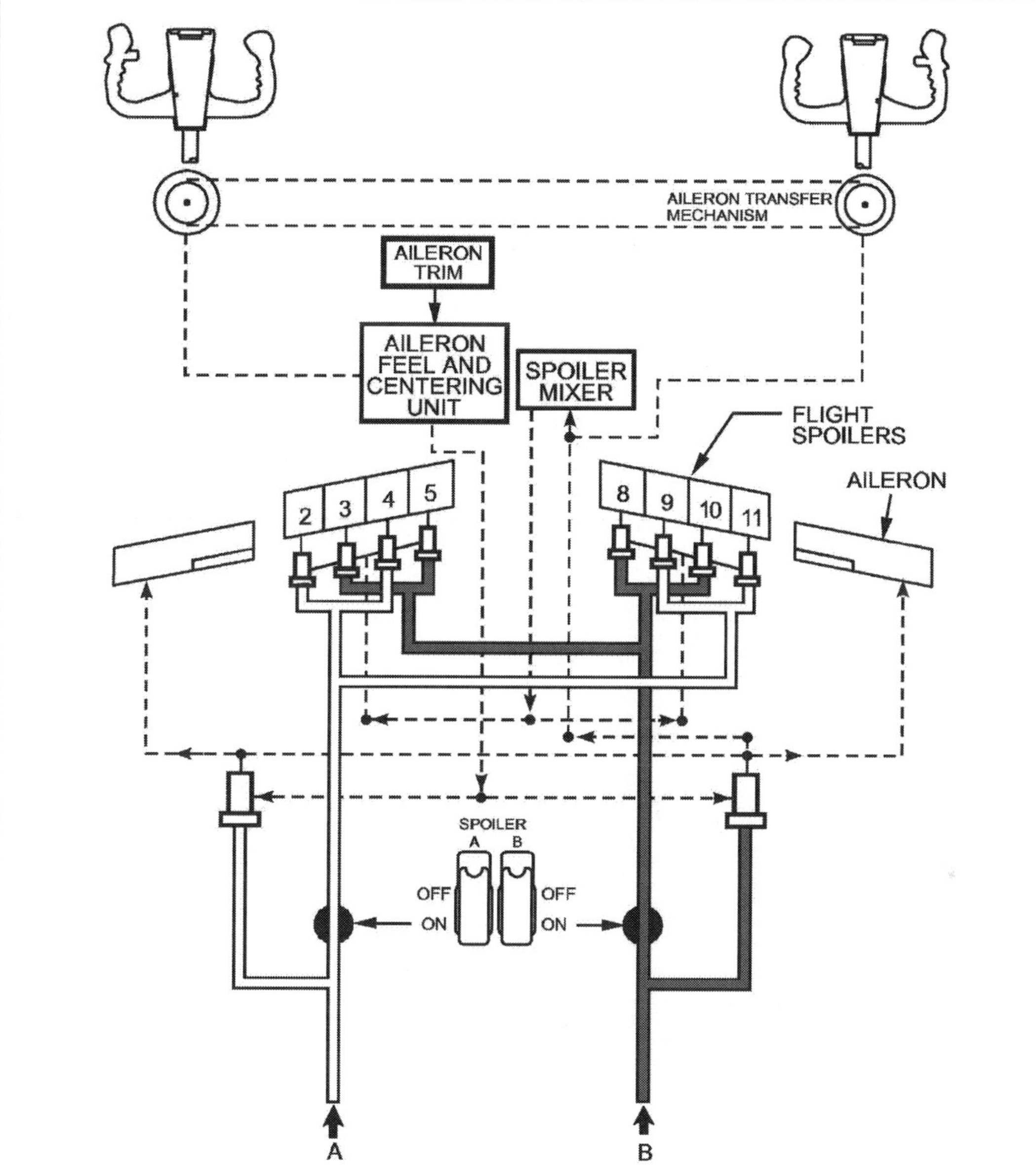

Abbildung 105: Rollsteuerung bei einer B737 NG, schematisch (Quelle: B737 Manual)

Die Boeing 737 ist ein klassischer Vertreter aus der Kategorie der Flugzeuge mit servounterstützter Steuerung. Beim Ausfall aller Hydrauliksysteme gibt es ein Fallback auf die mechanische Steuerung, die allerdings nur noch mittels extremer Kraftaufwendung an den Steuerorganen genutzt werden kann.

Die folgende Abbildung zeigt als exemplarisches Beispiel das Schema der Rollsteuerung bei der Boeing 737 NG inklusive der Ansteuerung der Flight Spoiler. Der obere Teil besteht aus der Querruderansteuerung über die Steuersäulen, wobei das normale Feedback über die ‚Aileron Feel and Centering Unit' realisiert ist. Der Spoiler Mixer erlaubt den Einsatz der Flight Spoiler sowohl symmetrisch als Bremsklappen als auch asymmetrisch als Rollsteuerung.

Der untere Teil zeigt den hydraulischen Steuerungsteil zur Ansteuerung der Querruder und der Flight Spoiler. Die Ansteuerung wird im Normalfall durch die Hydraulikkreise A und B gemeinsam bewerkstelligt. Beim Ausfall eines Hydraulikkreises funktioniert die Ansteuerung der Querruder normal weiter, wobei bei den Flight Spoilern nur noch jede zweite Steuerfläche betätigt wird.

05 01 02 Irreversibles Steuerungssystem

Bei einem *irreversiblen Steuerungssystem* (engl. fully powered or irreversible system) sind die Inputs der Steuerorgane vom eigentlichen Steuerkreis für die Ansteuerung der Steuerflächen mechanisch vollkommen entkoppelt. Die Steuerorgane liefern lediglich die jeweiligen Steuerbefehle an das hydraulische Servosteuerungssystem, das diese Befehle dann umsetzt. Da die Crew über die Steuerorgane kein mechanisches Feedback der aerodynamischen Kräfte mehr bekommt, muss bei einem solchen System das Feedback durch ein sogenanntes *‚Feel-System'* künstlich erzeugt werden.

Da bei einem irreversiblen System ein Fallback auf ein rein mechanisches System nicht mehr gegeben ist, fällt der Funktionstüchtigkeit der Servosteuerungskreise zur Ansteuerung der Steuerflächen besondere Bedeutung zu. Für den Fehlerfall z.B. beim Ausfall von Teilen der Hydraulik oder beim Blockieren von Steuerflächen sind, soweit möglich, alternative Steuerungsmethoden im System eingebaut. So lassen sich beispielsweise beim Ausfall der Querruderansteuerung die Flight Spoiler über einen alternativen Steuerkreis getrennt nutzen, sodass hiermit ein Fallback für die Querruderfunktion gegeben ist.

Bei einem irreversiblen Steuerungssystem muss nicht zwangsläufig eine von den Steuerinputs getrennte Steuerungslogik („Control Law") eingebaut sein, sondern das System kann im einfachsten Fall die Steuerinputs ungeändert aber in geeigneter Form (Signalisierung) an die Servozylinder weitergeben. Bei der Form der Weitergabe der Signale an die Stellgrößen unterscheiden sich die Systeme.

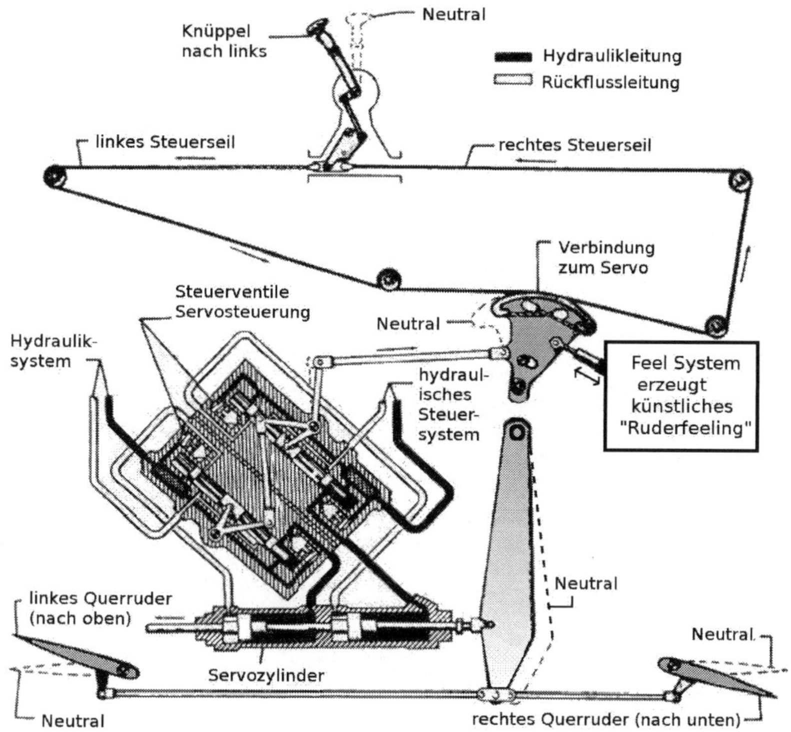

Abbildung 106: Irreversibles Steuerungssystem,
nur Querrudersteuerung dargestellt (Grafik: KLSP, Basisgrafik tpub.com)

Bei einigen Systemen ist die Weitergabe der Steuerungssignale an die Servozylinder durch Steuerseile ausgeführt (Fly-By-Cable). Neuere Systeme verwenden elektrische Kabel (Fly-By-Wire) oder Lichtleiter (Fly-By-Optics).

Ein typisches Beispiel eines der letzten Implementierungen der Fly-By-Cable-Systeme ist das Steuerungssystem der Boeing 767. Abbildung 107 zeigt exemplarisch die Höhenruderansteuerung des Systems. Die Ansteuerung erfolgt durch drei Hydraulikkreise L(eft), C(enter) und R(ight). Ein Fallback auf ein mechanisches Backupsystem ist nicht vorhanden, das System ist demnach irreversibel. Beide Höhenruderseiten werden von je drei parallel arbeitenden Hydraulikzylindern betätigt, wobei die drei Zylinder jeweils von den Kreisen L,C,R versorgt werden. Die Übertragung der Steuersignale erfolgt mechanisch durch Kabel und Gestänge. Der Autopilot nutzt eigene Servos zur mechanischen Ansteuerung, da die Steuerungszylinder nicht elektrisch ansteuerbar sind.
Defekte Hydraulikzylinder (z.B. runaway) können im Notfall durch sogenannte cam overrides (pogos) und shear units abgetrennt werden. Zudem gibt es sechs (gesicher-

te) Shutoffventile für die Hydraulikkreise, aufgeteilt in tail switches für Seiten- und Höhenruder und wing switches für Querruder und Flight Spoiler.

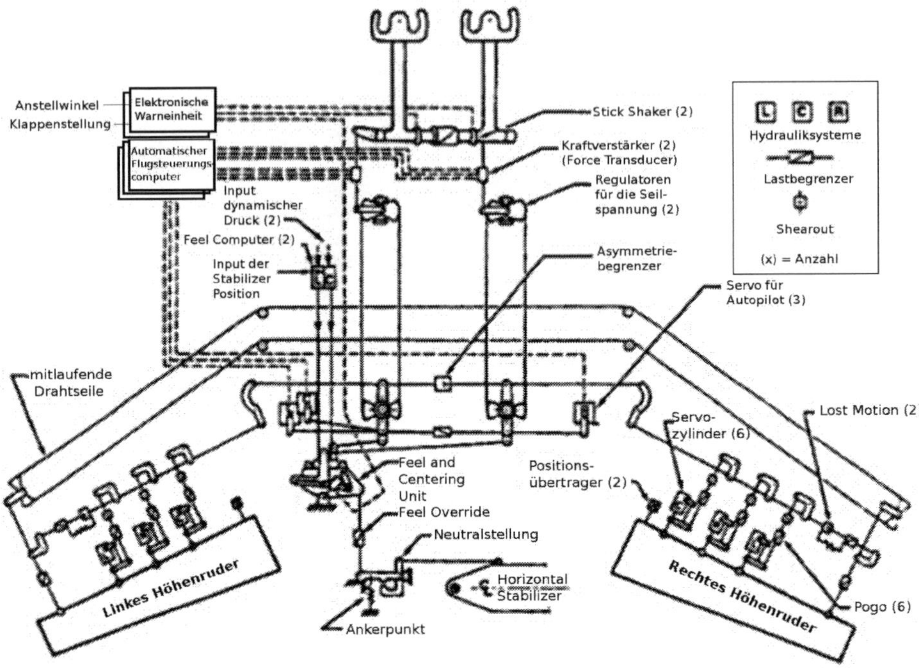

Abbildung 107: Höhenruderansteuerung beim B767 Steuerungssystem, einem der letzten Fly-By-Cable-Designs (Grafik: Boeing, Beschriftung KLSP)

Trimmung

Die Trimmung dient dazu, bei Änderungen der Flugphase (Steigen, Sinken, Cruise), der Geschwindigkeit, der Schwerpunktlage und der Schubsymmetrie die entstandenen Nick-, Gier- und Rollmomente zu neutralisieren, sodass das Flugzeug ohne ständigen Steuerinput die gewünschte Fluglage beibehält.

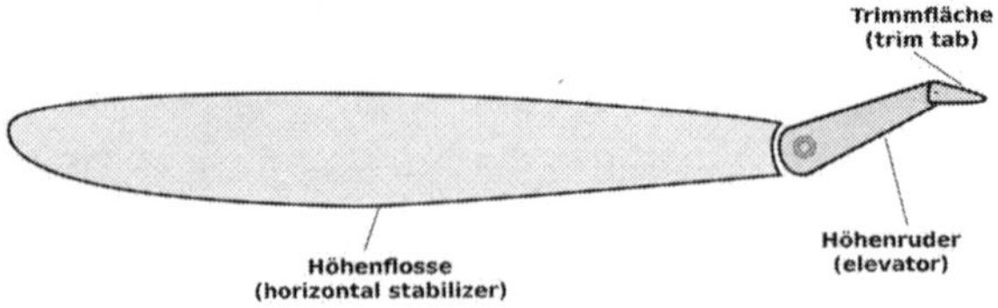

Abbildung 108: Prinzip der Höhenrudertrimmung durch eine Trimmfläche (Grafik: KLSP)

Konstruktiv lässt sich dies beispielsweise relativ einfach durch *Trimmflächen* bewerkstelligen, die Teil der Steuerfläche sind.

Die Trimmfläche lässt sich dabei durch geeignete Stellmechanismen auf einen bestimmten Winkel zur Steuerfläche fest einstellen, sodass die Steuerfläche aufgrund der aerodynamischen Kraft an der Trimmfläche eine bestimmte steuerkraftfreie Neutralstellung annimmt. Durch die Stellung der Trimmfläche lässt sich so der Nullpunkt der Steuerfläche in einem bestimmten Bereich trimmen.
Der Nachteil dieser Methode liegt im erhöhten aerodynamischen Widerstand, sofern die Trimmfläche aus der Nullstellung heraus bewegt werden muss. Aus diesem Grund wird für die Trimmung der Höhenruderkräfte oft die *Höhenflossentrimmung* verwendet, wobei durch einen Stellmechanismus der Anstellwinkel der gesamten Höhenflosse verändert wird.
Eine weitere Trimmmethode besteht in der *Verlagerung des Massenschwerpunktes* näher an der Auftriebsschwerpunkt heran, was meistens z.B. bei Airbus durch zusätzliche Tanks im Höhenleitwerk realisiert wird, die für den Trimmvorgang mit Treibstoff aus den Flächentanks befüllt werden. Der Nachteil besteht darin, dass ein Flugzeug umso instabiler wird, je näher der Massenschwerpunkt am Auftriebsschwerpunkt liegt. Aus diesem Grund hat diese Trimmmethode ihre Zulassungsgrenzen und ist nur in diesem Rahmen nutzbar.

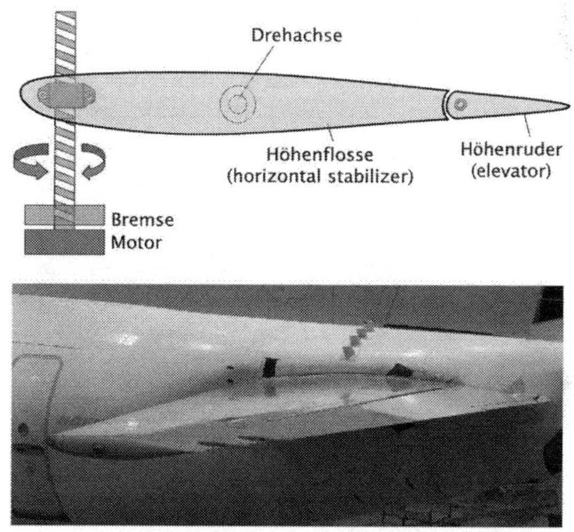

Abbildung 109 oben: Stabilizer Trimmung schematisch, unten: Höhenflosse B737 (Grafik: KLSP, Foto: Chris Brady)

Bei irreversiblen Steuerungssystemen mit hydraulischer Unterstützung lässt sich die Trimmung auch so realisieren, dass sie physikalisch überhaupt nicht durchgeführt wird, sondern nur das künstliche Feel-System entsprechend angepasst wird, d.h. es werden ggf. hohe Steuerflächenkräfte im Feel-System auf den kraftfreien Steuerinput abgebildet.

Trimmung bei komplexen Steuerungssystemen

Bei einfacheren Steuerungssystemen funktioniert die Trimmung in der Regel mechanisch oder elektromechanisch, wobei die Trimmflächen an Höhen-, Seiten und ggf. Querruder über Seilverbindungen manuell und/oder mittels Elektromotor betätigt werden. Bei einem komplexen Steuerungssystem, wie in Großflugzeugen der Zulassungskategorie CS 25 üblich, erfolgt in der Regel die Trimmung mittels hydraulischer Unterstützung.

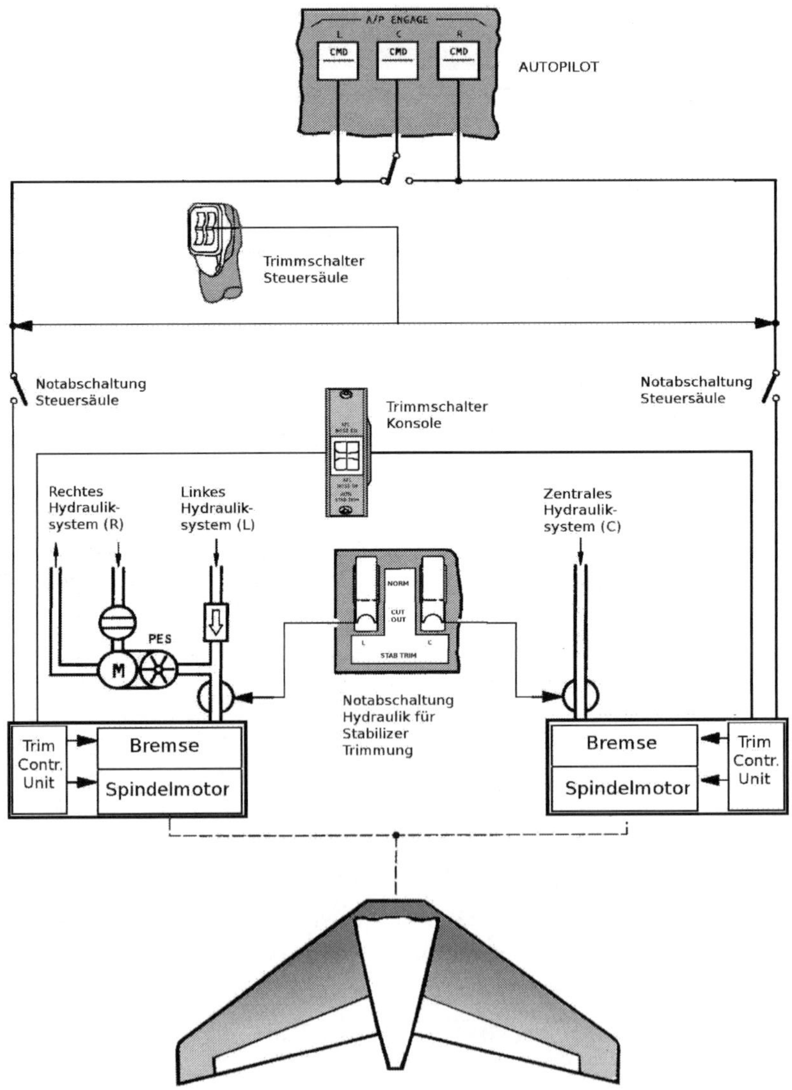

Abbildung 110: Stabilizer Trimmung bei einer Boeing 767 (Grafik: KLSP nach Vorlage)

Die Nicktrimmung (engl. pitch trim) geschieht dabei üblicherweise mittels vertikaler Führung der gesamten Höhenflosse (engl. (horizontal) stabilizer trim) durch einen hydraulischen Spindelmotor. Dies hat den Vorteil, mit einem geringeren aerodynamischen Widerstand des Höhenleitwerks Treibstoff einzusparen, da die Höhenruder beim Trimmvorgang neutral bleiben.

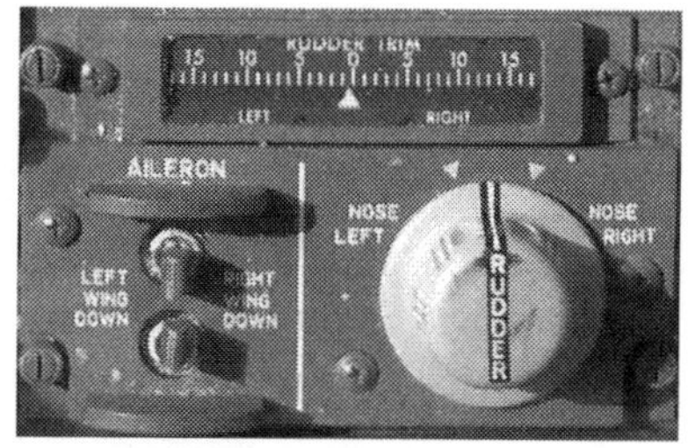

Abbildung 111: B737 Quer- und Seitenrudertrimmung (Foto: Chris Brady)

Abbildung 108 zeigt das Schema der Höhenrudertrimmung bei einer Boeing 767. Die Trimmsignale werden entweder von den Schaltern an der Steuersäule oder den Schaltern auf der Mittelkonsole zu den beiden Trimmmodulen gesendet, welche die Kontrolle über die jeweilige Bremse und den Hydraulikmotor ausüben.

Die Stabilizer Trimmung der B767 ist redundant ausgelegt, wobei im Normalfall beide Trimmmodule zusammenarbeiten. Beim Ausfall von bis zu zwei der drei Hydraulikkreise bleibt das System immer noch funktionstüchtig.

Abbildung 112: B737 Stab Trim Cut-off (Foto: Chris Brady)

Es besteht bei der dargestellten Konstruktion prinzipiell die Gefahr eines Trim Runaway, falls etwa falsche Steuersignale erzeugt werden oder die geregelte Bremse nicht korrekt funktioniert. Für einen solchen Notfall gibt es für die Crew die Möglichkeit, über eine Notabschaltung (stabilizer trim cut-off) den hydraulischen Druck direkt am Stellmotor abzustellen. Der Cut-off erfolgt selektiv für das betroffene Modul und es verbleibt die Trimmmöglichkeit über das verbleibende Modul, wobei der Autopilot ggf. auf einen anderen Hydraulikkreis umgeschaltet werden muss.

Der Trimmvorgang bei Seiten- und Querruder lässt sich konstruktiv – wie bereits

oben beschrieben – über mechanisch oder hydraulisch einstellbare Trimmflächen realisieren, wird bei großen Verkehrsflugzeugen unter anderem auch durch Trimmung des Feel-Systems vorgenommen.
Im Normalfall sollte bei einem durch Turbofan angetriebenen Verkehrsflugzeug keine merklich von der Neutralstellung abweichende Trimmsituation bei Seiten- und Querruder auftreten. Gewichtsunterschiede in den Tanks lassen sich besser per Crossfeed ausgleichen und sollten im Normalfall nicht durch Querrudertrimmen kompensiert werden.

Mach Trimmung

Verkehrsflugzeuge fliegen beim Cruise in der Regel im nahen Unterschallbereich, dem sogenannten transsonischen Bereich. Bei den dort erreichten höheren Machzahlen wandert der Auftriebsschwerpunkt auf der Tragfläche nach hinten, was eine Nose Down Attitude erzeugt, die auch „tuck under" genannt wird. Sie muss durch eine entsprechende Nicktrimmung kompensiert werden. Die sogenannte Machtrimmung nimmt eine geschwindigkeitsabhängige Anpassung automatisch vor. Dabei lässt sich entweder durch einen veränderten Anstellwinkel mehr Abtrieb an der Höhenflosse erzeugen oder die Machtrimmung erfolgt durch Gewichtsverlagerung von den Flächentanks zu besonderen Trimmtanks in der Höhenflosse.

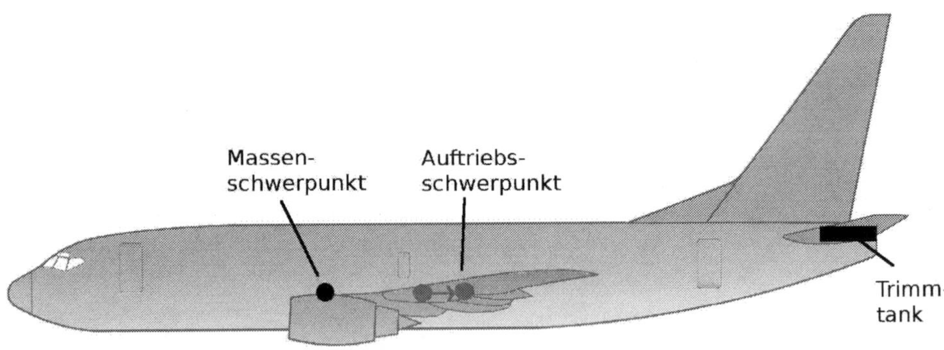

Abbildung 113: Machtrimmung durch Trimmtanks (Grafik: KLSP)

Gierdämpfer (Yaw Damper)

Obwohl der Gierdämpfer (engl. yaw damper) nicht direkt zum primären Steuerungssystem gehört, wollen wir ihn an dieser Stelle kurz erwähnen. Da der Massenschwerpunkt bei Verkehrsflugzeugen im Reiseflug oft sehr nahe am Auftriebsschwerpunkt liegt, wird das Flugzeug instabiler insbesondere um die Hochachse. Es neigt zum Gieren, was insbesondere für hinten sitzende Passagiere wenig komfortabel ist. Aus diesem Grund wird ein Gierdämpfer eingesetzt, der seinen Input entweder von einem eigenen Rate Gyro oder vom Attitude-Heading-Reference-System des Flugzeuges erhält. Auf der Basis dieser Information gibt er über einen eigenen Hydraulikzylinder kleine korrigierende Stellbefehle an das Seitenruder und dämpft somit das Gieren. Diese Stellbefehle werden nicht in das Feel-System eingespeist, sodass die Seitenruderpedale dabei nicht bewegt werden.

05 01 04 Komponenten, Bauweise, Betrieb, Anzeigen und Warnungen

Klassische Flugsteuerungssysteme, also solche ohne Fly-By-Wire Technologie, bestehen aus einem Steuerkreis und einem Regelkreis. Der Steuerkreis übergibt an den Regelkreis lediglich die Sollwerte für die aktuell benötigte Positionierung der Steuerflächen. Der Regelkreis funktioniert vorwiegend elektrohydraulisch und besteht aus folgenden Komponenten.

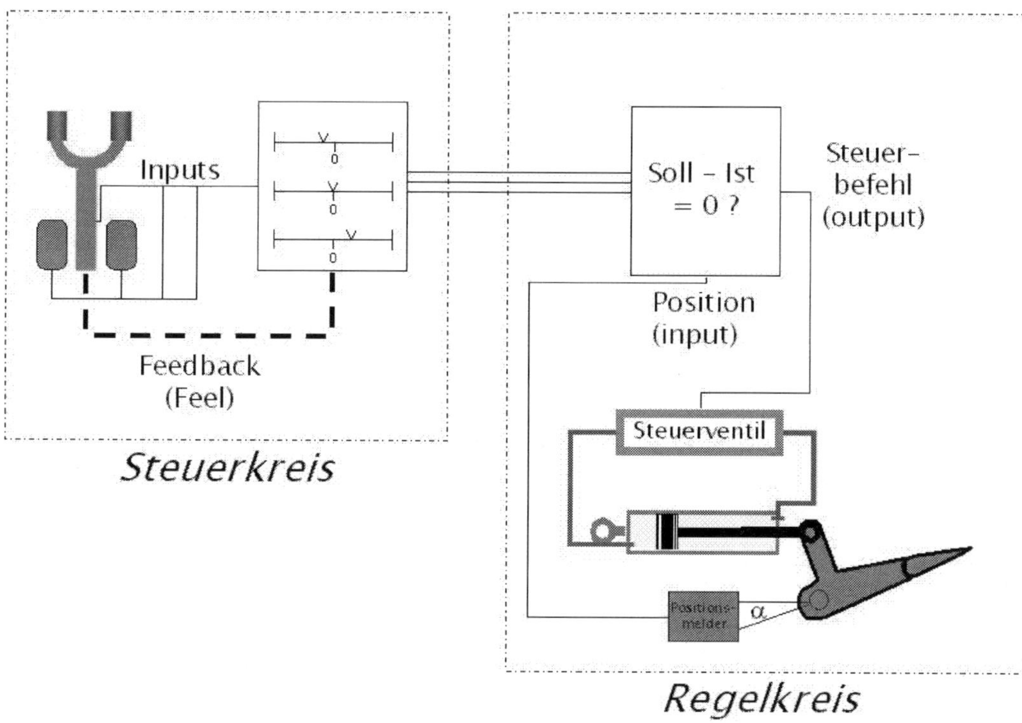

Abbildung 114: Schema eines Flugsteuerungssystems (Grafik: KLSP)

Aktuatoren. Hydraulische Stellzylinder, auch Aktuatoren (engl. actuators) genannt, sind Bestandteil des hydraulischen Regelkreises und dienen der physikalischen Umsetzung eines Steuerbefehls aus dem Steuerkreis wie beispielsweise ein „Querruder-rechts-Befehl vom Steuerhorn".

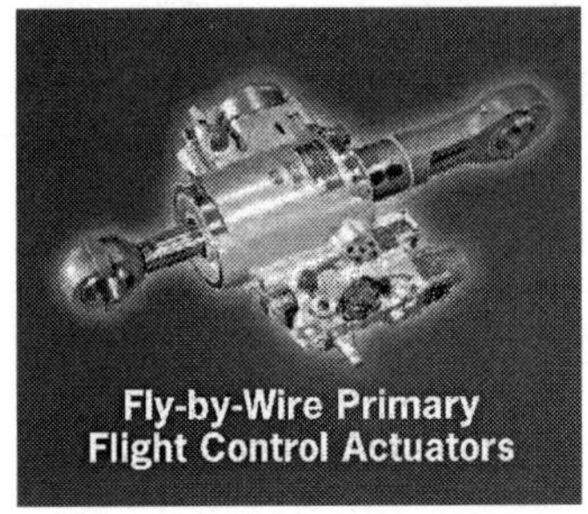

Abbildung 115: Aktuator für Steuerflächen (Quelle: Moog)

Steuerventile. Die Steuerventile (engl. control valves) sind Bestandteil des hydraulischen Regelkreises und dienen zur Ansteuerung d.h. zum An- und Abschalten des Drucks auf die Kolben der Aktuatoren entsprechend der Information der Stellungssensoren an den Steuerflächen.

Positionssensoren. Die Positionssensoren (engl. control surface position sensors) sind Bestandteil des Regelkreises und liefern ein zum Ausschlag der jeweiligen Steuerfläche proportionales Signal. Prinzipiell kann die physikalische Form des Signals beliebig codiert sein, also konstruktiv als analoge Druck -oder Kraftgröße, elektrische Spannung oder Ähnliches realisiert sein oder der Wert wird digital codiert und elektronisch übertragen.

Signalübertragung. Die Signalübertragung der physikalischen Stellbefehle an die Aktuatoren und die Rückmeldung der jeweiligen Position einer Steuerfläche erfolgt klassisch durch Drahtseile oder elektrische Verkabelung (engl. cables or electrical wiring).

Flugsteuerungsmodul. Das Flugsteuerungsmodul bildet im einfachsten Fall nichts weiter als die Differenz zwischen Soll- und Istwerten für die Positionierung der Steuerflächen und setzt dies in Steuerbefehle an die Steuerventile und damit an die Aktuatoren um. Die einfachsten Ausführungen dieser Gattung wurden schon frühzeitig auch als Flight Control Computer bezeichnet, obwohl in den Anfängen keinerlei „Control Law" eingebaut wurde. In der heutigen Fly-By-Wire Technologie (siehe weiter unten) würde man sie als Direct-Law Flugcomputer bezeichnen, da sie eine 1:1 Umsetzung der Steuerbefehle realisieren.

Redundanz. Irreversible Flugsteuerungssysteme müssen aus Sicherheitsgründen redundant ausgelegt sein. Die Redundanz ist nicht vollständig möglich, da man offensichtlich nicht alle Komponenten mehrfach einbauen kann, insbesondere sind die

Steuerflächen selbst nicht mehrfach vorhanden (obwohl es in manchen Systemen gewisse Ersatzszenarien gibt wie z.B. trennbare Höhenruder rechts und links, Querrudersteuerung durch Roll Spoiler u. Ä.). Die manuellen Steuerorgane sind doppelt vorhanden und fungieren voneinander unabhängig, was beim Blockieren eines Systems die Fortsetzung der manuellen Steuerung ermöglicht. Hinzu kommt, dass der Steuerkreis mit dem Autopiloten einen dritten Input liefert, sodass im Steuerkreis eigentlich dreifache Redundanz besteht.
Die meist drei oder sogar vierfache Redundanz der Hydraulikanlage wird konstruktiv auch im Steuerungssystem bis hin zu den Aktuatoren inklusive Steuerventilen der Steuerflächen fortgesetzt, die an jeder Steuerfläche, nach Hydraulikkreisen getrennt, mehrfach angebracht sind. Die primären Steuerflächen können so beim Ausfall eines oder sogar mehrerer Hydraulikkreise weiterhin angesteuert werden. Dasselbe gilt für das Flugsteuerungsmodul und die Verkabelung durch Drahtseile und/oder elektrische Verbindungen.

Prinzipiell besteht bei der Konstruktion eines elektrohydraulischen Steuerungssystems immer die Gefahr einer *Blockierung von Steuerflächen* (engl. control jamming). Mehrere Ursachen hierfür sind denkbar. Auch für solche Fälle sind Sicherungselemente bei der Konstruktion vorgesehen. Darunter fallen Überdruckbegrenzer, Sollbruchstellen und Abschaltmöglichkeiten für einzelne Hydraulikkreise, deren Nutzung nach Handbuchvorgaben im Regelfall auf ein ggf. eingeschränkt funktionierendes Steuerungssystem zurückführt.

Ruderblockierung. Bei kleineren Flugzeugen können die primären Steuerflächen, dabei insbesondere das Höhenruder, bei Starkwinden am Boden durch mechanische Ruderblockierungen (eng. gust locks) fixiert werden. Bei großen Transportflugzeugen mit hydraulischem Steuerungssystem lassen sich die Steuerflächen bei Starkwinden vom Cockpit aus blockieren. Gleichzeitig geht dabei eine "gust or control lock" Warnanzeige an, die im Master Caution Annunciator oder auf dem ECAM/EICAS-Display angezeigt wird. Verschiedene Vorkehrungen (Pre-Take-off-Checkliste, Stimmansage usw.) sorgen dafür, dass die Crew diese Ruderblockierung vor einem Start sicher entfernt hat.

Ausschlagbegrenzung beim Seitenruder. Die bei gleichem Ausschlag einer Steuerfläche erzeugten aerodynamischen Kräfte wachsen mit höherer Geschwindigkeit stark an und können die Struktur überlasten. Besonders beim Seitenruder kann aufgrund der

Größe dieser Steuerfläche ein Schubmoment erzeugt werden, das die Maximalbelastung der Seitenleitwerksbefestigung am Rumpf überschreitet. Um dies zu verhindern sind konstruktiv folgende Möglichkeiten gegeben, die je nach Flugzeugtyp so oder so umgesetzt sind:

- Änderung der Seitenruderübersetzung in Abhängigkeit der Fluggeschwindigkeit, d.h. der maximale Seitenruderpedalweg wird auf einen variablen Seitenruderausschlag abgebildet (engl. rudder ratio changer).
- Der maximale Seitenruderanschlag wird bei höheren Geschwindigkeiten verkleinert (engl. variable rudder stops).
- Es wird nur ein bestimmter, hydraulischer Maximaldruck zur Ansteuerung des Seitenruders verwendet, der, falls der aerodynamische Druck größer ist, zu einer Reduzierung des Ruderausschlags entsprechend dem Kräftegleichgewicht führt (engl. rudder blow-back).

05 02 00 Flugzeug: Sekundäres Steuerungssystem

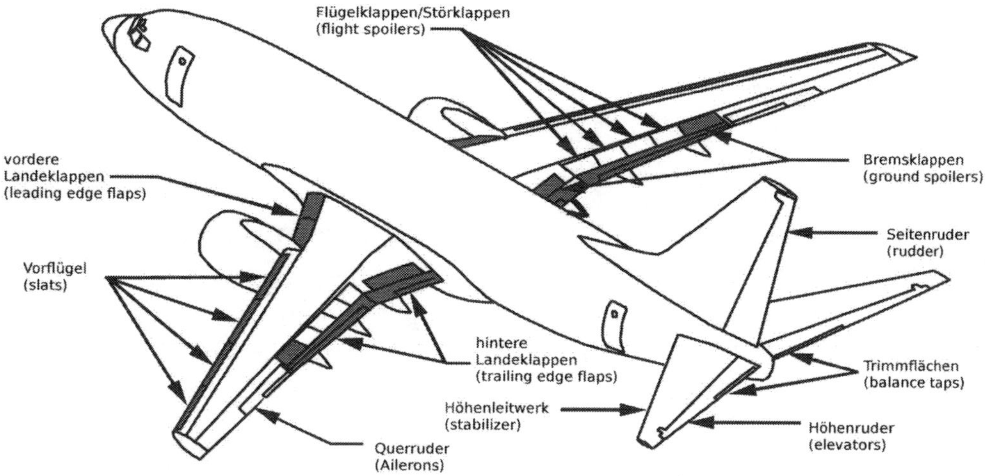

Abbildung 116: Sekundäres Flugsteuerungssystem (Grafik: KLSP)

05 02 01 Komponenten, Bauweise, Betrieb, Anzeigen und Warnungen

Das sekundäre Flugsteuerungssystem dient im Wesentlichen der Auftriebserhöhung (engl. lift augmentation) in der Start- und Landephase eines Fluges bei geringeren Fluggeschwindigkeiten. Hinzu kommt die Funktion der Auftriebsreduzierung durch die Flight Spoiler in ihrer Funktion als Bremsklappen im Flug zur Einstellung eines Sinkprofiles und die Funktion der Auftriebsvernichtung durch die Ground Spoiler am Boden nach einer Landung.
Die sekundären Steuerflächen lassen sich wie folgt ihren Funktionen zuordnen:

- Auftriebserhöhung beim Langsamflug
    - Vordere Landeklappen (engl. leading edge flaps)
    - Vorflügel (engl. leading edge slats)
    - Hintere Landeklappen (engl. trailing edge flaps)
- Auftriebsreduzierung (symmetrisch) im Flug

  - Störklappen (engl. flight spoiler; speed brakes)
- Auftriebsreduzierung am Boden nach einer Landung
  - Bremsklappen (engl. ground spoiler)
  - Störklappen (engl. flight spoiler; speed brakes)
- Trimmung[1]
  - Trimmflächen (engl. trim tabs)
  - Trimmbares Höhenleitwerk (engl. trimmable horizontal stabilizer)

Automatische Vorflügel. Die Vorflügel (slats) werden beim Einsatz der Klappen automatisch ausgefahren. Bei Annäherung an den Stallbereich werden sie voll ausgefahren und verbessern so die Flugeigenschaften bei hohen Anstellwinkeln. Umgekehrt werden die Vorflügel bei kleiner werdendem Anstellwinkel automatisch wieder eingefahren. Die Vorflügelautomatik wird im Englischen als ‚auto-slat system' bezeichnet.

Spoiler, Arten und Funktion

Große Transportflugzeuge sind zusätzlich mit mehreren Störklappen bzw. Bremsklappen (engl. spoiler[2]) ausgestattet. Man unterscheidet allgemein zwischen Ground Spoiler und Flight Spoiler.

Ground Spoiler werden am Boden nach einer Landung eingesetzt und übernehmen dabei ihre Funktion als reine Abbremsklappen, d.h. sie erhöhen den Luftwiderstand und helfen so beim Abbremsen. Sie können dabei ausschließlich die beiden Stellungen ‚ausgefahren' oder ‚eingefahren' einnehmen, eine Zwischenstellung ist nicht möglich.

Flight Spoiler haben eine Mehrfachfunktion.

(i) Ihre erste Funktion ist die Unterstützung bei der Rollbewegung des Flugzeuges. Hierzu werden die Flight Spoiler asymmetrisch angesteuert, nur die Spoiler auf der kurveninneren Seite werden proportional zum Querruderausschlag genau so nach oben ausgestellt und vernichten dort einen Teil des Auftriebs. In dieser Funktion als ‚Roll Spoiler' gehören die Flight Spoiler ebenfalls zu den primären Steuerelementen. Der Vorteil von Roll Spoilern gegenüber der reinen Querrudernutzung liegt in der bes-

---

[1] Es herrscht allgemein keine Einigkeit darüber, ob man Trimmflächen und trimmbares Höhenleitwerk zu den primären oder sekundären Steuerflächen zählen soll. Wir haben sie bereits unter dem primären Steuerungssystem behandelt, da wir die Zuordnung dort für sinnvoller halten. Im Syllabus gibt es hierzu keine klare Zuordnung.

[2] von to spoil = verderben, in diesem Fall den Auftrieb verderben

seren Verteilung der Kräfte auf die Tragflügelstruktur und ferner entsteht kein zusätzliches Giermoment wie bei der Querrudersteuerung.

(ii) Die zweite Funktion der Flight Spoiler ist jene als Bremsklappen im Flug (engl. speed brakes). Die Flight Spoiler können dabei kontinuierlich und symmetrisch bis zu einem maximalen Winkel ausgefahren werden und erhöhen so im Flug den Widerstand bei gleichzeitiger Reduzierung des Auftriebs. In den meisten Fällen sind die Inflight Speed Brakes mit einer Blow-Back-Funktion versehen, die den Grad des Ausfahrens abhängig von der jeweiligen Fluggeschwindigkeit bzw. der entstehenden aerodynamischen Kraft einschränkt.

(iii) Die Spoiler können ähnlich wie bei ‚Auto Brake' vor der Landung armiert werden und fahren dann nach dem Aufsetzen automatisch aus. Dabei fahren nach dem Aufsetzen am Boden neben den Ground Spoilern auch die Flight Spoiler symmetrisch als Bremsklappen aus und vernichten so den Auftrieb.

Abbildung 117: Flight Spoiler in ihrer Funktion als Speed Brakes
(Foto: Wikipedia Commons)

Abbildung 118 zeigt die Bedienung des Speed Brake Hebels mit seinen möglichen Raststellungen bei einer B737. Die Normalstellung im Flug (Flight Detent) aktiviert seine Funktion als Roll Spoiler. Zieht man den Hebel von dort weiter nach hinten, werden die Flight Spoiler als Störklappen ausgefahren, wobei der Ausschlag mit der Roll Spoiler Funktion gemischt wird.

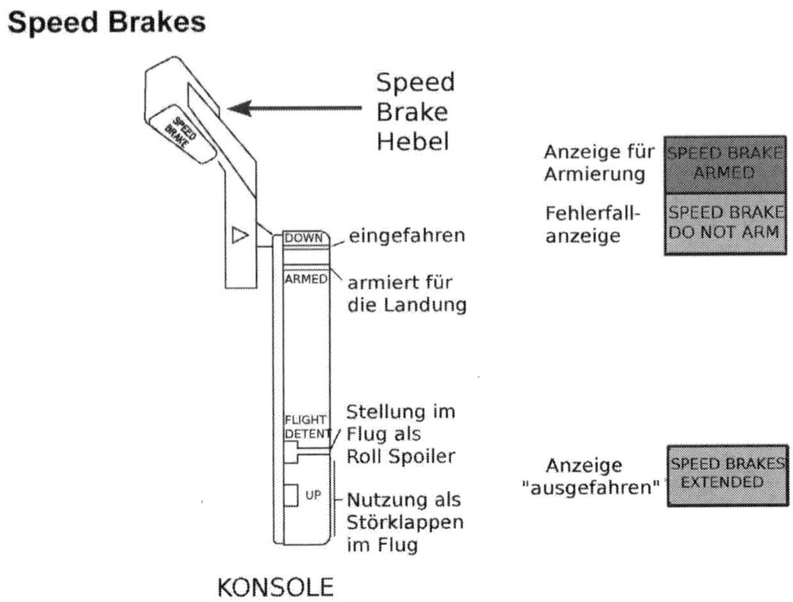

Abbildung 118: B737 – Bedienung der Speed Brakes (Grafik: KLSP nach Vorlage)

Abbildung 119: Ground- und Flight Spoiler eines Airbus A320 nach der Landung voll ausgefahren als Abbremsklappen in Aktion (Foto: Wikipedia, public domain)

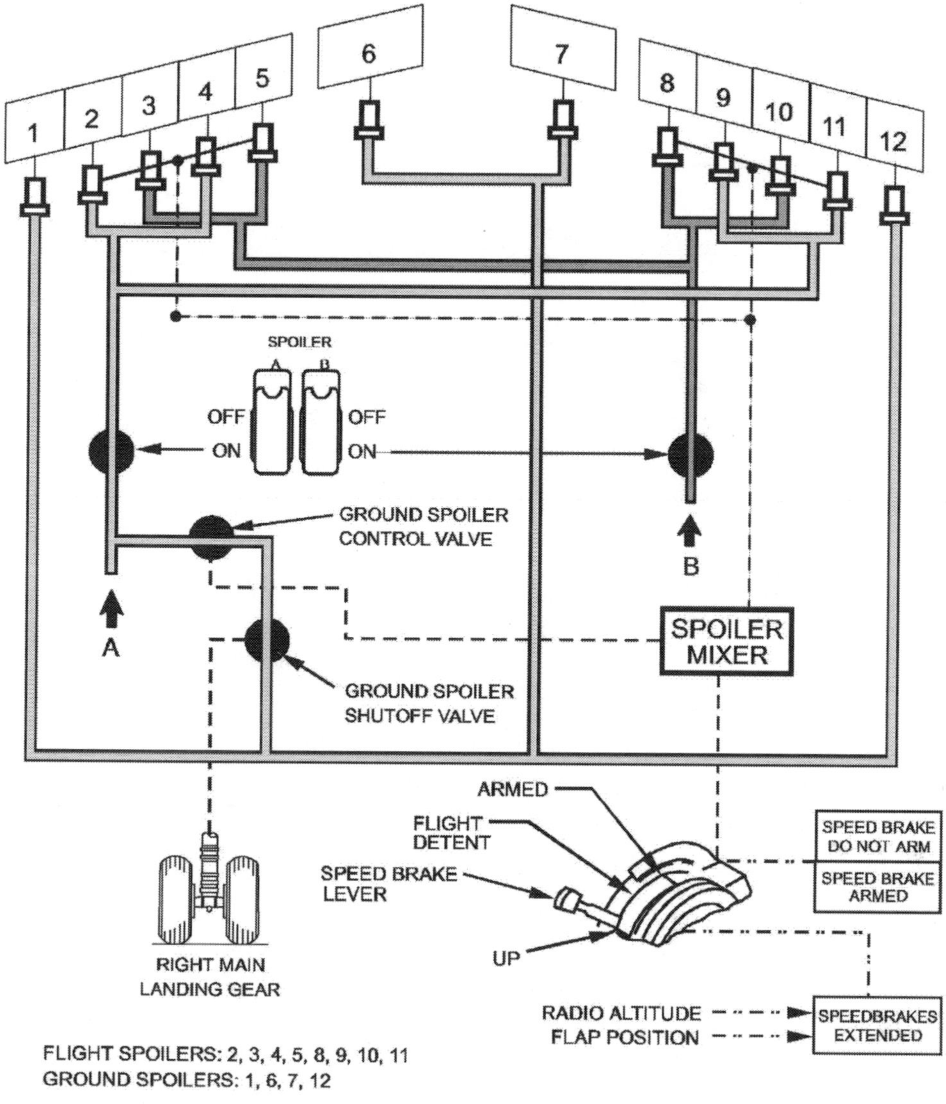

Abbildung 120: Spoiler Steuerungssystem bei einer Boeing 737 (Quelle: B737 Manual)

Antriebsmechanismen. Der Antrieb bzw. der Mechanismus für die Betätigung der sekundären Steuerflächen unterscheidet sich vom Prinzip her nicht von jenem der primären Steuerflächen, er erfolgt auf der Kraftseite ebenfalls hydraulisch, wobei die Signalübermittlung mechanisch oder elektrisch geschieht, die Steuerung erfolgt in der Regel elektrohydraulisch.

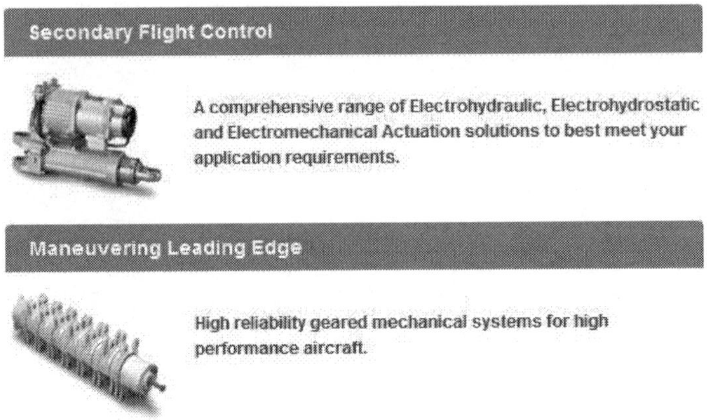

Abbildung 121: Aktuatoren (Beispiele) für sekundäre Steuerflächen (Quelle: Moog, USA)

Es gibt je nach Einsatzzweck unterschiedliche Bauformen. Insbesondere die Leading Edge Flaps und Slats werden durch einen rotierenden Hydraulikmotor anstelle linearer Hydraulikzylinder bewegt. Dabei ist zusätzlich eine mechanische Bremse erforderlich, welche die jeweilig eingestellte Position fixiert.

Grenzwerte. Aufgrund der maximal tolerierbaren Kräfte und Momente an der Tragflügelstruktur inklusive der ausfahrenden Mechanik gibt es Grenzwerte für die maximal erlaubte Geschwindigkeit und für das maximale Lastvielfache bei ausgefahrenen Klappen. Die maximal erlaubten Geschwindigkeiten bei bestimmten Klappenstellungen sind abhängig vom jeweiligen Flugzeugtyp. Das maximale Lastvielfache ist bei großen Transportflugzeugen (CS25 Zulassung) auf +2.0g/-0.0g beschränkt. Zusätzlich sind solche Flugzeuge mit Sicherungsvorrichtungen gegen Überlastung versehen, die in einem solchen Fall die Klappenstellung automatisch reduzieren (flap load relief). Entfällt die Überlast, werden die Klappen entsprechend der Klappenstellung wieder erneut ausgefahren.

FLAPS LIMIT (IAS)	
1°	250 KIAS
2°	250 KIAS
5°	250 KIAS
10°	210 KIAS
15°	200 KIAS
25°	190 KIAS
30°	175 KIAS
40°	162 KIAS

Abbildung 122: B737 NG Flap Speeds (KLSP)

Zusätzlich ist zum automatischen Einfahren der Klappen nach dem Start in der Regel ein Auto-Retraction System vorhanden, das die Klappen bei Erreichen bestimmter Geschwindigkeiten stufenweise automatisch einfährt.

Sicherungsvorrichtung gegen asymmetrisches Ausfahren. Eine besondere Gefahr kann durch asymmetrisches Ausfahren der Klappen bestehen. Aus diesem Grund sind die verwendeten Mechanismen mit einer Sicherungsvorrichtung gegen asymmetrisches Ausfahren der Auftriebshilfen ausgerüstet. Erkennt das System eine Asymmetrie (Beispiel: bei einer B737 NG wird diese Aufgabe von der FSEU = Flaps Slats Electronic Unit erledigt), die außerhalb einer vorgegebenen Toleranz liegt, wird das weitere Ausfahren sofort gestoppt, indem der Hydraulikdruck beim Mechanismus für das Ausfahren der Klappen abgestellt und der Fehler im Cockpit angezeigt wird. Die Klappen lassen sich dann in der Regel durch eine alternative Stellmechanik (alternate flaps) ausfahren, die beispielsweise bei einer B737 durch Elektromotoren bewerkstelligt wird.

Blow-back Prinzip. Sowohl bei primären als auch bei sekundären Steuerflächen kommt konstruktiv vielfach das Blow-back Prinzip zum Einsatz. Dabei wird der hydraulische Druck auf den Stellzylinder zur Steuerflächenbetätigung auf einem Maximalwert begrenzt. Dies hat zur Folge, dass aufgrund des maximal angreifenden Moments an der Steuerfläche das aerodynamische Moment an der Steuerfläche nur solange übersteuert werden kann, solange es kleiner als das steuernde Moment bleibt. Wird es größer, so lässt sich die Steuerfläche nicht mehr bis zum physikalischen Endanschlag bewegen, oder sie wird bei zunehmender Geschwindigkeit zurückgedrückt, daher der Name ‚blow-back'.

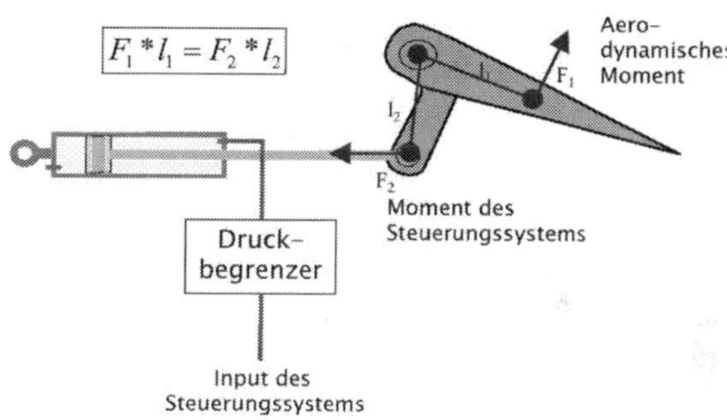

Abbildung 123: Blow-back Prinzip (Grafik: KLSP)

05 04 00 Flugzeug: Fly-by-Wire-Steuerungssystem[1]

Das Fly-By-Wire-Steuerungssystem (engl. Fly-By-Wire Control System = FBWCS) ist eine konsequente Weiterentwicklung des bereits in Abbildung 114 dargestellten Schemas. Im Unterschied zu früher konstruierten Fly-By-Cable-Systemen erfolgt die Signalübertragung beim FBWCS durch elektrische Leitungen mittels eines sicheren Datenprotokolls, daher der Name ‚by-wire'. Dies gilt sowohl für die Inputsignale von

[1] aus didaktischen Gründen mit dem folgenden Punkt 05 03 00 vertauscht

Stick/Steuersäule, Fußpedalstellung und Trimminputs als auch für die Signale des Regelkreises, also der Steuerungssignale und der Positionsrückmeldungen. Die Steuerungssignale können so mittels relativ dünner Drähte an die eigentlichen Steuerungseinheiten gebracht werden, die dort mit Hilfe einer einfachen Kontrolllogik für das jeweilig angesteuerte Objekt (z.B. Hydraulikzylinder) auf die gesendeten Signale reagieren.

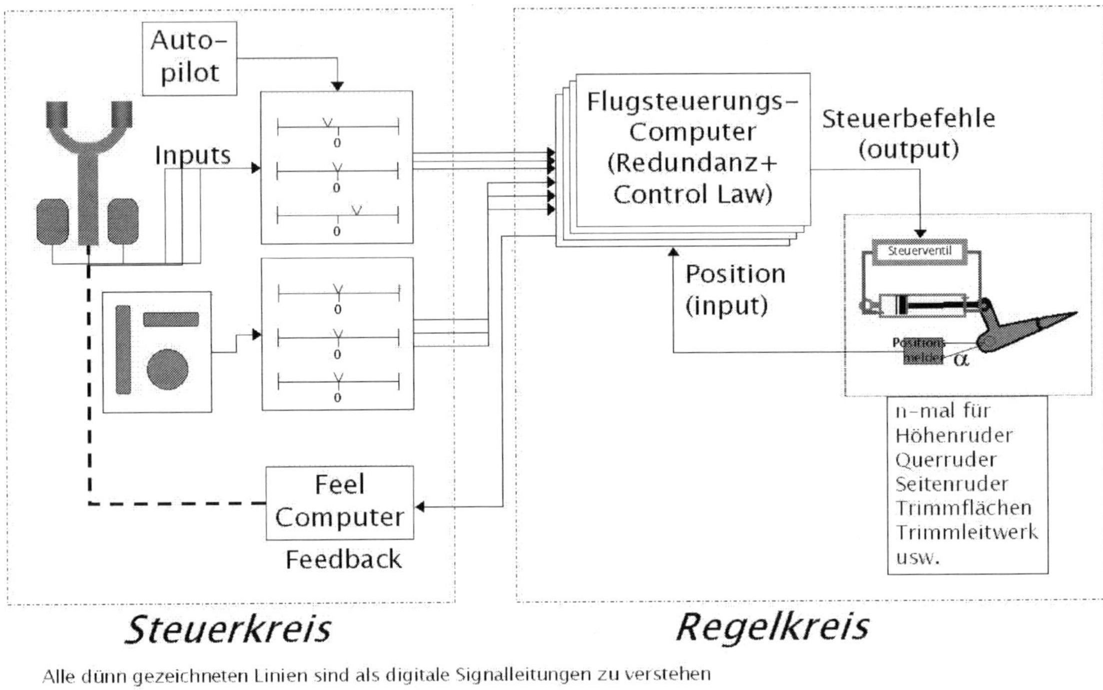

Abbildung 124: Basisschema eines Fly-By-Wire-Steuerungssystems (Grafik: KLSP)

Allerdings greift die Begriffsbildung Fly-By-Wire viel zu kurz, denn das Hauptmerkmal eines FBW-Systems ist der zentrale Steuerungscomputer, der alle Inputdaten empfängt und Steuerungsbefehle aussendet. Eigentlich müsste es Fly-By-Computer-Control heißen, denn gegenüber früheren Steuerungselementen kommt neben der Digitalisierung und der Kabelübertragung ein wesentlicher Bestandteil hinzu: das sogenannte Control Law oder die Flugsteuerungslogik. Der Flugsteuerungscomputer überwacht dabei alle Inputdaten und korrigiert diese gegebenenfalls, um das Flugzeug in seinem erlaubten Arbeitsbereich zu halten (Flight Envelope Protection).
Die Überwachungstiefe des FBW-Flugsteuerungscomputers hängt davon ab, ob und gegebenenfalls welche Teilsysteme ausgefallen sind. Das FBW-System der Airbusreihe

kennt beispielsweise vier verschiedene Zustände, wobei stufenweise die Überwachung durch den Computer reduziert wird. Am unteren Ende steht das Direct Law, bei dem die Steuerbefehle ohne Prüfung und ohne Modifikation direkt 1:1 durchgereicht werden.

NORMAL LAW		
High AOA Protection	Load Factor Limitation	Pitch Attitude Protection
High Speed Protection	Flight Augmentation (Yaw)	Bank Angle Protection
ALTERNATE LAW		
Low Speed Stability	Load Factor Limitation	
High Speed Stability	Yaw Damping Only	
ABNORMAL ALTERNATE LAW w/o Speed Stability		
	Load Factor Limitation	
	Yaw Damping Only	
DIRECT LAW		

Abbildung 125: Airbus Control Laws (Grafik: KLSP)

Im Folgenden wollen wir uns exemplarisch mit dem ‚Normal Law' der Airbusreihe beschäftigen. Die folgende Tabelle gibt eine Zusammenfassung.

<table>
<tr><td colspan="2">NORMAL LAW</td></tr>
<tr><td colspan="2">Normale Betriebskonfiguration des Systems. Der Ausfall eines einzelnen Computers (von insgesamt fünf) ändert den Zustand ‚Normal Law' nicht. Ermöglicht die normale 3-achsige Flugsteuerung mit flight envelope protection und Schutz gegen Überlastung. Dieses Programm kennt drei verschiedene Modi.</td></tr>
<tr><td>Ground Mode</td><td><ul><li>Aktiv, wenn das Flugzeug am Boden ist.</li><li>Der Zusammenhang zwischen Sidestick-Ausschlag und Ruderstellung ist direkt proportional.</li><li>Der Modus ist bis kurz nach dem Abheben aktiv.</li><li>Der Modus wird nach dem Touchdown reaktiviert und setzt den stabilizer trim zurück.</li></ul></td></tr>
<tr><td>Flight Mode</td><td><ul><li>Wird kurz nach dem Abheben aktiviert und bleibt bis kurz vor dem Touchdown aktiv.</li><li>Sidestick-Ausschlag und g-Belastung sind direkt proportional unabhängig von der Fluggeschwindigkeit.</li><li>Bei neutraler Sidestick-Stellung und wings level, erzeugt das System eine kontinuierliche Belastung von 1g.</li><li>Es besteht keine Notwendigkeit der Nicktrimmung bei Änderungen der Konfiguration oder der Geschwindigkeit oder bei Neigungswinkeln bis maximal 33°.</li><li>Bei voll gezogenem oder gedrücktem Sidestick erzeugt das System die maximal erlaubte g-Belastung bei der aktuellen Klappenstellung (also +2,5g bei Klappen 0°).</li><li>Der Sidestick-Querruderinput stellt für das Programm eine angeforderte Rollrate dar. Die Rollrate ist unabhängig von der Fluggeschwindigkeit. Ein bestimmter Sidestick-Querruderinput ergibt immer die gleiche Rollrate.</li><li>Die Koordination im Kurvenflug oder andere Seitenruderinputs werden durch die ELACs berechnet und zu den FACs gesendet. Es gibt keinerlei Seitenruderfeedback des Feel Computers.</li></ul></td></tr>
<tr><td>Flare Mode</td><td><ul><li>Der Wechsel zum Flare-Mode erfolgt bei 50 ft Radio Altitude.</li><li>Das System merkt sich den Pitchwert bei 50 ft und beginnt kontinuierlich den Pitch weiter zu reduzieren und zwingt so den Piloten, das Flugzeug abzufangen.</li><li>Bei einem Go-around erfolgt der Wechsel zum Flight Mode wieder bei 50 ft.</li></ul></td></tr>
<tr><td>Protections</td><td><u>Load factor Limitation</u><ul><li>Hindert den Piloten auch bei vollen Sidestickausschlägen daran, die Flugzeugstruktur zu überlasten.</li></ul><u>Attitude Protection</u><ul><li>Pitch wird auf maximal 30 ° nach oben, 15 ° nach unten begrenzt, der maximale Neigungswinkel ist auf 67° begrenzt (erzeugt 2,5g im Kurvenflug bei Höhenhaltung)</li><li>Die Maximalwerte sind im PFD grün markiert.</li></ul></td></tr>
</table>

- Neigungswinkel größer als 33° erfordern einen andauernden Sidestickausschlag. Wird der Ausschlag danach zurückgenommen, geht der Neigungswinkel auf 33° zurück, der dann gehalten wird.

High Angle of Attack Protection (alpha):

- Falls der Anstellwinkel den maximalen Anstellwinkel der aktuellen Konfiguration überschreitet, wird die Höhenrudersteuerung in den alpha protection mode versetzt, bei dem der Anstellwinkel proportional zum Sidestickausschlag ist. Auf diese Weise entspricht der maximale Sidestickausschlag dem maximalen Anstellwinkel und kann damit selbst bei Vollausschlag nicht überschritten werden.

High Speed Protection:

- Verhindert die Überschreitung von VMO oder MMO durch einen pitch-up Befehl. Dieser Befehl kann vom Piloten nicht übersteuert werden.

Low Energy Warning:

- Verfügbar in bestimmten Landekonfigurationen zwischen 100 und 2000 ft Radio Altitude, falls TOGA nicht benutzt wird.
- Erzeugt eine "SPEED SPEED SPEED" Ansage, falls die Änderung der Fluglage beim Durchstarten nicht zum positiven Steigen führen wird (dringende Aufforderung zur Schuberhöhung)

Der Vorteil eines FBW-Flugsteuerungssystems liegt im geringeren Gewicht, in der Reduktion der Arbeitsbelastung des Piloten bzw. der Cockpit Crew. Durch die Anwendung der verschiedenen Schutzmaßnahmen (flight envelope protection) bietet ein solches System erhöhte Sicherheit.
Nachteilig ist die hohe Komplexität des Systems, das im Fehlerfall die Cockpit Crew überfordern kann und im Extremfall mangels Fallback auf eine Direktsteuerung der Cockpit Crew kaum verbleibende Kontrollmöglichkeiten gibt.

Ein FBW-Flugsteuerungssystem ist immer ein irreversibles Steuerungssystem, da die digitalisierten Steuerungssignale an die Steuerungseinheiten nur vom Computer erzeugt werden können. Dies heißt allerdings nicht, dass solche Systeme beim Ausfall aller Computer per se kein Fallback haben können. Bei einigen Flugzeugen der Airbusreihe (z.B. A340) besitzt die Trimmung beispielsweise ein mechanisches Backup und daher besteht dort die Möglichkeit, das Flugzeug mittels Trimmung unter starken Betriebseinschränkungen weiterhin zu steuern.

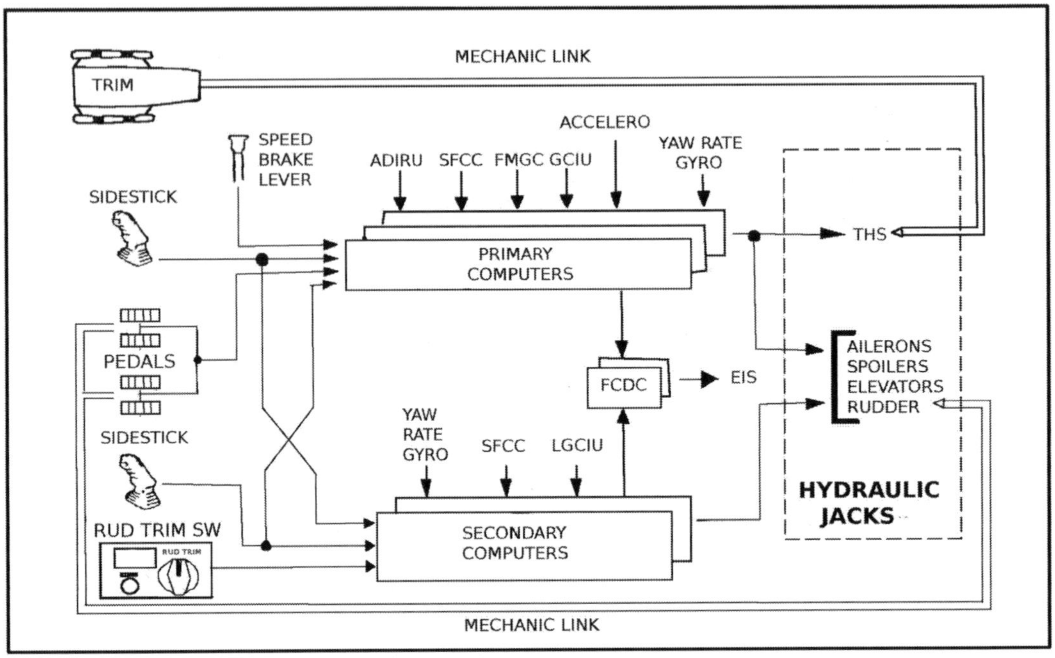

Abbildung 126: FBW-Flugsteuerungssystem (EFCS) des A340 (Quelle: Airbus)

Bei zukünftigen Entwicklungen will man die Signalisierung durch elektrische Verkabelung durch optische Signalisierung durch Fiberglas ersetzen (Fly-By-Optics). Diese sind leichter und haben zudem den Vorteil, unempfindlich gegen elektromagnetische Strahlung zu sein.

Zudem geht der Trend hin zu sogenannten Power-by-Wire Aktuatoren, die zunehmend rein hydraulische Aktuatoren ersetzen. Bei diesen geschieht die Zuführung der Arbeitsenergie durch Elektrokabel anstelle hydraulischer Leitungen, was insbesondere beim Einsatz im Tragflügel Vorteile hat.

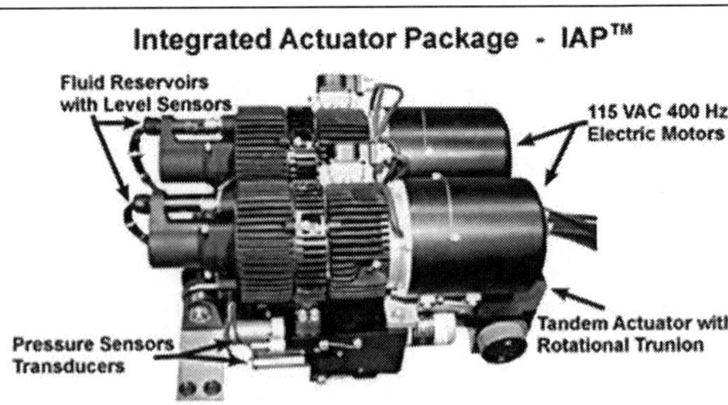

Abbildung 127: Power-By-Wire Tandem Aktuator von Goodrich (Foto: Goodrich, USA)

06 00 00
Druckluftsysteme, Kabinendruck und Klimatisierung

Flugzeuge müssen bei Flügen dauerhaft oberhalb von 10.000 ft für alle Insassen des Flugzeuges in der Kabine für Atemluft mit ausreichendem Sauerstoffgehalt sorgen, da ein Mangel an Sauerstoff bei Crew und Passagieren die Höhenkrankheit und andere lebensgefährliche Sauerstoffmangelsymptome[1] auslösen kann. In der Verkehrsluftfahrt gibt es daher, schon allein aus Komfortgründen, keine Alternative zur Druckkabine. Dabei wird Druckluft aus einem Druckluftsystem genutzt, um in der Kabine während des Flugs in der Höhe für die Passagiere brauchbare Atemluft zu liefern. Im Folgenden beschäftigen wir uns zunächst mit dem Druckluftsystem und kommen danach zum Thema Druckkabine und Klimatisierung.

06 01 00 Druckluftsysteme

06 01 01 Druckluftsysteme bei Kolbentriebwerken

Die Methoden zur Erzeugung von Druckluft bei Kolbentriebwerken ist seit langem bekannt. Sie wurde bereits relativ frühzeitig nach der Erfindung des Kolbentriebwerks genutzt, um durch Vergrößerung der Ladeluftmasse pro Arbeitszyklus die Motorleistung zu steigern. Insbesondere bei Flugkolbentriebwerken wurde diese Technik ab den Dreißiger Jahren intensiv angewendet. Anfänglich lieferten Rootsgebläse oder Zentrifugallader, die über ein Getriebe vom Motor angetrieben wurden, die komprimierte Luft. Später nutzte man wegen der besseren Energiebilanz bevorzugt abgasgetriebene Turbolader. Die Technik hierzu ist im Band Triebwerkskunde (021.2) ausgiebig beschrieben und muss daher an dieser Stelle nicht wiederholt werden.
Es reicht, an dieser Stelle festzustellen, dass die heute üblichen turboaufgeladenen Flugkolbentriebwerke in der Lage sind, einen Teil ihrer Druckluft neben der Nutzung

---

[1] siehe Ausführungen zum Thema im Band 040 „Menschliches Leistungsvermögen“

als Ladeluft einem zusätzlichen Druckluftsystem zur Verfügung zu stellen.
Ein *Druckluftsystem* besteht neben der Erzeugung der Druckluft aus einem Regelsystem, das dem nutzenden Verbraucher einen relativ konstanten Druck bei einer bestimmten Temperatur bereit stellt. Mit einem solchen Druckluftsystem lassen sich im Flugzeugbau konstruktiv verschiedene Anwendungen realisieren.

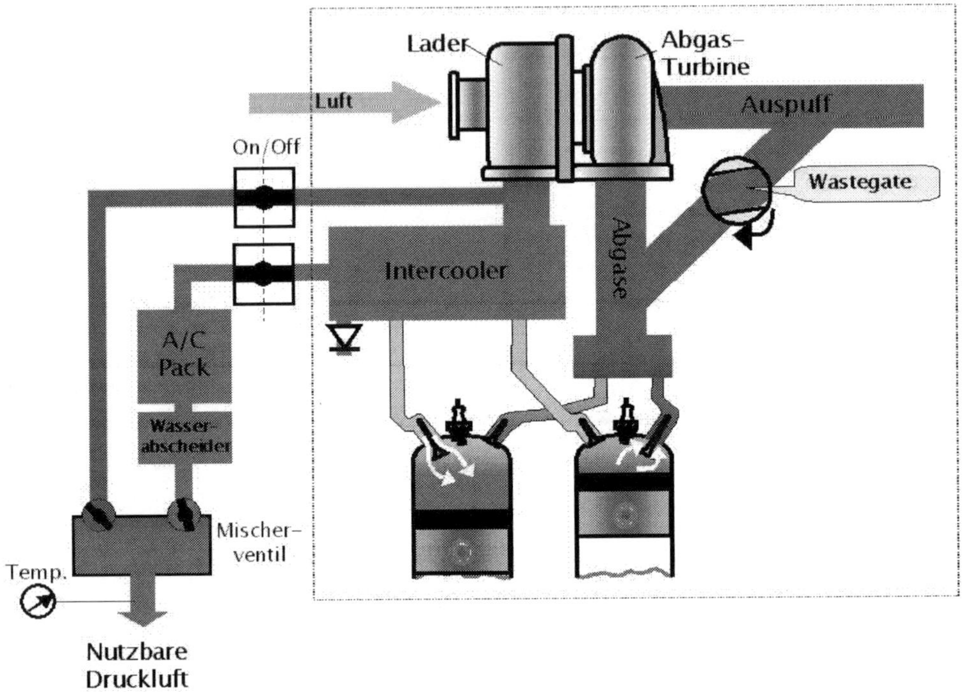

Abbildung 128: Druckluftsystem beim Kolbentriebwerk (Grafik: KLSP)

Bei Kolbentriebwerken sind folgende Nutzungsmöglichkeiten eines Druckluftsystems zu nennen:

- Kabinendrucksystem
- Enteisung des Notsichtfensters mittels heißer Druckluft
- Druckluft-Akkumulator zum Starten des Triebwerks (konstruktiv umgesetzt z.B. bei der Antonov AN-2)
- Druckluft-Akkumulator zur Bedienung des Fahrwerks (pneumatisches Fahrwerk z.B. bei YAK 18T)
- Antrieb der Kreiselinstrumente

Die Druckkabine hat bei Flugzeugen mit Kolbentriebwerken folglich zur Voraussetzung, dass es sich um aufgeladene Triebwerke handelt. Prinzipiell lässt sich der Kabinendruck auch über einen getrennt angetriebenen, separaten Lader realisieren, auch diese Variante wird gelegentlich eingesetzt.
Prinzipiell besteht auch bei Kolbentriebwerken die Möglichkeit, die heiße Luft eines Turbo- oder Getriebeladers allgemein zur Enteisung von Tragflächen und weiterer Bauteile zu nutzen. Da allerdings in den meisten Fällen die Leistung der Kolbentriebwerke dazu nicht ausreicht, findet man derartige Systeme bei Kolbenmotorflugzeugen eher selten und die Tragflächenenteisung geschieht dort vorzugsweise durch pneumatische Boots (siehe Kapitel 07 De-Icing/Anti-Icing).

06 01 02 Druckluftsysteme/Bleed Air Systeme bei Turbinentriebwerken

Prinzipiell besteht kein Unterschied zwischen den Druckluftsystemen bei Kolbentriebwerken zu denen bei Turbinentriebwerken. Unterschiede gibt es lediglich bei der Herkunft der Druckluft, bei der Komplexität der Systeme und den Anwendungen.
Bei einem Turbinenflugzeug (Turboprop, Turbojet, Turbofan) oder bei einem turbinengetriebenen Helikopter (Turboshaft) wird die Druckluft von einer oder mehreren Turbine(n) in Form von Zapfluft (engl. bleed air) geliefert, und zwar von folgenden Quellen:

- Turbinentriebwerk (Antriebsturbine)
- Auxiliary Power Unit APU (Hilfsturbine)

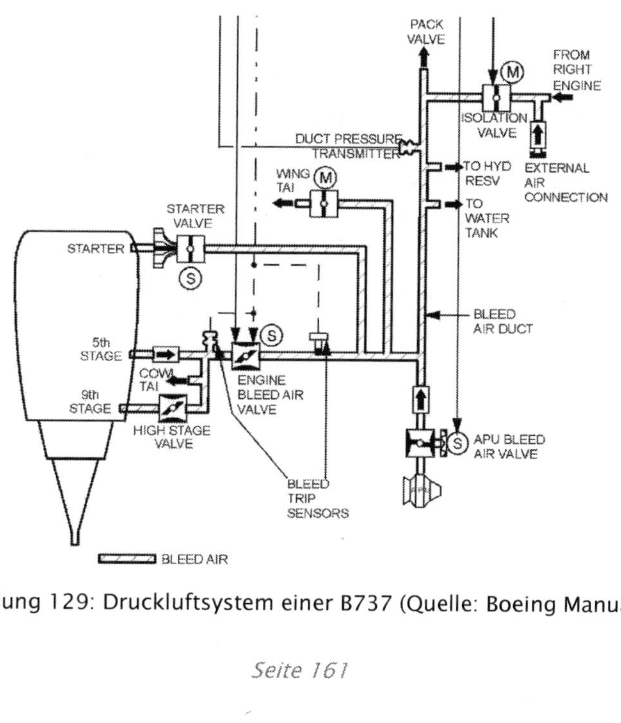

Abbildung 129: Druckluftsystem einer B737 (Quelle: Boeing Manual)

- Ground Power Unit GPU (am Boden in Form externer Druckluft, meistens ist dies ebenfalls Zapfluft einer Gasturbine in der GPU)

Das Druckluftsystem bei Turbinentriebwerken wird daher auch als Bleed Air System bezeichnet.
Für Luftfahrzeuge mit Turbinentriebwerken wird diese Druckluft bzw. Zapfluft in der Regel für folgende Anwendungen genutzt:

- für das Anti-Icing durch Beheizen von Tragflügelvorderkante, Triebwerksein-lassring, hintere Leitwerksvorderkante usw.
- zum Anlassen des Triebwerks über einen Druckluftanlasser (air starter)
- zur Druckspeicherung in hydraulischen Reservoirs
- zum Antrieb von hydraulischen Pumpen (nicht beim Helikopter)
- zur Kabinenbedruckung und Klimatisierung (nicht beim Helikopter)

Das Druckluftsystem/Bleed Air System besteht bei Turbinentriebwerken in der Regel aus folgenden Komponenten:

- Rohre für die Druckluft (engl. pneumatic ducts)
- Abschalt- und Trennventile (engl. shut-off and isolation valves)
- Regelventile (engl. pressure regulating valves)
- Zapfluftregelventile (engl. engine bleed valves)
- Vorkühler für die Druckluft (engl. fan air pre-cooler)
- Temperatur und Drucksensoren (engl. temperature and pressure sensors)

06 03 00 Flugzeug: Systeme für Kabinendruck und Klimatisierung

Kabinendruck- und Klimatisierungssysteme regeln den Kabinenluftdruck, die Luftventilation inklusive Zu- und abfuhr und die Kabinentemperatur d.h. Kühlung und Heizung. Sie regeln im Allgemeinen nicht die Luftfeuchtigkeit in der Kabine[1]. Basis für ein Kabinendruck- und Klimatisierungssystem ist das Druckluftsystem. Im Folgenden wollen wir das Thema Kabinendruck und Klimatisierung näher betrachten.

06 03 01 Komponenten, Bauweise, Betrieb, Anzeigen und Fehlerwarnungen

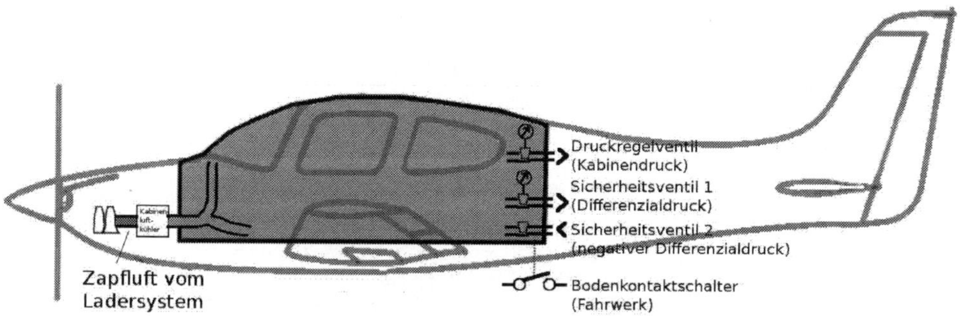

Abbildung 130: Kabinendrucksystem schematisch (Grafik:KLSP)

Technologisch gesehen ist das *Kabinendrucksystem* (engl. pressurisation system) einer Druckkabine relativ einfach. Komprimierte und nach der Kompression hinreichend abgekühlte Umgebungsluft wird von einem Druckluftsystem geliefert und über ein ausgeklügeltes System von Rohren der Kabine zugeführt. Hinzu kommt ein Druckregelsystem. Man unterscheidet fixbarometrische Kabinendrucksysteme und solche mit variabel geregelter Kabinendruckhöhe.

Funktionsweise eines fixbarometrischen Kabinendrucksystems

Das Regelsystem eines *fixbarometrischen Kabinendrucksystems* besteht im einfachsten Fall aus drei Ventilen, dem barometrischen *Druckregelventil* und zwei *Sicherheitsregelventilen*. Das Druckregelventil besteht entweder aus einem fest eingestellten Ventil, das sich ab einem Kabinendruck von 8.000 ft automatisch schließt, sodass der Kabinendruck bei größerer Flughöhe konstant bei 8.000 ft gehalten wird oder es han-

[1] Diese Behauptung stammt aus dem Syllabus (siehe entsprechendes LO im Abschnitt), tatsächlich sind Verkehrsflugzeuge sehr oft zusätzlich mit einem Luftbefeuchter (humidifier) ausgestattet

delt sich um ein variabel einstellbares Druckregelventil, das auch die <u>feste</u> Einstellung eines noch höheren Kabinendrucks (< 8.000 ft) ermöglicht.
Die Sicherheitsregelventile öffnen sich in folgenden drei Fällen:

- (Ventil S1) Falls der maximale Differenzialdruck $\Delta P = P_i - P_a$, d.i. der maximale Druck zwischen innen (P_i) und außen (P_a) überschritten wird.
- (Ventil S2) Falls der Differenzialdruck negativ ist ($\Delta P < 0$), also der Außendruck höher als der Kabinendruck ist.
- (Ventil S2) Falls das Flugzeug am Boden ist, da dort ein Druckunterschied das Öffnen und Schließen der Türen erschweren würde. Dieser Modus wird über den Bodenkontaktschalter geschaltet.

Betrachten wir ein starres 8.000-ft-System mit einem maximalen ΔP von 4 psi.
Nach dem Start von einem Flugplatz mit einer Elevation unterhalb von 8.000 ft bleibt zunächst das Druckregelventil solange offen, bis das Flugzeug 8.000 ft Altitude übersteigt. Beim Steigen durch 8.000 ft schließt sich das Druckregelventil, wobei der Differenzialdruck gleich Null ist. Beim weiteren Steigen regelt das Druckregelventil den Kabinendruck auf 8.000 ft =751,5 hPa = 10,9 psi. Gleichzeitig wächst nun mit zunehmender Altitude der Differenzialdruck. Sobald der Außendruck einen Wert von 10,9 psi - 4 psi = 6,9 psi = 476 hpa angenommen hat, ist für die Kabine der maximale Differenzialdruck und damit die maximale Belastungsgrenze erreicht und das Sicherheitsregelventil öffnet bei der Bedingung ΔP = maximal 4. Das heißt, nur bis zu

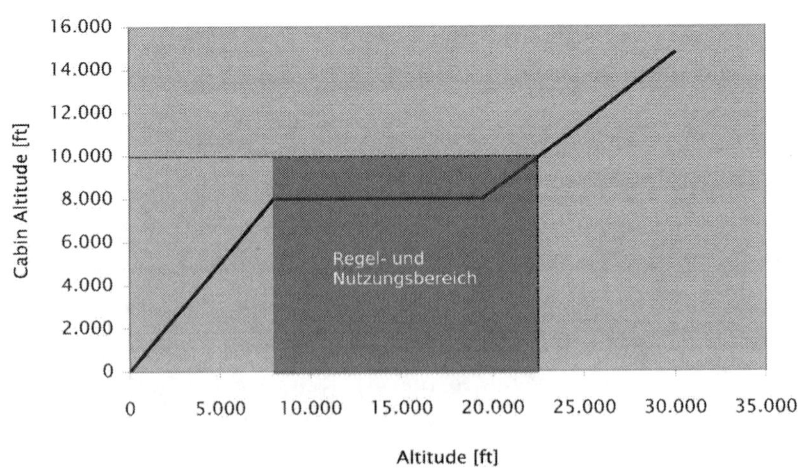

Abbildung 131: Regelbereich eines fixbarometrischen Systems
(Grafik: KLSP)

einer Höhe von knapp 20.000 ft könnte bei diesem Flugzeug der gewünschte Kabinendruck aufrecht erhalten werden. Oberhalb dieser Altitude würde der Kabinendruck wie der äußere Luftdruck weiter abnehmen.
Auch wenn die Druckkabine von der Technologie her recht einfach erscheint, ist die Umsetzung alles andere als einfach. Dies liegt im Wesentlichen an der Aufgabe der Abdichtung. Bei der Kabine müssen nicht nur die Tür(en) sondern auch alle Durchführungen für die Seile und die elektrische Verkabelung der Flugsteuerungsanlage abgedichtet werden. Hinzu kommt, dass die barometrischen Instrumente und die Navigations- und Kommunikationseinheiten Verbindungen zu den äußeren Sensoren benötigen, die ebenfalls allesamt abgedichtet werden müssen.

Monitoring und Bedienung eines fixbarometrischen Kabinendrucksystems

Aufseiten der Bedienung ist bei *fixbarometrischen Systemen* gegebenenfalls im Rahmen der Pre-Take-off-Checks der aktuelle Luftdruck am Startflugplatz einzustellen. Damit wird das Barometer im Druckregelventil an den tatsächlichen Luftdruck angepasst. Darüber hinaus ist bei einem solchen System auch für die Landung (sofern unterhalb von 8.000 ft) nichts weiter einzustellen, da unterhalb von 8.000 ft das Druckregelventil wieder voll öffnet und der Luftdruck in der Kabine vor jeder Landung wieder dem Außendruck angepasst ist.
Die Anzeigen eines solchen Systems bestehen in der Regel aus Instrumenten zur Anzeige von Kabinendruckhöhe (engl. cabin altitude), Differenzialdruck (engl. differential pressure) und Änderungsrate der Kabinendruckhöhe (engl. vertical cabin altitude rate).

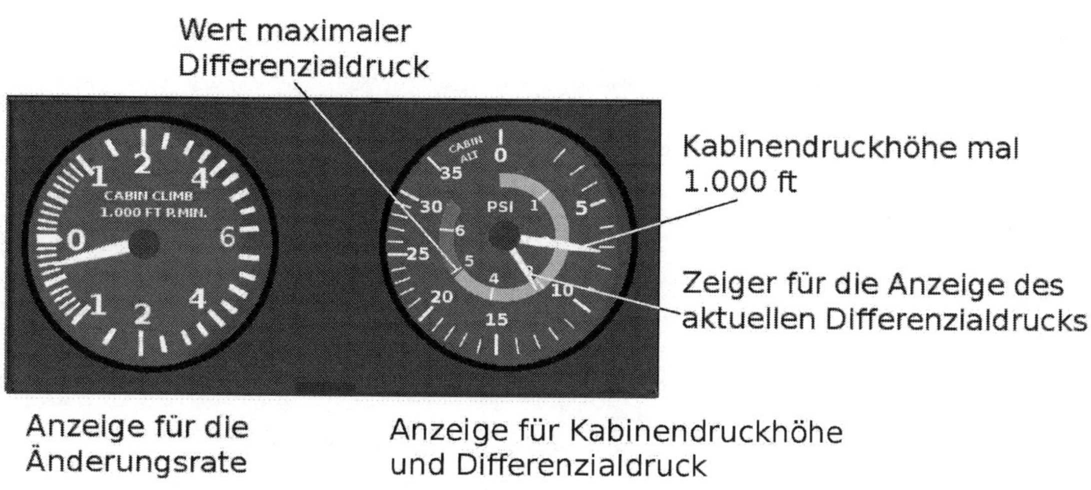

Abbildung 132: Anzeigeinstrumente für den Kabinendruck (Grafik: KLSP)

Funktionsweise eines Systems mit variabel geregelter Kabinendruckhöhe

Ein Kabinendrucksystem bei großen Flugzeugen der Transportkategorie (CS 25) unterscheidet sich relativ wenig vom bereits beschriebenen Prinzip eines fixbarometrischen Systems. Der wesentliche Unterschied liegt in der Tatsache begründet, dass solche Systeme mit der Regelung des Kabinendrucks über das Druckregelventil sofort nach dem Abheben beginnen. Die Voraussetzung dafür ist ein variabel kontrollierbares Druckregelventil, das den Sollwert der Kabinendruckhöhe über die Flugphasen hinweg anpasst. Man spricht daher von einem *Kabinendrucksystem mit variabel geregelter Kabinendruckhöhe*.

Der Sollwert der Kabinendruckhöhe ist variabel und wird bei einem solchen System entweder auf der Basis eines einstellbaren Reglers für die Cabin Altitude Rate oder mittelbar durch eine vom System über andere Messparameter ermittelte Steigrate für die Kabinendruckhöhe bestimmt. Die Sollkabinendruckhöhe steigt und sinkt folglich mit der Flughöhe.

Betrachten wir den Fall der Änderungsrate etwas genauer. Steigt das Flugzeug beispielsweise von einem Flugplatz auf Meereshöhe mit einer Steigrate von 1.500 ft/min und beträgt die Änderungsrate der Kabinendruckhöhe 500 ft/min, so wäre das Flugzeug nach zehn Minuten bei einer Altitude von 15.000 ft angekommen und der Kabinendruck läge bei 5.000 ft. Nach weiteren sechs Minuten wäre eine Altitude von 24.000 ft erreicht und der Kabinendruck läge bei 8.000 ft, was wir für unser Beispiel einmal als Maximum des Systems annehmen wollen. Die Steigrate der Kabinendruckhöhe erscheint angemessen, da in derselben Zeit, in der das Flugzeug in seinen Cruise Level steigt, der Kabinendruck bis zu seinem Minimalwert fällt. Ein kleinerer Wert bei der Steigrate würde noch mehr Komfort für die Passagiere bedeuten, auf der anderen Seite aber auch mehr Leistung von den Turbinen abzapfen.

Interessanter ist nun der Sinkflug. Wir nehmen einmal an, wir verlassen den Cruise ebenfalls mit einer Sinkrate von 1.500 ft/min, um auf einem 6.000 ft hoch gelegenen Zielflugplatz zu landen. Nach 12 Minuten würden wir aufsetzen. Der Kabinendruck wäre bei 500 ft/min von 8.000 ft um 6.000 ft auf 2.000 ft gesunken. Wir hätten folglich beim Aufsetzen noch eine Druckdifferenz zwischen 2.000 ft Kabinendruckhöhe (innen) und dem äußeren Luftdruck bei 6.000 ft Landeplatzelevation, was beim Bodenkontakt und dem Öffnen des zweiten Sicherheitsventils einen sehr plötzlichen (und unangenehmen) Druckausgleich zur Folge hätte.

Da man für die Landung einen Differenzialdruck von nahe bei Null benötigt, muss dies im System einstellbar sein. Man könnte dabei die Sinkrate der Kabinendruckhöhe direkt einstellen aber es ist für die Crew einfacher, direkt die Elevation des Zielflugplatzes einzustellen. Hierüber wird die Sinkrate der Kabinendruckhöhe mittelbar berechnet, sodass der Differenzialdruck bei der Landung nahe bei Null liegt.

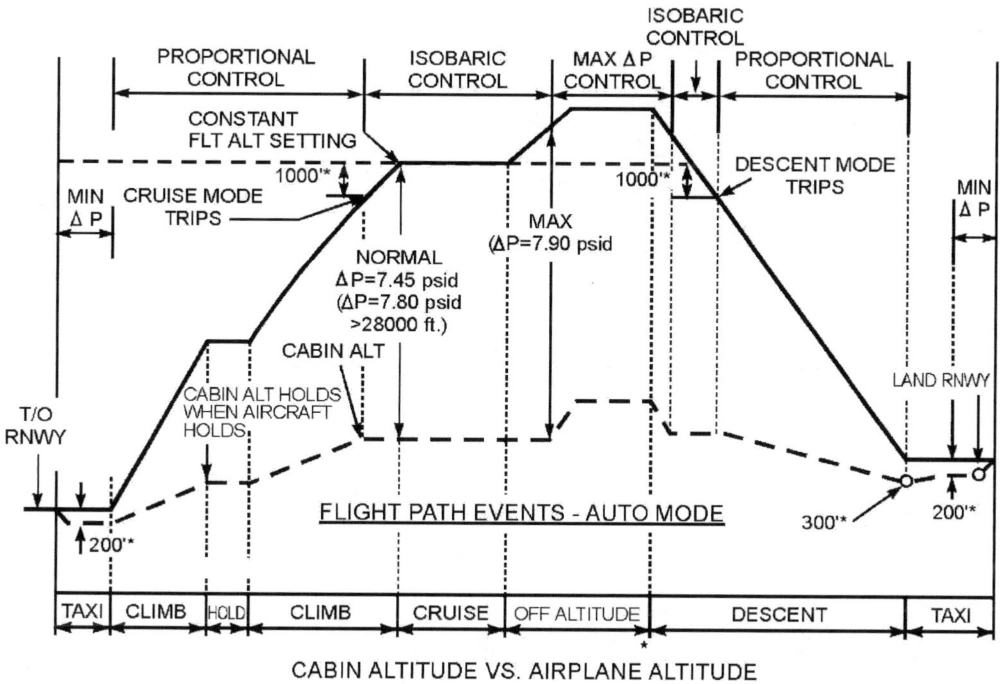

Abbildung 133: B737 Kabinendruckhöhe und Flughöhe (Grafik: Boeing Manual)

Kabinendrucksysteme mit variabel geregelter Kabinendruckhöhe bestehen im Wesentlichen aus folgenden Komponenten, wobei die Voraussetzung für das Funktionieren des Systems natürlich ein Druckluftsystem/Bleed Air System ist:

- (Elektronischer) Controller für den Kabinendruck
  (engl. (electronic) pressure controller)
- Druckregelventil (engl. outflow valve)
- Aktuator des Druckregelventils (engl. outflow valve actuator)
- Sicherheitsregelventil Drucküberschreitung $\Delta P > \Delta P_{max}$
  (engl. excessive differential pressure relief valve)
- Sicherheitsregelventil für negativen Differenzialdruck $\Delta P < 0$
  (engl. negative differential pressure relief valve)

Die Regelung beim Druckregelventil muss man sich so vorstellen, dass das Ventil im Normalfall stets geringfügig geöffnet ist, es wird also der Luftmassenfluss gesteuert und nicht nur die ‚offen/geschlossen'-Stellungen des Ventils genutzt. Die Sicherheitsregelventile müssen gemäß CS 25.841 doppelt ausgeführt sein.

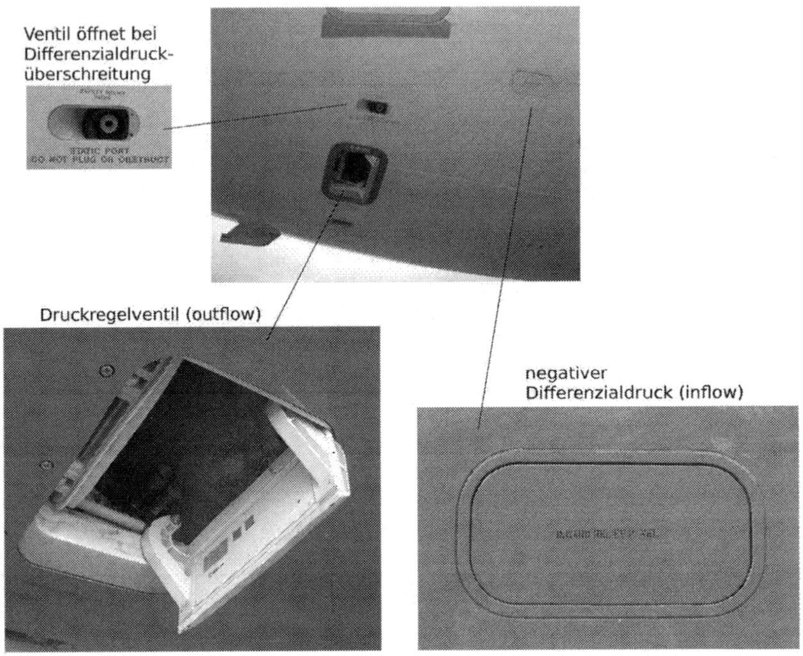

Abbildung 134: B737 Druckregelventile für den Kabinendruck (Fotos: Chris Brady)

Im Unterschied zu einfacheren, selbstregelnden Systemen kommt bei Verkehrsflugzeugen in der Regel ein elektronisches Pressure Control System (meistens ein mikroprozessorgesteuertes System) zum Einsatz, das auf der Basis aktueller Druckmesswerte (statischer Luftdruck, Kabinenluftdruck) und seiner inneren Logik die einzelnen Steuerventile ansteuert. Das System bezieht dabei die Druckparameter automatisch vom Flugdatencomputer.

Monitoring und Bedienung eines variabel geregelten Kabinendrucksystems

Die folgende Abbildung zeigt das Panel eines modernen digitalen Regelsystems für den Kabinendruck der B737 mit seinen Anzeigen und Einstellmöglichkeiten. Links findet man die üblichen Anzeigen für Differenzialdruck (äußerer Ring), Kabinendruckhöhe (innerer Ring) und die Steigrate der Kabinendruckhöhe (unten).

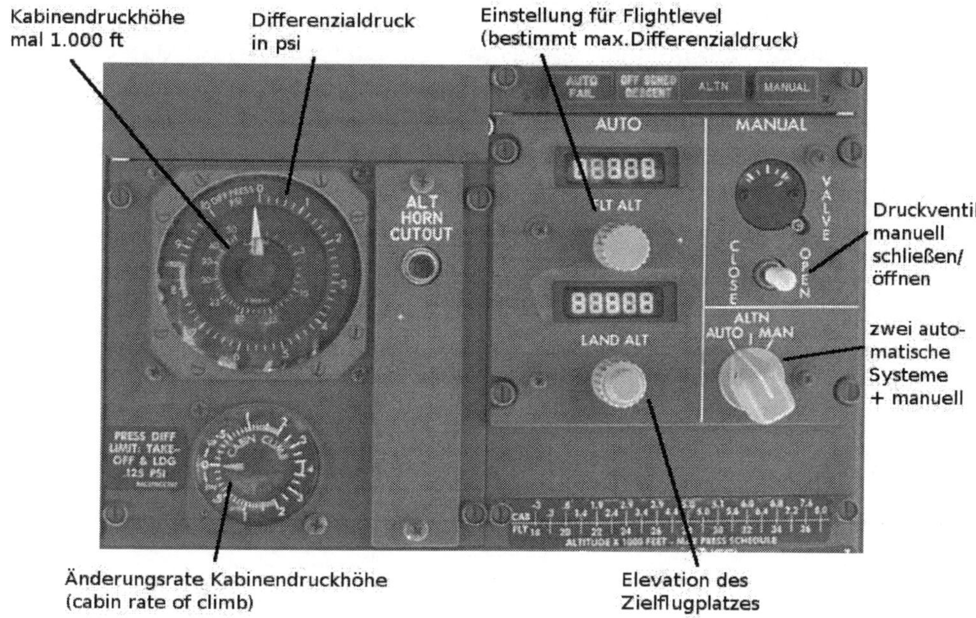

Abbildung 135: B737 Digital Cabin Pressure Control System DCPCS (Foto: Chris Brady)

Der maximal erlaubte Wert für die Kabinendruckhöhe bei Passagierbeförderung beträgt 10.000 ft (JAR OPS 1.770). Wird der Maximalwert der Kabinendruckhöhe überschritten, ertönt ein Warnton (Vorschrift gemäß CS 25.841(b)(6)). Bei der B737 ertönt ein intermittierender Warnton, bei anderen Flugzeugtypen kommen zum Teil entsprechende Stimmansagen zum Einsatz.

Der maximale Differenzialdruck liegt bei großen Transportflugzeugen im Bereich von 7,5 - 9,5 psi. In der Abbildung sieht man, dass der Maximalwert im Beispiel zwischen 7,8 und 8,35 psi liegt. Der maximal zugelassene Differenzialdruck bei Start- und Landung beträgt 0,125 psi.

Für den Notfall lässt sich das Druckregelventil manuell öffnen (siehe auf der rechten Seite des Geräts).

Die einzigen beiden Einstellmöglichkeiten betreffen das Flight Level und die Elevation des Zielflugplatzes. Mit dem Flight Level stellt man mittelbar den maximalen Differenzialdruck ein. Diese Einstellung dient nur der Schonung der Zelle, da das System bei unteren Flight Levels kleinere Werte nutzt (z.B. bei <= FL280 maximaler Differenzialdruck = 7,45 psi). Die zweite Einstellmöglichkeit betrifft, wie bereits beschrieben, die Elevation des Zielflugplatzes.

Das System für den Kabinendruck arbeitet bei einem großen Transportflugzeug eng mit dem System für die Klimatisierung zusammen. Daher ist es für das Verständnis am besten, wenn wir uns die Technologie eines bestimmten Systems einmal etwas genauer ansehen.

Kabinendruck- und Klimatisierungssystem einer B737

Die folgenden Abbildungen zeigen Panel und Schema des Druckluft- und *Klimatisierungssystems* (engl. air-conditioning system) einer Boeing 737. Dabei wird bei jedem der zwei Triebwerke heiße Zapfluft der fünften und neunten Verdichterstufe gemischt

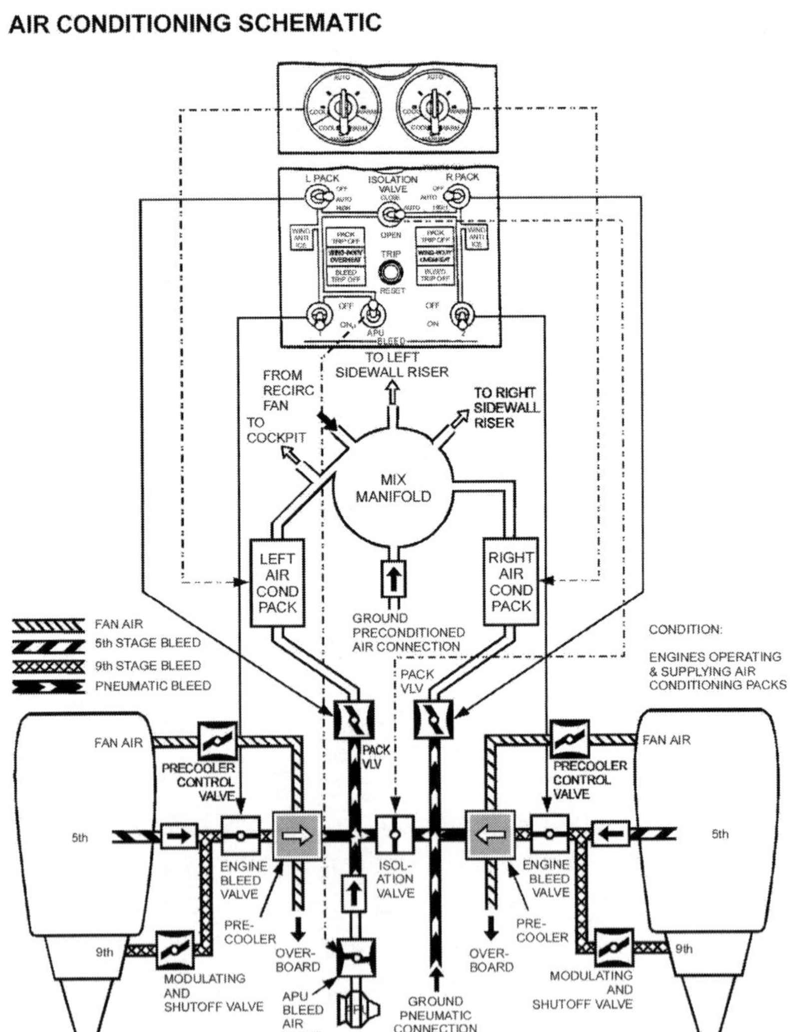

Abbildung 136: Druckluft- und Klimatisierungssystem einer B737 (Quelle: Boeing Manual)

und jeweils im Pre-cooler durch die kalte Luft hinter dem Fan etwas abgekühlt. Die untere Schalterreihe schaltet die Zuführung der Zapfluft der beiden Triebwerke und der APU zum Kabinendruck- und Klimatisierungssystem an oder ab.

Die Zapfluft strömt nach dem Anschalten mit einer Temperatur von immer noch etwa 200 °C in die sogenannten air-condition packs (kurz ‚packs' genannt, das Wort ‚pack' hat dabei die Bedeutung ‚Einheit'), die separat am Druckluftpanel an- und abgeschaltet werden können (mittlere Schalterreihe). Die Luft wird in den beiden Packs durch eine Kühlturbine (engl. air cycle machine) gekühlt. Das Isolationvalve trennt oder verbindet beide Seiten miteinander. Die Luft beider „Packs" gelangt danach in das Mischrohr (engl. mix manifold), wird mit Recycle-Luft gemischt und von dort über die rechte und linke Überkopfzuführung der Kabine und über ein weiteres Rohr auch dem Cockpit zugeführt. Die Recirculation Fans (obere Schalterreihe) sorgen für die Zuführung von Recycle-Luft in das Mischrohr mittels elektrischer Ventilatoren.

Abbildung 137: Druckluftpanel B737
(Foto: Chris Brady)

Die *Warnlampen* bei Fehlern im Druckluft- und Klimatisierungssystem zeigen entweder eine Überhitzung in einem A/C-Pack, eine durch eine Leck im Rohrsystem entstandene Überhitzung oder einen Fehler an der Quelle an wie zu hohe Zapflufttemperatur oder zu hoher oder zu niedriger Druck.
Bei einer Boeing 737 gibt es folgende drei Warnanzeigen:

1. Die obere Warnanzeige ‚Pack (Trip Off)' zeigt eine Überhitzung im Pack selbst an (nicht bei der Zuführung).
2. Die mittlere Warnanzeige ‚Wing Body Overheat' zeigt eine Überhitzung durch ein Leck im Rohrsystem an, wobei die Temperatur insgesamt an acht verschiedenen Stellen in Rumpf und Tragflächen gemessen wird.

3. Die untere Warnanzeige ‚Bleed Trip Off' zeigt an, wenn die Zapfluft am Triebwerk zu heiß ist, wobei die Abschaltung automatisch erfolgt.

Das Klimatisierungssystem ermöglicht die Einstellung der Kabinentemperatur. Bei komplexeren Systemen lässt sich die Kabinentemperatur oft sogar nach bestimmten Sitzplatzbereichen getrennt einstellen.

Abbildung 138: A/C Panel B737 3/../700 (Foto: Chris Brady)

Das abgebildete A/C Panel einer B737 (in dieser Form bis Model 700 verwendet) zeigt in der Mitte die Temperatur, die an verschiedenen Stellen anzeigbar ist.
Die Warnlampen ‚duct overheat' zeigen Überhitzungen in den Kabinenzuführungen an. Am unteren Ende die beiden Einstellknöpfe für die Temperatur der beiden Seiten der Kabine, die den beiden Packs zugeordnet sind.

Ein Klimatisierungssystem besteht generell bei großen Flugzeugen der Transportkategorie (CS 25) aus folgenden Komponenten:

- Kühlluftsteuerventile (ram air valves/doors)
- Kühlluftventilator (pack cooling fan)
- Kühlturbine (air cycle machine, bootstrap system)
- Wasserabscheider (water separator)
- Mischventile (mixing valves)
- Durchflusssteuerventile (flow control valves (outflow valve))
- Einwegventile (check valves)
- Trennventile zwischen den Packs (isolation valves)
- Umluftventilatoren (re-circulation fans)
- Umluftfilter (filters for re-circulated air)
- Klimacontroller und Temperatursensoren (temperature sensors)

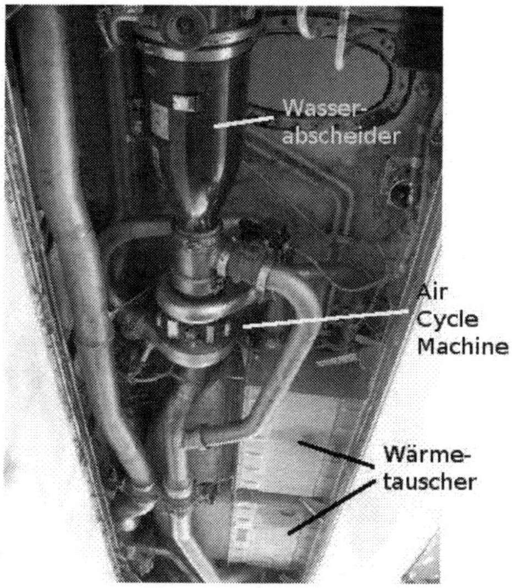

Abbildung 139: B737 Klimaanlage
(Foto: Chris Brady)

Der Kühlkreislauf beginnt an der Stelle, wo durch den Pre-Cooler vorgekühlte Zapfluft dem Klimatisierungssystem zugeführt wird. Die Luft gelangt als Nächstes in eine Kühlturbine (engl. air cycle machine).

Kühlturbine - Air Cycle Machine[1]. Die *Kühlturbine* (engl. air cycle machine) ist das Herzstück der Klimaanlage eines Flugzeuges. Die Luft des Druckluftsystems kommt mit bis über 200 °C in das Klimatisierungssystem. Die Umgebungsluft wird als Kühlluft über einen NACA-Einlauf und einen regelbaren Einlass in einen Strömungskanal mit Wärmetauschern geleitet. Die Luft vom Druckluftsystem durchströmt zunächst einen ersten Wärmetauscher im Strömungskanal und wird dabei durch die Umgebungsluft heruntergekühlt. Die Klimaluft strömt danach in die Kühlturbine, wo sie erneut durch einen Radialverdichter komprimiert und dabei wieder um ca. 50 °C erhitzt wird und so einen zweiten Wärmetauscher im Strömungskanal passiert. Danach expandiert sie in einer axialen Turbinenstufe und kühlt sich dabei bis etwa zum Gefrierpunkt ab. Die axiale Turbinenstufe treibt dabei den radialen Verdichter an.

Wasserabscheider. Danach strömt die kalte Luft in einen Wasserabscheider, um die Feuchtigkeit zu entfernen, da ansonsten Kondensation und Vereisung im Rohrsystem möglich wäre. Die gekühlte Luft fließt in ein Mischrohr und wird von dort in der Kabine verteilt.

Heißluft zur Mischung - Hot Trim Air. Ein Teil der Zapfluft hinter dem Pre-Cooler wird an der Kühlturbine als ‚hot trim air' vorbeigeführt und kann so zur Temperatureinstellung durch Mischung mit der gekühlten Luft hinter der Air Cycle Machine verwendet werden.

---

[1] Hinweis: Die Air Cycle Machine (auch bootstrap system genannt) ist das einzige Air Conditioning System, das Gegenstand von Prüfungen nach JAR-FCL sein darf.

Mischrohr und Recycling Fans. Das Mischrohr dient zur Aufnahme der klimatisierten Luft der beiden A/C Packs und ggf. auch der klimatisierten Luft einer externen Klimaluftzuführung. Des Weiteren wird ein Teil der Klimaluft durch Ventilatoren (Recycle Fans, siehe Abbildung unten) wieder dem Mischrohr zugeführt, um die Last der Klimaanlage zu reduzieren.

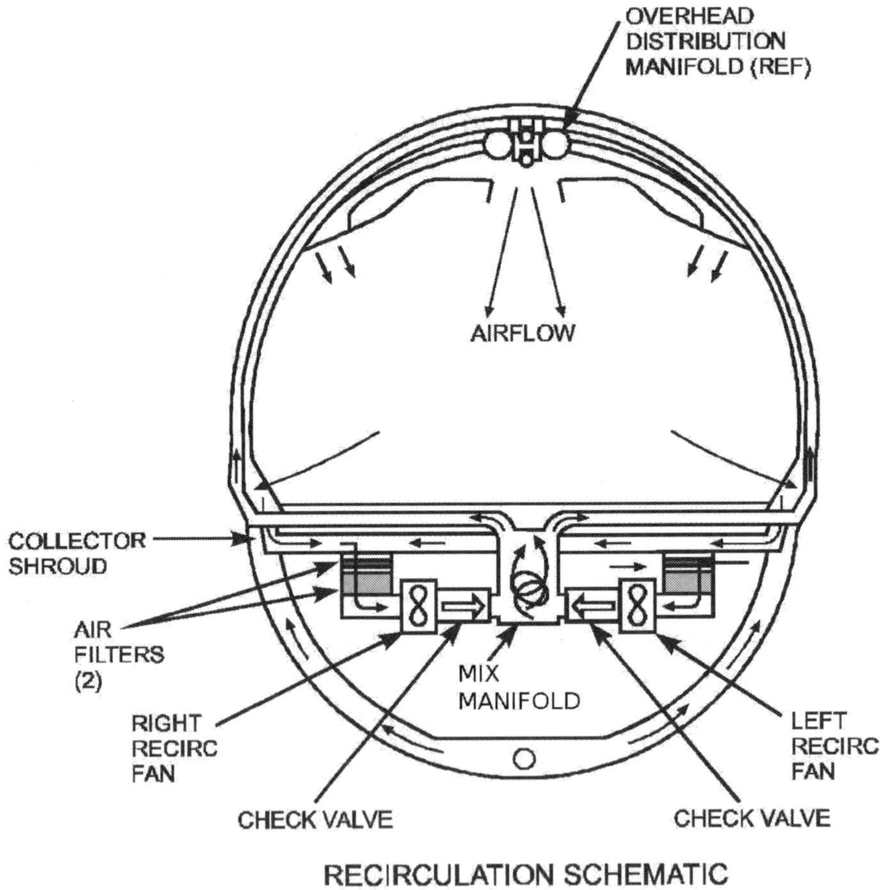

Abbildung 140: Mischrohr und Umluftventilatoren (Quelle: Boeing Manual)

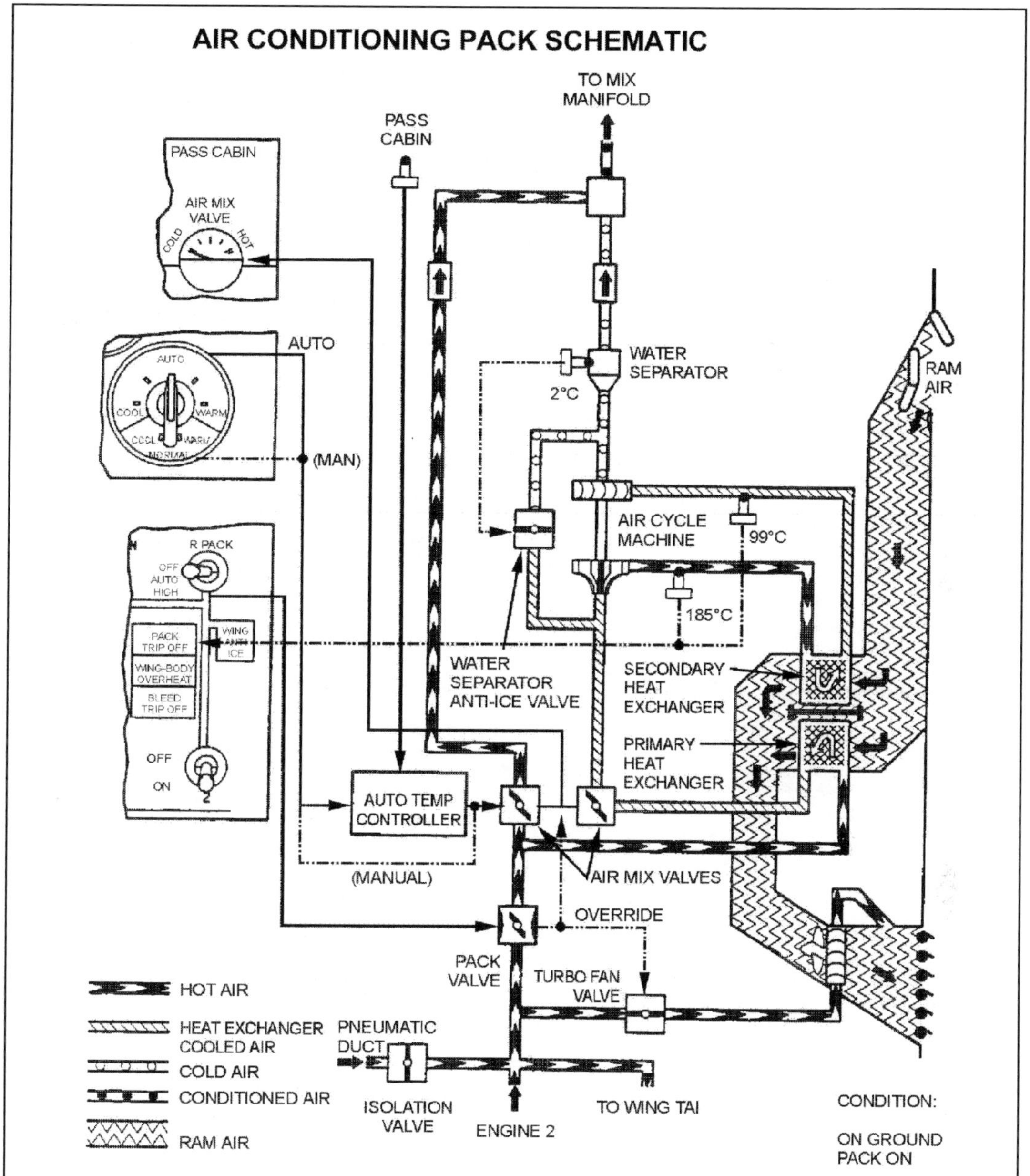

Abbildung 141: Klimatisierungssystem einer B737 (Quelle: Boeing Manual)

Die umzuwälzende Luft wird dabei durch spezielle Luftfilter gereinigt. Das Mischrohr befindet sich unterhalb des Mittelgangs und versorgt von dort über die Seitenwandsteigrohre (engl. sidewall risers) die Kabine. Ein weiterer Luftkreis versorgt von dort aus das Cockpit.

Kühlluftventilator. Da im Stand am Boden kein Luftstrom zur Kühlung mittels Wärmetauschern zur Verfügung steht, muss der Luftstrom in diesem Fall durch einen Kühlluftventilator erzeugt werden. Der Ventilator sitzt dabei im Strömungskanal und wird in der Regel pneumatisch durch Bleed Air oder durch einen Elektromotor angetrieben.

Abbildung 142: Voll geöffnete Einlassklappe eines der beiden Strömungskanäle der B737 NG (Foto: Chris Brady)

Steuerklappen des Strömungskanals. Der Strömungskanal besitzt an Eingang und Ausgang steuerbare Klappen (ram air doors), die durch den Controller des Klimatisierungssystems automatisch so gesteuert werden, dass ein konstanter Luftmassenstrom zur Kühlung abgezweigt wird.

Steuerventile. Verschiedene Steuerventile in den einzelnen Luftströmungskreisen haben unterschiedliche Aufgaben. So werden beide Packs durch ein Trennventil voneinander getrennt. Mischventile dienen der Mischung von heißer und gekühlter Luft. Weitere Details können den Abbildungen entnommen werden.

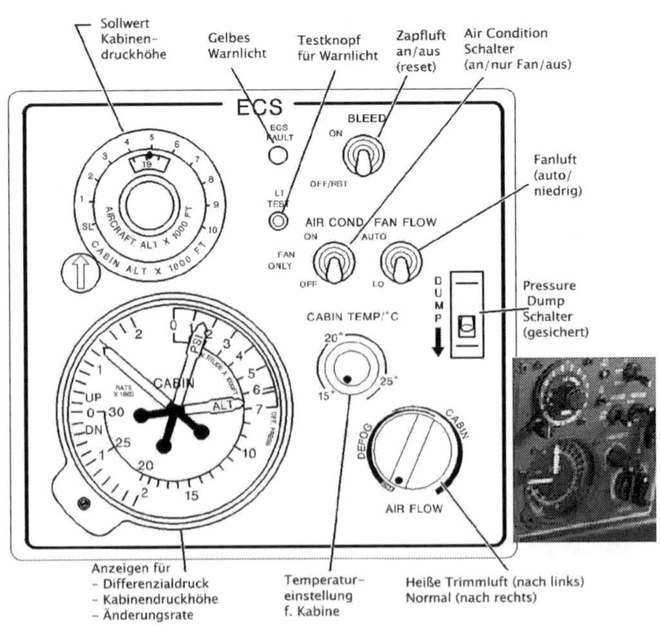

Abbildung 143: ECS der TBM 700 (Quelle: TBM 700 Manual)

Kabinendruck- und Klimatisierungssystem der Socata TBM 700/850

Schauen wir uns zum Vergleich noch das Kabinendruck- und Klimatisierungssystem der Socata TBM 700/850 an. Die Zapfluft kommt von zwei verschiedenen Zapfluftports (P2.5 und P3) des PT6A-Triebwerks. Das Kühlsystem ist ein sogenanntes Vapor Cycle System, das mittels Kompressor kühlt. Das funktioniert so ähnlich wie in jedem Haushaltskühlschrank. Die Abbildung zeigt das ECS Kontrollpanel der TBM 700. Links oben lässt sich die gewünschte Kabinendruckhöhe einstellen, darunter das Anzeigeinstrument für den Differenzialdruck (max. 6,2 psi), die tatsächliche Kabinendruckhöhe und das Vario der Kabinendruckhöhe. Mit den Schaltern auf der rechten Seite lässt sich im Normalfall die A/C und die Temperatur einstellen. Der Regler rechts unten erlaubt die Beimischung von Hot Trim Air (nach links drehen) und ermöglicht so, die Fenster ggf. von Beschlag zu befreien. Ganz rechts ist der gesicherte Schalter für einen Pressure Dump, d.h. für das manuelle Öffnen der Ventile, sodass ein sofortiger Druckausgleich stattfindet.

Bei der TBM 850 mit Garmin G1000 Glascockpit wurde das Global Air System (GAS) eingeführt, bei dem die Kabinendruckeinstellung inklusive der üblichen Anzeigen direkt im G1000 erfolgt (siehe Abb. 144).

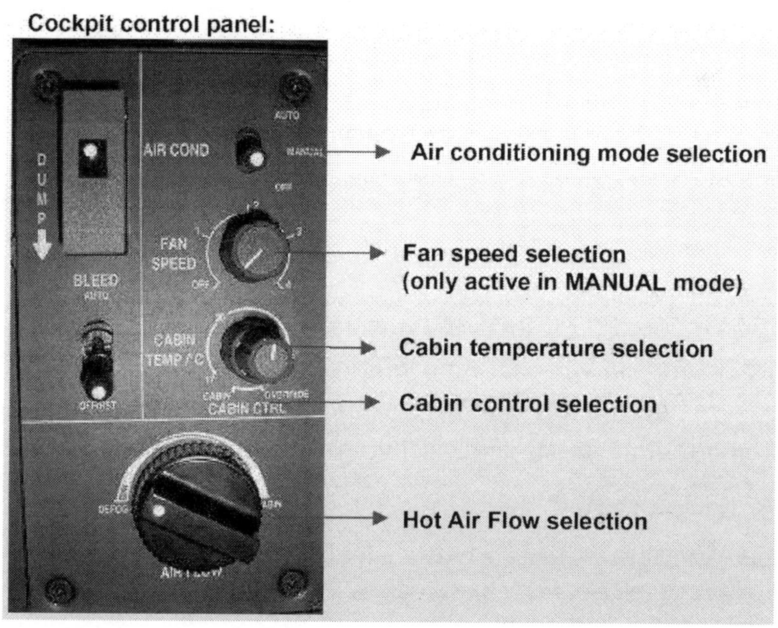

Abbildung 144: GAS Panel der TBM 850 (Quelle: Daher-Socata)

Die Einstellung von Bleed Air und Klimatisierung erfolgt auf einem zweiten Panel mit denselben Regelmöglichkeiten wie beim Panel des ECS.

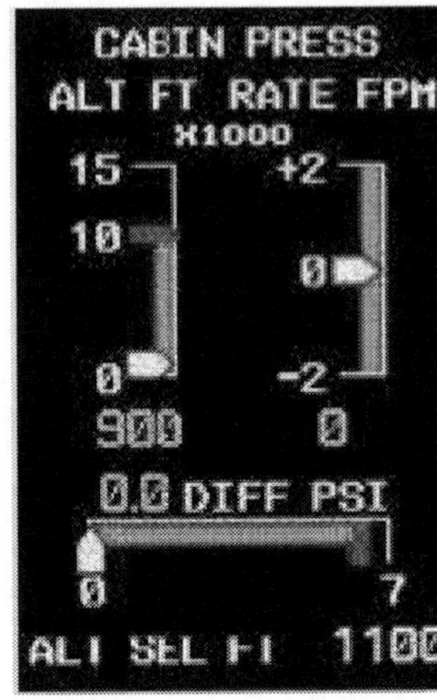

Abbildung 145: GAS beim TBM850/G1000
(Quelle: Quelle: Daher-Socata)

Randbedingungen der Konstruktion

Kontaminierung der Kabinenluft

Ein weitere Problematik der Konstruktion ist die der Kontamination der Kabinenluft durch Triebwerksöl oder Hydraulikflüssigkeiten. Die Luft des Druckluft/Bleed Air Systems ist standardmäßig ungefiltert. Sie kann daher mit erhitztem Triebwerks- und/oder Hydrauliköl verunreinigt sein, insbesondere dann, wenn bestimmte Dichtungen mangelhaft sind. Das synthetische Triebwerksöl verwendet unter anderem TCP (Tricresylphosphat) als sogenanntes „wear additive“. Kritisch für die Gesundheit von Crew und Passagieren sind besonders die sogenannten Orthoisomere TOCP, DOCP und MOCP von TCP, die allesamt neurotoxisch sind.

Maximale Operating Altitude

Der maximale Differenzialdruck der Kabine bestimmt indirekt auch die maximale Operating Altitude eines Flugzeuges. Kann die Kabine beispielsweise maximal einen Differenzialdruck von 8,5 psi aushalten, so ergibt sich daraus die maximale Betriebsaltitude wie folgt.
Die normale maximale Kabinendruckhöhe von 8.000 ft entspricht ziemlich genau 750 hPa (ISA). Der Druckwert 8,5 psi lässt sich in 586 hPa umrechnen. Damit wäre der maximale Differenzialdruck bei einem äußeren Luftdruck von 750 hPa - 586 hPa = 164 hPa erreicht, was einer ISA-Altitude von etwa 43.150 ft entspricht.
Dies ist natürlich nur als Abschätzung gültig. Die tatsächlich zugelassene maximale Operating Altitude hängt natürlich auch von anderen Größen ab und kann ausschließlich im Flight Operating Manual des jeweiligen Flugzeugtyps nachgelesen werden.

Konstruktionsvorschriften

Nach CS 25 oder der äquivalenten FAR 25 Norm findet man unter Punkt 841 die Vorschriften für die Druckkabine. Darin wird eine maximale Kabinendruckhöhe von 8.000

ft vorgeschrieben. Im Fehlerfall muss für Flugzeuge mit einer Zulassung für Flight Levels größer als FL250 stets eine Kabinendruckhöhe von 15.000 ft garantiert werden. Natürlich gibt es eine ganze Reihe weiterer Vorschriften. Auf die vorgeschriebenen Sauerstoffvorräte für Crew und Passagiere im Fall einer Dekompression gehen wir im Kapitel 13 ein.

PRESSURISATION

CS 25.841 Pressurised cabins

(a) Pressurised cabins and compartments to be occupied must be equipped to provide a cabin pressure altitude of not more than 2438 m (8000 ft) at the maximum operating altitude of the aeroplane under normal operating conditions. If certification for operation over 7620 m (25 000 ft) is requested, the aeroplane must be able to maintain a cabin pressure altitude of not more than 4572 m (15 000 ft) in the event of any reasonably probable failure or malfunction in the pressurisation system.

Abbildung 146: Auszug aus CS 25 (Quelle: EASA [4])

Druckkabine bei High Altitude Airports

Eine interessante Frage ergibt sich für das Handling einer Druckkabine bei High Altitude Airports (Altiport). Beispielsweise hat der Flughafen von La Paz in Bolivien eine Elevation von 13.325 ft und liegt damit weit über der maximalen Kabinendruckhöhe von 8.000 ft.

Solange die Elevation des Airports unterhalb der maximalen Kabinendruckhöhe von 8.000 ft liegt, besteht keinerlei Problem. Der Controller für die Kabinendruckhöhe setzt die Elevation in einen fallenden Gradienten bei der Sinkrate der Kabinendruckhöhe und der Differenzialdruck wird bei der Landung nahezu null sein (siehe Abbildung 147).

Liegt die Elevation allerdings oberhalb von 8.000 ft, so würde die Eingabe zu einer Steigrate für die Kabinendruckhöhe führen d.h. der Controller müsste im Sinkprofil die Kabinendruckhöhe über 8.000 ft erhöhen, was CS25.841 widerspricht. Aus diesem

Grund lässt mancher automatische Pressure Controller – beispielsweise das normale DCPCS einer B737 – eine solche Eingabe überhaupt nicht zu. Hinzu kommt das Problem, dass eine Kabinendruckhöhe oberhalb von 10.000 ft einen Warnton ertönen lässt (der allerdings abschaltbar ist).

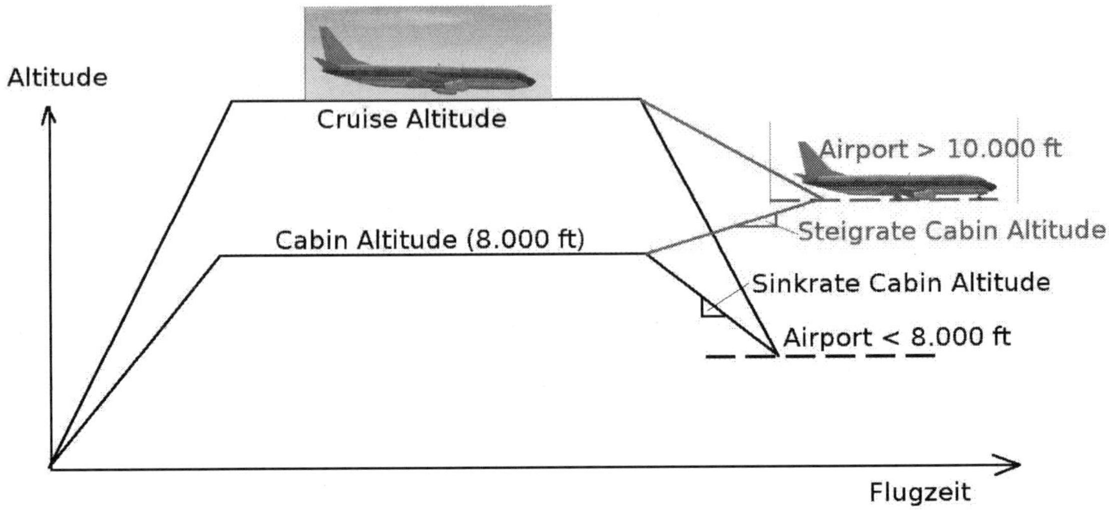

Abbildung 147: Landung auf einem Altiport (Grafik: KLSP)

Nur die Sonderversion des DCPCS (B737 Option: High Altitude Landing System) erlaubt bei der B737 die Eingabe von Elevations bis maximal 14.500 ft. Erst eine so ausgestattete B737 kann regulär im hoch gelegenen La Paz landen und wieder starten. Es gilt also festzuhalten, dass Flugzeuge, die auf Altiports wie La Paz in Bolivien oder Qamdo Bangda in Tibet genutzt werden, beim Kabinendrucksystem entsprechend ausgestattet sein müssen.

Bereiche mit und ohne Druckbeaufschlagung

Nicht alle Bereiche in einem Transportflugzeug üblicher Bauart sind mit Druckluft beaufschlagt. Dies ist konstruktiv bedingt und liegt zum einen daran, dass der Raum für das Haupt- und Bugfahrwerk sinnvollerweise nicht von der Außenumgebung getrennt wird und zum zweiten gibt es zusätzlich eine physikalische Grenze bei der zur Verfügung stehenden Zapfluft (Reduzierung der Triebwerksleistung).

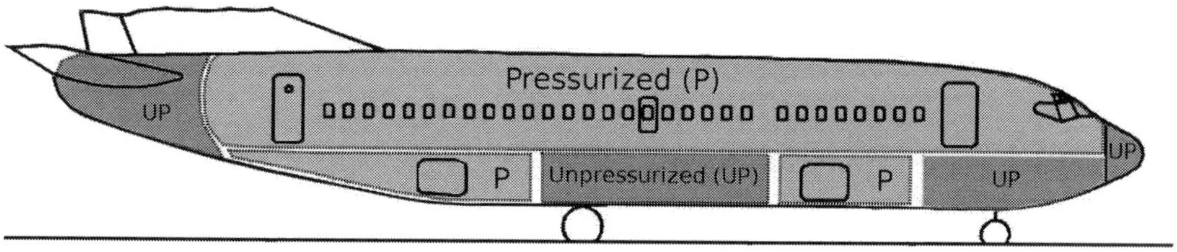

Abbildung 148: Bereiche mit und ohne Druckluft (Grafik: KLSP)

Vorwiegend folgende Bereiche sind nicht bedruckt:

- Bugsektion für Wetterradar (engl. Radome)
- Vorderer Schacht für das Bugfahrwerk (engl. nose gear bay)
- Mittlerer Bereich mit Torsionsbox zur Aufnahme der Tragflügel und den Schächten für das Hauptfahrwerk (engl. center section torque box and main gear bay)
- Konusförmiger Bereich hinter dem Druckschott (engl. tail cone)

Bedruckt sind dagegen in der Regel:

- Passagierkabine und Cockpit (engl. cabins and cockpit)
- Vorderer Gepäckladeraum (engl. forward cargo hold)
- Hinterer Gepäckraum (engl. aft cargo hold)

Je nach Bauweise (z.B. Schulterdecker) und Einsatzzweck (Passagier- oder Cargotransport) kann die Anordnung der Bereiche mit Druckbeaufschlagung auch von der abgebildeten Darstellung abweichen.

07 00 00
Anti-Icing-Systeme, Enteisungssysteme

Dieses Kapitel beschäftigt sich ausschließlich mit der Technik der Anti-Icing-Systeme und Enteisungssysteme, wir gehen nicht weiter auf die meteorologischen Hintergründe zur Eisbildung ein, sie sind in Band 050 Meteorologie thematisiert.

07 01 00 Typen, Bauweise, Bedienung, Monitoring, Betriebsgrenzen

Grundsätzlich muss man zwischen Enteisungssystemen (engl. de-icing systems) und Anti-Icing-Systemen unterscheiden.

Im ersten Fall lässt man die Eisbildung an kritischen Stellen des Flugzeuges zu. Das *Enteisungssystem* sorgt an Stellen wie z.B. an Tragflächen- und Leitwerksvorderkanten für die periodische Enteisung in der Regel durch mechanisches Absprengen des Eises.

Beim *Anti-Icing-System* lässt man die Eisbildung an kritischen Stellen des Flugzeuges nicht zu. Kritische Stellen werden durch Aufheizen oder durch Einsatz chemischer Anti-Icing-Substanzen, die den Gefrierpunkt herabsetzen, an der Eisbildung gehindert. Das Aufheizen geschieht dabei in der Regel durch heiße Zapfluft der Turbinen oder durch elektrischen Strom, der durch Heizdrähte fließt.

Nicht alle Komponenten eines Flugzeuges können vor Vereisung geschützt werden, da hierzu die Ressourcen nicht ausreichen. Folgende Komponenten können geschützt werden:

- Tragflügelvorderkanten
- Höhenleitwerksvorderkanten
- Seitenleitwerksvorderkante
- Triebwerkseinlassvorderkante (Turbine)

- Propellerblätter (Turboprop- oder Kolbentriebwerk)
- Sämtliche Drucksensoren der Triebwerke
- Cockpitfenster
- Alphasensoren (Anstellwinkel), TAT-Sensoren (korr. Lufttemperatur)
- Pitotrohre, Static Ports (barometrische Instrumente)

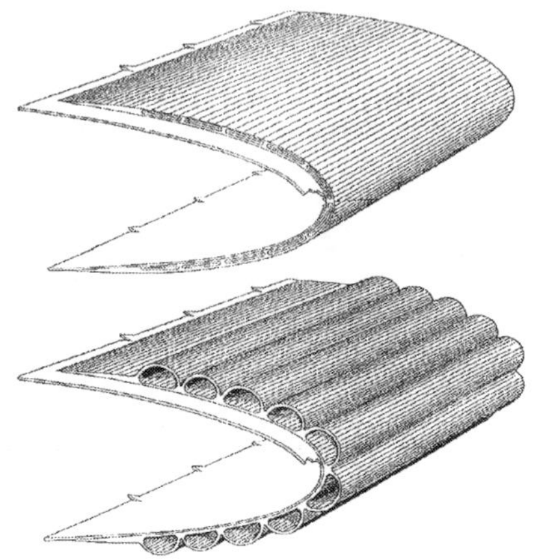

Abbildung 149: Einfache, pneumatische Boots für die Enteisung (Grafik: Goodrich)

Bei einer ganzen Reihe von Flugzeugen, darunter auch Verkehrsflugzeuge, sind keinerlei Vorkehrungen gegen Eisbildung am Leitwerk getroffen.

Mechanische Enteisungssysteme

Mechanische Enteisungssysteme, sogenannte ‚De-Icer Boots' kommen hauptsächlich bei Kolbenmotor-, Turbopropflugzeugen und kleinen Jets zum Einsatz.
Sie bestehen aus mehreren Schichten Gummi oder gummiertem Stoff, die längs der Tragflächen- oder Leitwerksvorderkanten aufgebracht (meistens verklebt) werden. Innerhalb der Schichten befinden sich einzelne Kammern, die mit Luft aufgeblasen werden können. Die Kammern können dabei in Strömungsrichtung oder parallel zur Vorderkante angeordnet sein (siehe Abb. oben).

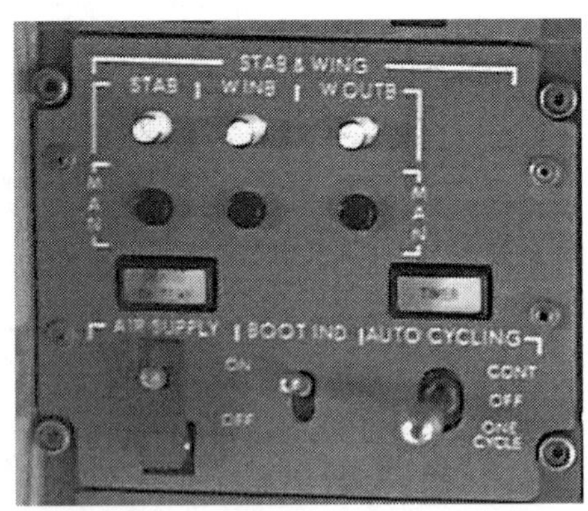

Abbildung 150: Overhead-Panel einer SF 340 für die Nutzung der De-Icer Boots (Quelle: SF340.com)

Die Kammern können durch das Druckluftsystem des Flugzeuges z.B. durch ein Druckluftreservoir beim Kolbentriebwerk oder durch Zapfluft beim Turbinentriebwerk aufgeblasen und durch den Unterdruck einer Vacuumpumpe oder einer Venturi-Anordnung wieder geschrumpft werden. Die Steuerung geschieht mittels ansteuerbarer Ventile verschiedener Bauarten.
Im Betrieb werden die Kammern periodisch aufgeblasen und geschrumpft, sodass das darauf befindliche Eis bricht und aufgrund der aerodynamischen Strömungswiderstandskräfte in Stü-

cken abgerissen wird. Ein Zyklus für Aufblasen und Schrumpfen dauert dabei etwa 30 Sekunden. Mit einem Regler lässt sich ggf. die Anzahl der Zyklen pro Zeit einstellen, was bedeutet, dass die zeitlichen Zwischenräume zwischen zwei Zyklen kürzer werden (nicht der Zyklus selber). Beispielsweise lässt sich so ein Zyklus alle drei Minuten bei leichter Vereisung oder ein Zyklus jede Minute bei schwerer Vereisung einstellen.

Thermische Anti-Icing-Systeme

Thermische Anti-Icing-Systeme (TAI) nutzen zur Aufheizung entweder Zapfluft oder den Strom des elektrischen Bordsystems.

Beheizen durch Zapfluft. Für Tragflügel und Triebwerkseinlass wird heutzutage vorrangig heiße Zapfluft der Turbinentriebwerke genutzt. Die Zapfluft wird dabei durch besondere Rohrsysteme zu den aufzuheizenden Komponenten geleitet. Meistens werden dabei beim Tragflügel nur die Vorflügel beheizt, nicht aber die vorderen Landeklappen. Betrachten wir konkret das TAI-System der Boeing B737.

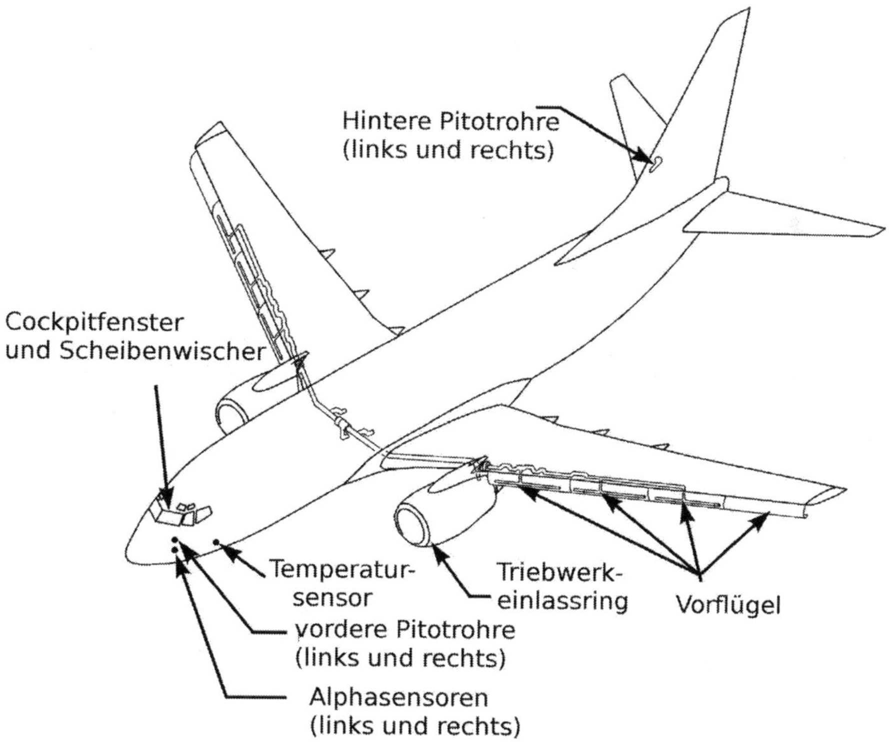

Abbildung 151: B737 Anti-Icing, innere Flaps und äußere Slats werden nicht beheizt (Quelle: Boeing Manual)

Mit erfolgreicher Beheizung der Tragflügel bleibt die Strömung in nicht turbulenter Form und damit bleibt auch der Wert des Auftriebskoeffizienten und letztendlich der Auftrieb erhalten.
Ähnlich wichtig ist der Erhalt einer ungestörten Strömung am Turbineneinlass. Eine Vereisung am Triebwerkseinlass birgt die Gefahr, dass sich ablösende Eisbrocken ins Triebwerk geraten und dort mechanischen Schaden anrichten. Eine weitere Gefahr besteht in der Vereisung der variablen Einlassleitschaufeln, was im Ernstfall zum Verdichtereinlassstall mit Schub- und Schubkontrollverlust (LOTC) führen kann. Beim Triebwerk werden daher die vordere Einlasskante (Einlassring), die mittlere Abdeckung der Triebwerksachse und die vorderen variablen Leitschaufeln (VIGV) beheizt.

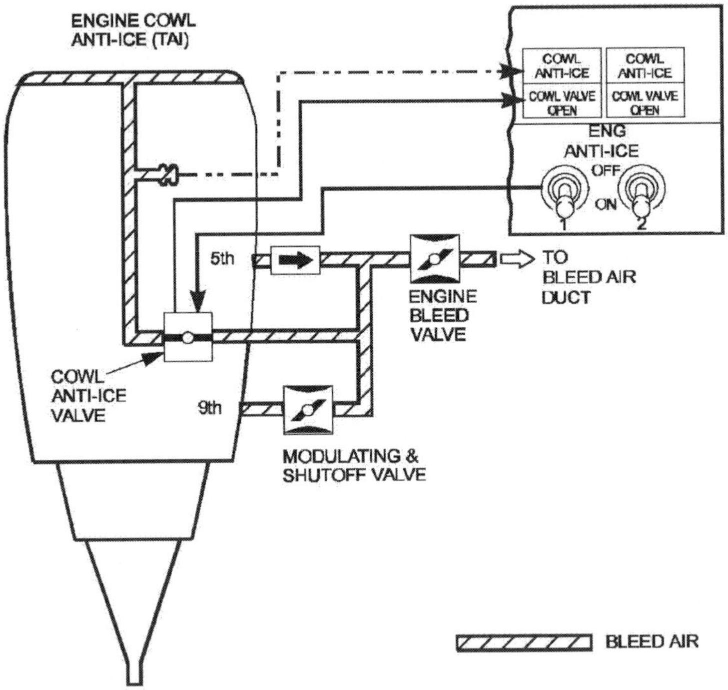

Abbildung 152: B737 Anti-Icing Schema Triebwerkeinlassring (Quelle: Boeing Manual)

Vereinzelt sind Systeme auf der Basis von Wärmetauschern implementiert worden, z.B. in Form von Abgaswärmetauschern. Dabei wird die Wärme der Turbinenabgase genutzt, um die Umgebungsluft in einem Wärmetauscher stark zu erhitzen. Diese erwärmte Luft kann dann wie Zapfluft zur Beheizung z. B. der Tragflügel dienen.

Beheizen durch elektrischen Strom. Die Fenster des Cockpits und auch die äußeren Sensoren wie Pitot-rohre, Static Ports, Anstellwinkelsensoren und die Sensoren für die Außentemperatur werden allesamt vorrangig elektrisch beheizt.

Die Abbildung zeigt das Anti-Icing Panel der Boeing 737. Der obere Teil zeigt vier Schalter für die Beheizung der Cockpitscheiben (obere Schalterreihe), zwei für die Sensoren (mittlere Schalterreihe) und drei für das thermische Anti-Icing durch Zapfluft (untere Schalterreihe). Im Fall, dass eins der Ventile für die Zapfluft nicht korrekt öffnen sollte, leuchtet die entsprechende Kontrolllampe in intensivem blau.

Im seltenen Fall gibt es auch Systeme zur elektrischen Beheizung der Triebwerkeinlassringe mittels elektrischer Heizmatten. In einem solchen Fall wird wegen der benötigten, hohen elektrischen Leistung Dreiphasenwechselstrom eines Drehstromgenerators genutzt.

Abbildung 153: B737 Anti-Icing Panel
(Foto: Chris Brady)

Chemische Anti-Icing-Systeme

Als dritte Variante sind chemische Anti-Icing-Systeme zu nennen, die den Eisansatz durch flächige Verteilung von Chemikalien auf die kritischen Komponenten verhindern.

Das Prinzip ist simpel. Die wasserlösliche Chemikalie auf Alkohol/Glykolbasis senkt den Gefrierpunkt, sodass bei Mischung mit Schnee oder Eis im Flug, der Eisansatz verflüssigt wird und wie Regenwasser abfließen kann. Die Enteisungsflüssigkeit wird dabei mittels elektrischer Pumpen und Portionierverteilern an der Vorderkante des Tragflügels oder des Höhenleitwerks durch viele kleine Düsen herausgepresst und verteilt sich so über die gesamte Fläche.

Abbildung 154: TKS-Anti-Icing-System
(Foto: N988JG, USA)

Als Vorteil gegenüber Boots ist zu nennen, dass sich die Enteisungsflüssigkeit auch über den hinteren Bereich des Tragflügels bzw. Leitwerks verteilt und so die gesamte Tragfläche bzw. Leitwerk enteist oder vor Vereisung schützt. Bei Boots werden in der Regel nur ca. 10 % der Tragflügeltiefe enteist und es können sich im Extremfall trotz Enteisung der Vorderkante direkt dahinter starke Profilveränderungen durch eine weitere Eiskante bilden, die neben der Gewichtsproblematik Aerodynamik und Auftrieb verändern und das Flugzeug unkontrollierbar machen.

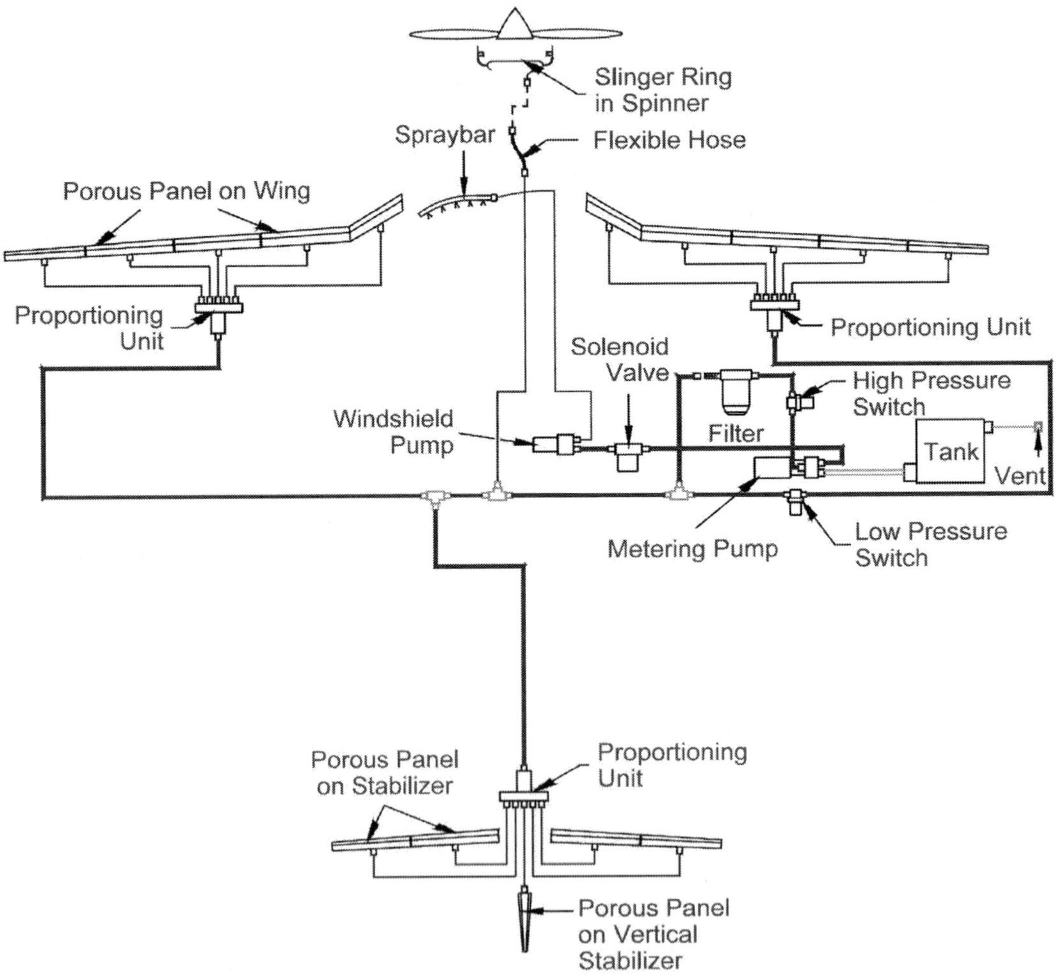

Abbildung 155: TKS Anti-Icing System von CAV Aerospace, USA (Grafik: CAV Aerospace)

Beispiel: Flugunfall durch Vereisung
Am 31. Oktober 1994 befand sich eine ATR72-212 der Simmons Airlines, USA, in einer Warteschleife bei 10.000 ft für den späteren Anflug auf Chicago O'Hare und kam dabei in gefrierenden Regen. Beim späteren Sinkflug nach der Freigabe rollte das Flugzeug trotz maximaler Enteisungsmaßnahmen durch Boots unkontrolliert über eine Tragfläche. Das Flugzeug konnte nicht mehr unter Kontrolle gebracht werden und stürzte bei Roselawn auf einen Acker. 64 Passagiere und 4 Besatzungsmitglieder kamen ums Leben. Der NTSB-Report vermutet als Unfallursache „runback ice", das sich hinter den Boots auf den Tragflächen bildete. Das Enteisungssystem der ATR-Flugzeuge wurde als Folge des Unfalls danach verbessert, indem unter anderem der Bootsbereich vergrößert wurde.

Ein Nachteil der chemischen Anti-Icingsysteme ist, dass die Dauer der Anti-Icing-Maßnahme durch die Größe des Chemikalientanks begrenzt wird. Chemische Anti-Icing-Systeme werden vorwiegend bei kleineren Flugzeugen eingesetzt.

Anti-Icing/De-Icing-Systeme für Propeller

Bei Propellerflugzeugen gehört der Propeller zu den Komponenten, die beim Betrieb unter Vereisungsbedingungen mit einem Anti-Icing-System versehen sein müssen. Wegen der Drucksenkung vor jedem Propellerblatt findet dort eine Entspannung und damit zusätzliche Abkühlung der Luftströmung statt, die zur Folge hat, dass der Propeller zu den Komponenten am Flugzeug gehört, die am ehesten Eis ansetzen. Wie dies geschieht, ist vielfach erforscht worden (siehe Abb. rechts).

Abbildung 156: NACA Icing Research Tunnel (Foto: NACA, public domain)

Setzt ein Propeller Eis an, besteht zum einen die Gefahr, dass der Wirkungsgrad wegen der Profiländerung drastisch verschlechtert wird (nachlassende Zugkraft) und zum anderen entsteht meistens eine Unwucht am Propeller, die sehr starke Kräfte und Vibrationen auf die Motoraufhängung übertragen können.

Konstruktiv werden bei Propellern zwei verschiedene Anti-Icing-Systeme eingesetzt:

1. chemisches Anti-Icing-System
2. elektrisches Anti-Icing-System ("propeller boots")

Generell werden die Anti-Icing-Maßnahmen von der Wurzel aus gesehen im ersten Drittel des Propellers angewendet. In besonderen Fällen deckt das System den Bereich bis zur Hälfte des Radius ab.

Chemisches Anti-Icing-System. Beim chemischen Anti-Icing-System wird eine Enteisungsflüssigkeit auf Glykolbasis mittels Druckpumpe (ca. 10 psi) zu einem Verteilerring (engl. slinger ring) am Propeller gepumpt, von dem aus über getrennte Zuführungen die Verteilung auf die einzelnen Propellerblätter erfolgt. Die Verteilung auf den Propellerblättern erfolgt hauptsächlich durch die Zentrifugalkraft, wobei die meisten Systeme über zusätzlich aufgeklebte Führungen verfügen, welche die Verteilung optimieren sollen. Die Pumpleistung lässt sich oft durch einen Regler einstellen, wobei die Druckpumpe elektrisch oder auch mittels Druckluft betrieben wird.

Abbildung 157: TKS Propeller-Anti-Icing-System bei einer Mooney Ovation (Foto: Kienzi.ch)

Elektrisches Enteisungsystem. Beim elektrischen Propeller-Enteisungssystem wird eine Widerstandsheizung genutzt, um die Blätter eisfrei zu halten. Die Widerstandsheizelemente bestehen in der Regel aus flächigen Heizmatten, die zusammen mit Struktur- und Isolationsschichten, die äußere Schicht besteht aus Gummi, auf die Propellerblätter geklebt sind. Die Stromkontakte werden am Propellerhub zu einem Schleifring mit mehreren Kontakten geführt, wo die Einspeisung des Heizstromes erfolgt. In der folgenden Abbildung rechts sind Schleifring und Kontakte deutlich zu erkennen.

Abbildung 158: Elektrisches Anti-Icing-System (Fotos: Purdue Universität, VR Avionics)

Da für das elektrische Propeller-Enteisungssystem sehr viel Strom benötigt wird, kommt in den meisten Fällen aus Energiegründen eine kontinuierliche Beheizung nicht in Frage. Statt dessen nutzt man ein zyklisches Enteisungsverfahren, bei dem ein intelligenter Kontroller, die Heizung periodisch aktiviert und deaktiviert. Es bildet sich folglich in der inaktiven Phase Eis auf dem Propeller, das in der Heizphase wieder entfernt wird. Das Eis wird dabei aufgetaut und wird aufgrund der hohen Zentrifugalkräfte weggeschleudert. Wegen der Verwandtschaft dieses Prinzips mit dem der pneumatischen Boots, wird diese Art der Propellerenteisung auch „propeller boots“ genannt.

Chemische Enteisung am Boden

Nach einem ähnlichen Prinzip wie bei chemischen Anti-Icing-Systemen arbeiten die Anlagen für die chemische Enteisung am Boden. Die Flüssigkeit, meist ein Gemisch aus Wasser und Glykol, wird allerdings unter Druck und einer Temperatur von ca. 80 °C aufgebracht. Da zur Enteisung mehrere tausend Liter der relativ teuren Flüssigkeit benötigt werden, kostet jede Enteisung die Fluggesellschaft mehrere tausend Euro.

Genauer betrachtet, gibt es vier verschiedene Varianten Enteisungsflüssigkeit, die je nach Situation und Flugzeugtyp Verwendung finden.

- Typ I (rötlich), hat geringe Viskosität und wird benutzt, um Raureif und dünnen Belag zu entfernen, wenn kein Niederschlag vorherrscht.
- Typ II (hellgelb oder beige), hat mittlere Viskosität und dient als Vereisungsschutz.

Abbildung 159: Chemische Enteisung (Foto: Wikipedia Commons, Urheber: Dtom)

- Typ III (leuchtend gelb), hat mittlere Viskosität und wird für langsamere Flugzeuge verwendet, die eine Abhebegeschwindigkeit von mindestens 68 kts haben.
- Typ IV (grün), hat die höchste Viskosität, bietet deswegen den längsten Schutz vor Wiedervereisung.

Typ II und Typ IV dürfen nur bei Flugzeugen verwendet werden, die eine Abhebegeschwindigkeit von mindestens 95 kts haben.

Die chemische Enteisung kann in einem ein- oder zweistufigen Verfahren angewendet werden.

Einstufiges Verfahren. Das einstufige Verfahren beseitigt den Belag und schützt das Flugzeug in einem Schritt. Es kann nur Anwendung finden, wenn kein starker Belag zu entfernen ist und kein weiterer Niederschlag zu erwarten ist. Typisch ist der Fall dünnen Raureifes nach einer klaren und kalten Nacht, wobei dann Typ I verwendet werden kann.

Zweistufiges Verfahren. Ist stärkerer Belag zu entfernen, wird im ersten Schritt das Eis entfernt und im zweiten Schritt wird bei heutigen Verkehrsflugzeugen Typ II oder IV aufgetragen, wodurch der Schutz vor neuer Vereisung gebildet wird.

07 02 00 Eiswarnsysteme

Abbildung 160: Smiths Detektor
(Foto: Flightglobal.com)

Nicht alle Flugzeuge sind mit einem Eiswarnsystem ausgerüstet. Im einfachsten Fall besteht oft nur die Möglichkeit, den Eisansatz an der Tragfläche visuell zu bewerten, wobei für den Nachtflug eine besondere Beleuchtung (wing icing detection light) der Tragflächenvorderkante vorhanden sein muss (bei Transportflugzeugen gemäß CS 25.1403).

Transportflugzeuge sind oft zusätzlich zu den Vorkehrungen für Anti-Icing und De-Icing mit einem *Eiswarnsystem* ausgerüstet. Eine Vielzahl von Eiswarnsystemen von unterschiedlicher Bauart und Funktionsprinzipien wurde im Laufe der Zeit entwickelt und eingesetzt.

Typen der Eiswarnsysteme

Visueller Eisdetektor. In den Anfängen verwendete man als Eisdetektor zunächst einfach eine Art Miniaturtragfläche, die außen in der Luftströmung befestigt war und die der Pilot vom Cockpit aus leicht sehen konnte (Hersteller z.B. Teddington). Bei Vereisung wurde Eistyp und Schwere des Eisansatzes am Eisdetektor anhand des visuellen Eindrucks subjektiv beurteilt. Bei Nacht konnte der Eisdetektor beleuchtet werden. Eine Heizung ermöglichte das Abtauen des Detektors.

Eisdetektor mittels Druckmessung. Der Eisdetektor mittels Druckmessung (Hersteller z.B. Smiths) besteht aus einem nach außen geschlossenen und nach innen (zum Rumpf hin) offenen Hohlzylinder, der am Rumpf befestigt wurde. In Flugrichtung sind vier Löcher angebracht, am hinteren Ende des Zylinders befinden sich zwei weitere Löcher. Im nicht vereisten Zustand bildet sich am Ende des Zylinders einer bestimmter Druck aus, der für den Detektor als Normalwert dient. Frieren die vorderen Öffnungen durch Eisbildung zu, entsteht eine starke Druckänderung im Zylinder, die über eine elektronisches Relais eine Eiswarnung ins Cockpit melden. Heizelemente im Zylinder sorgen für die Enteisung, sodass die Messung periodisch wiederholt werden kann.

Eisdetektor mittels Eigenfrequenzmessung. Beim Eisdetektor auf der Basis der Messung der Eigenfrequenz wird eine Änderung in der Eigenschwingung des Sensors für die Bestimmung der Vereisung verwendet. Als Sensor dient damit einfach ein im Luftstrom stehender Metallstab von bestimmter Länge (oft 1 Zoll), der in Schwingung versetzt wird. Als Nennschwingung wird dabei vorwiegend eine Frequenz im Ultraschallbereich verwendet (z.B. 40 kHz). Setzt sich Eis an diesem Stab an, ändert sich die Schwingungsfrequenz. Hersteller Rosemount (Goodrich) gibt an, dass ab einer Eisdicke von ca. 0,5 mm das Statussignal Eis-Warnung aktiviert wird. Dieses bleibt dann für 60 Sekunden aktiv. Zugleich wird die Enteisung des Sensors gestartet und sie dauert solange, bis der Sensor enteist ist. Danach wird die Messung wiederholt.

Eisdetektor mittels Motordrehmomentmessung. Ein von Napier entwickelter Eisdetektor verwendet einen im Luftstrom stehenden Metallstab, der kontinuierlich von einem Elektromotor angetrieben wird. Der Stab dreht sich gegen ein Schermesser, das in äußerst geringen Abstand von nur 0,05 mm im Lee des Stabes montiert ist. Setzt der Stab Eis an, so wird es durch das Schermesser vom Stab abgetrennt, was eine Erhöhung des Motormoments erfordert. Diese Erhöhung des Motormoments wird elektronisch in eine Eiswarnung zum Cockpit übersetzt.

Es gibt weitere, abweichende Bauarten, die allerdings seltener zum Einsatz kommen und auf die wir daher nicht näher eingehen. Kurz zu erwähnen ist, dass es in jedem Verkehrsflugzeug zusätzlich Systeme zum Schutz der inneren Wasserrohre, Ventile, Behälter usw. gibt, die von einer Ice-Protection-Unit (IPCU) vor Vereisung geschützt werden. Solche Systeme sind vom äußeren Vereisungsschutz zu trennen.

Abbildung 161: Goodrich Resonanz-Eisdetektor (Foto: Goodrich)

Bedienung und Anzeigen der Eiswarnsysteme

Eiswarnsysteme arbeiten automatisch und sind daher überwiegend bedienungslos.

Die Anzeigen für die Eiswarnung bestehen entweder aus Warnlampen, die zusammen mit Schaltern, Reglern und Anzeigen des Anti-Icing-Systems/Enteisungssystems meistens im Overhead-Panel untergebracht sind oder werden in Form von Textwarnungen auf den EICAS/ECAM Displays ausgegeben.

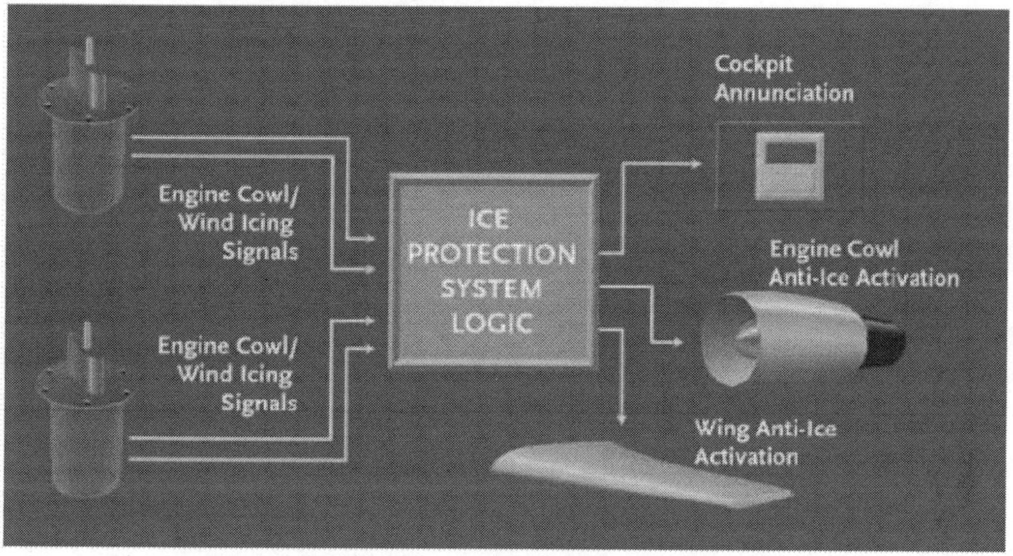

Abbildung 162: Systemlogik des Vereisungsschutzes (Grafik: Goodrich)

Beispiel: Eisdetektorsystem beim Airbus A320

Das Eisdetektorsystem besteht aus zwei Eisdetektoren, die im vorderen unteren Rumpfbereich angebracht sind und automatisch arbeiten.

Sie liefern die ECAM Warnmeldungen "ICE DETECTED" und zwar unter folgenden Bedingungen:

- Eisbildung von einem der Eisdetektoren festgestellt wurde,
- im Flug oberhalb von 1.500 ft und bei einer TAT < 10 °C
- 'engine anti-ice' ausgeschaltet

Sie liefern die ECAM Warnmeldung "SEVERE ICE DETECTED" unter den Bedingungen

- Eisbildung wurde zehnmal hintereinander festgestellt
- im Flug oberhalb von 1.500 ft und bei einer TAT < 10 °C
- 'wing anti-ice' ausgeschaltet

Es erscheint die Meldung "ICE NOT DETECTED" falls nach 130 secs keine Eisbildung ermittelt wurde.

Die "ICE DETECTED" Warnmeldung verschwindet nach 100 Sekunden, sobald 'wing anti-ice' und 'engine anti-ice' eingeschaltet wurden.

Abbildung 163: Piper PA31T1 Cheyenne mit pneumatischen Boots
(Foto: KLSP, aufgenommen vor Nizza)

08 00 00
Treibstoffsystem

Exkurs: Erdöl und Treibstoffherstellung

Beim Absinken tierischer und pflanzlicher Organismen in den Meeren kommt es unter Sauerstoffmangel am Boden nicht zur Verwesung, also nicht zu einem vollkommenen Abbau der Organismen, sondern zu einer Zersetzung, wobei komplizierte Kohlenwasserstoffverbindungen entstehen, der sogenannte Faulschlamm. Faulschlamm wandelte sich auf unserer Erde im Laufe von Millionen Jahren unter anderem durch den Druck gebirgsbildender Prozesse zu Erdöl und Erdgas. Dabei wurde es jeweils am Entstehungsort zwischen undurchlässigen Erdschichten eingeschlossen.

Erdöl ist ein Gemisch aus kettenförmigen Kohlenwasserstoffen - sogenannte Alkane und Paraffine, chemische Formel $C_n H_{2n+2}$ - und ferner aus ringförmigen Kohlenwasserstoffen - sogenannte Naphtene, chemische Formel $C_n H_{2n}$.

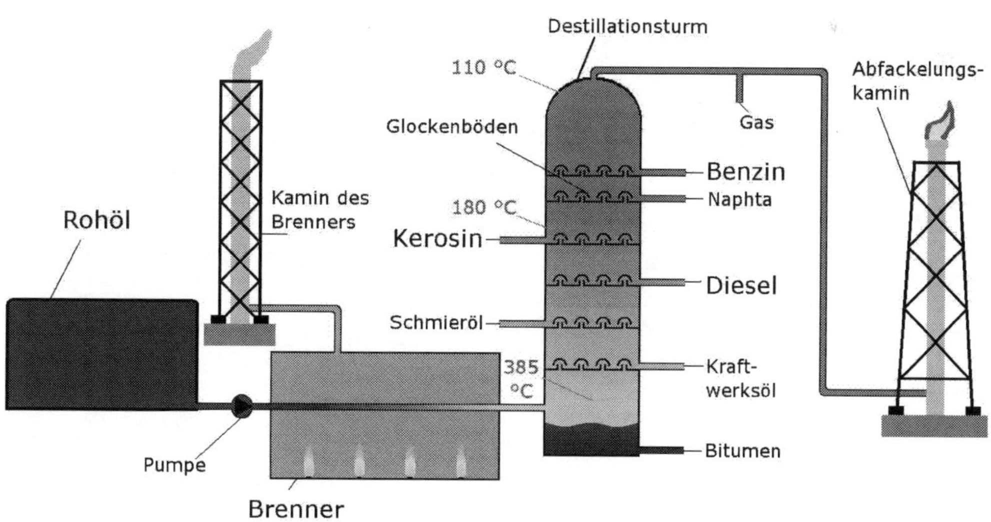

Abbildung 164: Fraktionierte Destillation in einer Erdölraffinerie, vereinfachte Darstellung (Grafik: Basis Wikipedia/Urheber ChNPP, Überarbeitung durch KLSP)

In einer Erdölraffinerie werden aus Erdöl durch fraktionierte Destillation die jeweiligen Einzelprodukte gewonnen, darunter Diesel, Kerosin und Benzin bzw. Avgas.

Obige Abbildung 164 gibt einen Überblick. Das Erdöl wird auf ca. 385 °C erhitzt und in einen Destillationsturm geleitet. Dort sondert sich am Boden Bitumen ab, das unter anderem im Straßenbau verwendet wird. Darüber schichten sich je nach Kondensationseigenschaft die anderen Raffinerieprodukte, wobei bei den gewonnenen Komponenten die Kohlenwasserstoffketten von unten nach oben immer kürzer werden.

An der untersten Stufe entsteht Schweröl, das in Kraftwerken verbrannt wird. Darüber gewinnt man Leichtöl, das man für jegliche Form der Schmierung verwendet. Eine Stufe höher gewinnt man Diesel, den Treibstoff für Dieselmotoren und ferner Heizöl für Ölheizungen. In der nächsten Stufe wird Kerosin gewonnen, das hauptsächlich in Turbinentriebwerken verbrannt aber auch als Petroleum vielfach anders genutzt wird. In der letzten Stufe entsteht dann Benzin bzw. Avgas, der Treibstoff für Ottomotoren, der nur noch aus relativ kurzen Kohlenwasserstoffketten besteht.
Die gegebene Darstellung ist stark vereinfacht, sie soll an dieser Stelle nur einen passenden Überblick geben. Kommen wir nun zu den Details bezüglich der in der Luftfahrt genutzten Treibstoffsorten.

08 01 00 Flugkolbentriebwerke

08 01 01 Treibstoffsorten und ihre Charakteristiken

Flugkolbenmotoren nach dem Ottoverfahren (und ebenso Wankelflugmotoren) verwenden als Treibstoff sogenanntes *Aviation Gasoline* (Abk. AVGAS, AvGas, Avgas). Avgas wird in Deutschland auch als *Flugbenzin* bezeichnet. Bevor wir zu weiteren Details kommen, wollen wir uns zunächst mit dem Phänomen des Motorklopfens und der Oktanzahl beschäftigen.

Motorklopfen und Oktanzahl

Bei normalem Verlauf des Otto-Arbeitsverfahrens folgt die Drucksteigerung bei Kompression und Verbrennung bzw. Explosion des Gemisches wie in der Abbildung rechts in Kurve b dargestellt. Erhöht man das Verdichtungsverhältnis über einen bestimmten Wert hinaus, erfolgt eine ungewollte (!) Selbstzündung des Gemischs am Ende des Verdichtungstaktes, das sogenannte *Motorklopfen* (engl. detonation).

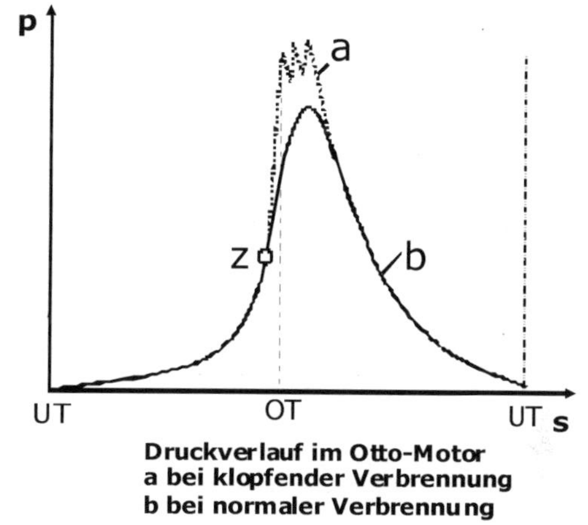

Abbildung 165: Motorklopfen beim Ottomotor (Grafik: KLSP)

Das Motorklopfen macht sich in Betriebsgeräuschen bemerkbar, die vom hellen Klingeln bis zu dumpfen harten Schlägen reichen können. Klopfen äußert sich ferner in einem Leistungsabfall des Motors. Das Klopfen ist nicht allein abhängig von einer zu hohen Verdichtung (etwa ab $\varepsilon=10$), sondern auch von der Brennraumgestaltung und der Zusammensetzung des Treibstoffs. Fügt man dem Benzin z.B. *Tetraethylblei* zu, lässt sich die sogenannte Klopfgrenze (d. i. die Verdichtungszahl, ab der das Klopfen beginnt) heraufsetzen, der Motor lässt sich folglich höher verdichten. Um die Klopffestigkeit eines Treibstoffes messbar zu machen, hat man die sogenannte *Oktanzahl* (OZ) eingeführt. Hierbei wird die Klopffestigkeit eines Treibstoffes zahlenmäßig in Relation zur Klopffestigkeit einer bekannten Benzinmischung gesetzt. Als Referenzmischung verwendet man dabei Isooktan C_8H_{18} und n-Heptan C_7H_{16}. 100 Oktan entspricht dabei der Klopffestigkeit des reinen Isooktans. Es gibt bei der Messung der Oktanzahl unterschiedliche Messverfahren (z.B. abhängig davon ob der Prüfmotor mit magerem (engl. lean) oder fettem (engl. rich) Gemisch (engl. mixture) betrieben wird) und daraus resultierende Oktanzahlen (ROZ, MOZ usw.), auf die wir nicht weiter eingehen wollen. Üblicherweise bezieht man sich auf die Oktanzahl bei Magereinstellung, dem sogenannten Lean Rating.

Details zu AvGas-Treibstoffsorten

Avgas ist in verschiedenen Sorten verfügbar, wobei die Charakterisierung durch die Oktanzahl erfolgt.

Sorte	Farbe	Bleigehalt [g/L]	Oktanzahl (lean rat.)	Oktanzahl (rich rat.)	Performance Number
AvGas 80	rot	0,14	80	87	-
AvGas 82 UL	purpur	0,00	82	-	-
AvGas 91	braun	0,56	91	96	-
AvGas 100 LL	blau	0,56	100	-	130
AvGas 100 HL	grün	1,12	100	-	130

Tabelle 8: AvGas-Sorten (KLSP)

Die Oktanzahl (genauer: die OZ bei Lean Rating) wird in der Sortenbezeichnung direkt hinter dem Wort Avgas genannt plus gegebenenfalls einem weiteren Zusatz, der die Verbleiung der jeweiligen Sorte charakterisiert. UL steht dabei für unleaded (unverbleit) und LL für low leaded (gering verbleit). Avgas 100 LL steht nach dieser Nomenklatur für Flugbenzin mit 100 Oktan und geringem Bleigehalt.

Die definierten Avgassorten und ihre Klopfeigenschaften sind in obiger Tabelle zusammen gestellt. Da die überwiegende Mehrheit der heute noch gebräuchlichen Flugkolbenmotoren von Lycoming, Continental und auch die Sternmotoren amerikanischer und russischer Bauart konstruktiv allesamt aus der Zeit von 1930 -1950 stammen, benötigen sie verbleites Flugbenzin meist mit hoher Oktanzahl. Wegen der geringen Absatzmengen bieten die Ölraffineriegesellschaften heute einvernehmlich nur noch eine einzige Sorte an, das Avgas 100 LL.

AvGas 100 LL ist - wie Motorenbenzin auch - eine Mischung aus verschiedenen Bestandteilen. Es besteht zum überwiegenden Teil aus sogenanntem Leicht-Alkylat. Dies ist eine Mischung aus Isoparaffinen (C7-C9), die mit Hilfe des Alkylation-Prozesses gewonnen werden. Weitere Bestandteile sind Butan, Isopentan, Toluol, Tetrableiethyl und 1,2-Dibromethan. Des Weiteren enthält AvGas noch diverse Additive wie ein Antioxidans, Vereisungsschutz-Additiv, Korrosionsinhibitor sowie ein Leitfähigkeitsverbesserer.

Verbrennungsrate beim Ottomotor

Die *Verbrennungsrate* (engl. flame front velocity) ist die Geschwindigkeit mit der sich die Verbrennungsfront im Brennraum ausbreitet. Sie ist am größten bei optimalem Verhältnis des Benzin-Luft-Gemischs. Bei magerem Gemisch findet der Verbrennungsvorgang langsamer statt und als Folge hiervon ist der Verbrennungsvorgang noch nicht abgeschlossen, wenn das Einlassventil öffnet, was zu Fehlzündungen führt. Bei zu fettem Gemisch findet der Verbrennungsprozess ebenfalls langsamer statt und wegen des Überangebots an Benzin hinterlässt er Rückstände aus nicht verbranntem Treibstoff, die sich als Ölkohle im Brennraum insbesondere an den Zündkerzen festsetzen und in der Folge die Leistung herabsetzen und das Anspringen des Triebwerks erschweren können.

Bedingungen für Motorklopfen

Es gibt etliche Bedingungen, welche die Neigung zum Motorklopfen eines Ottoflugmotors begünstigen. Diese sind:

- Zu mageres Gemisch durch Leanen des Triebwerks in Richtung 'lean of peak'
- Zu viel Frühzündung, Klopfen durch die höhere Motortemperatur
- Verkehrte Treibstoffsorte mit zu geringer Klopffestigkeit
- Hoher Luftdruck und extrem hohe Außentemperatur

Erste Abhilfe beim Motorklopfen ist immer zuerst eine fettere Gemischeinstellung.

Selbstzündung durch Hot Spots

Selbstzündung (engl. pre-ignition) kann durch die Bildung von sogenannten Hot Spots im Brennraum erfolgen. Hot Spots, besonders heiße Stellen im Brennraum, die zu Selbstzündungen unabhängig von den normalen Steuerzeiten bei Otto- und Dieselmotor führen, können sich bei hoher Wärmezufuhr z. B. durch Motorklopfen, Nageln, bei falscher Einstellung von Zündzeitpunkt (zu viel Vorzündung) oder Einspritzzeitpunkt oder verkehrter Treibstoffsorte bilden. Als Folge hiervon läuft der Motor rau und hat Leistungsverlust. Vermutet man Selbstzündungen durch Hot Spot Bildung, sollte man mit niedriger Drehzahl und fettem Gemisch weiterfliegen und am Zielort das Triebwerk überprüfen lassen. Erhöhung der Drehzahl verschlimmert die Symptomatik, da die Hot Spots dann noch weniger Zeit zum Abkühlen haben.

Treibstoffsorten für Flugdieselmotoren

Flugkolbenmotoren nach dem Dieselverfahren verwenden entweder normalen *Dieseltreibstoff* (Tankstellendiesel) oder *Kerosin*, ein leichtes Petroleum. Welche Treibstoffsorten konkret für einen bestimmten Flugdieselmotor nutzbar sind, ist durch die Zulassung genau geregelt und im jeweiligen Handbuch beschrieben. Die Handelsbezeichnung der üblichen europäischen Kerosinsorte ist Jet A-1. Details zu weiteren Kerosintreibstoffsorten sind weiter unten bei Turbinentriebwerken näher erläutert.

Nageln und Cetanzahl

Beim Dieseltreibstoff spielt die Oktanzahl keine Rolle. Beim Dieselverfahren soll sich im Unterschied zum Ottomotor der Treibstoff von selbst entzünden, sobald er in die heiße, hochverdichtete Luft eingespritzt wird. Hierbei ist wichtig, wie schnell sich diese Selbstzündung vollzieht. Beim Dieselmotor gibt es die Situation, dass die Verbrennung nicht oder - z. B. wegen der zu niedrigen Betriebstemperatur des Motors - noch nicht optimal sondern mit einem Zündverzug abläuft. Man hört dabei deutlich ein nagelndes Geräusch und spricht vom *Nageln* des Dieselmotors.

Die *Cetanzahl* (CZ) von Dieseltreibstoff beschreibt, wie leicht sich der Treibstoff beim Einspritzen in die verdichtete Luft im Zylinder entzündet. Je höher die Cetanzahl, desto besser funktioniert der Motor und um so niedriger sind die Emissionen von Ruß und unverbrannten Kohlenwasserstoffen. Standarddiesel hat eine Cetanzahl von >= 50, Superdiesel von >= 55, einige Hersteller bieten besondere Dieselsorten (Ultimate, Premium usw.) mit einer Cetanzahl >= 60 an.

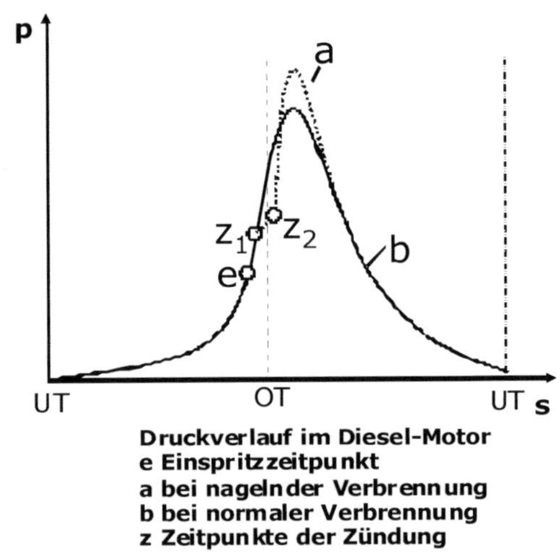

Abbildung 166: Nageln beim Dieselmotor (Grafik: KLSP)

Dieseltreibstoff (Tankstellendiesel) ist ein Gemisch aus Kerosin, verschiedenen sogenannten Mitteldestillatfraktionen, von zurzeit bis zu fünf Volumenprozent Biodiesel sowie verschiedenen Additiven. Im Winter wird dem Dieseltreibstoff mehr Kerosin beigemischt, da ansonsten bei niedrigen Temperaturen ein "Versulzen" stattfinden kann. Die langkettigen Paraffine werden dabei fest und können die Treibstoffleitungen verstopfen. Zur Erhöhung der Cetanzahl kann Tetranitromethan, Amylnitrat, Acetonperoxid oder 2-Ethyl-Hexylnitrat zugegeben werden, dies erhöht jedoch die Giftigkeit des Treibstoffs.
Für Flugdieselmotoren ist wegen der geforderten Kälteeigenschaften oft die ausschließliche Verwendung von Kerosin vorgeschrieben (z. B. SR 305, Centurion 4.0, Austro Engines 300).

Dichte und weitere Kenngrößen von Avgas und Diesel

In der folgenden Tabelle sind die wichtigsten Kenngrößen von Avgas und Diesel im Vergleich dargestellt:

Kenngröße	AVGAS	Diesel
Charakter	kleinere Moleküle - niedriger Siedepunkt verdampft leicht - leicht entzündlich soll im Motor nicht selbst zünden	größere Moleküle - höherer Siedepunkt verdampft schwer - schwer entzündlich soll im Motor von selbst zünden
Dichte (bei 15 °C)	0,73-0,78 kg/Liter	0,820-0,845 kg/Liter
Flammpunkt	-12 °C	>= 55 °C (DIN EN 22719)
Schmelzpunkt	-58 °C	-18 °C (DIN EN 23015)
Brennwert	43,5 MJ/kg	45,4 MJ/kg

Tabelle 9: Avgas / Diesel im Vergleich

Dampfblasenbildung

Eine Gefahr bei Flugmotoren besteht in der *Bildung von Dampfblasen* im Treibstofffördersystem, was die Förderung des Treibstoffs stören oder vollkommen unterbrechen kann (engl. vapour lock). Dabei wird der Treibstoff durch Wärmezufuhr und insbesondere bei niedrigerem Siedepunkt in großen Höhen in den zuführenden Leitungen gasförmig (er "verdampft"). Kann die Treibstoffpumpe gasförmigen Treibstoff nicht zu Vergaser oder Einspritzsystem weiterbefördern, kann es zum vollständigen Aussetzen des Motors führen.

Bei den heute vorwiegend üblichen Einspritzsystemen kommen Vapour Locks eigentlich nicht mehr vor, da der Treibstoff durch eine elektrische Hochdruckpumpe in oder nahe beim Tank gefördert wird und zusätzlich die Treibstoffleitungen wärmeisoliert sind. Die Pumpen sind dabei so ausgelegt, das sie trotz Dampfblasen weiter fördern, wobei der gasförmige Treibstoff über ein Überströmventil gesondert behandelt wird.

In geringerem Umfang ist das Problem trotzdem beim Wiederanlassen heißer Motoren noch vorhanden, da sich bei einem heiß abgestellten Triebwerk der Treibstoff nicht mehr bewegt und daher in den zuführenden Leitungen und in den Einspritzdüsen verdampfen kann.

Es ist klar, dass die Tendenz zur Dampfblasenbildung wesentlich vom Siedepunkt bzw. Dampfdruck des Treibstoffes abhängt. Aus diesem Grund d. h. wegen des höheren Siedepunktes von Dieseltreibstoff sind Vapour Locks bei Dieselmotoren nahezu unbekannt. Allerdings besteht bei Dieselmotoren die Gefahr sogenannter *Air Locks*, wobei Luft aus dem Tank in die Förderleitungen gelangt. Falls die Förderpumpen von Dieselmotoren nur nicht-kompressible Flüssigkeiten fördern können, kann auch in diesem Fall die Förderung von Treibstoff vollkommen aussetzen. Ein Wiederstart ist in einem solchen Fall meist nicht möglich. Bei Dieselflugmotoren muss daher konstruktiv dafür gesorgt werden, dass sie in keinem Fall Luft ansaugen können.

Kontaminierung des Treibstoffs

Treibstoff für Flugkolbenmotoren kann aus verschiedenen Gründen kontaminiert sein. Er kann z. B. durch Fremdpartikel verunreinigt sein, die sich bereits im Treibstoff befanden und zusammen mit dem Treibstoff in den Tank gelangen (Beispiel: Tanken von Treibstoff aus verunreinigten Tonnen) oder der Treibstofftank selbst oder die Treibstoffleitungen (Oxidation, Zersetzung) sind die Quelle für solche Partikel, die zur Verstopfung von Vergaser oder Einspritzanlage führen können.
Eine weitere Quelle für die Verunreinigung des Treibstoffs sind andere Chemikalien, die zusammen mit dem Treibstoff in den Tank gelangt sind. Allen voran ist dabei Wasser im Treibstoff eine ernste Gefahr. Es kann z. B. als Regenwasser in den Tank gelangen. Die Tankeinfüllstutzen sind meist oben auf den Tragflächen angebracht und die Dichtungen halten eventuell nicht mehr dicht. Wasser kann sich bei längerem Stehen des Flugzeuges im Hangar als Kondenswasser im Tank sammeln. Da Wasser schwerer als der Treibstoff ist, sammelt es sich stets am unteren Ende des Tanks an und wird folglich zuerst von der Benzinpumpe angesaugt.
Aus diesen Gründen ist es wichtig, den Treibstoff regelmäßig auf Kontaminierung zu prüfen. Hierzu sind die Flugzeuge mit sogenannten Drain-Points ausgestattet, an denen sich mit einem Prüfröhrchen jeweils eine kleine Menge Treibstoff entnehmen lässt. Das gefüllte Drainröhrchen hält man zur Prüfung gegen das Licht und kann so Fremdpartikel oder Wasser leicht erkennen. Wasser bildet dabei eine vom Benzin getrennte Flüssigkeitsschicht am Boden des Röhrchens.

Abbildung 167: Drainröhrchen zur Prüfung von Treibstoffkontamination (Grafik: KLSP)

MoGAS

Neben den klassischen Flugkolbenmotoren z. B. von Lycoming oder Continental haben sich bei Ultraleichtflugzeugen neuere Motorentwicklungen von Rotax, Jabiru u. a. in der allgemeinen Luftfahrt etabliert, die auch für die Nutzung alternativer Treibstoffsorten zugelassen sind. Auch einige Triebwerke für Motorsegler (Sauer, Limbach) sind für alternative Treibstoffe geeignet.

Neben AvGas hat sich dabei in den letzten Jahren in Europa verstärkt die Nutzung der alternativen Treibstoffsorte *MoGas* (Abk. von Motor Gasoline) verbreitet. MoGas entspricht Tankstellen-Superbenzin (SuperPlus 98 Oktan) und ist kostengünstiger als AvGas. MoGas verwendet statt Tetraethylblei ein bleifreies Antiklopfmittel.

Aufgrund entsprechender Nachfrage und wegen des hohen Preises für AvGas hat man für einige der klassischen Flugmotoren Zulassungsergänzungen für den Betrieb mit MoGas entwickelt. Mit einem entsprechenden Supplemental Type Certificate (STC) bzw. Einzelmusterzulassung (EMZ) können einige dieser Motoren ohne jegliche Modifikation mit MoGas betrieben werden, andere müssen aufwendig modifiziert werden. Mit der Zwangsbeimischung von Bio-Alkohol im Motorenbenzin seit 2007 in Deutschland erlöschen aber diese Zulassungen für die Verwendung von MoGas, sofern es über 1 % Alkohol enthält. Welche Rolle MoGas zukünftig als Flugmotorentreibstoff einnehmen wird, ist daher zurzeit offen.

08 01 02 Treibstoffsystem: Bauweise, Komponenten, Anzeigeinstrumente

Aufgabe des Treibstoffsystems ist erstens die sichere Speicherung von ausreichend viel Treibstoff entsprechend der maximalen Reichweite bzw. Endurance des Flugzeuges und zweitens die Anlieferung des Treibstoffs an die Übernahmepunkte der Triebwerke. Der Übernahmepunkt am Triebwerk besteht dabei aus der Zufuhrseite der triebswerksangetriebenen Treibstoffpumpe.

Im einfachsten Fall wird der Treibstoff durch höher gelegene Tanks mittels Gravitation ohne zusätzliche Pumpe zum Triebwerk geliefert (Beispiel: Cessna 172). Bei tiefer liegenden Tanks, wie es bei Tiefdeckern Standard ist, enthält das Treibstoffsystem zusätzlich ein oder mehrere Förderpumpen, die den Treibstoff zur Treibstoffpumpe am Triebwerk fördern.

Die Tanks selbst können von unterschiedlicher Bauart sein. Entweder es handelt sich um Metalltanks meist von einfacher geometrischer Formgebung, die in Rumpf oder Tragfläche ihren festen Platz finden oder es kommen Blasentanks aus Gummi oder flexiblem Kunststoff zum Einsatz. Vielfach werden die Tanks auch integriert, wobei die Strukturelemente von Tragfläche oder Rumpf zugleich die Seitenwände der Tanks bilden. Zusatztanks an den Tragflügelenden (tip tanks) sind fast ausnahmslos als Integraltank konstruiert.

Insgesamt setzen sich die Komponenten eines Treibstoffsystems wie folgt zusammen:

- Treibstoffleitungen (engl. fuel lines)
- Förderpumpe (engl. boost pump)
- Überdruckventile, Einwegventile (engl. pressure relief /check valves)
- Treibstofffilter , -siebe (engl. filter, strainer)
- Tanks in Tragfläche, Flügelenden, Rumpf (wing, tip, fuselage)
- Treibstoffentlüftungssystem (engl. vent system)
- Treibstoffsumpf (engl. fuel sump)
- Ablasspunkte (engl. drain points)
- Treibstoffsensor und -anzeige (engl. fuel quantity sensor /gauge)
- Treibstofftemperatursensor und -anzeige (engl. fuel temperature sensor/gauge)
- Treibstoffhähne für on/off, left/right, crossfeed usw. (engl. fuel selector)

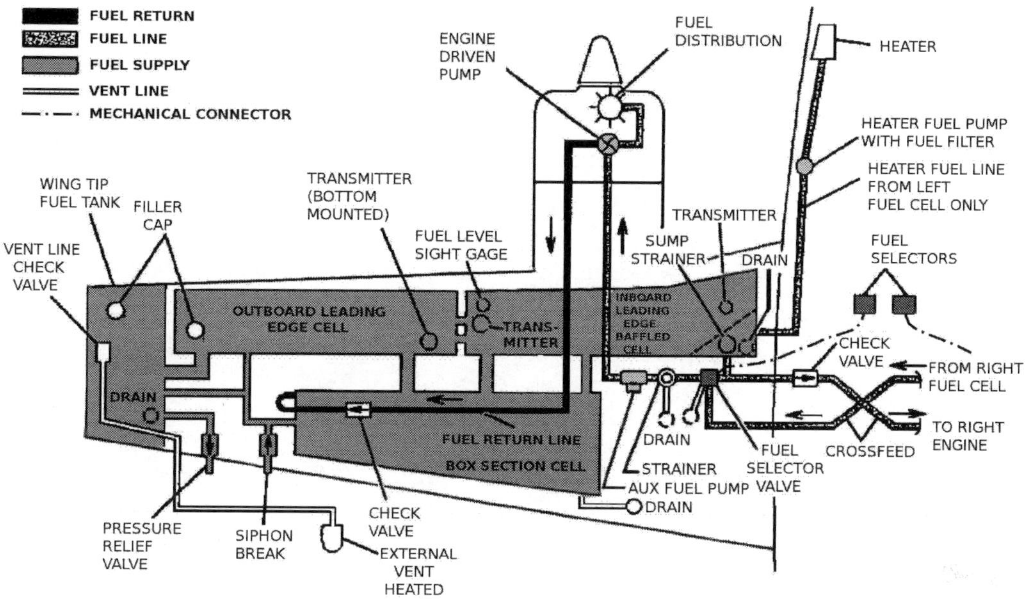

Abbildung 168: Treibstoffsytem der Beech Baron G58 (Quelle: Hawker Beechcraft)

Mit Hilfe der Crossfeedhähne lässt sich ggf. das linke Triebwerk vom rechten Tank versorgen und umgekehrt, was bei asymmetrischer Gleichgewichtslage oder in Notfällen genutzt werden kann.

Das Treibstoffsystem eines Flugzeuges lässt sich nicht bis zum letzten Tropfen leer fliegen, es würden stets etliche Liter im System übrig bleiben, die nicht mehr von den Pumpen bis zu den Triebwerken befördert werden können. Die Restmenge wird mit dem Terminus 'unusable fuel' bezeichnet. Die maximale Treibstoffmenge minus ‚unusable fuel' ergibt folglich die maximal nutzbare Menge oder ‚maximum usable fuel'. Der letzte Wert ist die Grundlage für jede Flugplanung.

Im Cockpit wird standardmäßig der Treibstoffinhalt für jeden Tank einzeln angezeigt, begleitet von einer ‚Low Fuel' Meldung im Annunciator Panel, sobald der Inhalt einen bestimmten Reservewert unterschreitet. Zusätzlich wird häufig die Temperatur des Treibstoffs in den Tanks angezeigt, was insbesondere bei Flugdieseltriebwerken wegen der eingeschränkten Kältetauglichkeit des Dieseltreibstoffs von Bedeutung ist.

08 01 00 Treibstoffpumpen[1]

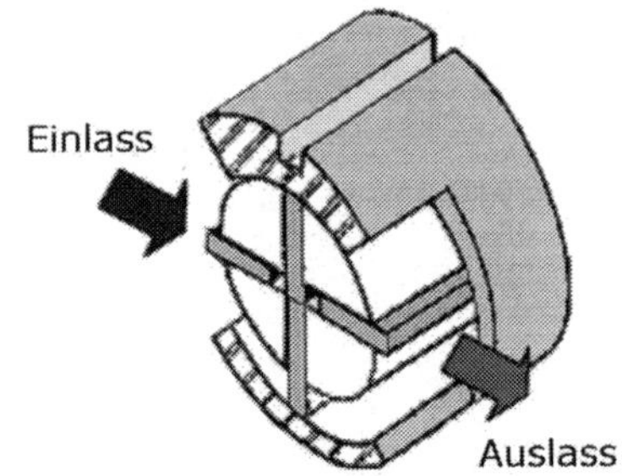

Abbildung 169: Axialkolbenpumpe

Treibstoff muss zum Vergaser oder zum Einspritzsystem eines Flugkolbentriebwerks oder zur Brennkammer eines Flugturbinentriebwerks befördert werden. Dies muss proportional zur aktuellen Leistungs- oder Schubanforderung erfolgen, woraus folgt, das die hierfür benötigte Förderpumpe vom Triebwerk angetrieben werden muss.
Eine solche Treibstoffdruckpumpe ist allerdings nicht in der Lage, noch zusätzlich auf der Saugseite den Treibstoff über weite Entfernungen aus einem Rumpf- oder Tragflächentank anzusaugen. Aus diesem Grund sind mindestens zwei Treibstoffpumpensysteme im Flugzeug eingebaut. Das erste System ist ein reines Fördersystem, das den Treibstoff zu den Treibstoffpumpen an den Triebwerken befördert und das zweite System erzeugt ausreichenden Treibstoffdruck jeweils am Triebwerk selbst, der mit steigender Drehzahl zunehmen muss.

Abbildung 170: Zahnradpumpe (Quelle: Wikipedia Commons)

Die erste Kategorie von Pumpen, die reinen Förderpumpen, müssen nicht proportional zur Triebwerksdrehzahl fördern und können daher als einfache Niederdruckpumpen ausgelegt werden, die beispielsweise von einem Elektromotor angetrieben werden.
Als Druckpumpen kommen in der Regel Verdrängungspumpen entweder in Form von Radialkolbenpumpen (engl. vane pumps) oder Getriebepumpen (engl. gear type pumps) wie beispielsweise Gerotor- oder Zahnradpumpen zum Einsatz.
Als reine Treibstoffförderpumpen (engl. fuel boost pumps) werden oft Strömungspumpen in Form soge-

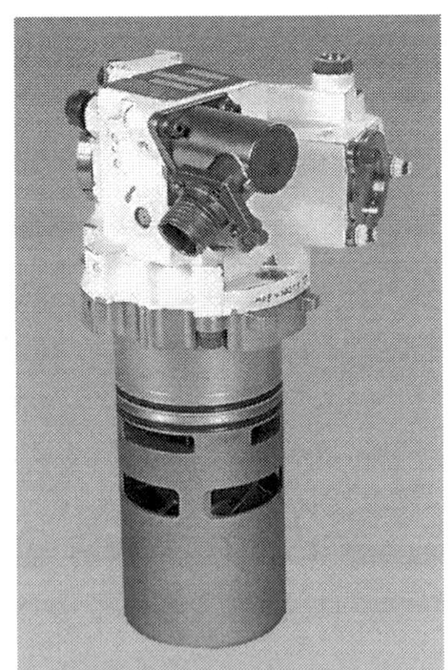
Abbildung 171: Zentrifugalpumpe (Quelle: Lear Romec)

[1] nicht expliziter Bestandteil des Syllabus

nannter Kreiselpumpen (engl. centrifugal pump) verwendet, die mit Hilfe eines sich schnell drehenden Impellers durch die zentrifugale Beschleunigung der Flüssigkeit ihre Pumpleistung erbringen.

08 02 00 Flugturbinentriebwerke

08 02 01 Treibstoffsorten, Eigenschaften, Grenzwerte

Über die Jahre der ständigen Weiterentwicklung bei der Technologie von Gasturbinentriebwerken für die Luftfahrt sind seit 1944 parallel eine Vielzahl von Untersuchungen durchgeführt worden mit dem Ziel, die Bedingungen für eine gleichbleibende oder sogar verbesserte Qualität von kerosinbasierten Treibstoffe zu definieren.
Kerosintreibstoff besteht zu ca. 84 % aus Kohlenstoffatomen und zu ca. 15 % aus Wasserstoffatomen und ca. einem restlichen Prozent Verunreinigungen aus Schwefel, Stickstoff, Sauerstoff und anderen Spurenelementen. Die Eigenschaften von Kerosintreibstoff werden durch eine Reihe von Treibstofftests ermittelt, in denen Details wie Flammpunkt, Gefrierpunkt, Dichte, Brennwert, Siede- und Verdunstungseigenschaften usw. in ca. 25 Einzelparametern zusammen mit ihren Messmethoden exakt definiert werden.
Auf der militärischen Seite entstand so in den USA die MIL-J-5624 Norm, in der die militärischen Kerosintreibstoffsorten festgelegt sind. Die dort definierten Treibstoffsorten beginnen in der Bezeichnung mit JP (JP steht für Jet Propulsion) und erhalten dahinter eine weitere Kennziffer, also z.B. JP-1. Die heute bekannten Varianten reichen von JP-1 bis JP-10.
In Europa wurden die Eigenschaften von Jet-Treibstoff durch das U.K. Ministry of Defense (MOD) im Defense Standard 91-91 (früher DERD 2494) festgelegt, das auch die Aufgabe seitens der kommerziellen Nutzung übernahm. DEF STAN 91-91 definiert die Eigenschaften von Jet A-1.
Auf der kommerziellen Seite wurde durch die American Society for Testing and Material (ASTM) die ASTM D-1655 Norm fest gelegt, welche das vorwiegend in USA verwendete Jet A spezifiziert. Die ASTM Norm legt auch Jet A-1 fest, wobei die Festlegung nahezu identisch ist mit der von DEF STAN 91-91.
In Kanada und Alaska kommt Jet B zum Einsatz, das in ASTM D 6615 und in der kanadischen Norm CGSB-3.22 beschrieben ist.

Ferner gibt es noch die GOST 10227 Norm, die in den Ostblockstaaten entstanden ist und die Eigenschaften der Treibstoffsorte TS-1 festlegt. Darüber hinaus gibt es noch eine Unzahl landesspezifischer Normen, die wir hier nicht weiter aufführen wollen.

Bevor wir zu weiteren Details der unterschiedlichen Treibstoffsorten kommen, sei noch kurz erklärt, dass man bei Jet-Treibstoffen zwischen rein kerosinbasierten Treibstoffen und sogenannten „wide-cut" Mischungen unterscheidet, bei denen die Bestandteile nicht nur aus den Kohlenwasserstoffen des Kerosindestillats bestehen sondern ein weiter Temperaturbereich von Kerosin bis Benzin verwendet wird. Es ist folglich nicht ganz korrekt, bei Jet-Treibstoffen immer von Kerosin zu sprechen.

JP-1 bis JP-10, Jet A bis Jet B

JP-1. JP-1 war der erste 1944 in den USA eingeführte Jet-Treibstoff, eine reine Kerosinsorte. Ihr Flammpunkt[1] lag bei +48,9 °C. Andere Eigenschaften waren niedriger Dampfdruck, gute Schmiereigenschaften und hoher Heizwert. Dieser Treibstoff hatte eine Reihe von Nachteilen. Starts bei kaltem Wetter waren schwierig und in großer Höhe neigten die Triebwerke zu Engine Flameouts. Ein Wiederanlassen in großer Höhe war nahezu unmöglich.

JP-2. JP-2 war eine experimentelle Mischung zwischen Kerosin und Benzin (wide-cut) und wurde nur kurzzeitig zwischen 1945 bis 1947 eingesetzt.

JP-3. JP-3 wurde als wide-cut Mischung von 65 bis 70 % Kerosin und 35 bis 30 % Benzin eingeführt. Es hat einen Flammpunkt von -40 °C. Damit waren Kaltstarts kein Problem mehr und auch Wiederanlassen in der Höhe war möglich. Der Nachteil lag in seiner Tendenz zur Dampfblasenbildung und hohem Treibstoffverlust durch Ausgasen. Darüber hinaus hatte der Treibstoff schlechte Schmiereigenschaften.

---

[1] Der Flammpunkt ist der niedrigste Temperaturwert, bei der eine Substanz durch eigene Ausgasung entzündet werden kann. Dabei ist nicht garantiert, dass die Flamme bei dieser Temperatur kontinuierlich weiter brennt.

JP-4 (früherer militärischer Standard, Nato Code F40). JP-4 war bis 1987 die im militärischen Bereich am häufigsten eingesetzte Treibstoffsorte. JP-4 ist eine wide-cut Mischung aus Kerosin, Benzin und Napthene mit einem Flammpunkt von -37,2 °C. Ihr Gefrierpunkt liegt bei -60 °C. Die Mischung neigte weniger als JP-3 zur Dampfblasenbildung auf Kosten der etwas schlechteren Eigenschaften beim Starten und Wiederanlassen von Triebwerken.

JP-5 (Navy, Nato Code F44). JP5 wurde mit dem Ziel verminderter Brandgefahr speziell für den Einsatz auf Flugzeugträgern entwickelt. Es ist eine schwere Kerosinsorte mit einem Flammpunkt von 60 °C und dementsprechend niedriger Verdunstungseigenschaft. Es hat schlechte Kaltstarteigenschaft.

JP-6/JP-7 (spezielle Überschall-Flugzeuge). Diese beiden Sorten wurden durch die U.S. Air Force für spezielle Überschallflugzeuge entwickelt mit einem niedrigen Gefrierpunkt von - 53,9 °C. JP-6 wurde im XB70-Valkyrie Programm und JP-7 im Lockheed SR71 Programm genutzt.

JP-8 (heutiger militärischer Standard, Nato Code F34). JP-8 ist die aktuell im militärischen Bereich verwendete Treibstoffsorte. Sie ist im Wesentlichen identisch mit dem kommerziellen Jet A-1 bis auf ein paar andere Additive. JP-8 ist wegen seines höheren Flammpunktes von 37,8 °C wesentlich sicherer als JP-4. Seit 1998 ist ferner JP8-100 im Einsatz, das gegenüber JP8 zusätzlich ein Additiv zur thermischen Stabilität enthält.

JP-9/JP-10 (Spezialtreibstoff für Cruise Missiles). Speziell für den Einsatz in Cruise Missiles wurden die beiden Sorten JP-) und JP-10 entwickelt mit der Vorgabe hoher Lagerfähigkeit und höherem Brennwert, um die Schubleistung der dort verwendeten Turbinen zu verbessern.

	JP-1	***JP-2***	***JP-3***	***JP-4***	***JP-5***	***JP-8***
Jahr der Einführung	1944	1945	1947	1951	1952	1979
Flammpunkt, min. [°C]	48,9	-	-40,0	-37,2	60,0	37,8
Gefrierpunkt, max. [°C]	-60,0	-60,0	-60,0	-60,0	-46,0	-47,0
Typ. Dichte bei 15,5 °C [kg/L]	0,850	0,850	0,780	0,802	0,845	0,826

Tabelle 10: Charakteristische Werte von JP-Treibstoffsorten

Jet A, Jet A-1 (heutiger kommerzieller Standard). Jet A und Jet A-1 sind die am häufigsten verwendeten kommerziellen Treibstoffsorten für Gasturbinen. Der Unterschied zwischen Jet A und Jet A-1 liegt beim Gefrierpunkt. Jet A hat einen Gefrierpunkt von max. -40 °C, der von Jet A-1 liegt bei max. -47 °C. Jet A wird vorwiegend in USA angeboten, Jet A-1 vorwiegend in Europa.

Jet B. Jet B ist eine Variante von Jet A speziell für den Einsatz bei extremer Kälte. Jet B ist eine leichtere wide-cut Mischung mit höherem Anteil an Naphtenen und niedrigerem Flammpunkt mit ähnlicher Zusammensetzung wie JP-4. Jet B ist nur an besonderen Orten (z.B. Kanada und Alaska) erhältlich.

	Jet A	Jet A-1	Jet B
Flammpunkt, min. [°C]	37,8	37,8	-
Farbe	klar	klar	leicht gelb
Gefrierpunkt, max. [°C]	-40,0	-47,0	-51,0
Dichte bei 15,5 °C [kg/m³]	775-840	775-840	750-801

Tabelle 11: Charakteristische Werte von Jet A,B-Treibstoffen

Treibstofftests beim Jettreibstoff

Die folgenden Treibstofftests werden bei Jettreibstoffen standardmäßig durchgeführt (siehe in der Tabelle Tabelle 12:):

1. Destillationsverhalten (destillation)
2. Thermische Stabilität (thermal stability)
3. Dichte (density)
4. Viskosität (viscosity)
5. Dampfdruck (vapor pressure)
6. Flammpunkt (flash point)
7. Brennwert (net heat of combustion)
8. Gefrierpunkt (freezing point)
9. Naphtalen-Anteil (naphatalenes)
10. Luminometerzahl (luminometer number)
11. Schwefelanteil (sulfur, 2 Tests)
12. Korrosion bei Kupfer (copper corrosion)
13. Säuregehalt (acidity)
14. Restliche Harzanteile (existent gum)
15. Aromatische Anteile (aromatics)

16. Rauchpunkt (smoke point)
17. Elektrische Leitfähigkeit (electrical conductivity)
18. Reaktion mit Wasser (water reaction)
19. Wassertrenneigenschaft (water separability)
20. Schmiergüte (lubricity)
21. Schwebstoffanteil (particulate matter)

Fuel	Jet A	Jet A-1	TS-1	Jet B
Specification	ASTM D 1655	DEF STAN 91-91	GOST 10227	CGSB-3.22
Acidity, mg KOH/g	0.10	0.015	0.7 (mg KOH/100ml)	0.10
Aromatics, % vol, max	25	25.0	22 (% mass)	25.0
Sulfur, mass%	0.30	0.30	0.25	0.40
Sulfur, mercaptan, mass%	0.003	0.003	0.005	0.003
Distillation, °C:				
Initial boiling point	—	Report	150	Report
10% recovered, max	205	205	165	Report
50% recovered, max	Report	Report	195	min 125; max 190
90% recovered, max	Report	Report	230	Report
End point	300	300	250	270
Vapor pressure, kPa, max	—	—	—	21
Flash point, °C, min	38	38	28	—
Density, 15°C, kg/m³	775–840	775–840	min 774@20°C	750–801
Freezing Point, °C, max	-40	-47.0	-50 (Chilling point)	-51
Viscosity, -20°C, mm²/sec, max	8	8.0	8.0 @ -40°C	—
Net Heat of combustion, MJ/kg, min	42.8	42.8	42.9	42.8
Smoke point, mm, min	18	19.0	25	20
Naphthalenes, vol%, max	3.0	3.00	—	3.0
Copper corrosion, 2 hr @ 100°C, max rating	No. 1	No. 1	Pass (3 hr @ 100°C)	No. 1
Thermal stability				
Filter pressure drop, mm Hg, max	25	25	—	25
Visual tube rating, max	<3	<3	—	<3
Static test 4 hr @ 150°C, mg/100 ml, max	—	—	18	—
Existent gum, mg/100 ml, max	7	7	5	—

Tabelle 12: Weitere Details bei Jet-Treibstoffsorten (Quelle: Chevron [11], S.17)

Der Dichtewert der jeweiligen Treibstoffsorte darf laut Spezifikation in einem bestimmten Wertebereich variieren. In den obigen Tabellen ist der jeweilig noch erlaubte Maximalwert dieses Bereiches angegeben. Bei einer Betankung mit Vorgabe der Masse ist diese mit der jeweilig genauen Dichte und Temperatur des jeweiligen Treibstoffs zu kalkulieren.

Wasser im Jet-Treibstoff

Wasser kann in dreierlei Form im Kerosintreibstoff auftauchen. Bei der ersten Form ist das Wasser im Treibstoff gelöst, d.h. Kerosin kann einen geringen Anteil von Wassermolekülen mit der eigenen Molekülstruktur verbinden. Diese Form des Wassers im Kerosin ist vollkommen unkritisch und tritt oft in großen Höhen hinter einem Turbinentriebwerk als Kondensstreifen zutage.

Die zweite Form ist jene, bei der sich Wasser in flüssiger Form direkt im Kerosin befindet oder dort gesammelt hat. Da Wasser schwerer ist als Kerosin bilden sich hierbei - ähnlich wie bei Avgas und Wasser - zwei getrennte Schichten, das Kerosin schwimmt oben, das Wasser unten. Diese Form von Wasser im Kerosin ist kritisch, da das Wasser in Treibstoffpumpen und Zuleitungen vereisen und das Triebwerk ggf. ausfallen kann.

Bei der dritten Form kommt eine bestimmte Eigenschaft des Kerosins zum Tragen. Es hat nämlich die Vorliebe mit anderen Stoffen (auch Feststoffen) Emulsionen einzugehen, d.h. fremde Teilchen werden im flüssigen Kerosin in der Schwebe gehalten. Bei Wasser im Kerosin in Form einer Emulsion ist die Flüssigkeit milchig anstatt von klarer Farbe.

Beide zuletzt genannten Formen von Wasser im Kerosin müssen durch entsprechende Qualitätskontrollen bzw. laufende Kontrollen beim Flugbetrieb verhindert werden. Bei Verkehrsflugzeugen wird deshalb ein sogenanntes ‚sumping' durchgeführt, wobei das flüssige Wasser im Kerosin aus den Flugzeugtanks entfernt wird.

Kälteadditiv

Zur weiteren Senkung des Gefrierpunktes lassen sich dem Kerosin Kälteadditive beimischen. Sie werden unter dem Begriff Fuel System Icing Inhibitors (FSII, auch „fizzy" genannt) geführt. Die einzige für Jet-A, A1 und JP-8 zurzeit zugelassene Substanz ist Diethylenglykolmonomethylether (di-EGME).

08 02 02 Treibstoffsystem: Bauweise, Komponenten, Anzeigeinstrumente[1]

Das Treibstoffsystem heutiger Verkehrs- und Geschäftsflugzeuge, die von Turbinentriebwerken angetrieben werden, ist komplex und unterscheidet sich je nach Flug-

[1] Im Syllabus sind unter diesem Punkt eine Reihe von Learning Objectives gelistet, die bereits unter 08 01 02 behandelt wurden. Diese LO's werden an dieser Stelle nicht wiederholt.

zeugmarke und -typ. Trotzdem wollen wir im Folgenden einige der grundlegenden Gemeinsamkeiten darstellen.
Zunächst zerfällt jedes Treibstoffsystem dieser Kategorie in ein Niederdruck- und ein Hochdrucksystem. Hinzu kommen die zugehörigen Schalt-, Anzeige- und Warnsysteme im Cockpit. Wir behandeln an dieser Stelle ausschließlich das Niederdrucksystem, das Hochdrucksystem ist Thema im Band Triebwerkkunde.

Zum *Niederdrucktreibstoffsystem* (engl. low-pressure fuel system) gehören

- die Treibstofftanks inkl. Strömungsbarrieren (baffles),
- die Treibstoffleitungen,
- die Niederdruckförderpumpen für die Beförderung des Treibstoffs zu den Triebwerken, zu den anderen Tanks und ggf. zur APU und zum Ablassen des Treibstoffs,
- die Treibstoffhähne und -ventile für die Einstellung des jeweils selektierten Treibstoffflusses,
- die Sensoren für die Anzeige von Treibstofftemperatur und Tankinhalten und
- die Filter zum Herausfiltern eventuell vorhandener Verunreinigungen,
- die Einrichtung für die Betankung (engl. re/defuelling system),
- und die Einrichtung zum Ablassen des Treibstoffs im Flug (engl. fuel dump/jettison system).

Die folgende Abbildung zeigt das Niederdrucktreibstoffsystem des Syllabus, es ist ähnlich dem System einer B737. Zunächst lässt sich feststellen, dass es aus drei Tanks besteht, dem Left Main Tank, dem Center Tank und dem Right Main Tank. Der Treibstofffluss zu den beiden Triebwerken wird durch die beiden Hauptventile (spar valves) geregelt. Die Triebwerke besitzen zusätzlich jeweils ein Engine Shut-Off Ventil.
Wie man sieht, gehen allein im Niederdrucksystem bis zu sieben Treibstoffförderpumpen an die Arbeit, obwohl es sich noch um ein relativ einfaches System handelt. Die Niederdruckförderpumpen sind dabei elektrisch angetriebene vorwiegend zentrifugale Förderpumpen, die entweder in der Tragfläche oder im Rumpf sitzen. Im vorliegenden Fall besitzt jeder der drei Tanks zwei Förderpumpen, die vom Wechselstromnetz gespeist werden (AC), bei den Tragflächentanks mit forward/aft bzw. beim Centertank mit left/right bezeichnet. Hinzu kommt eine Gleichstrom betriebene Pumpe für die

Treibstoffversorgung der APU. Die Treibstoffzufuhr zur APU kann mittels Isolation Valve vom übrigen Treibstoffsystem getrennt werden. Zusätzlich besitzt auch die APU ein eigenes APU Shut-Off Ventil.

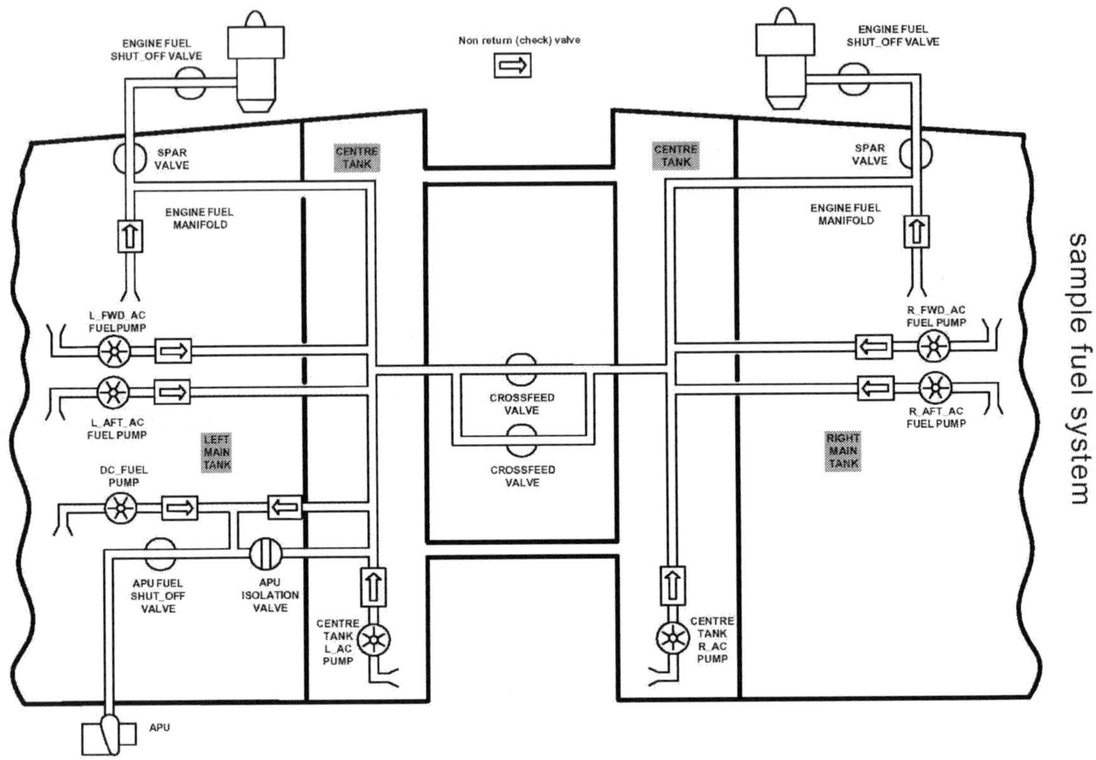

Abbildung 172: Beispiel-Treibstoffsystem des Syllabus (Quelle: JAA Syllabus 021 / 2008)

Alle Pumpendruckseiten sind mit Rückflussventilen (check valves) versehen, ebenso die direkte Saugleitung der Triebwerke. Bei geschlossenen Crossfeed Ventilen transportieren auf der jeweiligen Seite die zwei Pumpen des Tragflächentanks und die der Seite zugehörige Pumpe des Centertanks den Treibstoff zum jeweiligen Triebwerk. Bei geöffnetem Crossfeed Ventilen werden beide Triebwerke von beiden Teilsystemen versorgt. Es gibt im System keine Möglichkeit des Transfers. Eine Imbalance kann aber durch gezieltes Abschalten bestimmter Pumpen korrigiert werden.

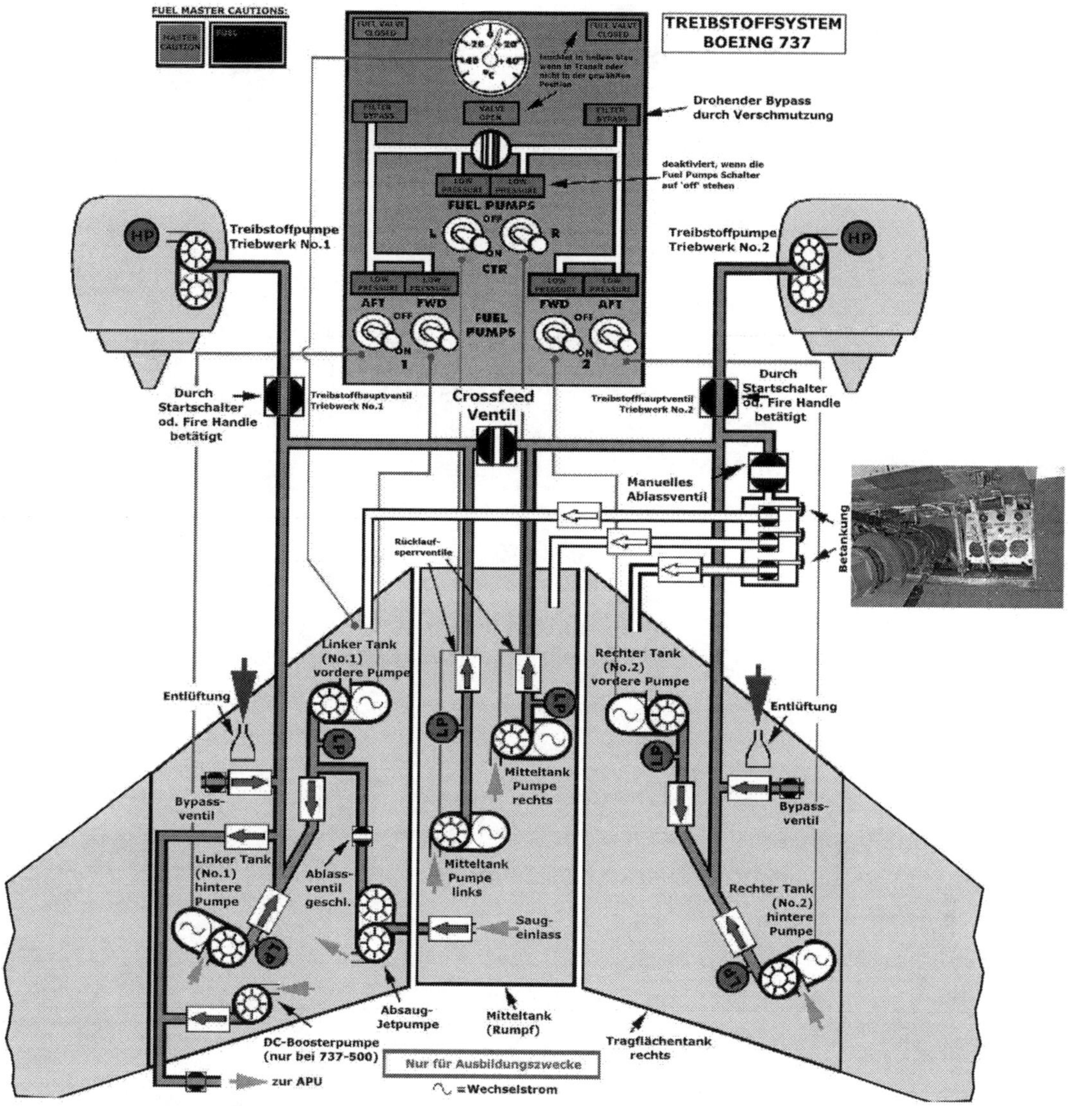

Abbildung 173: Treibstoffsystem der B737 zum Vergleich
(Quelle: Chris Brady, Beschriftung und Anpassung KLSP)

So lässt sich beispielsweise durch Abschalten der Pumpen beim rechten Tragflächentank, der linke Tank schneller leeren, wodurch eine Treibstoff-Imbalance ausgeglichen werden kann.

Standardmäßig wird der Center Tank zuerst geleert, danach erst die beiden Flächentanks. Bei der B737 ist wird dies durch einen höheren Pumpendruck der Pumpen des Center Tanks erreicht.

Bedienung und Monitoring

Das Treibstoffsystem lässt sich vom Cockpit aus steuern und überwachen. Zur *Steuerung* dient ein entsprechendes Control Panel. Die Abbildung rechts zeigt im oberen Teil ein solches Control Panel für das Treibstoffsystem einer Boeing 737. Es enthält neben den Schaltern für die Förderpumpen einem Schalter für das Crossfeedventil, womit die Zuordnung von den Tanks zu den Triebwerken geändert werden kann. Am oberen Rand ist die Anzeige für die Treibstofftemperatur zu sehen.

Neben den Steuerungsoptionen auf dem Control Panel gibt es *Standardanzeigegrößen*, die im Cockpit auf dem ECAM oder EICAS[1] Display angezeigt werden. Dabei handelt es um Daten wie z.B. der jeweils aktuelle Tankinhalt der einzelnen Tanks und die Durchflussmenge (engl. Fuel Flow = FF).

Darüber hinaus gibt es zusätzlich *Warnanzeigen*, die auf Fehlfunktionen im System hinweisen. Darunter fallen alle Low Pressure Anzeigen, die auf zu geringen Treibstoffförderdruck in den jeweiligen Treibstoffsegmenten hinweisen und ferner die Warnanzeigen für den drohenden Filterbypass, was auf Verschmutzung im Treibstoff hinweist, der bereits den zugehörigen Filter zugesetzt hat. Jeder Treibstofffilter besitzt einen Schalter, der bei drohender Kontaminierung, d.h. bei Verstopfung des Filters, einen Kontakt schließt (vgl. FILTER BYPASS in obiger Abbildung). Der Treibstofffilter sitzt übrigens meistens unmittelbar neben der Hochdruckpumpe am Triebwerk.

Die Einzelwarnanzeigen befinden sich entweder auf dem Display oder auf dem Overhead Control Panel, wobei im Warnfall zusätzlich eine Anzeige ‚Low Fuel'

Abbildung 174: Treibstoffpanel der B737 Classic (Foto: Chris Bady)

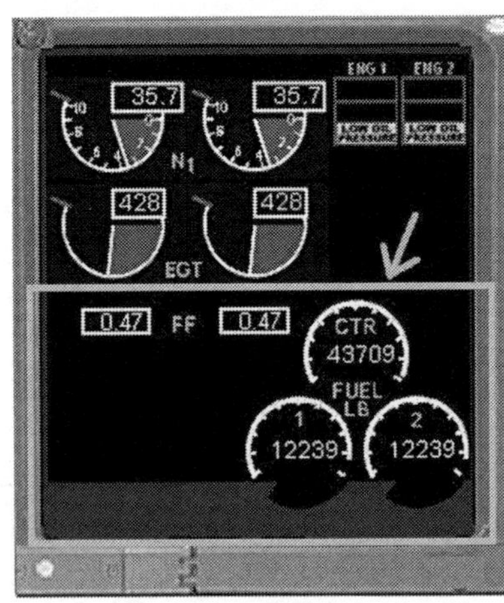

Abbildung 175: Treibstoffanzeige bei einer Boeing 737 NG (Grafik: KLSP)

[1] ECAM = Electronic Centralized Aircraft Monitoring; EICAS = Engine Indication and Crew Alerting System

in der Cockpit-Hauptanzeige (Annunciator Panel) erfolgt.

Strömungsbarrieren im Tank (Baffels)

Durch die gewaltigen Mengen in den heutigen Transportflugzeugen würde der Treibstoff bei Flugmanövern zu ungewollten Schwerpunktverlagerungen führen, sollte er sich in den Tanks frei bewegen können. Um das zu verhindern, sind alle Tanks mit Strömungsbarrieren (engl. baffles) ausgestattet, die das schnelle Schwappen von Treibstoff von einem Ort zum Anderen verhindern.

Ausfall der Boosterpumpen

Die ausreichende Treibstoffzufuhr zur Hochdruckpumpe am Turbinentriebwerk ist kritisch. Im Fall, dass die Treibstoffzufuhr auf der Niederdruckseite limitiert oder gar blockiert wird, ist unter allen Umständen zu vermeiden. Es besteht die Gefahr der Kavitation in der Hochdruckpumpe mit der möglichen Folge, dass das Triebwerk ggf. nur zögerlich oder im Extremfall überhaupt nicht mehr reagiert.
Der Ausfall einer einzelnen Boosterpumpe ist noch nicht unbedingt kritisch, da die Boosterpumpen in jedem Tank paarweise vorhanden sind. Der Fall, dass beide Pumpen eines Tanks (double booster pump failure) ausfallen, muss aber bereits als kritisch gewertet werden, sofern die Pumpen zum Zeitpunkt des Ausfalls die hauptsächlichen Förderpumpen eines Triebwerks sind. Ziel der Gegenmaßnahmen muss sein, dass durch eine andere Konfiguration ausreichender Treibstoffdruck an den Turbinen erhalten bleibt und die Chancen für Kavitation verringert werden. Die möglichen Maßnahmen sind systemabhängig und sind für jeden Flugzeugtyp in den Operating Manuals nachzulesen.

Dripsticks, Floatsticks

Die elektronische Messeinrichtung der aktuellen Treibstoffmengen in den Tanks kann versagen. Aus diesem Grund besitzt jedes Flugzeug, die Möglichkeit mit Hilfe sogenannter Dripsticks oder Floatsticks die Treibstoffmenge manuell zu messen. Hierbei wird nach Ausfahren der Füllstand der fest in den Tank eingebauten Röhrchen abgelesen. Die Füllstandswerte lassen sich über Tabellen in tatsächliche kg oder lbs Werte übersetzen.

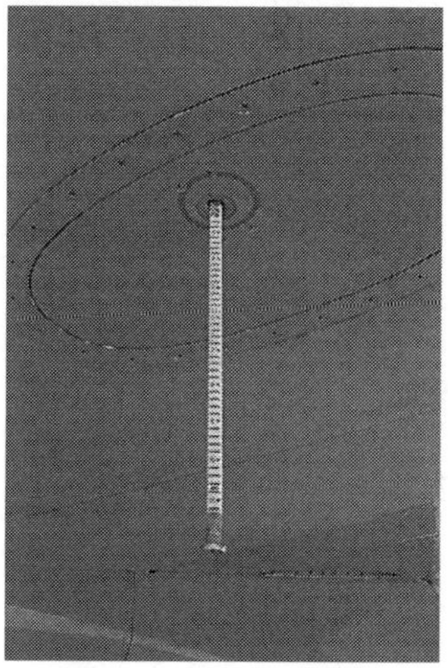

Abbildung 176: Dripstick
(Foto: Chris Brady)

<u>Randnotiz</u>: In diesem Zusammenhang ist der Unfall des „Gimli-Seglers" bekannt geworden. Im Juli 1983 fiel der Treibstoffcomputer einer B767 vollkommen aus. Die Crew nutzte daraufhin dripsticks zur Bestimmung der Treibstoffmenge für den Flug von Montreal nach Edmonton. Unglücklicherweise vertat man sich bei der manuellen Berechnung durch Verwechslung der Einheiten kg und lbs und tankte dadurch nur 45 % der benötigten Menge. Es passierte was passieren musste, in der Mitte des Fluges in der Nähe von Winnipeg war der Treibstoff verbraucht und das Flugzeug wurde zum Segler. Der Kapitän betätigte sich privat auch als Segelflieger und konnte die B767 auf einem ausgedienten Flugplatz im Seitengleitflug sicher notlanden.

Ablassen von Jet Fuel im Flug

Abbildung 177: Fuel dump beim A340 (Quelle: Wikipedia Commons)

Bei Transportflugzeugen für die Langstrecke liegt die maximal zugelassene Startmasse (MTOM) wesentlich höher als die maximal zugelassene Landemasse (MLM). Flugzeuge dieser Kategorie müssen mit einem System für das Ablassen von Treibstoff versehen sein, damit man im Notfall unmittelbar nach dem Start überhaupt wieder landen kann. Unter welchen Bedingungen ein Flugzeug mit einem Treibstoffablasssystem (engl. fuel jettisoning system) ausgestattet sein muss, regelt CS 25.1001. Unter Punkt (f) wird unter anderem die minimale Restmenge festgelegt, die in jedem Fall nach einem Fuel Dump an Bord bleiben muss:

> (f) Means must be provided to prevent jettisoning the fuel in the tanks used for take-off and landing below the level allowing climb from sea level to 3048 m (10 000 ft) and thereafter allowing 45 minutes cruise at a speed for maximum range. However, if there is an auxiliary control independent of the main jettisoning control, the system may be designed to jettison the remaining fuel by means of the auxiliary jettisoning control.

Der verbleibende Treibstoff muss danach für einen Steigflug auf 10.000 ft und weitere 45 Minuten im Long Range Cruise ausreichen.

09 00 00
Elektrische Systeme

09 01 00 Grundlagen und Definitionen

☞ Elektrizitätslehre inklusive Elektronik und Elektrotechnik als Teil von Physik und Technik sind sehr umfangreiche Fachgebiete. In diesem Lernskript können wir die physikalischen Grundlagen dieser Fachgebiete nicht umfassend präsentieren. Die folgenden Darstellungen gehen daher von einem gewissen Grundverständnis beim Leser aus. In manchen Fällen wird sich daher der zusätzliche Blick in eins der vielen Schulbücher zum Fach Physik oder Elektrotechnik nicht vermeiden lassen.

09 01 01 Elektrostatik, elektrostatische Aufladung

Reibt man in trockener Umgebung einen Glasstab mehrfach mit einem Seidentuch ab, so lässt sich folgendes Phänomen nachweisen. Der Glasstab ist nach dem Reiben „aufgeladen" und somit in der Lage, zum Beispiel Papierschnipsel oder andere leichte Materie anzuziehen, er übt eine Anziehungskraft auf seine Umgebung aus. Führt man dasselbe Experiment mit einem Stab aus Bernstein und einem Stück Pelz zum Reiben durch, lässt sich ebenfalls eine ähnlich starke Anziehungskraft nachweisen.
Die wirkende Kraft ist in der gesamten lokalen Umgebung vorhanden, denn es lassen sich Schnipsel aus allen Richtungen anziehen. Es handelt sich folglich ähnlich wie beim Gravitationsfeld der Erde um ein Feld und eine Feldkraft. Die Feldkraft ist lokal offensichtlich sehr viel stärker als die Gravitationskraft. Es liegt nahe, sie wegen der Art ihrer Anziehungskraft mit ihr zu vergleichen. Ein weiteres Experiment enthüllt allerdings einen großen Unterschied zwischen der Gravitationskraft und dieser neuen Kraft. Führt man nämlich das Experiment so durch, dass man beide Stäbe (Glas und Bernstein) nach ihrer Aufladung zusammen und in engem Abstand zueinander verwendet, so lässt sich kaum mehr eine Anziehungskraft auf die nähere Umgebung nachweisen. Offensichtlich heben sich die Kräfte gegenseitig auf. Genauere Experimente ergeben, dass es tatsächlich zwei verschiedene Aufladungen gibt, die man als positive und negative Ladungen bezeichnet.

Elektrostatische Kraftgleichung

Die *Elektrostatik* beschäftigt sich mit den Gesetzen zur Interaktion von Ladungen und klärt unter anderem die Frage der Anziehungskraft unseres Experiments.
Die Kraft zwischen zwei Ladungen q und q' wurde zuerst vom französischen Ingenieur Charles A. de Coulombe genauer untersucht, der folgenden quantitativen Zusammenhang ermittelte:

$$F = const * \frac{q * q'}{r^2} \qquad const = \frac{1}{4 * \pi * \varepsilon_0} \qquad \varepsilon_0 = 8{,}854 * 10^{-12}\ C^2 N^{-1} m^{-2}$$

Die Kraft zwischen zwei Ladungen ist proportional zum Produkt der Ladungsstärken und umgekehrt proportional zum Quadrat ihres Abstandes voneinander. Man nennt die Kraft *elektrostatische Kraft* und das Gesetz ist als *Coulombsches Gesetz* bekannt.
Ladungen können entweder positiv oder negativ sein, wobei sich gleichnamige Ladungen (++ oder --) gegenseitig abstoßen und ungleichnamige Ladungen (+-) gegenseitig anziehen.
Als physikalische Einheit der Ladung wurde das *Coulomb*, Abk. C, mittels der Coulombeschen Kraftgleichung eingeführt. Ein Coulomb ist die Ladung, die in einem Abstand von einem Meter auf eine gleich große Ladung eine Kraft von $8{,}9874*10^9$ Newton erzeugt.

Elektrostatische Aufladung

Betrachtet man das Phänomen der elektrostatischen Aufladung aus dem Blickwinkel der Atomphysik, so entpuppt es sich als Phänomen, das aus der Trennung von Elementarteilchen herrührt. Die Welt um uns herum besteht bekanntlich im Wesentlichen aus festen, flüssigen und gasförmigen Stoffen, die wiederum aus Atomen und Molekülen zusammengesetzt sind. Die Atome selbst bestehen aus einem Atomkern und den um ihn herum kreisenden negativ geladenen Elektronen. Der Atomkern besteht aus positiv geladenen Protonen und elektrischen neutralen Neutronen. Die Elektronen sind über Bindungskräfte an das Atom bzw. Molekül gebunden. Trennt man einige Elektronen, beispielsweise die in der äußeren Schale, von ihrem Atomkern ab, so hat das unvollständige Restatom nach außen eine positive Ladung. Ähnlich ist es mit Molekülen. Werden dort Elektronen abgetrennt, ist das Restmolekül wegen des gestörten Gleichgewichts zwischen Protonen und Elektronen positiv geladen und man spricht von einem positiv geladenen Ion.
Im Normalfall gleicht sich ein einmal entstandenes Ungleichgewicht in leitender Materie sofort wieder aus, in dem Elektronen aus der Umgebung die entstandenen Lücken

auffüllen. Es fließt also kurzfristig ein Strom von Elektronen. Handelt es sich aber um einen Nichtleiter, werden die Lücken nicht ausgefüllt. Es kann sich durch den Abtrennungsvorgang eine sehr hohe Ladung bilden, die als *statische Aufladung* bekannt ist, und die sich in der Regel durch einen Funkenschlag ausgleicht. Beim Funkenschlag fließt kurzzeitig ein Strom über eine ionisierte Luftstrecke. Am bekanntesten ist das Phänomen des Funkenschlages beim Gewitter als Blitzschlag, bei dem jeweils eine gewaltige Ladungsmenge ausgeglichen wird.

Elektrostatische Aufladung stellt beim Flugzeug eine ernsthafte Gefahr dar.

1. Die Flugzeughülle lädt sich bei trockenen Wetter während des Fluges aufgrund der ständigen Reibung mit den Luftmolekülen auf. Beim Gewitter bildet die Flugzeughülle ggf. einen elektrischen Gegenpol, der Blitzschläge geradezu anziehen kann. Aus diesem Grund sind Flugzeuge und Hubschrauber mit *elektrostatischen Ableitern* (engl. electrostatic discharger) ausgerüstet, die die elektrostatische Aufladung begrenzen sollen.
2. Da das Gummi der Reifen als Isolator wirkt, findet am Boden insbesondere bei sehr trockenem Wetter keine Entladung statt. Aus diesem Grund muss vor jedem Tankvorgang eine Entladung künstlich herbeigeführt werden, in dem das Flugzeug bzw. genauer der metallische Teil des Flugzeuges durch ein Kabel geerdet wird. Dabei fließt eine eventuell vorhandene Ladung zur Erde ab, bis Flugzeug und Erdoberfläche dasselbe Potenzial haben. Beim Einführen des Tankrüssels kann danach kein Funke mehr entstehen, die Gefahr der Explosion von Treibstoffgemisch oder die Entstehung eines Brandes wird verhindert.

09 01 02 Gleichspannung und Gleichstrom

Leiter, Halbleiter, Nichtleiter

Bei einem Ungleichgewicht, d.h. einem Fehlen von Elektronen an einer Stelle und einer Übermenge an freien Elektronen an einer anderen Stelle, spricht man von einer Potenzialdifferenz oder einer *elektrischen Spannung*. Wenn die Elektronen der äußeren Schale in einer bestimmten Materie von einer Position leicht zur anderen wechseln können, kann ein Fluss von Elektronen, ein *Strom* (engl. current), entstehen. Bei einer solchen Materie spricht man von einem *Leiter* (engl. conductor). Die meisten Metalle gehören zu dieser Klasse. Kupfer ist z.B. ein sehr guter Leiter, Aluminium ist ein weniger guter Leiter. Wenn beim Anlegen einer äußeren Spannung sich nur wenige Elektronen bewegen können, spricht man von einem *Halbleiter* (engl. semiconductor). Germanium und Silizium sind Beispiele für Halbleiter. Können sich bei einer äußeren Spannung keine Elektronen bewegen, fließt kein Strom und man spricht von einem *Nichtleiter* oder Isolator (engl. isolator). Gummi oder Luft sind beispielsweise Nichtleiter.

Geschlossener Schaltkreis, Schalter

Die Potenzialdifferenz oder *Gleichspannung* kann beispielsweise durch eine galvanische Batterie erzeugt sein und zwischen einem Pluspol (+) und einem Minuspol (-) bestehen. Verbindet man Plus- und Minuspol mittels eines Leiters, z.B. eines Kupferdrahtes, fließt von Plus nach Minus ein Strom. Da der Strom nur in eine Richtung fließt, spricht man vom *Gleichstrom* (engl. direct current = DC). Strom kann nur dann fließen, wenn eine leitende Verbindung zwischen den beiden Polen besteht, man sagt dazu, Strom fließt nur in einem *geschlossenen Stromkreis* (engl. closed circuit).
Stromkreise werden üblicherweise über mechanische Schalter geschlossen und geöffnet. Für mechanische Schalter gibt es eine Vielfalt von Bauweisen mit unterschiedlicher Bedienung wie beispielsweise Kippschalter, Drehschalter, Toggle-Schalter, Schiebeschalter und viele andere. Daneben gibt es automatische Schalter, die z.B. aufgrund bestimmter Bedingungen schalten (Temperatur, Zeit, Luftdruck, Abstand usw.).

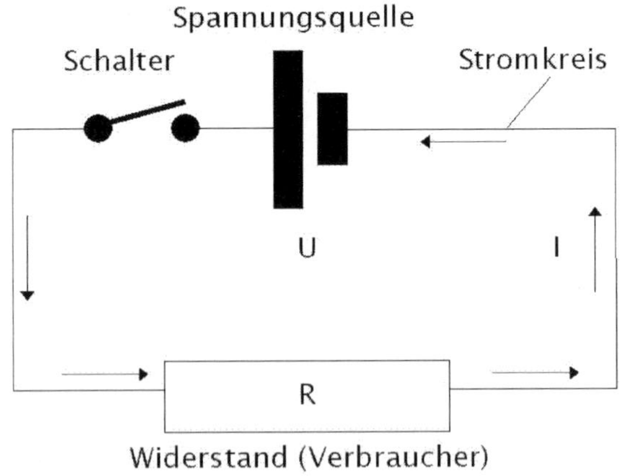

Abbildung 178: Einfacher schaltbarer Gleichstromkreis mit Widerstand (Grafik: KLSP)

Im Normalfall hat ein Stromkreis einen Verbraucher, der den Stromfluss zu einem bestimmten Zweck nutzt. Das kann im einfachsten Fall z.B. eine Glühlampe sein, die zum Leuchten gebracht wird. Die Abbildung zeigt einen einfachen Gleichspannungsstromkreis mit Schalter und einem Verbraucher.

Ohmsches Gesetz

Die Spannung U der Spannungsquelle lässt sich quantifizieren. Sie wird in der physikalischen Einheit Volt [V] gemessen. Ebenso lässt sich der Stromfluss im Stromkreis messen. Er wird in der physikalischen Einheit Ampere [A] angegeben. Je nachdem, welchen Verbraucher wir verwenden, wird mehr oder weniger Strom durch ihn hindurch fließen. Man definiert allgemein den Widerstand R eines Verbrauchers als den Quotienten aus Spannung und Strom. Der Widerstand wird in der physikalischen Einheit Ohm [Ω] gemessen. Ein Ohm ist dabei der Widerstand, der bei einer Spannung von einem Volt den Strom von einem Ampere ergibt.

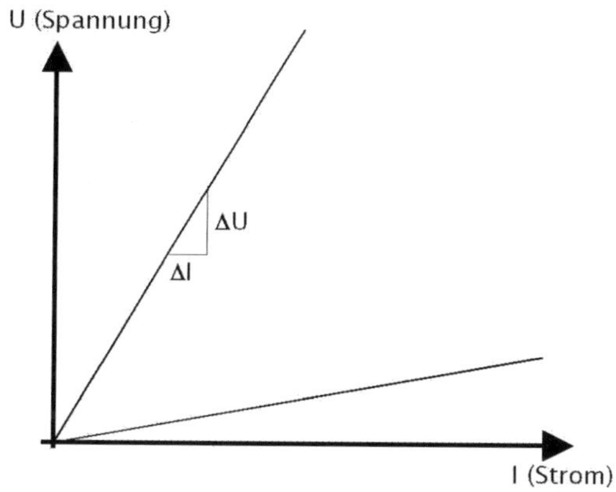

Abbildung 179: Linearer Zusammenhang zwischen Spannung und Strom (Grafik: KLSP)

> Bei metallischen Leitern lässt sich in weiten Bereichen ein linearer Zusammenhang zwischen Spannung und Strom nachweisen. Das heißt, eine Erhöhung der Spannung führt zu einer proportionalen Erhöhung des Stromes.
>
> $$U = R * I \quad \textit{Ohmsches Gesetz}$$
>
> Dieser Zusammenhang wird als *Ohmsches Gesetz* bezeichnet. Mit Hilfe des Ohmschen Gesetzes lassen sich leicht einfache Zusammenhänge berechnen.

Beispielrechnung: Eine Lithiumionenbatterie hat eine Spannung von 3,7 V. Wie hoch ist der Strom bei einem Mobiltelefon bei einem Gesamtwiderstand von 1 kΩ?
Lösung: Aus dem Ohmschen Gesetz folgt I =U/R = 3,7 V/1 kΩ = 3,7 mA.

Widerstandsgesetze bei mehreren ohmschen Widerständen

Bei mehreren Widerständen, die hintereinander geschaltet sind, spricht man von einer Serien- oder Reihenschaltung (s. Abbildung 180 oben). Die Widerstände werden dabei

einer nach dem anderen vom selben Strom durchflossen. In diesem Fall ist der Gesamtwiderstand gleich der Summe der Einzelwiderstände.
Bei mehreren Widerständen, die parallel zueinander geschaltet sind, spricht man von einer Parallelschaltung (s. Abbildung 180 unten). Die Widerstände werden dabei von unterschiedlichen Strömen durchflossen. In diesem Fall ist der Gesamtleitwert gleich der Summe der Einzelleitwerte, wobei der Leitwert der Reziprokwert eines Widerstandswertes ist.

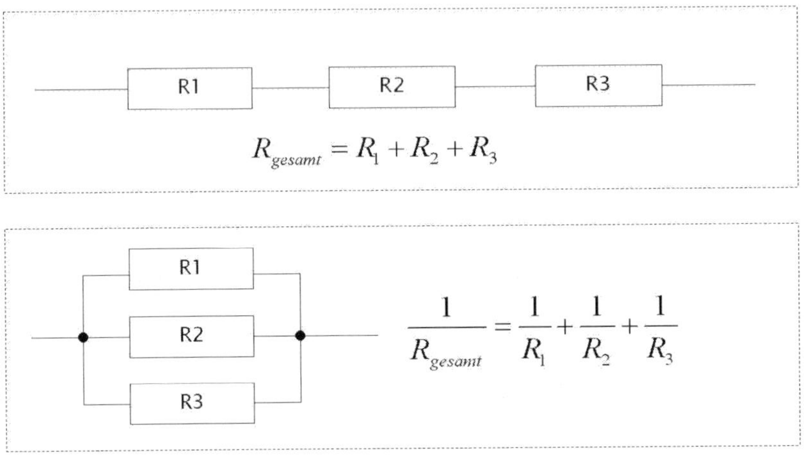

Abbildung 180: Serien- und Parallelschaltung (Grafik: KLSP)

> Beispielrechnung: Drei Widerstände von 1, 2 und 3 Ohm sind parallel geschaltet. Wie hoch ist der Gesamtwiderstand?
> Lösung: Die Leitwerte addieren sich zum Gesamtleitwert: 1+1/2+1/3 = 11/6.
> Der Gesamtwiderstand ist reziprok zu nehmen und ergibt sich als 6/11 Ω.

Temperaturkoeffizient bei Widerständen

Die Proportionalität zwischen Spannung und Strom besteht ausschließlich für ohmsche Widerstände und dort auch nur in einem eingegrenzten Temperaturbereich.
Untersucht man etwa leitende Metalle bei höheren Temperaturen, so findet man dort nichtlineare Zusammenhänge zwischen Spannung und Strom. Bei höheren Temperaturen wächst nämlich der Widerstand eines Metalldrahtes und die Zunahme des Stromes bei weiterer Spannungserhöhung wird immer geringer. Ein Beispiel hierfür ist der Metallfaden einer Glühlampe.
Man definiert für Widerstände allgemein einen *Temperaturkoeffizient* (engl. temperature coefficient = TC), der die Abweichung des Widerstandswertes mit der Temperatur angibt. Nimmt der Widerstand mit zunehmender Temperatur zu (Kaltleiter), ist dieser

positiv (PTC), nimmt der Widerstand ab (Heißleiter), ist dieser negativ (NTC). Graphit und Kohlenstoff haben z.B. einen negativen Temperaturkoeffizient. NTC-Widerstände werden in elektronischen Schaltungen oft als Temperatursensoren oder auch als Einschaltstrombegrenzer verwenden.

Elektrische Arbeit, elektrische Leistung

Ähnlich wie in der Mechanik kann der elektrische Strom Arbeit verrichten und nutzt dazu eine elektrische Leistung. Die *elektrische Leistung P* ergibt sich dabei als das Produkt von Spannung und Strom. Da die Leistung als Arbeit pro Zeit definiert ist, folgt hieraus auch die Formel für die *elektrische Arbeit W*, in Formeln ausgedrückt:

$$P = U * I \quad \text{in W,kW}$$

$$W = U * I * t \quad \text{in Ws, Wh, kWh}$$

Als physikalische Einheit für die Leistung in das Watt [W] definiert, wobei 1 W = 1V*1A ist. Größere Leistungen beispielsweise von Propellertriebwerken werden unter anderem auch in kW angegeben (1 PS = 0,736 kW). Die Einheit der elektrischen Arbeit ist die Wattsekunde [Ws], die auch als Joule [J] abgekürzt wird. Als Einheit der elektrischen Arbeit bei höheren Energiebeträgen z.B. bei der Stromabrechnung im Haushalt wird meistens die kWh genutzt.

Elektrisches Feld, magnetisches Feld

Die Ladungen stellen die Quellen eines Feldes dar, das allgemein als *elektrisches Feld* bezeichnet wird.

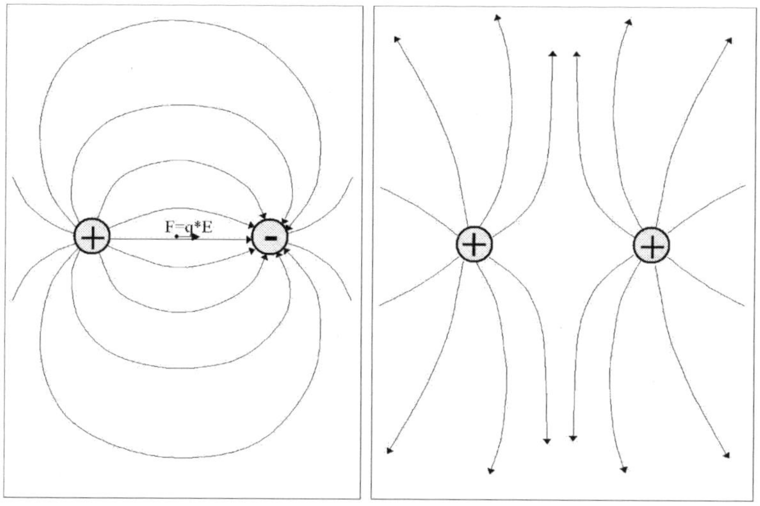

Abbildung 181: Elektrisches Feld zwischen zwei Ladungen (Grafik: KLSP)

Man definiert die *elektrische Feldstärke* eines elektrischen Feldes an einem beliebigen Punkt des Feldes als jene Kraft, die am Ort auf eine Probeladung q wirkt. Die Kraft F ist proportional zur Ladung q, es gilt folglich:

$$\vec{F} = q\vec{E}$$

wobei E die elektrische Feldstärke ist.
Die elektrische Feldstärke wird in Newton/Coulomb gemessen, wobei 1 N/C = 1 V/m ist (V = Volt, Einheit der elektrischen Spannung).

Die magnetischen Phänomene wie Anziehung und Abstoßung bei Magnetsteinen waren wie die elektrischen Ladungsphänomene seit Jahrhunderten bekannt. Die Magnetostatik wurde allerdings über lange Zeit nicht mit der Elektrostatik in Verbindung gebracht, da man sie für vollkommen unterschiedliche Phänomene hielt. Erst im achtzehnten Jahrhundert wurde der Zusammenhang zwischen elektrischem und magnetischem Feld aufgeklärt. Ein Grund dafür ist sicher der grundlegende Unterschied des Magnetfeldes im Vergleich zum elektrischen Feld. Das Magnetfeld hat keine punktförmigen Quellen wie die Ladungen beim elektrischen Feld.

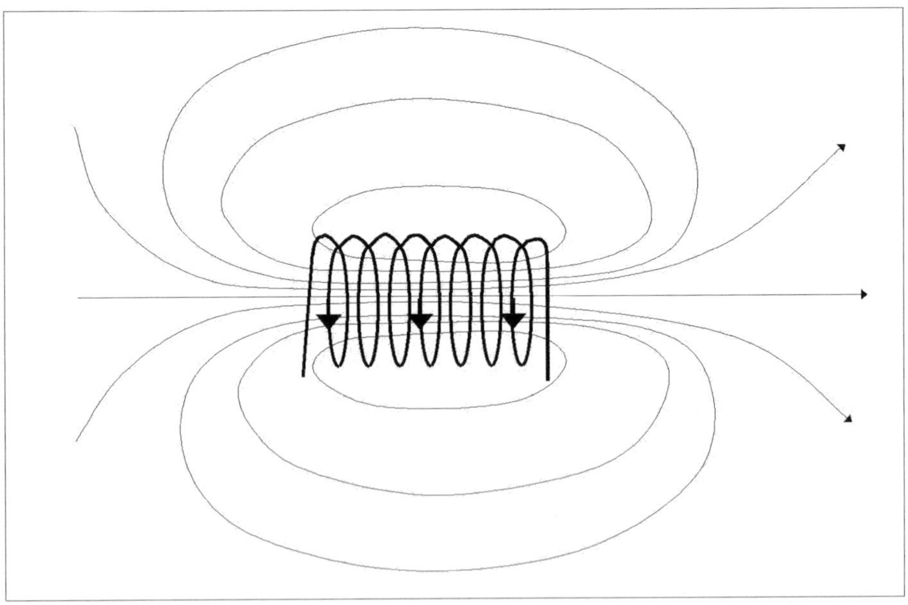

Abbildung 182: Magnetfeld einer stromdurchflossenen Spule (Grafik: KLSP)

Allerdings erfährt eine Ladung auch in einem Magnetfeld B eine Kraft F, die proportional zu ihrer Ladung q ist. Sie ist darüber hinaus proportional zu ihrer Geschwindigkeit v und die Kraftwirkung steht senkrecht auf dem Geschwindigkeitsvektor.

$$\vec{F} = q(\vec{v} \times \vec{B})$$

Das bedeutet auch, dass eine ruhende Ladung im Magnetfeld keine Kraft erfährt sondern nur die bewegte Ladung, also ein Strom. Die Quellen des magnetischen Feldes sind folglich die Ströme.

Man definiert die *magnetische Feldstärke* eines magnetischen Feldes an einem beliebigen Punkt des Feldes als jene Kraft, die am Ort auf eine Probeladung q wirkt.
Die magnetische Feldstärke wird in N/(C*m/s) gemessen, eine Einheit, die als Tesla abgekürzt wird.
Fasst man beide Kräfte in einer Formel zusammen, so erhält man die sogenannte *Lorentzkraft*, das ist die Kraft, die auf eine Ladung im elektromagnetischen Feld wirkt.

$$\vec{F} = q(\vec{E} + \vec{v} \times \vec{B})$$

Kondensator

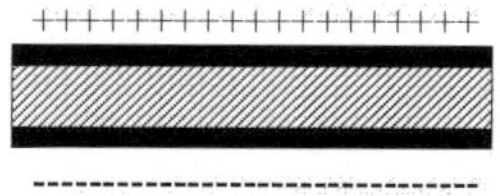

Plattenkondensator
mit Dielektrikum

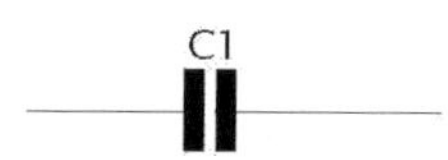

Kondensator-Symbol

Ein *Kondensator* speichert Energie im Form eines elektrischen Feldes, das aus positiven und negativen Ladungen gebildet wird. Im einfachsten Fall lässt sich ein Kondensator in Form von zwei gegenüber liegenden Metallplatten realisieren, auf die die unterschiedlichen Ladungen aufgebracht werden. Man hat in diesem Zusammenhang die physikalische Größe *Kapazität* als Ladung pro Spannung definiert. Ein Kondensator, der bei der selben Spannung mehr Ladung tragen kann, hat demnach die höhere Kapazität. Die physikalische Einheit der Kapazität ist das Farad [F].

Die Kapazität C eines Plattenkondensators mit einem Dielektrikum als Isolationsschicht zwischen den Platten ist umso größer, je größer die Fläche S und je kleiner der Abstand d ist.

$$C = \varepsilon_r * \varepsilon_0 * \frac{S}{d}$$

Die Kapazität lässt sich ferner durch die Isolationsgüte des Isolators beeinflussen. Sie lässt sich mit dem Faktor ε_r (relative Permeabilität) vergrößern, sofern diese für den gewählten Isolator größer als 1 ist.

Praktisch werden wegen des Flächenbedarfs keine Plattenkondensatoren ausgeführt, sondern man erzeugt die große Fläche durch Aufwickeln von Metallfolien, die durch dünne Kunststofffolien getrennt sind (Wickelkondensator). Hohe Kapazitäten lassen sich auch erzielen, wenn man als Isolator die Oxidationsschicht eines Elektrolyten verwendet (Elektrolytkondensator).

Kondensatoren dienen in elektrischen Schaltungen zum Speichern elektrischer Energie, die z.B. zum Glätten von Spannungen oder auch in Schwingkreisen zur periodischen Speicherung und Wiederabgabe von elektrischer Energie genutzt werden können.

09 01 03 Wechselspannung und Wechselstrom

Beim *Wechselstrom* (engl. alternating current = AC) ändert sich im Stromkreis periodisch die Stromrichtung, sodass die Platzwechselvorgänge der sich bewegenden Elektronen andauernd ihre Richtung wechseln.

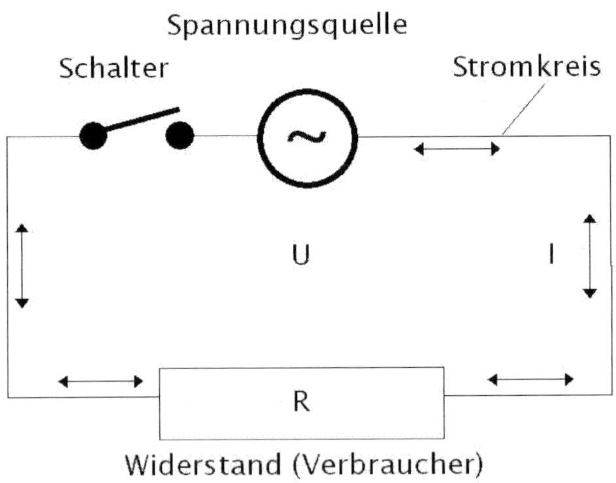

Abbildung 183: Einfacher schaltbarer Wechselstromkreis mit Widerstand (Grafik: KLSP)

Wechselstrom wird in der Technik vielfach verwendet, da er auf natürliche Weise beim Wechselstromgenerator entsteht und gegenüber Gleichstrom Vorteile bei der Leistungsübertragung hat.

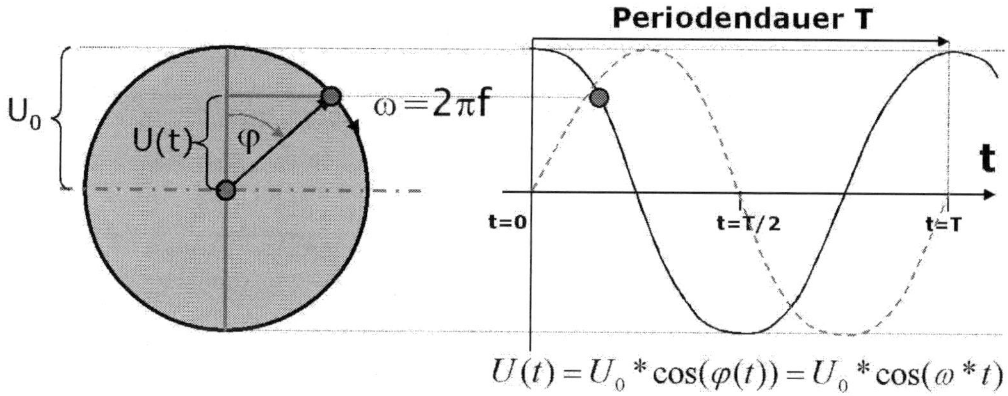

Abbildung 184: Wechselstrom (Grafik: KLSP)

Wechselspannung entsteht normalerweise in Form einer Welle. Die Abbildung stellt das Prinzip dar. Im oberen Punkt ist die Spannung maximal und hat den Wert U_0. Man stelle sich dabei einen Generator vor, der die Spannung durch gleichförmiges Drehen einer Spule in einem Magnetfeld erzeugt. Beim Weiterdrehen, symbolisiert durch die Bewegung des Punktes, nimmt die Spannung als Projektion des Radiusvektors auf die Y-Achse stetig ab, durchläuft Null, wird danach negativ bis zum negativen Maximalwert, wonach sich der Vorgang umkehrt bis einer voller Kreis durchlaufen und der Ausgangszustand wieder erreicht ist.

Die Zeit für eine Umdrehung heißt *Periodendauer* T in [s], ihr Kehrwert ist die *Frequenz* f in [1/s = Hz]. Man definiert ferner die sogenannte *Kreisfrequenz* $\omega = 2\pi f$, mit der sich der Winkel $\varphi(t)$ einfach als $\varphi(t) = \omega * t$ schreiben lässt. Damit lässt sich der Spannungsverlauf durch folgende Formel ausdrücken:

$$U(t) = U_0 * \cos(\omega * t)$$

Dabei ist der Ausgangszustand ‚U_0 beim Winkel 0 gemessen zur Y-Achse' vollkommen willkürlich. Genauso gut kann man den Winkel nehmen, wenn die Spannung gerade Null ist, und man erhält die Sinusfunktion statt der Cosinusfunktion, die um 90 Grad phasenverschoben ist. *Phasenverschoben* heißt dabei, dass die Kurve bis auf den Startbedingung mit der ursprünglichen Kurve deckungsgleich ist.

Stellt man sich vor, dass im besagten Magnetfeld sich nicht eine, sondern gleich drei Spulen bei 120°, 240°, 360° in gleichmäßiger Anordnung zueinander drehen, so erhält man drei Wechselspannungskurven, die jeweils um 120° phasenverschoben sind.

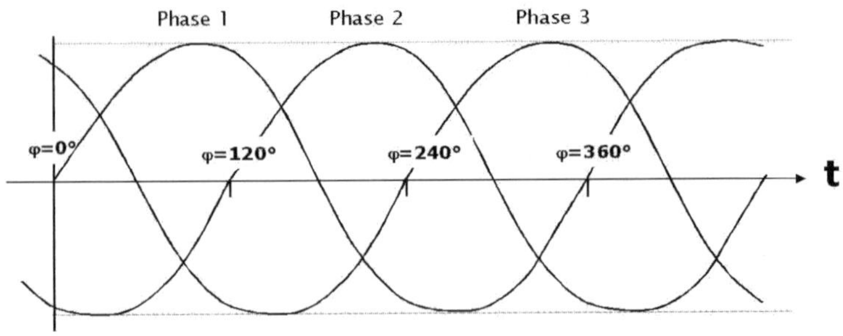

Abbildung 185: Dreiphasenwechselstrom (Grafik: KLSP)

Man spricht dabei von 3-Phasen-Wechselspannung. In Deutschland kennt man sie in Haushalt und Fabrik als 3-Phasen-Wechselspannung mit 230 Volt Effektivspannung bei einer Frequenz von 50 Hz (auch unter dem Namen „Drehstrom“ bekannt).

Wechselspannung im Bordnetz

In den elektrischen Bordnetzen von Flugzeugen erzeugen alle Generatoren zuerst eine Wechselspannung (siehe weiter unten unter Spannungserzeugung), aus der heraus die an Bord benötigten Spannungen gewonnen werden. Es lassen sich im Großen und Ganzen drei verschiedene Bauweisen unterscheiden.

1. Bei kleineren Flugzeugen wird aus der Wechselspannung des (der) Generators/-en über Gleichrichtung eine Bordgleichspannung von vorwiegend 28 Volt (oder bei älteren Flugzeugen auch 14 V) gewonnen, die alle Verbraucher an Bord versorgt. Das Verteilungssystem ist dabei meistens relativ einfach.
2. Bei mittelgroßen Transportflugzeugen erfolgt die Hauptversorgung über ein Gleichspannungssystem, das als komplexes Bussystems aufgebaut ist. Es werden zusätzlich aus der 28 V-Gleichspannung über Umrichter weitere Wechselspannungen erzeugt, die einzelne Verbraucher und ggf. den Passagierbereich mit Wechselstrom versorgen. Möglich sind:
    a. 115 V eff bei 400 Hz (ein oder dreiphasig)
    b. 28 V eff bei 400 Hz (ein oder dreiphasig)
    c. 110 V eff bei 60 Hz (für den Passagierbereich)
    d. 230 V eff bei 50 Hz (für den Passagierbereich)
3. Große Transportflugzeugen verwenden an Bord vorwiegend ein dreiphasiges Wechselspannungssystem mit 115 V eff bei 400 Hz, dass insbesondere die intensiven Verbraucher im Passagierbereich wie Küchen usw. über eine Stern-

schaltung bedient. Beim Airbus A380 wird allein für den Passagierbereich eine elektrische Leistung von ca. 300 kVA bereitgestellt. Darüber hinaus wird zusätzlich über Transformator-Gleichrichter-Baugruppen 28 V Gleichspannung für mehrere Zwecke erzeugt.

09 01 04 Widerstände, Kondensatoren, Spulen bei Wechselstrom

Der lineare Zusammenhang zwischen Spannung und Strom bei einem ohmschen Widerstand wurde im Abschnitt über Gleichspannung bereits besprochen. An dieser Stelle wollen wir ergänzen, dass das Ohmsche Gesetz auch im Fall von Wechselspannung und Wechselstrom weiter gültig ist. Im Unterschied zum Gleichspannungsfall müssen hierbei wegen der zeitlichen Änderung von Spannung und Strom die quadratischen Mittelwerte oder die sogenannten Effektivwerte verwendet werden.
Der Wechselstromwiderstand wird allgemein als der Quotient der Effektivwerte von Wechselspannung und Wechselstrom definiert:

$$\left(\frac{U_{eff}}{I_{eff}}\right)_R = R$$

Bei Wechselspannungsnetzen wird vereinbarungsgemäß immer der Effektivwert der Spannung oder des Stromes angegeben, sodass beispielsweise 220 V Wechselspannung eine maximale Amplitude von 311 V hat (allgemein U_{eff} mal Wurzel aus 2).
Mit der getroffenen Definition lassen sich auch die Widerstandswerte eines Kondensators und einer Spule berechnen, wobei wir hier nur die Ergebnisse angeben wollen.

$$\left(\frac{U_{eff}}{I_{eff}}\right)_c = \frac{1}{\omega * C}$$

$$\left(\frac{U_{eff}}{I_{eff}}\right)_L = \omega * L$$

In den letzten beiden Formeln steht C für die Kapazität in Farad, L für die Induktivität der Spule gemessen in der physikalischen Einheit Henry und ω für die bereits eingeführte Kreisfrequenz.
Bei Kondensator und Spule unterscheidet sich folglich der Wechselstromwiderstand stark vom Gleichstromwiderstand, er ist in beiden Fällen frequenzabhängig.

09 01 05 Permanentmagnete

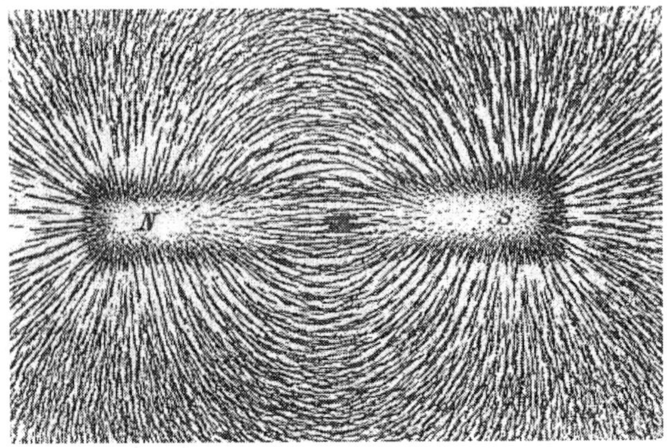

Abbildung 186: Feldlinien eines Permanentmagnets
(Quelle: Wikipedia Commons)

Permanentmagnete erzeugen ein dauerhaftes magnetisches Feld. Sie bestehen aus magnetisierbarer Materie wie Eisen, Nickel, Kobalt oder Ferrit. Ihr Charakter als Dauermagnet ist dabei durch Synchronisation der Elektronenpräzession aller Elektronen im Metallverbund durch die Einwirkung eines äußeren Magnetfeldes entstanden. Der Stromfluss hebt sich durch den Gleichlauf im Innern der Materie auf, allerdings existiert ein dauerhafter Oberflächenstrom, der das Permanentmagnetfeld erzeugt. Die magnetischen Feldlinien lassen sich leicht durch Eisenspäne sichtbar machen (siehe Abb. oben).
Permanentmagnete haben einen Nord- und einen Südpol, wobei sich gleichnamige Pole anziehen, ungleichnamige stoßen sich ab.

Die bekannteste Anwendung des Permanentmagnets ist die als Magnetkompass. Dort richtet sich ein kleiner Permanentmagnet nach dem magnetischen Nordpol des Erdmagnetfeldes aus, sofern er nicht durch Störfelder abgelenkt wird, und dient so als Kursanzeigeinstrument.

Abbildung 187: Magnetkompass
(Grafik: KLSP)

09 01 06 Elektromagnetismus

Nicht nur eine bewegte Ladung im Vakuum sondern auch ein Strom in einem Leiter erzeugt ein Magnetfeld.

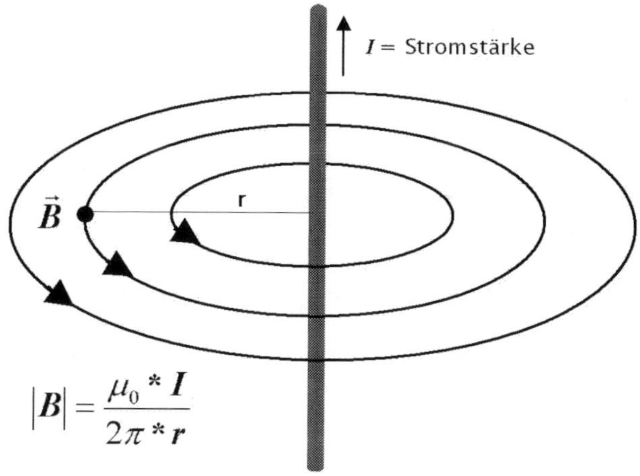

Abbildung 188: Magnetfeld eines Stromleiters (Grafik: KLSP)

Die Stärke des Magnetfeldes ist proportional zur Stromstärke und umgekehrt proportional zum Abstand vom Stromleiter (Gesetz von Biot-Savart). Seine Richtung ist senkrecht zur Stromrichtung.

Wickelt man den Stromleiter zu einer Zylinderspule (engl. solenoid) auf, laufen die Feldlinien in Richtung der Zylinderachse und für lange Spulen lässt sich die magnetische Feldstärke wie folgt angeben:

$$|B| = \frac{\mu_0 * \mu_r * I * Anzahl\,Windungen}{Länge}$$

Sie ist proportional zur Stromstärke und zur Anzahl der Windungen pro Länge. μ_0 ist die magnetische Permeabilität des Vakuums, μ_r ist die relative Permeabilität einer das Magnetfeld verstärkenden Materie. Die magnetische Feldstärke im Innern der Spule lässt sich nämlich durch Einschieben eines ferromagnetischen Kerns wie beispielsweise Eisen oder Ferrit stark erhöhen ($\mu_r >> 1$).

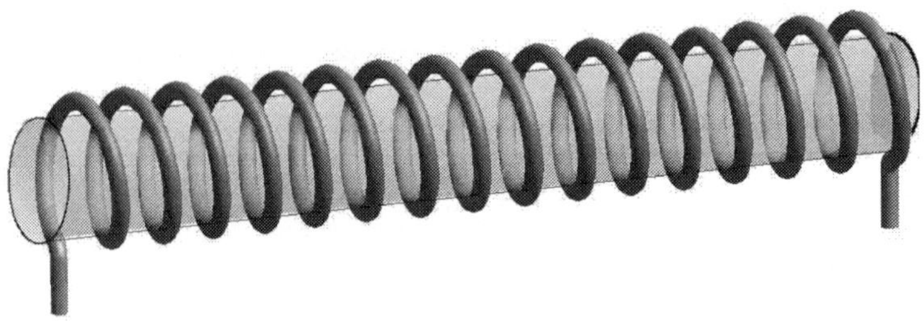

Abbildung 189: Spule mit Ferritkern (Grafik: KLSP nach Vorlage Wikipedia)

Eine Anwendung des Magnetfeldes einer Spule ist der *Elektromagnet*, bei dem das Magnetfeld einer Spule zum Anziehen metallischer Gegenstände genutzt wird.

Eine weitere Anwendung der Anziehungskraft des Magnetfeldes ist die als *Schaltrelais* (engl. relay). Dabei wird das Magnetfeld einer Spule verwendet, um durch die magnetische Anziehung einen Schalter zu betätigen. Auf diese Weise lässt sich beispielsweise mit einem kleinen Strom ein sehr viel größerer Strom schalten (Schaltschütz), eine Methode, die unter anderem beim Anlasser von Triebwerken Verwendung findet.

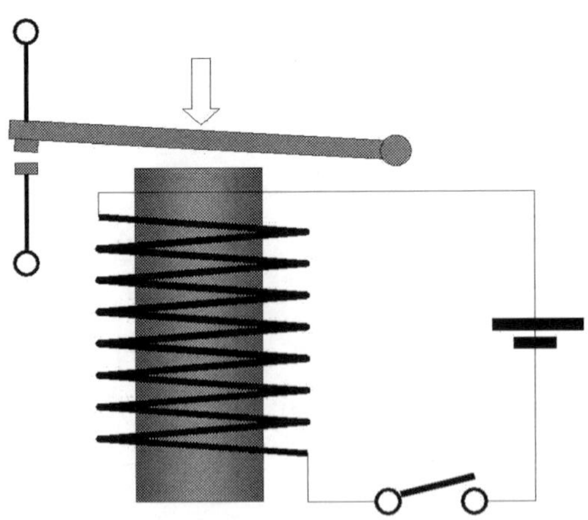

Abbildung 190: Schaltrelais (Grafik: KLSP)

Das Induktionsgesetz

Ein wichtiges Gesetz der Elektrizitätslehre ist das der *elektromagnetischen Induktion.* (engl. electromagnetic induction) Es lautet wie folgt:

> In einem sich ändernden Magnetfeld wird in jedem geschlossenen Stromkreis eine *induzierte Spannung* (elektromotorische Kraft, engl. electro motive force = EMF) erzeugt, die dem Negativen der Änderungsrate des magnetischen Flusses Φ entspricht.
>
> $$U_{ind} = -\frac{d\Phi_B}{dt}$$

Der magnetische Fluss ist dabei eine mathematisch komplexe Sache (ein Oberflächenintegral), auf das wir nicht näher eingehen wollen. Anschaulich lässt sich der magnetische Fluss als der senkrechte, normierte Anteil der magnetischen Feldvektoren vorstellen, die durch eine beliebige geschlossene Oberfläche zeigen („fließen"). Im Induktionsgesetz ist als Oberfläche die Fläche des geschlossenen Stromkreises zu verstehen.

Das Induktionsgesetz stellt eine Kopplung zwischen Magnetfeld und elektrischem Feld dar und sagt aus, dass ein sich änderndes Magnetfeld eine elektrische Spannung und damit auch ein elektrisches Feld erzeugt.

Anstatt der zeitlichen Änderung des magnetischen Feldes lässt sich die Änderung des magnetischen Flusses auch durch die Änderung der Oberfläche erzeugen. Eine einfachere Formulierung des Induktionsgesetzes lautet daher wie folgt:

> Die induzierte Spannung in einem geschlossenen Stromkreis, der ein Magnetfeld schneidet, ist proportional zur Zahl der pro Zeiteinheit geschnittenen magnetischen Feldlinien.

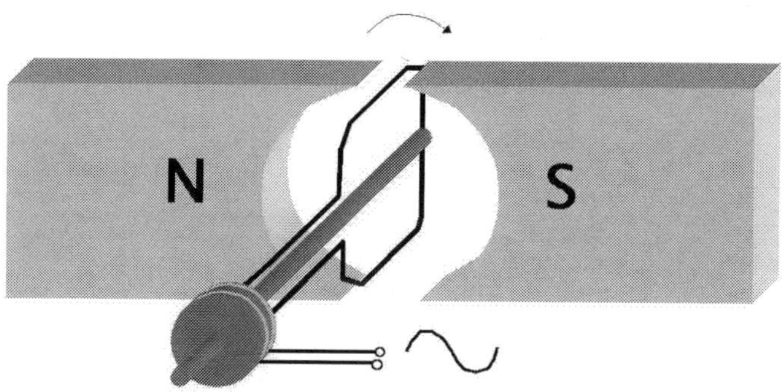

Abbildung 191: Induktion bei Drehung einer Drahtschleife (Grafik: KLSP)

Dreht man eine Stromschleife im magnetischen Feld eines Permanentmagneten, so erzeugt man in der Schleife eine Wechselspannung. Dies ist die einfachste Form eines Wechselspannungsgenerators (siehe Abbildung 188). Bei gleichmäßiger Drehung erzeugt man eine sinusförmige Wechselspannung, wie sie bereits unter 09 01 03 beschrieben wurde.

09 01 07 Sicherungsselbstschalter, Schmelzsicherungen

Findet in einem Verbraucher ein Kurzschluss statt, sinkt schlagartig der Widerstand im Stromkreis auf einen sehr kleinen Wert und es fließt plötzlich ein sehr hoher Strom, der nur noch durch den Innenwiderstand der Spannungsquelle begrenzt ist. Ist die Spannungsquelle sehr leistungsstark, kommen eventuell die Drähte des Schaltkreises zum Glühen, es entstehen Funken oder es bilden sich andere Gefahrenquellen. Im Allgemeinen besteht Brandgefahr und des weiteren bilden sich meistens zusätzlich giftige Gase durch Verdampfen von Isolationsmaterial.
Um das zu verhindern, sind Schaltkreise gegen Überstrom abgesichert.
Hierbei muss man zwischen zwei verschiedenen Sicherungsmethoden unterscheiden.

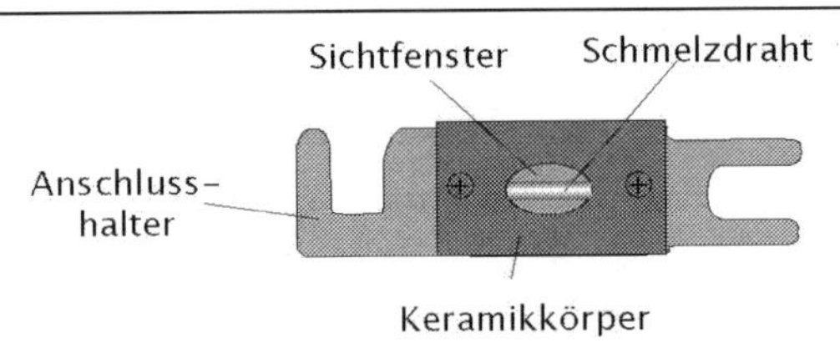

Abbildung 192: Hochstrom-Schmelzsicherung (Grafik: KLSP)

Schmelzsicherung. Im ersten Fall wird eine sogenannte *Schmelzsicherung* (engl. fuse) verwendet. Dabei handelt es ich um eine elektrische Sollbruchstelle, die aus einem Stück leicht schmelzbarem Metalldraht in einem Glasröhrchen besteht, das seriell vom Strom des Stromkreises durchflossen wird. Steigt der Strom über eine bestimmte Stärke, schmilzt der Draht und trennt somit den Schaltkreis und damit den Stromfluss. Man sagt, die Sicherung „brennt durch".
Schmelzsicherungen werden nach ihrer maximalen Stromstärke (z.B. 3A) und ihrer Reaktionszeit (flink, normal, träge) klassifiziert. Die Schmelzsicherung muss nach ihrem Durchbrennen selbstverständlich gegen eine neue Sicherung ausgetauscht werden.

Sicherungsselbstschalter (Circuit Breaker). Die zweite Methode besteht in einem *Sicherungsselbstschalter* (engl. circuit breaker), manchmal auch Schaltautomat genannt. Der Selbstschalter vereint die Funktion eines Schalters und der einer Sicherung. Ziehen des Selbstschalters unterbricht den jeweiligen Stromkreis, Hineindrücken schließt ihn.

Wird im Betrieb der Nennstrom überschritten, löst er selbsttätig aus, daher der Name Selbstschalter.
Physikalisch ist dies entweder durch eine Magnetfeld realisiert, das bei einer bestimmten Stromstärke durch die Anziehungskraft den Stromkreis unterbricht (magnetischer Selbstschalter) oder es handelt sich um einen thermischen Selbstschalter, bei dem eine Bimetallplatte die leitende Verbindung im Stromkreis herstellt und im Überstromfall durch Öffnen des Sperrmechanismus unterbricht. Der Bimetallstreifen verformt sich dabei und öffnet auf diese Weise den Sperrmechanismus (siehe Abb. unten).

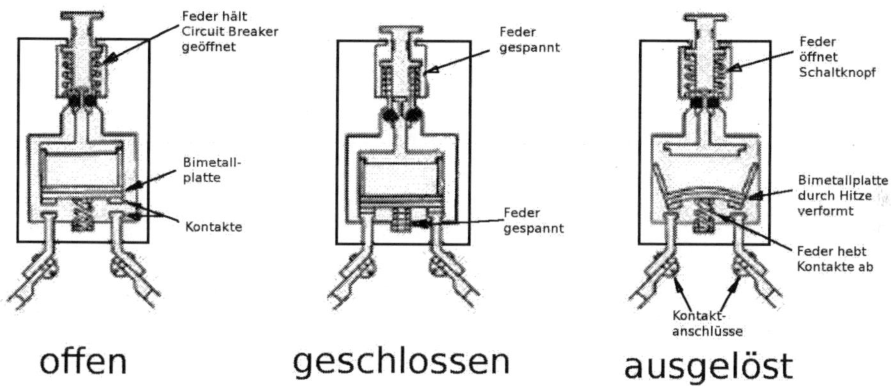

Abbildung 193: Circuit Breaker in drei Zuständen (Grafik: KLSP nach Vorlage aus Engmann [1])

Solange der Bimetallstreifen verformt ist, lässt sich der thermische Circuit Breaker nicht mehr einschalten, er arbeitet dann ‚trip-free', d.h. der Circuit Breaker rastet nicht ein. Lässt sich ein Circuit Breaker sofort wieder einschalten, nennt man diese Eigenschaft ‚non-trip-free'.
Heutzutage kommen in Flugzeugen zur Stromkreissicherung vorwiegend thermische Selbstschalter zum Einsatz. In Unterschied zur Schmelzsicherung lässt sich ein Selbstschalter wieder neu einschalten, ohne dass etwas auszutauschen wäre, was im Flugzeugcockpit klar von Vorteil ist. An besonderen Stellen wie beispielsweise bei der Verbindung einer Bordbatterie zu einem DC-Bus kommen teilweise wegen der hohen abzusichernden Stromstärke noch Schmelzsicherungen zum Einsatz.

Codierung der Circuit Breaker. Die Circuit Breaker sind normalerweise zur besseren Orientierung zusätzlich farblich codiert. Bei Airbus kommt folgende Codierung zur Anwendung:

schwarz	ohne elektronische Überwachung
grün	mit elektronischer Überwachung, das Ziehen dieser Circuit Breaker erzeugt eine Warnmeldung auf dem Warnanzeigendisplay
grün mit rotem Rand	mit elektronischer Überwachung, manuell nicht auslösbar, d.h. der Stromkreis kann nicht manuell unterbrochen werden.
Zahl auf dem Circuit Breaker	Amperezahl des geschützten Schaltkreises

09 01 08 Halbleiter und logische Schaltkreise

Halbleiter (engl. semiconductor) sind Festkörper, die man in Bezug auf ihre Leitfähigkeit sowohl zu den Leitern als auch zu den Nichtleitern zählen kann. Ihr Leitungswiderstand ist temperaturabhängig, wobei ihre Leitfähigkeit mit steigender Temperatur zunimmt (Heißleiter). Halbleiter folgen also nicht dem Ohmschen Gesetz.

Es gibt eine Vielzahl von Halbleitern mit unterschiedlichen Eigenschaften und Klassifizierungen.

Germanium und Silizium werden als elementare Halbleiter bezeichnet. Sie haben besondere Bedeutung in der Mikroelektronik erlangt. Der Grund dafür ist, dass sich Germanium und Silizium durch sogenanntes Dotieren mit Fremdatomen in ihrer Leitfähigkeit steuern lassen.

Abbildung 194: Geätzter Wafer, die Basis bei der modernen Halbleiterherstellung (Foto: public domain)

Silizium hat beispielsweise 4 äußere Valenzelektronen. Es lässt sich durch Einbau von Fremdatomen mit 3 Valenzelektronen (Donator) gezielt zu einer n-Leiter (negativ) umbauen. Geschieht die Dotierung durch den Einbau von Fremdatomen mit 5 Valenzelektronen (Akzeptor) wird das verunreinigte Silizium zu einem p-Leiter (positiv), in dem sogenannte Defektelektronen („Löcher") wandern können.

Durch geeignete Kombination der verschieden dotierten Schichten lassen sich Halbleiterbauelemente aufbauen. Eine p-n Kombination ergibt beispielsweise eine *Diode*, die den Strom nur in einer Richtung passieren lässt. Dioden lassen sich daher als Gleichrichter nutzen, besondere Dioden, sogenannte *Zenerdioden* können zur Spannungsbegrenzung eingesetzt werden.

P-n-p oder n-p-n Kombinationen ergeben einen sogenannten *Transistor*[1], bei dem sich ein großer Strom durch einen sehr kleinen Strom steuern lässt. Man kann daher einen Transistor zum Schalten von Strömen (Schalttransistor) oder zur Verstärkung von Strömen (Leistungstransistor) verwenden.
Mit Hilfe von Halbleiterbauelementen lassen sich *logische Schaltungen* aufbauen, die im einfachsten Fall die Funktionen der Boolesche Algebra in Bauelementen abbilden. Dabei werden die beiden Zustände „logisch 0“ und „logisch 1“ der Booleschen Algebra einfach als zwei unterschiedliche Spannungsbereiche definiert. Im Allgemeinen definiert man Spannungen zwischen 0 bis 0,8 Volt als „logisch 0“ und Spannungen zwischen 2,8 und 5 V als „logisch 1“. Die Schaltungen sind so realisiert, dass Zwischenspannungen nicht auftreten können.

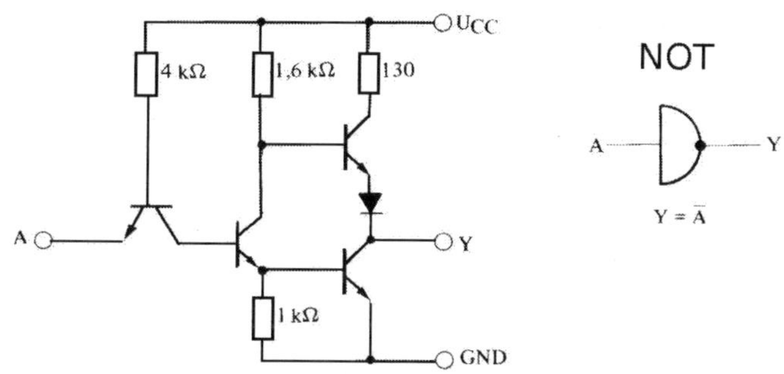

Abbildung 195: Inverterschaltung (Grafik: KLSP, Vorlage Texas Instruments)

Die einfachste logische Schaltung ist die NOT-Schaltung (Inverter), bei der der logische Eingangswert invertiert wird. Liegt am Eingang A der Wert „logisch 0“ an, erscheint „logisch 1“ am Ausgang Y und umgekehrt.
Weitere Basisfunktionen sind AND, NAND, OR, NOR. NAND und NOR sind dabei die Funktionen NOT AND = NAND und NOT OR = NOR. Alle Basisfunktionen sind für jeweils für zwei logische Eingänge A, B und den jeweiligen Ergebnisausgang Y inklusive ihrer Symbole in der folgenden Tabelle dargestellt.

[1] Die Wissenschaftler John Bardeen, William Bradford Shockley und Walter Houser Brattain der Bell Laboratories stellten 1947 den ersten Transitor her und erhielten dafür 1956 den Nobelpreis für Physik. Sie legten damit die Grundlage für viele Technologien, wie mikroprozessorgesteuerte Controller, Computer, moderne Displays usw., die maßgeblich auch die heutige Luftfahrt bestimmen.

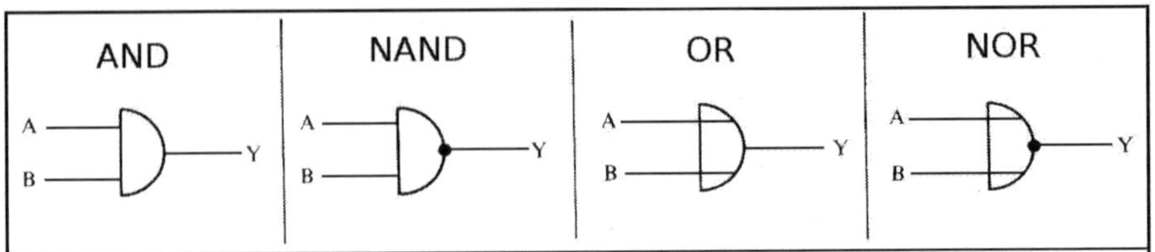

AND			NAND			OR			NOR		
A	B	Y	A	B	Y	A	B	Y	A	B	Y
0	0	0	0	0	1	0	0	0	0	0	1
0	1	0	0	1	1	0	1	1	0	1	0
1	0	0	1	0	1	1	0	1	1	0	0
1	1	1	1	1	0	1	1	1	1	1	0

Abbildung 196: Logische Grundfunktionen und ihre Symbole (Grafik: KLSP)

Mit Hilfe der Basisfunktionen lassen sich komplexere Funktionen durch Kombination der Elemente zusammensetzen.

Beispielaufgabe:
Bestimmen Sie den logischen Ausgang der folgenden logischen Schaltung bei den angegebenen Eingangszuständen:

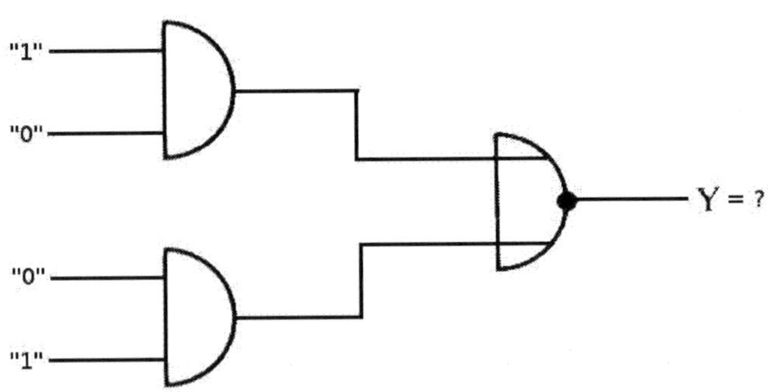

Lösung: Das obere AND-Gatter liefert als Ergebnis „0“, da nicht beide Eingangszustände auf „1“ stehen. Dasselbe gilt für das untere AND-Gatter. Wenn beide Eingänge „0“ sind liefert das nachgeschaltete NOR-Gatter eine „1“ (siehe Tabelle). Das richtige Ergebnis ist Y=“1“.

09 02 00 Akkumulatoren (Bordbatterien)

Grundlagen. Eine galvanische Zelle oder ein galvanisches Element ist ein Kombination von zwei verschiedenen Elektroden (Kathode und Anode) und einem Elektrolyten zur Umwandlung von chemischer in elektrische Energie. Die Funktion der galvanischen Zelle beruht auf einer Redoxreaktion/Oxidation. Reduktion und Oxidation laufen dabei räumlich getrennt in je einer Halbzelle (Halbelement) ab. Durch Verbinden der beiden Halbzellen mit einem Elektronenleiter und einem Elektrolyten als Ionenleiter wird der Stromkreis geschlossen.

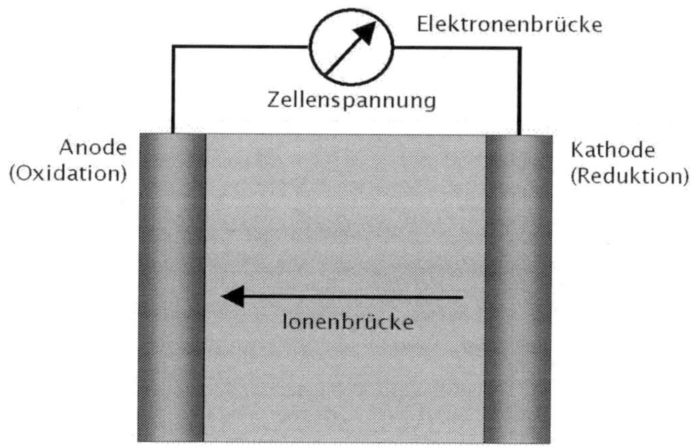

Abbildung 197: Galvanische Zelle (Grafik: KLSP)

Galvanische Zellen dienen als Gleichspannungsquellen. Der charakteristische Wert ist die Spannung der Einzelzelle, die sogenannte *Zellenspannung*, die von der jeweiligen Materialpaarung und der Temperatur abhängt. Die Zellenspannung bekannter Materialpaarungen ist in der *Elektrochemischen Spannungsreihe* zusammengefasst.

Definition Batterie/Akkumulator. Höhere Spannungen werden durch Zusammenschalten mehrerer Zellen erzielt.
Kommerziell als Produkte werden auf dieser Basis galvanischer Zellen Batterien (Primärbatterien) und Akkumulatoren (Sekundärbatterien) hergestellt.
Als *Batterie* bezeichnet man dabei kleine galvanische Zellen, die nicht wiederaufladbar sind (z.B. Alkali-Mangan-Batterie).
Wiederaufladbare Zellen werden als *Akkumulator* (engl. rechargeable battery), Kurzform Akku bezeichnet. Am bekanntesten unter den Akkumulatoren ist der Bleiakku-

mulator, da er sich über Jahrzehnte hinweg als "Batterie"[1] für Autos und andere Fahrzeuge am Markt etabliert hat.

Kapazität. Eine wichtige Kenngröße eines Akkus ist seine Kapazität. Sie wird in *Amperestunden* (Ah) angegeben und ist proportional zu der im Akku gespeicherten Energiemenge. Ein Akku von 10 Ah kann beispielsweise rein theoretisch bei seiner Nennspannung zehn Stunden lang ein Ampere oder eine Stunde lang zehn Ampere abgeben. Die Energiemenge, die im Akku gespeichert ist, entspricht der Menge an Arbeit, die er verrichten kann. Ein Akku von 12V/10 Ah kann beispielsweise eine elektrische Arbeit von 12 mal 10 = 120 Wh verrichten.

Schaltet man zwei gleiche Akkus in Reihe, addieren sich die Spannungen und die Kapazität bleibt gleich.
Schaltet man zwei gleiche Akkus parallel, so bleibt die Spannung gleich und die Kapazität verdoppelt sich.
In beiden Fällen ist die gespeicherte Energiemenge dieselbe.

Beispielrechnungen:
1. Sie schalten zwei Bleiakkus von je 12V 20Ah in Reihe. Wie hoch ist die Kapazität des so gebildeten neuen Akkus?
Antwort: 20Ah (der neue Akku hat nun 24V 20 Ah)
2. Sie schalten zwei Bleiakkus von je 12V 20Ah parallel. Wie hoch ist die Kapazität des so gebildeten neuen Akkus?
Antwort: 40 Ah (der neue Akku hat nun 12V 40 Ah)
In beiden Fällen enthält der gebildete neue Energiespeicher jeweils 480 Wh.

Temperatureinfluss. Die Kapazität eines Akkus hängt von der Umgebungstemperatur ab, da die chemischen Prozesse Oxidation und Reduktion stark temperaturabhängig verlaufen. Bei tiefen Temperaturen sinkt daher die Nennkapazität eines Akkus spürbar.

Aufladung. Akkus werden nach ihrer Entladung wieder aufgeladen. Dies geschieht mit einer höheren Spannung als der jeweiligen Nennspannung, da ansonsten kein bzw. ein nicht ausreichender Ladestrom fließen würde. Der Ladestrom bestimmt sich gemäß

[1] Umgangssprachlich werden Akkus im Deutschen auch als Batterien bezeichnet. In der englischen Sprache, unterscheidet man einfach zwischen non-rechargable und rechargeable batteries.

Ohmschem Gesetz durch den Innenwiderstand des Akkus. Die Ladespannung ist wegen des unterschiedlichen Innenwiderstandes abhängig vom Batterietyp. Der Ladestrom kann im bestimmten Grenzen und mit bestimmten Konsequenzen für den Akku variiert werden (Normalladung, Schnellladung). Auf Details wollen wir hier nicht weiter eingehen.

Die Funktionen des Akkus im Flugzeug sind folgende:

- *Anlassvorgang.* Der Akku dient als primäre Energiequelle für das Anlassen der Triebwerke, sei es wie z.B. bei kleineren Flugzeugen direkt oder indirekt zum elektrischen Anlassen der APU, die danach Druckluft zum Anlassen der Turbinen bereitstellt.
- *Notstromversorgung.* Die zweite Funktion des Akkus ist die der Notstromversorgung für den Fall, dass alle sonstigen Bordgeneratoren ausgefallen sein sollten. Dies ist allerdings wegen der nicht ausreichenden Batteriekapazität nur mit enger zeitlicher Begrenzung möglich.

09 02 01 Typen, Eigenschaften und Leistungsgrenzen

Im Flugzeugbau kommen Bleiakkus und Nickel-Cadmium-Akkus zum Einsatz. Neuere Akkutechnologien wie beispielsweise auf Lithium-Polymer-Basis sind noch nicht luftfahrtzugelassen. Einzelne Prototypen befinden sich z.B. in militärischen Hubschraubern in der Erprobungsphase. Welche der neuen Technologien sich durchsetzen wird, ist zurzeit noch offen.

Blei-Akku. Bei einem *Bleiakku* handelt es sich um eine Ausführung, bei der die Elektroden im geladenen Zustand aus Blei und Bleidioxid und der Elektrolyt aus verdünnter Schwefelsäure besteht. Der Elektrolyt wird dabei heutzutage nicht mehr in flüssiger Form sondern als Gel-Elektrolyt verwendet und man spricht von sogenannten Bleigelakkus.

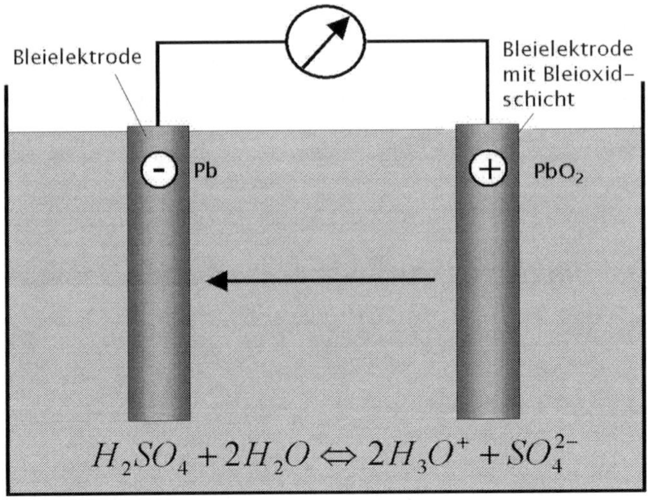

Abbildung 198: Schema eines Bleiakkus, einzelne Zelle (Grafik: KLSP)

Die Zellenspannung eines Bleiakkus liegt bei ca. 2 V, sodass beispielsweise ein 12V-Akku aus sechs Zellen aufgebaut ist.

Nickel-Kadmium-Akku. Die Elektroden des NiCd-Akkus bestehen aus Platten, die am Minuspol mit fein verteiltem Kadmium und am Pluspol mit Nickel(III)-oxidhydroxid beladen sind. Als Elektrolyt wird 20-prozentige Kaliumhydroxid-Lösung verwendet. Diese Kombination liefert eine galvanische Spannung von 1,3 V. Ein in der Luftfahrt gebräuchlicher NiCd-Akku mit 20 Zellen liefert demnach eine Spannung von 26 V. NiCd-Akkus haben im Gegensatz zu Bleiakkus gute Eigenschaften bei niedrigen Umgebungstemperaturen und halten bei der Entladung über einen weiten Bereich sehr gut ihre Nennspannung.

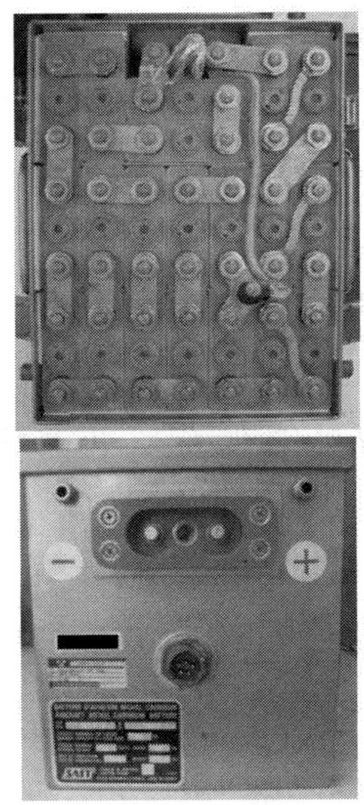

Abbildung 199: SAFT NiCd Akku für Flugzeuge (Quelle: Wikipedia, public domain)

Energiespeicherung bei Akkus im Vergleich

Bei der Speicherung von elektrischer Energie in Akkumulatoren und ihrer Nutzung in der Luftfahrt ist von großer Bedeutung, wie viel Energie pro kg Masse gespeichert werden kann. Die Größe Energie (in Wh) pro Masse (in kg) wird *Energiedichte* genannt.

Eine weitere Vergleichsgröße für Akkus ist die sogenannte *Leistungsdichte*. Sie besagt, wie viel kW Leistung ein Akku gegebener Masse abgeben kann.

Bleiakku. Ein Bleiakku kann pro Kilogramm Masse gerade einmal eine Energiemenge von etwa 30 Wh speichern. Anders ausgedrückt: Um eine Energie von 1 kWh zu speichern, muss ein Bleiakku über 30 Kilo wiegen. Dabei ist dieser Wert noch sehr optimistisch gerechnet. Es ist klar, dass Bleiakkus für die Luftfahrt eigentlich ungeeignet sind.

Nickel-Kadmium Akku. Mit rund 40 bis 50 Wh/kg ist ein NiCd-Akku deutlich besser als ein Bleiakku. Er hat jedoch eine Reihe von Nachteilen. Zum einen ist er erheblich teurer als ein Bleiakku. Außerdem mag er Teilentladungen, wie sie beim Betrieb vorkommen können, leider gar nicht. Wird ein Nickel-Cadmium-Akku mehrfach nur teilentladen, tritt der sogenannte *Memoryeffekt* auf: Der Akku kann dann auch künftig, obwohl vollgeladen, nur noch einen Teil seiner ursprünglichen Kapazität abgeben. Ein weiterer Nachteil ist, dass Kadmium ein hochgiftiges Schwermetall ist.

Neuere Technologien

Nickel-Metallhydrid-Akku. Die Weiterentwicklung des Nickel-Kadmium-Akkus war der NiMh-Akku. Er kommt mit 60 bis 70 Wh/kg schon auf mehr als die doppelte Energiedichte als der konventionelle Bleiakku. Er verwendet kein giftiges Kadmium und hat auch keinen Memoryeffekt. Wirklich problematisch für den Einsatz in der Luftfahrt ist eine besondere Eigenschaft dieses Akkutyps: die ungenügende *Leistungsdichte*. Dieser Wert ist in der Regel beim NiMh-Akku zu gering, um z.B. einen Elektromotor sowohl kurzzeitig als auch dauerhaft zufriedenstellend mit Leistung zu versorgen.

Lithium-Ionen-Akku. Der Li-Ion-Akku verwendet als Kathode Graphit und als Anode Lithium-Metalloxid, meist Lithiumcobaltoxid oder Lithiummanganoxid. Er hat mit über 120 Wh/kg die höchste Energiedichte aller verfügbaren Akkus. Einzelne Hochleistungsexemplare kommen heute schon auf über 190 Wh/kg. Bei Lithium-Ionen-Akkus besteht unter bestimmten Bedingungen Brandgefahr, was ihre Nutzung in der Luftfahrt in der heutigen Form ausschließt.

Lithium-Polymer-Akku. Ein Lithium-Polymer-Akku (auch LiPo) ist eine Weiterentwicklung des Lithium-Ionen-Akkus. Wie beim Lithium-Ionen-Akku besteht die Kathode (negative Elektrode) aus Graphit, die Anode aus Lithium-Metalloxid. Im Gegensatz dazu enthalten Lithium-Polymer-Akkus aber keinen flüssigen Elektrolyten, sondern einen auf Polymerbasis, der als feste bis gelartige Folie vorliegt. Die Komponenten des Akkus - Stromzuführung, negative Elektrode, Elektrolyt, positive Elektrode - lassen sich preiswert als Schichtfolien mit einer Dicke von weniger als 100 Mikrometer herstellen. LiPo-Akkus kommen bei Elektroflugzeugen (Experimentals) zum Einsatz.

Lithium-Mangan-Akku. Lithium-Mangan-Akkus sind im Unterschied zu Lithium-Cobalt angeblich „selbstsicher“, d.h. selbst bei zerstörtem Überladeschutz und Überladung findet keine Selbstentzündung des Akkus statt. Die Lithium-Mangan Variante hat eine Energiedichte von derzeit maximal 120 Wh/kg und darüber hinaus eine höhere Leistungsdichte als die Lithium-Cobalt-Variante, ist also für Hochstromanwendungen gut geeignet. Lithium-Mangan-Akkus könnten sich auch als Akkus für die Luftfahrt eignen.

Die folgende Tabelle gibt einen Überblick über Energie- und Leistungsdichte bei verschiedenen Akku-Technologien:

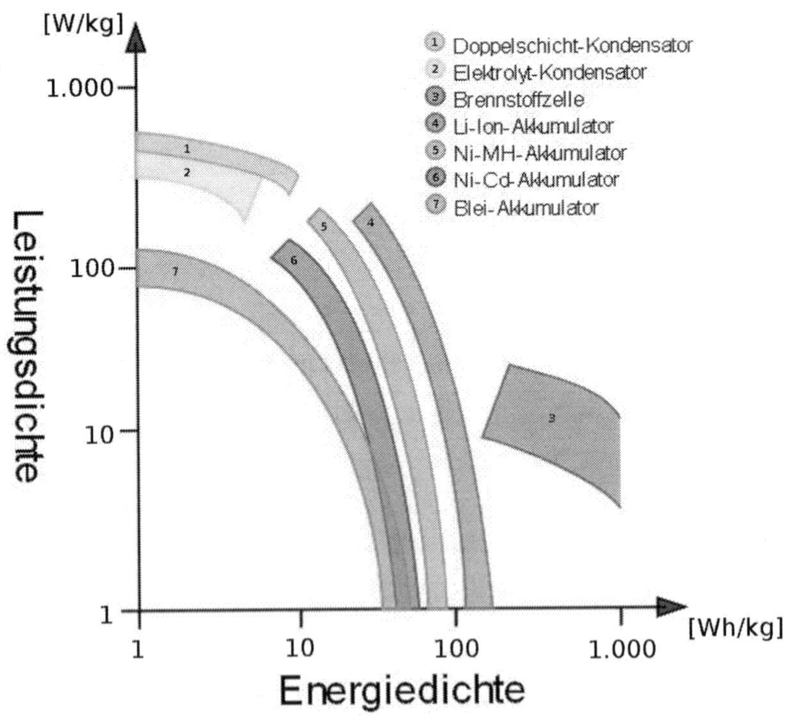

Abbildung 200: Leistungs- und Energiedichte im Vergleich (logarithmischer Maßstab) (Quelle: Wikipedia Commons, Anpassung KLSP)

Alterung und Lebensdauer heutiger Akkus. Alle Akkus unterliegen einem ständigen Alterungsprozess mit Kapazitätsverlust. Blei- und NiCd-Akkus haben im besten Fall eine Lebensdauer von wenigen Jahren, wobei die Zeit von Einsatz- und Umgebungsbedingungen abhängt. Aus diesem Grund müssen Akkus im Rahmen der Wartung periodisch erneuert werden.

Die Aufladung im Flugzeug wird durch eine besondere Steuereinheit, den Battery Charge Limiter (BCL), überwacht, der fehlerhafte Akkus an ihrem Ladeverhalten feststellt und Daten für die Wartungsmannschaft elektronisch speichert.

Die Angaben zu Alterung und Lebensdauer von (heute noch nicht eingesetzten) Hochleistungs-Akkupacks auf Lithiumbasis streuen stark, je nachdem, welche Informationsquelle man nutzt. An der Obergrenze findet man Alterungsangaben von etwa 80 % Restkapazität nach acht Jahren und 1.000–1.500 Ladezyklen (SAFT France), an der Untergrenze spricht man eher von 50 % Restkapazität nach drei Jahren (Wikipedia) und 300 Ladezyklen (bei Vollentladung).

09 03 00 Stromerzeugung

Im Syllabus sind für diesen Abschnitt folgende Definitionen getroffen:

Remark: For standardisation, the SET uses the following standard expressions:
- **DC generator**: produces DC output.
- **DC alternator**: produces internal AC, rectified by integrated rectifying unit, the output is DC.
- **AC generator**: produces AC output.
- **Starter generator**: integrated combination of a DC generator with DC output and a starter motor using battery DC.
- **Permanent magnet alternator/generator**: produces AC output without field excitation using a permanent magnet.

09 03 01 Gleichstromerzeugung

Wir haben bereits im Abschnitt über Grundlagen gesehen, dass in einer sich im Magnetfeld drehenden Leiterschleife durch Induktion eine Wechselspannung entsteht. Dieses Prinzip lässt sich zur *Gleichstromerzeugung*[1] (engl. DC generation) nutzen. Aber auch ein sich drehendes Magnetfeld erzeugt in einer Spule eine Induktionsspannung. Auch dieses Prinzip lässt sich zur Gleichstromerzeugung nutzen.

Gleichstromgenerator (DC generator)

Die Hauptbestandteile des *Gleichstromgenerators* (engl. DC generator) sind:

- der unbewegliche Stator
- der bewegliche Rotor (auch Anker genannt)

Der Stator besteht entweder aus einem Permanentmagnet oder aus einem Elektromagnet. Der Rotor (oder Anker) besteht aus drei Teilen, dem Spulenkern, der Spulenwicklung und dem sogenannten Kommutator. Der Kommutator greift die induzierte Spannung so ab, das die induzierte Spannung positiv bleibt. Die Spannungsabnahme erfolgt dabei über zwei auf dem Kommutator schleifende Kohlebürsten (siehe Abbildung 201).

---

[1] Genauer: es wird ursprünglich zunächst Spannung erzeugt, die erst beim Anschalten von Verbrauchern zum Stromfluss führt. Begrifflich besser wäre daher Spannungsgenerator statt Stromgenerator.

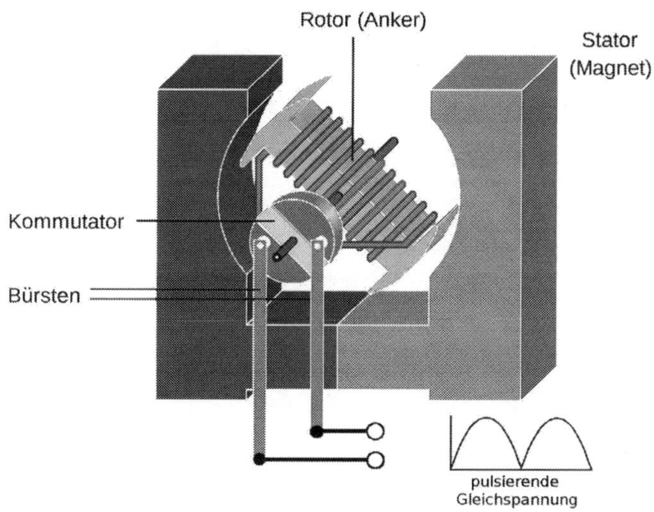

Abbildung 201: Prinzip des Gleichstromgenerators
(Grafik: KLSP auf Basis einer Wikipedia Commons Grafik)

Im Fall, dass sich nur eine Spule im Magnetfeld dreht, erhält man eine gleichgerichtete Wechselspannung, die noch nicht sehr gut als Gleichspannungsquelle geeignet ist. Dies lässt sich wesentlich verbessern, indem man mehrere Spulen auf den Rotor wickelt (Trommelrotor) und den Kommutator entsprechend anpasst, sodass er sequenziell im Laufen automatisch von einer Spule auf die nächste umschaltet. Die so abgegriffene Spannung hat nur noch eine relativ geringe Restwelligkeit (siehe Abbildung 202 links).

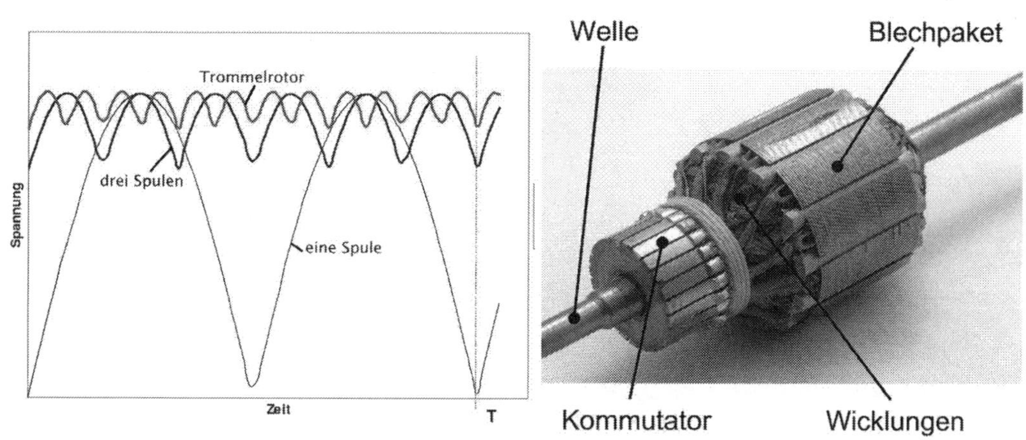

Abbildung 202: links: Spannungsverlauf bei mehreren Spulen, rechts: Trommelrotor
(Quellen: links: Uni Erlangen [12], rechts: Wikipedia Commons)

Um stärkere Magnetfelder zu erhalten, werden Elektromagnete verwendet. Die Erregung der Elektromagnete des Stators kann auf zwei Arten erfolgen:

- Fremderregung: Polwicklung des Stators wird an eine äußere Stromquelle angeschlossen
- Selbsterregung: Anwendung des dynamoelektrischen Prinzips, d.h. durch die Spulen des Elektromagneten lässt man einen vom Generator selbst erzeugten Strom fließen.

Selbsterregung ist jedoch nur möglich, wenn die Pole einen Restmagnetismus (Remanenz) aufweisen, der beim Anlassen des Generators eine, wenn auch nur kleine, induzierte Spannung erzeugt. Diese rufen einen Strom hervor, der dann durch die Spulen fließen kann. Wichtig beim Anlassen des Generators ist die Richtung des Restmagnetismus der Pole. Die Drehung des Ankers muss so erfolgen, dass der im Anker entstehende Strom in der Polwicklung den Restmagnetismus verstärkt. Andernfalls tritt völlige Entmagnetisierung der Pole ein.
Zur Selbsterregung kann man Erregerwicklung, Ankerwicklung und äußeren Kreis hintereinander schalten (Hauptschlussgenerator), parallel schalten (Nebenschlussgenerator) oder eine Kombination aus beiden aufbauen (Doppelschlussgenerator) (siehe Abbildung 203).

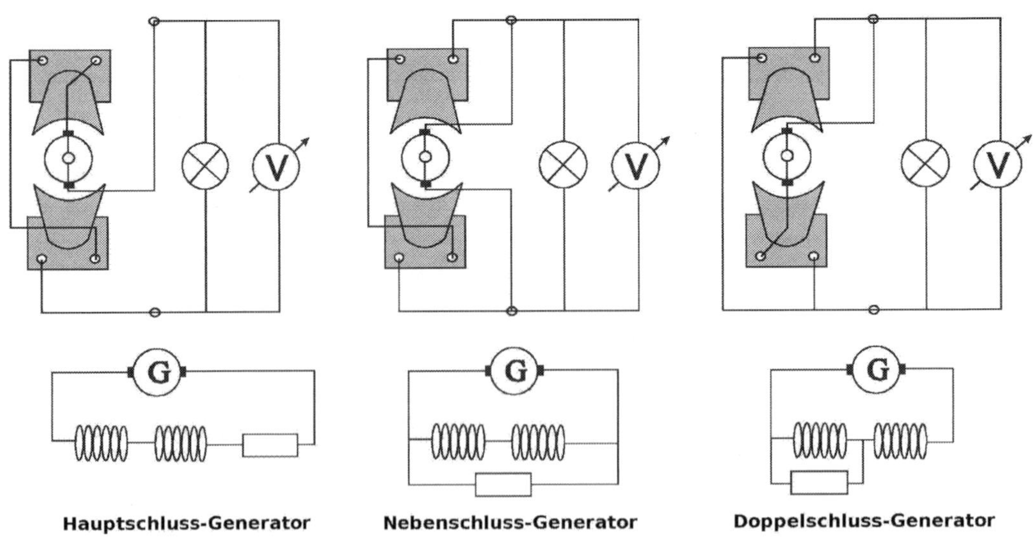

Abbildung 203: Drei Möglichkeiten der Selbsterregung
(Grafik: Uni Erlangen [12], Anpassung KLSP)

Beim Nebenschlussgenerator wird die Erregerspule in der Technik aus einer großen Anzahl von Windungen gefertigt und besitzt daher einen hohen Widerstand. Beim Hauptschlussgenerator wird die Erregerspule mit einem sehr kleinen Widerstand (wenige Windungen mit großem Querschnitt) gefertigt.

Lastverhalten. Beim Hauptschlussgenerator ändert sich die Größe des erregenden Magnetfeldes und damit die von der Maschine erzeugte Spannung mit der Größe der Belastung, was in den meisten Fällen unerwünscht ist.
Größere Verbreitung hat daher der Nebenschlussgenerator, weil die Spannung weitgehend von der Größe der Belastung unabhängig ist. Zudem lässt sich beim Nebenschlussgenerator durch Regelung des Erregerfeldes die Spannung über einen weiten Lastbereich konstant halten.

Vor- und Nachteile DC Generator. Als Vorteil des Gleichstromgenerators ist zu sehen, dass er ohne Gleichrichtungs- und ohne aufwendige Regelelektronik auskommt.
Nachteile: Beim Gleichstromgenerator fließt der in Regel relativ hohe Laststrom durch die Bürsten, was zu Funkenbildung (Bürstenfeuer) und hohem Verschleiß und daher hohem Wartungsaufwand führt. Zudem besteht durch das Bürstenfeuer die Gefahr der Brandauslösung z.B. bei einem Treibstoffleck. Ein weiterer Nachteil ist die relativ niedrige Spannung bei kleinen Drehzahlen, was beispielsweise im Auto früher dazu führte, dass die Bordelektrik im Leerlauf allein von der Batterie „lebte".
Aus diesem Grund sind Gleichstromgeneratoren in Nebenschlussbauweise sowohl bei Automobilbau als auch beim Luftfahrzeugbau weitgehend durch Drehstromgeneratoren ersetzt worden. In einzelnen Fällen wie beispielsweise bei Flugzeugen mit Turboproptriebwerken kommen aber auch Nebenschluss-Gleichstromgeneratoren immer noch zum Einsatz.

Startergenerator

Der Startergenerator ist eine Sonderform eines Gleichstromgenerators, bei dem ein Nebenschluss-Gleichstromgenerator mit einem Gleichstrom-Reihenschlussmotor (siehe Abschnitt Elektromotore) in einem Gehäuse vereint ist. Der Reihenschlussmotor wird als Anlasser in der Regel zum Anlassen eines Turbinentriebwerks verwendet. Auf dem Rotor sind zwei voneinander getrennte Feldwicklungen aufgebracht. Eine Feldwicklung ist für die hohen Stromstärken des Startermotors ausgelegt, die zweite Feldwicklung ist die des Generators. Beide Feldwicklungen haben jeweils einen eigenen Bürstensatz. Ferner ist eine zusätzliche Erregerfeldwicklung für den Startermotor vorhanden. Nach dem Anlassvorgang wird der Startergenerator auf seine Generatorfunktion umgeschaltet.

Gleichstromalternator (DC alternator)

Beim Gleichstromgenerator mit integriertem Gleichrichter (Gleichstromalternator, engl. DC alternator) verwendet man einen Wechselstromgenerator (vgl. weiter unten), wobei man die Wechselspannung über eine Gleichrichtereinheit (engl. rectifier unit) gleichrichtet und glättet. Der DC Alternator liefert auf diese Weise wie der DC Generator auch Gleichstrom zum Laden der Bordbatterien.
Abbildung 204 zeigt das vereinfachte Schaltschema, wobei auf der rechten Seite ein typischer DC Alternator einfacher Bauart abgebildet ist, wie er in Kleinflugzeugen und Automobilen zum Einsatz kommt.

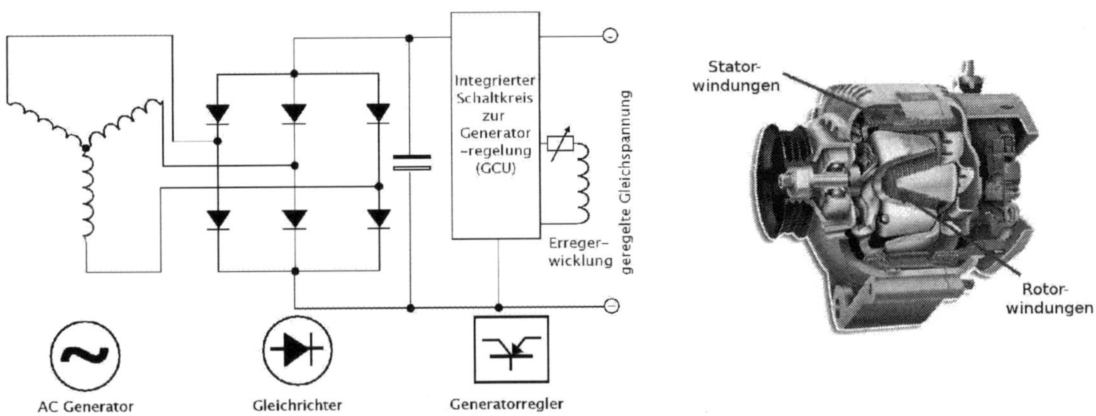

Abbildung 204: vereinfachtes Schaltschema DC alternator (Grafik: KLSP)

Vor- und Nachteile DC Alternator. Der DC Alternator hat als Wechselstromgenerator gegenüber einem Gleichstromgenerator ein besseres Ladeverhalten bei niedrigen Drehzahlen. Ein besonders schwerwiegender Vorteil ist das Fehlen von Bürstenfeuer. In der Ausführung als bürstenloser DC Alternator ist darüber hinaus die Haltbarkeit wegen fehlender Verschleißteile extrem hoch. Nachteilig ist das meist bei gleicher Leistung etwas höhere Gewicht und die höhere Komplexität der elektronischen Regelung.

Generatorregelung

Funktionale Abhängigkeiten. Die vom Generator abgegebene Spannung hängt von der Anzahl der Spulenwindungen, der Feldstärke, der Drehzahl und der Stromlast ab. Sie steigt bei höherer Windungszahl und höherer Feldstärke. Bei Drehzahlerhöhung nimmt sie bis zu einem Sättigungswert zu. Ohne Regelung sinkt sie mit zunehmender Stromlast. Heutige Generatoren liefern über einen weiten Arbeitsbereich hinweg z.B. zwischen 4.000 und 12.000 U/min Generatordrehzahl eine nahezu konstante Spannung von beispielsweise 28V DC von niedrigstem Laststrom bis hin zum Nennlaststrom. Unterhalb des Arbeitsbereichs, also beispielsweise zwischen 2.000 und 4.000 U/min steigt die Spannung bzw. der Strom in etwa linear von Null bis zum Nennwert an.

Generatorspannungsregelung. Die Spannung eines Gleichstromgenerators muss bei unterschiedlicher Last z.B. beim An- und Abschalten von Verbrauchern konstant gehalten werden. Die Spannung wird daher durch eine elektronische Steuereinheit (generator control unit = GCU) geregelt. Die GCU ist dabei meist als integrierte Schaltung oder als Mikroprozessor gesteuerte Einheit ausgelegt, die den Erregerstrom als Regelgröße nutzt. Als Funktionsprinzip für die Regelung dient die Pulsweitenmodulation, bei welcher der Tastgrad der Pulsweite einer Steuergröße durch einen Schalttransistor verändert wird.

Rückstromverhinderung. Prinzipiell besteht die Möglichkeit, dass die vom Generator abgegebene Spannung z.B. im Leerlauf, bei kleinen Drehzahlen oder im Fall eines Defekts geringer als die Batteriespannung ist und somit ein Rückstrom von den Batterie zum Generator fließen könnte, sodass die Batterie unerwünscht entladen würde. Im einfachsten Fall verhindert dies beim Gleichstromgenerator ein *Rückstromrelais.* Bei einem DC Alternator verhindern Dioden den Rückstrom.

09 03 02 Wechselstromerzeugung

Der prinzipielle Unterschied zwischen einem Gleichstromgenerator und einem Wechselstromgenerator liegt in der Art der Nutzung des Magnetfeldes. Beim Gleichstromgenerator ist das verwendete Magnetfeld feststehend und die Spulenwicklungen drehen sich im statischen Magnetfeld, beim *Wechselstromgenerator* (engl. AC generator) dreht sich das Magnetfeld und induziert die Spannung in den Spulenwicklungen des feststehenden Stators[1].

---

[1] Genau genommen ist auch der Gleichstromgenerator ein Wechselstromgenerator, doch die Begriffe werden heutzutage in der hier geschilderten Art und Weise genutzt.

Die einfachste Bauform dieses Prinzips ist der Wechselstromgenerator mit einem sich drehenden Permanentmagneten.

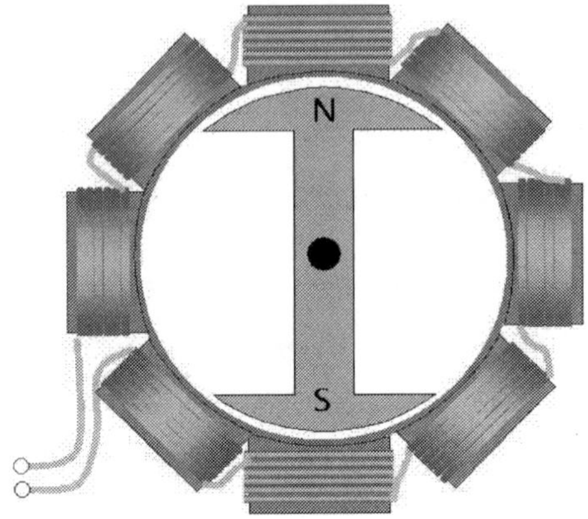

Abbildung 205: Einphasen-Wechselstromgenerator mit Permanentmagnet (Grafik: KLSP)

Auch diese Anordnung erzeugt einen Einphasenwechselstrom. Sie wird allerdings selten verwendet mit der einzigen Ausnahme des Fahrraddynamos.
Verwendet man bei dieser Anordnung drei von einander getrennte Spulensysteme im Abstand von jeweils 120°, so erhält man drei um jeweils 120° phasenverschobene Wechselspannungen U, V, W. Die Spannungen bezieht man in der Regel auf einen gemeinsamen Nullleiter (0).

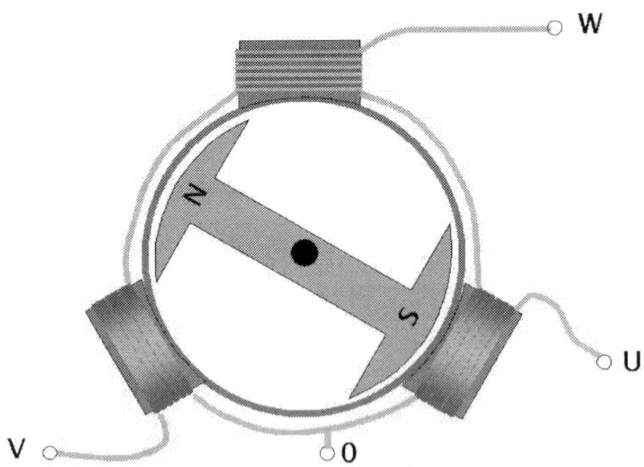

Abbildung 206: Drehstromgenerator mit Permanentmagnet (Grafik: KLSP)

Das so gebildete System heißt *Drehstromgenerator*. Die Anordnung hat insbesondere den Vorteil, dass man zwei Spannungen zur Verfügung hat. Zwischen dem Nullleiter und jeder der „Phasen" U, V, W lässt sich die einfache Wechselspannung nutzen (beim

Haushaltsstrom sind es 220–230 V). Zwischen zwei beliebigen Phasen besteht die höhere Spannung des 1,73-fachen der einfachen Phasenspannung. Bei einem 115 V-Bordsystem beträgt die höhere Spannung folglich ca. 200 V.
Die Frequenz des entstehenden Wechselstromes ist die des sich drehenden Feldes. Bei 50 Hz Wechselstrom muss sich ein Generator mit einem einzigen Permanentmagneten mit 3.000 U/min drehen, bei 400 Hz wären es folglich 24.000 U/min. Wie im Fall des Gleichstromgenerators auch, nutzen die konkreten Ausführungen keine Permanentmagnete sondern Elektromagnete im Rotor. Durch Verwendung mehrerer Spulen auf dem Rotor lässt sich proportional die benötigte Drehzahl reduzieren. Je höher die Polzahl, desto niedriger liegt die benötigte Drehzahl. Bei achtpoligen Auslegung reicht für 50 Hz bereits eine Rotordrehzahl von 750 U/min, bzw. bei 400 Hz eine Drehzahl von 6.000 U/min.

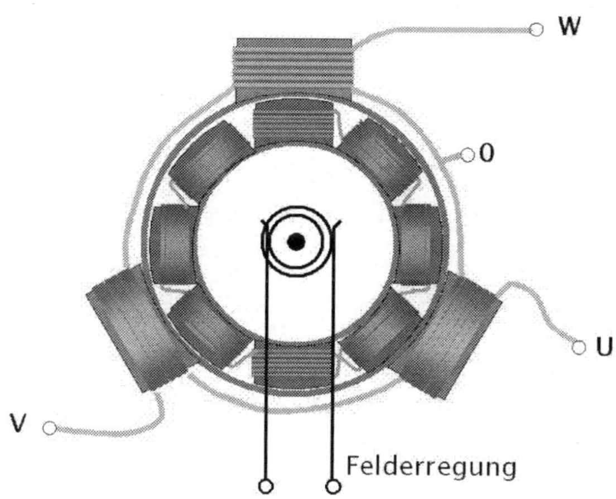

Abbildung 207: Drehstromgenerator mit Felderregung (Grafik: KLSP)

Der Erregerstrom wird im einfachen Fall von Drehstromgeneratoren mit Bürsten über Schleifringe dem Rotor zugeführt. Der Erregerstrom ist dabei, verglichen mit dem Laststrom beim Gleichstromgenerator, relativ gering, Funkenbildung findet nicht statt. Der Erregerstrom wird gleichzeitig als Regelgröße genutzt, um die Spannung des Wechselstromgenerators konstant zu halten.
Wartungsfreundlicher und ausfallsicherer sind bürstenlose Drehstromgeneratoren. Bei diesen ist zusätzlich zum eigentlichen Generator ein weiterer Hilfsgenerator, der sogenannte Erregergenerator, auf derselben Welle eingebaut. Das Erregerfeld des Nutz-

generators wird dabei im normalen Betrieb durch das Magnetfeld der Spulen des Hilfsgeneratorstators erzeugt.

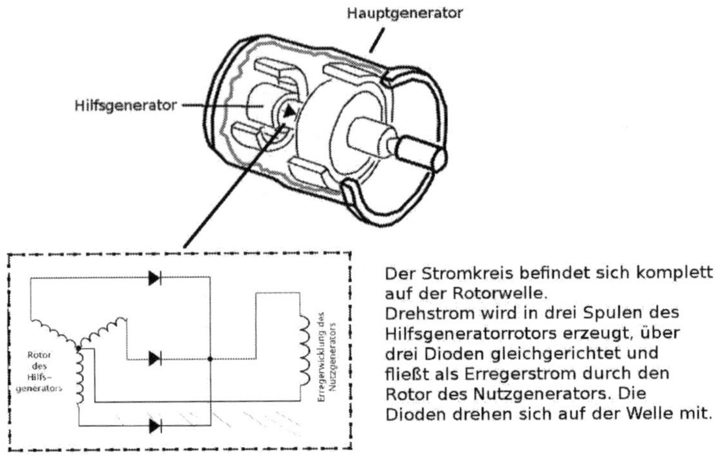

Abbildung 208: Bürstenloser Drehstromgenerator (Grafik: KLSP, Vorlage Engmann[1])

Der Hilfsgenerator ist dabei ein kleiner DC Generator, dessen Statorspulen durch die Bordbatterie gespeist werden. Auf dem Rotor des Hilfsgenerators befinden sich drei Spulen, die Drehstrom erzeugen. Dieser wird über drei Dioden gleichgerichtet und fließt als Erregerstrom durch den Rotor des Nutzgenerators. Die Dioden sind mit der Rotorwelle verklebt und rotieren mit. Der Vorteil dieser Anordnung liegt im Fehlen der Schleifbürsten für den Erregerstrom. Außer den Lagern des Generators existieren keinerlei Verschleißgrößen, was die Zuverlässigkeit erhöht.

Wechselspannungen im Bordnetz. Die zwei Wechselspannungen eines Drehstromgenerators lassen sich für Leistungszwecke vorteilhaft in Form sogenannter Stern- und Dreiecksschaltungen nutzen, was an Bord eines Verkehrsflugzeuges z.B. für die Küchenelektrik so realisiert wird. Darüber hinaus lässt sich über Einheiten aus Transformator und Gleichrichter (engl. transformer rectifier unit = TRU) zusätzlich Gleichspannung in der Regel von 28 V für z.B. für das Laden der Batterien und den Betrieb der Bordanlagen erzeugen, und zwar dort, wo sie benötigt wird.

Antrieb der Generatoren. Stromgeneratoren benötigen zur Stromerzeugung mechanische Antriebsquellen. Folgende Quellen werden genutzt:

1. **APU.** Die Auxiliary Power Unit treibt unter anderem einem Stromgenerator an, der für die initiale Bordstromversorgung sorgt.

2. **Triebwerke (direkt oder über Gear Box angetrieben).** Jedes Triebwerk treibt in der Regel mindestens einen Stromgenerator an. Bei kleineren Flugzeugen wird der Generator direkt vom Triebwerk über einen Zahnriemen oder eine Getriebewelle angetrieben. Bei Verkehrsflugzeugen handelt es sich meistens um Drehstromgeneratoren, die über ein Konstantdrehzahlgetriebe angetrieben werden, das direkt an der Auxiliary Gear Box (AGB) des Triebwerks seinen Sitz hat und dort mit der richtigen Drehzahl versorgt wird.
3. **RAT.** Der Staudruckgenerator, auch Ram Air Turbine (RAT) genannt, liefert im Notfall neben Hydraulikdruck zusätzlich Strom über einen Notstromgenerator. (beim Helikopter nicht vorhanden)
4. **Indirekter Antrieb über Hydraulik.** In manchen Fällen erfolgt der Antrieb eines Stromgenerators indirekt über einen Hydraulikmotor. Dies ist insbesondere beim Staudruckgenerator vielfach in dieser Form realisiert.

09 03 03 Frequenzstabilisierung[1], Generatorausfall

Die Geräte an Bord eines Transportflugzeuges benötigen in der Regel Wechselspannung einer Frequenz von standardmäßig 400 Hz, wobei diese im Rahmen von Schwankungstoleranzen (+- 10 Hz) konstant sein muss, da ansonsten die elektrischen Geräte an Bord in ihrer Funktion gestört werden können.

Es gibt zwei etablierte Methoden, die benötigte Frequenz mit hinreichender Genauigkeit zu erzeugen.

Abbildung 209: CSD/Gen Kombination an einem CFM 56 Triebwerk (Foto: Chris Brady)

Mechanisches Konstantdrehzahlgetriebe

Die erste Methode arbeitet mechanisch mit einem Konstantdrehzahlgetriebe (engl. constant speed drive = CSD). Das CSD nutzt dabei im Wesentlichen mechanische Fliehkraftregler und eine hierdurch geregelte Getriebeübersetzung, um an einer Abtriebswelle eine konstante Frequenz unabhängig von der

[1] Das Thema wird hier im Unterschied zum Syllabus etwas weiter gefaßt

Drehzahl des Triebwerks zu erzeugen. An dieser Abtriebswelle ist der Wechselstromgenerator angeschlossen. Befinden sich CSD und Generator in einem Gehäuse spricht man von einem im Getriebe integrierten Generator (engl. integrated drive generator = IDG).

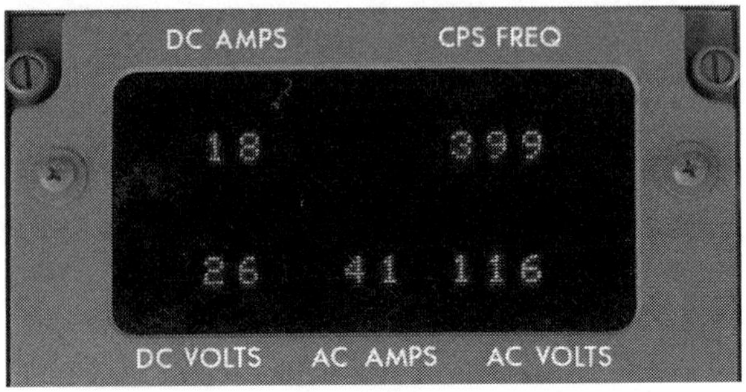

Abbildung 210: Generator Monitoring Panel B737 NG (Foto: Chris Brady)

Über ECAM/EICAS-Anzeigen oder besondere Monitoring Panel lässt sich die Funktion des CSD bzw. IDG überwachen. Die Abbildung rechts zeigt einen Ausschnitt des Panels einer Boeing 737 NG. Hierauf lässt sich ablesen, dass der angezeigte Generator Wechselspannung von 116 V mit 399 Hz liefert und aktuell 41 A Wechselstrom fließen.

Abbildung 211: Konstantdrehzahlgetriebe (CSD), Generator und GCUs eines Boeing 747 Triebwerkgenerators, Leistung 90 kVA bei 12.000 U/min, Gewicht 63 kg (Quelle: VDE [13])

Elektronische Frequenzerzeugung[1]

Die zweite Methode kommt mit dem Kürzel VSCF daher, was für Variable Speed Constant Frequency steht. Bei dieser Methode verzichtet man auf die mechanische Konstanthaltung einer Drehzahl und nutzt den Generatoroutput entsprechend der Triebwerksdrehzahl, wobei eine variable Frequenz von 300 - 800 Hz entsteht. Man erzeugt daraus zunächst eine konstante Gleichspannung. Aus dieser Gleichspannung wird über elektronische Wechselrichter eine dreiphasige Wechselspannung von 115 V und 400 Hz erzeugt.

Der Vorteil dieser Lösung liegt darin, dass man das komplizierte und schwere Gleichdrehzahlgetriebe einspart. Der 150 kVA VSCF-Generator des A380 wiegt beispielsweise nur 45 kg. Hinzu kommt, dass diese rein elektronische Lösung theoretisch ein Plus an Zuverlässigkeit und damit Sicherheit liefert.

Wild Frequency Generator

In manchen Flugzeugtypen (z.B. Dash 8, ATR 42+72, Saab 340) sind zusätzlich dreiphasige Wechselstromgeneratoren ohne Frequenzstabilisierung eingebaut. Ihr Output wird vorwiegend genutzt, um die hohen Stromlasten der Bordküche (engl. galley) zu bedienen, die als reine Heizungsstromverbraucher nicht auf konstante Frequenz angewiesen sind. Generatoren dieser Art werden als *„AC wild frequency"* Generatoren bezeichnet. In einigen Flugzeugtypen sind AC Wild Frequency Generatoren auch zusätzlich an der Auxiliary Gear Box als Notstromgeneratoren eingebaut.

Generatorfehler, Generatorausfall

Generatoren können ausfallen z.B. durch einen Schaden an der Antriebswelle für die Getriebebox für die Hilfsaggregate oder durch einen Fehler im CSD oder durch einen elektrischen Fehler im Generator selbst oder der Generator Control Unit (GCU).

Die GCU überprüft ständig eine Reihe von möglichen Fehlerursachen und trennt den Generator ggf. vom Bordnetz. Folgende Prüfungen werden durchgeführt:

- Overheat - Überhitzung durch mangelhafte Kühlung oder Überlast.
- Earth-Leakage - Erdschleife, bei defekter Isolation fließt ein Teil des Stromes nicht über den Verbraucher sondern direkt zur Erde (Rumpf).
- Under-Voltage - Unterspannung, der Generator liefert zu geringe Spannung

[1] VSCF ist nicht Bestandteil des Syllabus

- Over-Voltage - Überspannung, der Generator liefert zu hohe Spannung (schaltet meistens bei $>$ 225 V)
- Differential Protection - Es wird geprüft, ob in der Elektrik intern Fehlströme zwischen stromführenden Leitungen fließen (line-to-line faults)
- Frequency - Drehzahl/Frequenz im Toleranzbereich
- Oil pressure - Öldruck des CSD im Toleranzbereich (bei IDG oder CSD/GEN)

Die Triebwerksgeneratoren bei Flugzeugen mit mehr als zwei Triebwerken werden in manchen Fällen synchron zusammengeschaltet (Parallelsystem, siehe im Abschnitt Stromverteilung) und verrichten gemeinsam die elektrische Arbeit.
Bei solchen Systemen ist die Überwachung noch aufwendiger und es werden zusätzlich kontinuierlich folgende weitere Parameter geprüft:

- Over-Excitation (Parallel Fault) - zu hohe Erregerfeldstärke
- Under-Excitation (Parallel Fault) - zu geringe Erregerfeldstärke
- Instability Protection (Parallel Fault) - oszillierender Output

Fällt ein Generator aus, übernehmen die verbleibenden Generatoren die Arbeit.
Die Generatoren an Bord sind von ihrer Leistung her so ausgelegt, dass auch bei zweimotorigen Transportflugzeugen ein Generator allein alle Bordsysteme mit Ausnahme der Bordküchen betreiben kann. Der APU-Generator kann zudem in der Regel ebenfalls die Funktion eines der Triebwerksgeneratoren übernehmen, allerdings unsynchronisiert.
Fällt das gesamte Bordsystem aus, weil beispielsweise kein Treibstoff mehr an Bord vorhanden ist, gibt es als letzte Instanz die Notstromversorgung des Fahrtwind angetriebenen Staudruckgenerators (RAT), der unter anderem einen Notstromgenerator antreibt. Die Leistung dieses *Notstromgenerators* liegt bei Mittelstreckenflugzeugen meistens im Bereich von 5 - 20 kVA in Form von dreiphasiger Wechselspannung von 115 V, woraus über eine Transformator-Gleichrichter-Baugruppe die benötigte 28 V Gleich-

Abbildung 212: Staudruckgenerator (Quelle: Hamilton Sundstrand)

spannung erzeugt wird. Beim Airbus A 380 leistet der Notstromgenerators der RAT 70 kVA.

Im Fall der reinen *Batteriekonfiguration* (engl. battery only configuration*)* muss gemäß Bauvorschriften (CS 23, 25) elektrische Energie für die wichtigsten Bordsysteme für mindestens 30 Minuten zur Verfügung stehen.

09 03 04 Transformatoren, Transformator-Gleichrichter-Baugruppen, Umrichter

Das bereits unter Grundlagen besprochene Induktionsgesetz bildet auch die Basis für den Bau eines Transformators. Wird nämlich eine Spule von einem Wechselstrom durchflossen, baut es ein sich änderndes Magnetfeld auf. Das Magnetfeld kann in einer zweiten Spule, die ebenfalls von diesem Magnetfeld „durchflossen" wird, eine zweite Wechselspannung induzieren, deren Spannung im Verhältnis der Windungszahlen erzeugt wird. Die effizienteste Transformation erreicht man durch die Verwendung desselben Magnetkerns, da hiermit die Felder eng gekoppelt werden. Mit dem Transformator lassen sich Wechselspannungen herauf- oder herunter transformieren.

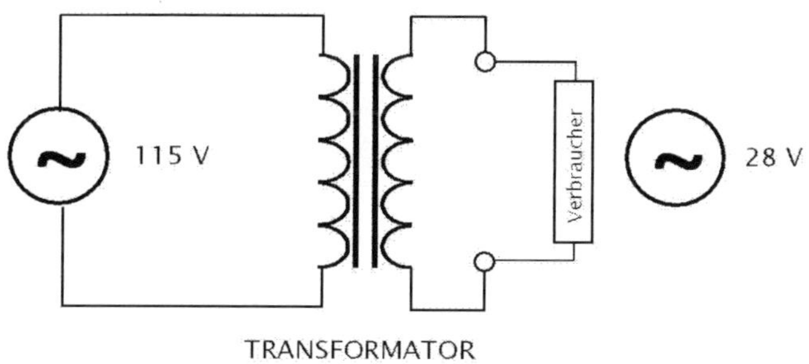

Abbildung 213: Einfache Transformatorschaltung (Grafik: KLSP)

Transformatoren werden an Bord von Transportflugzeugen vorwiegend in *Transformator-Gleichrichter-Baugruppen* (engl. Transformer Rectifier Unit = TRU) verwendet. Eine TRU wandelt Wechselspannung in eine unterschiedliche Gleichspannung, meistens wird von 115 V AC nach 28 V DC gewandelt. Gleichspannung wird in jedem Fall zum Laden der Bordbatterien und zum Schalten von Relais benötigt und ist somit unverzichtbar.

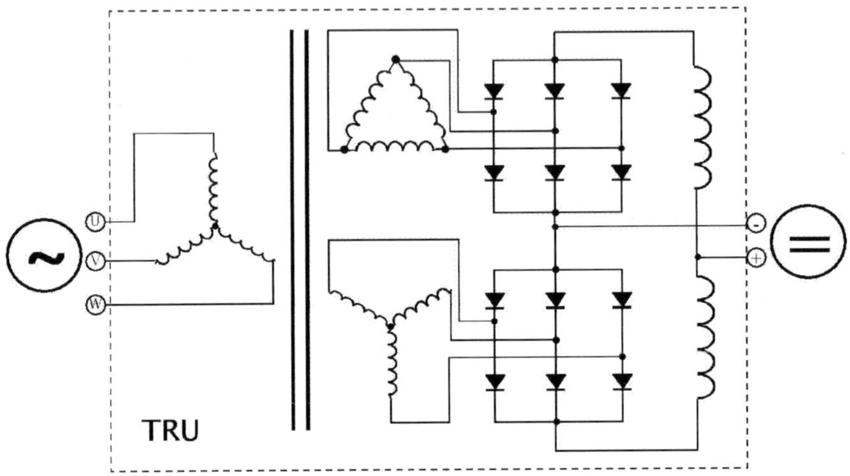

Abbildung 214: Transformator-Gleichrichter-Baugruppe, primärseitig Spulen in Sternschaltung, sekundärseitig Spulen in Stern- und Dreieckschaltung, Gleichrichtung durch zwei Vollweggleichrichter mit je 6 Dioden (Grafik: KLSP nach Vorlage)

Jeder Triebwerksgenerator versorgt eine Wechselspannungshauptverteilung. Normalerweise ist an jeder der Hauptverteilungen eine TRU angeschlossen. Eine weitere TRU liegt am Notstromgenerator und sorgt für die Notfallgleichspannungsverteilung.

Bei Flugzeugen, die auf der Basis einer primären Gleichspannungsversorgung aufgebaut sind, ist es z.B. zum Betrieb einzelner 115-V-Bordinstrumente oder für den Passagierraum erforderlich, 115 V 400 Hz Wechselspannung zu erzeugen. Diese Aufgabe übernimmt ein sogenannter *Wechselrichter* (engl. static inverter, Abk. SI).

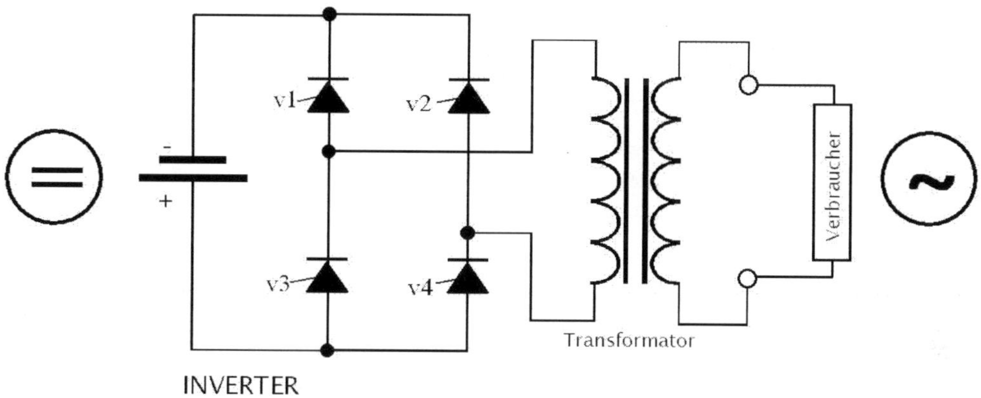

Abbildung 215: Einphasiger Wechselrichter mittels elektronisch steuerbarem Brückengleichrichter (v) und Transformator (Grafik: KLSP nach Vorlage)

Seine Funktionsweise besteht darin, dass eine Gleichspannung in Rechteckimpulse zerhackt wird, die danach mittels eines Transformators in eine Wechselspannung der gewünschten Frequenz und Amplitude gewandelt wird. Um gute Annäherung an eine Sinusform zu erhalten, erfordert es einigen schaltungstechnischen Aufwand.

09 04 00 Stromverteilung

09 04 01 Grundlagen

Früher wurden bei einem Flugzeug alle elektrischen Verbraucher an einer Sammelschiene angeschlossen, die direkt mit der Batteriespannung verbunden war. Sammelschiene heißt im Englischen ‚bus bar', daher stammt der Begriff bus. Unter einem *Bus* versteht man heute die physikalische Verbindung von elektrischen Leitern für ein und dieselbe Verbraucherspannung, an die viele Verbraucher gemeinsam angeschlossen sind. Aus welchen Leitungen, Klemmen, Schienen usw. der Bus besteht, ist dabei beliebig. Tatsächlich bestehen Busse heute aus vielen einzelnen Verbindungsteilen und sind damit sehr viel komplexer aufgebaut als eine Sammelschiene. Die Stromverteilung in einem Flugzeug erfolgt über ein *Bussystem*, d.i. ein System mehrerer Busse. Busse können als Gleichstrom- oder Wechselstrombusse eingerichtet sein, je nachdem, ob am Bus Gleichstrom oder Wechselstrom verteilt wird.

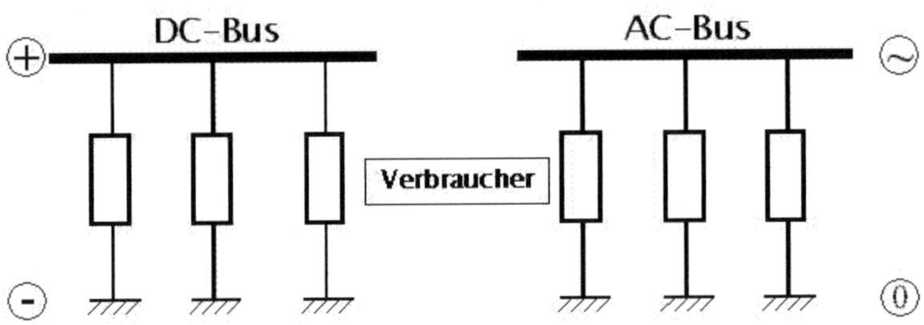

Abbildung 216: Definition des Begriffes ‚Bus' (Grafik: KLSP)

Bei Flugzeugen aus Metall dient die Flugzeugstruktur als Gegenpol („gemeinsame Erde") zum spannungführenden Bus, d.h. der Strom fließt vom Bus über den jeweiligen Verbraucher zu einer passenden Stelle der Flugzeugstruktur. Dieses Verfahren ist auch vom Automobil her bekannt. Konstruktiv muss dabei dafür gesorgt werden, dass die Flugzeugstruktur überall dasselbe Potenzial aufweist, d.h. es dürfen keine zusätzlichen Widerstände zwischen einzelnen Teilen der Struktur z. B. zwischen Rumpfsektionen bestehen. Dazu sind normalerweise zusätzlich elektrische Verbindungsbrücken eingebaut. Bei Konstruktionen aus GfK, CfK oder ähnlichen Nichtleitern, muss ein separates Erdungssystem im Flugzeug verlegt werden.

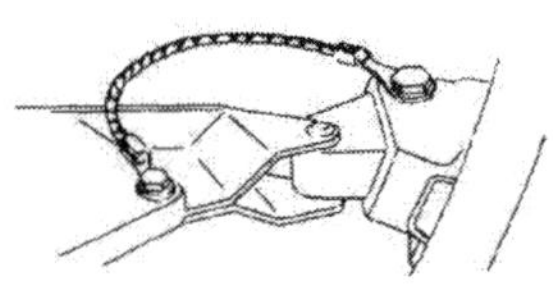

Die Gesamtheit der Busse (AC, DC) inklusive der Energiequellen (Generatoren, Batterien) und Konvertierungseinheiten (TRU, SI) wird als *Stromverteilungssystem*[1] (engl. power distribution system) bezeichnet.
Kommen wir zunächst zu den Eigenschaften von Bussen im Stromverteilungssystem. Je nachdem, welche besondere Funktion ein Bus im gesamten elektrischen Netz übernimmt, wird seine Bezeichnung weiter konkretisiert. Folgende Bezeichnungen sind üblich:

- **Main Bus.** Der Hauptbus, von dem aus die Mehrzahl der Verbraucher versorgt werden, wird als Main Bus bezeichnet. Der Main Bus ist bei Flugzeugen mit mehreren Generatoren und mit AC/DC Erzeugung in der Regel in mehrere Teil-Busse aufgeteilt.
- **Essential Bus.** Neben dem Hauptbus, von dem aus die Standardverbraucher gespeist werden, versorgt der Essential Bus (z.B. DC Essential Bus, AC Essential Bus) – wie der Name schon nahelegt – die wesentlichen Verbraucher wie Navigationsinstrumente, Vereisungsschutz, Zündsystem usw. Der Essential Bus kann meistens aus mehreren Generatoren gespeist werden und wird im Fehlerfall automatisch notversorgt.
- **Emergency Bus.** Bus für die Notstromverteilung, der seine Spannung vom Notstromgenerator erhält.
- **Ground Service Bus.** Der Ground Service Bus dient zur Spannungsversorgung des Ground Service. Er wird manuell aktiviert, wenn das Flugzeug am Boden ist.
- **Battery Bus.** Der Battery Bus dient zum Laden der Batterie und ist vom Hot Battery Bus über eine Sicherung verbunden. Er ist also ein abgesicherter Batteriebus.
- **Battery Hot Bus.** Der Battery Hot Bus ist direkt, also ungesichert, mit der Bordbatterie verbunden.
- **Bus Tie.** Der Bus Tie stellt die Verbindung zwischen zwei Bussen her.

Diese und ähnliche Bezeichnungen sind nicht genormt und können sich daher je nach Hersteller, meistens geringfügig, unterscheiden.

---

[1] Das Beispielsystem des Syllabus für eine Stromverteilung und weitere Beispiele sind unter Punkt 09 04 03 Drehstromverteilung ausführlich besprochen.

External Power. Für die Spannungsversorgung am Boden dient eine sechspolige Bodensteckdose (bei großen Flugzeugen auch mehrere), über die eine externe Wechselspannung (external power) in das Bordsystem eingespeist werden kann. Wird der Stecker verbunden, leuchtet im Cockpit eine entsprechende Kontrollleuchte. Danach lässt sich das Bordsystem von dort aus auf externe Versorgung umschalten, vorausgesetzt, dass alle bordeigenen Generatoren vorher abgeschaltet wurden. Das Bordsystem wird danach allein vom extern eingespeisten Drehstrom betrieben, ohne das APU oder Triebwerke laufen müssen. Bei Flugzeugen mit Triebwerken, die elektrisch z.B. über Startergenerator angelassen werden, kann bei Bedarf auch der hohe Anlassstrom extern bezogen werden.

Load Sharing. Die Belastung durch die Verbraucher wird auf die vorhandenen Generatoren aufgeteilt, sodass jeder Generator jeweils einen Teil der gesamten Stromlast trägt. Man spricht vom sogenannten ‚Load Sharing'. Die Art und Weise des Load Sharings hängt von der Auslegung des Systems ab (Parallelsystem, Splitsystem). Weitere Details hierzu werden in den nächsten Abschnitten behandelt.

Load Shedding. Neben Load Sharing wird im elektrischen Bordsystem zusätzlich Load Shedding bei den stromintensiven Wechselstromverbrauchern durchgeführt. Mit Load Shedding ist dabei gemeint, dass das Bordsystem im Falle einer Überlastung der Generatoren einzelne Verbraucher herunterregelt oder im Extremfall vollkommen abschaltet. Load Shedding geschieht anhand einer bestimmten Priorisierung, angefangen bei den Verbrauchern der Bordküche, die zuerst abgeschaltet werden, bis hin zu den redundanten Bordsystemen, die in einem Notfall ebenfalls abgetrennt werden können.

Flight/Ground Priorisierung. Bei den zu versorgenden Verbrauchern wird zwischen Flight- und Groundmodus unterschieden. Zum Beispiel kommen am Boden zusätzliche AC-Verbraucher z.B. für die Heißwasseraufbereitung für die Toilettenreinigung, Staubsauger an den Staubsaugeranschlussdosen usw. hinzu. Auch einige DC-Verbraucher werden zusätzlich angeschaltet, darunter Systeme für die bordinterne Kommunikation, Cockpitdeckenbeleuchtung, Systeme für die Überwachung der Küchenelektrik und andere. Für Flight/Ground existiert daher eine unterschiedliche Priorisierung bei der Spannungsversorgung.

Zulassungsvorschriften

Die Zulassungsvorschriften nach CS23 (Commuter Aircraft) und CS 25 (Transport Aircraft) enthalten strenge Anforderungen an Energiequellen und Stromverteilung. Wir wollen einige Ausschnitte aus CS 25 zitieren:

CS 25.1310 Power source capacity and distribution

(a) Each installation whose functioning is required for type certification or by operating rules and that requires a power supply is an "essential load" on the power supply. The power sources and the system must be able to supply the following power loads in probable operating combinations and for probable durations (see AMC 25.1310(a)):

(1) Loads connected to the system with the system functioning normally.

(2) Essential loads, after failure of any one prime mover, power converter, or energy storage device.

(3) Essential loads after failure of -

(i) Any one engine on two-engine aeroplanes; and

(ii) Any two engines on three-or more engine aeroplanes.

(4) Essential loads for which an alternate source of power is required, after any failure or malfunction in any one-power supply system, distribution system, or other utilisation system..

CS 25.1351 Generating System

....

(b) (2) No failure or malfunction of any power source can create a hazard or impair the ability of remaining sources to supply essential loads

CS 25.1353 Electrical equipment and installations

(a) Electrical equipment, controls, and wiring must be installed so that operation of any one unit or system of units will not adversely affect the simultaneous operation of any other electrical unit or system essential to the safe operation. Any electrical interference likely to be present in the aeroplane must not result in hazardous effects upon the aeroplane or its systems except under extremely remote conditions. (See AMC 25.1353 (a).)

Hiernach ist bei mehrmotorigen Flugzeugen die Konstruktion einer Stromverteilung mit einem einzigen Hauptbus nicht zulässig. Bei zweimotorigen Commuter- und Transportflugzeugen muss das System aus *mindestens zwei Generatoren* mit zwei separaten Hauptbussen bestehen, sodass beide Systeme *unabhängig voneinander* funktionieren.

09 04 02 Gleichstromverteilung

System mit einem Generator

Gleichstomverteilungssysteme mit nur einem Triebwerksgenerator kommen ausschließlich bei einmotorigen Kleinflugzeugen der Allgemeinen Luftfahrt vor. Generator und Batterie speisen dabei in den selben Generator-Batterie-Bus ein, der mittels Hauptschalter mit dem DC Main Bus verbunden wird, aus dem die Mehrzahl der Verbraucher gespeist werden.

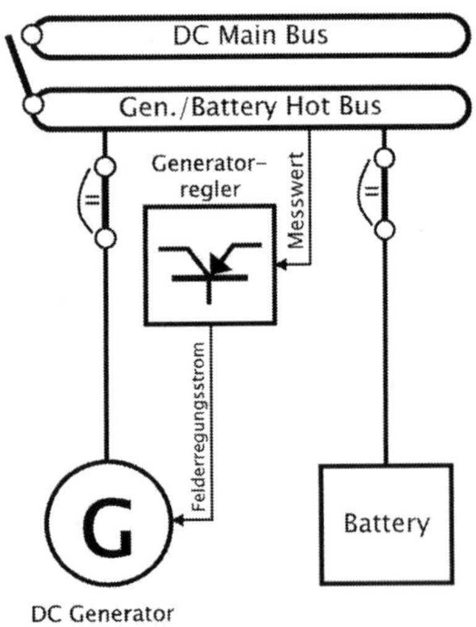

Abbildung 217: Eingenerator-DC-Verteilungssystem (Grafik: KLSP)

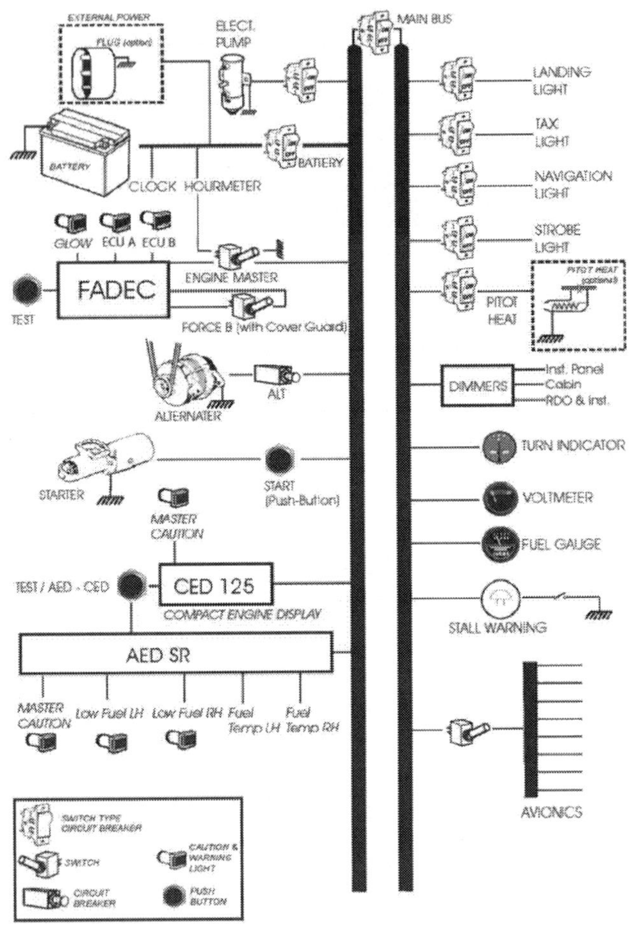

Abbildung 218: Gleichstrombordnetz C172 mit TAE 125 Dieselmotor (Quelle: C172 Handbuch)

<u>DC- Verteilung Beispiel 1</u>: einfaches System mit einem Generator

Die Abbildung oben rechts zeigt das einfache Gleichstrombordnetz einer Cessna 172 mit TAE 125 (Centurion) Dieselmotor, ausgestattet mit einem einzigen Generator und nur einer Bordbatterie. Die Stromverteilung besteht dabei aus dem Batteriebus auf der linken Seite

und dem Mainbus auf der rechten Seite. Mit dem Hauptschalter wird der Batteriebus mit dem Mainbus verbunden. Alle Verbraucher mit Ausnahme besonderer Systemverbraucher wie Anlasser, FADEC-Einheit, Monitoring-Display und Annunciator-Leiste werden vom Mainbus versorgt. Der DC-Alternator speist direkt in den Batteriebus ein und lädt damit die Batterie.
Beim Ausfall des DC-Alternators läuft das System mit battery only configuration bis zu ihrer Entladung. Bei einem Kurzschluss des Mainbus lässt sich durch Öffnen des Hauptschalters der Batteriebus am Leben erhalten, sodass das Triebwerk weiter laufen kann. Bei einem Kurzschluss des Batteriebusses fällt das gesamte elektrische System inklusive Triebwerk aus.

Zur Überwachung des Generators dient bei einfachen Systemen oftmals nur ein einfaches Ladeamperemeter, das die Summe aus Lade- und Entladestrom anzeigt. Ist diese positiv (Zeigerausschlag nach rechts) wird die Batterie geladen, ist sie negativ (Zeigerausschlag nach links) wird sie entladen (siehe Abb. rechts). Das Amperemeter zeigt dabei den Spannungsabfall an einem sehr kleinen Widerstand in der Batteriezuleitung an. Nach dem Ohmschen Gesetz ist diese proportional zum Stromfluss.

Abbildung 219: Amperemeter zur Ladestromanzeige (Quelle: Jake Heindselman)

Das Eingeneratorverteilungssystem bietet im Schadensfall kaum Alternativen zu einer Notlandung oder – bei einem autonomen Triebwerk mit Magnetzündung – zügigen Sicherheitslandung auf dem nächstgelegenen Landeplatz.

Systeme mit zwei Generatoren

Bei Gleichstromsystemen mit zwei Generatoren, die dabei in der Regel von zwei Triebwerken angetrieben werden, erreicht man wesentlich höhere Sicherheit.

Es bestehen im Prinzip konstruktiv zwei Möglichkeiten.

(i) Im ersten Fall speisen beide Generatoren in einen gemeinsamen Bus ein, aus dem das gesamte Netz versorgt wird (*Parallelsystem*). Legt man beide Generatoren so aus, das jeder für sich die gesamte Netzlast bedienen kann, so lässt sich im Falle des Ausfalls eines Generators dieser vom Netz trennen und die Stromversorgung wird unbeschadet weiter funktionieren.

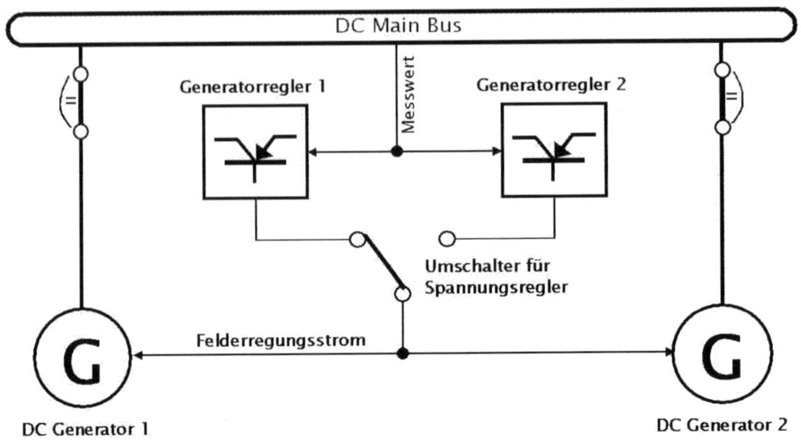

Abbildung 220: Zweigeneratorsystem mit Paralleleinspeisung (Grafik: KLSP)

Tritt allerdings ein Fehler am Bus selbst auf (z.B. Kurzschluss), so wird die gesamte Stromversorgung nicht mehr funktionieren.
Die Lastverteilung ist beim Parallelsystem stets garantiert, da im Normalfall jeder Generator automatisch gleich viel der Last eines jeden Verbrauchers übernimmt.

(ii) Im zweiten Fall speist jeder der beiden Generatoren in ein separaten Bus ein (*Splitsystem*). Auch in diesem Fall legt man beide Generatoren so aus, das jeder für sich die gesamte Netzlast bedienen kann.

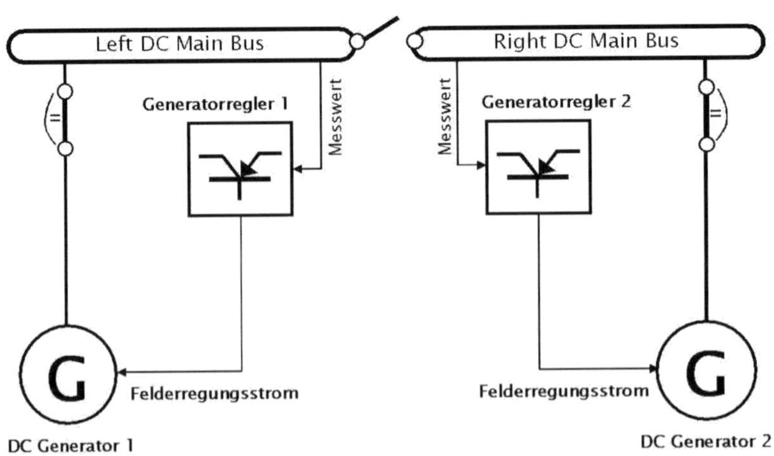

Abbildung 221: Zweigeneratorsystem mit Spliteinspeisung (Grafik: KLSP)

Im dem Fall, dass einer der beiden Generatoren ausfällt, lässt sich der schadhafte Generator vom Teilbus trennen und der betroffene Teilbus auf den anderen Generator aufschalten. Das System wird mit einem Generator weiter funktionieren.
In dem Fall, dass ein Fehler an einem Bus auftritt, ist man gegenüber dem Parallelsystem im Vorteil, da nicht alle Verbraucher ausfallen, sondern nur diejenigen am schadhaften Teilbus. Das Splitsystem bietet folglich ein kleines Plus an Sicherheit.
Bei der Lastverteilung hat das Splitsystem allerdings einen kleinen Nachteil, da die Lastverteilung auf beide Busse im Normalfall nur durch die statische Zuordnung der Verbraucher zu den einzelnen Bussen erfolgen kann. Dies führt bei Anschaltung von stromintensiven Verbrauchern wie einer Bordküche zu asymmetrischer Belastung der Generatoren.

DC-Verteilung Beispiel 2**:** In der folgenden Abbildung ist die Gleichstromverteilung eines Embraer ERJ 135 Regionalflugzeugs dargestellt.

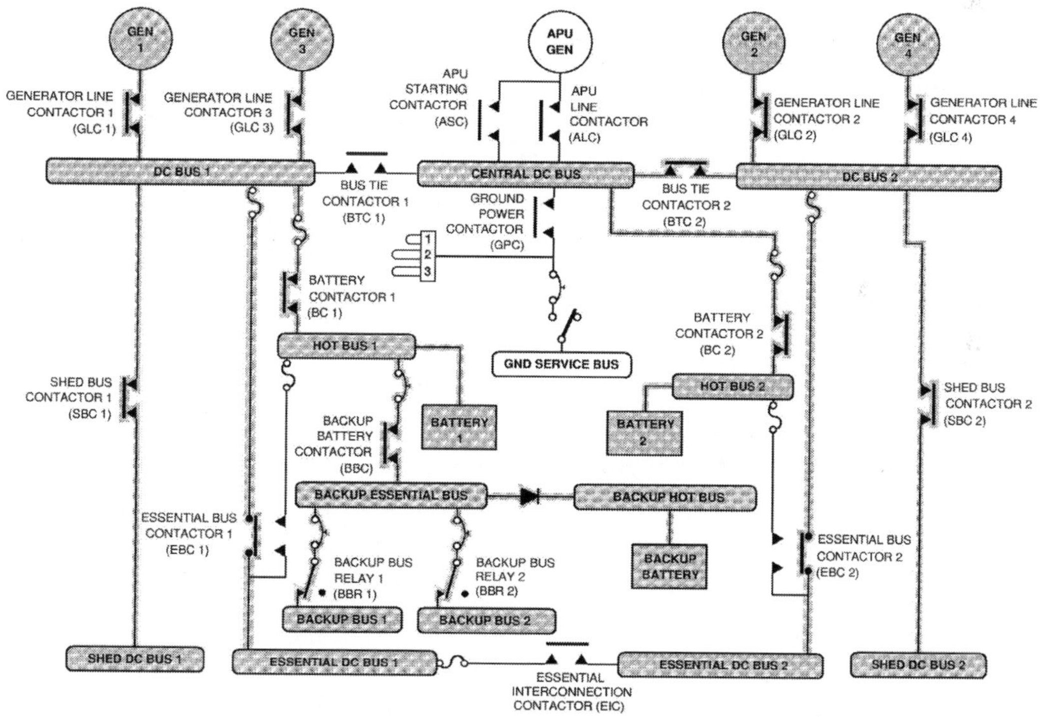

Abbildung 222: Elektrisches System des ERJ 135 im Normalbetrieb (Quelle: Smartcockpit.com)

Das System besteht aus vier Triebwerksgeneratoren, dem APU-Generator, zwei Bordbatterien und einer Notbatterie. Es handelt sich um ein DC-Splitsystem, wobei die Generatoren

1/3 in den DC BUS 1 einspeisen, der zwei weitere Busse, den SHED DC BUS 1 und den ESSENTIAL DC BUS 1, versorgt. Am Essentialbus hängen alle sicherheitsrelevanten Verbraucher und am Shedding-Bus solche, die im Notfall abgeschaltet werden können. Das Ganze ist auf der rechten Seite mit den Generatoren 2/4 symmetrisch aufgebaut. Linke und rechte Verteilung arbeiten im Normalbetrieb vollkommen isoliert voneinander.
Über den CENTRAL DC BUS kann der APU Generator oder Ground Power eingespeist werden, wobei diese Quellen mit DC BUS 1+2 über die BUS TIE Contactors verbunden wird.
Die Ladung der Bordbatterien erfolgt bei Batterie 1 über DC BUS 1 und den HOT BUS 1, bei Batterie 2 über den DC BUS 2 über den CENTRAL DC BUS und den HOT BUS 2. Batterie 2 ist mit dem Centralbus verbunden, da sie unter anderem das Anlassen der APU über den APU-Startergenerator leisten muss.
Fällt einer der Generatoren aus, so findet lediglich Shedding statt, indem der SHED DC BUS auf der betroffenen Seite abgetrennt wird.
Fällt eine komplette Generatorseite aus, kann der APU-Generator die Last übernehmen.
Fallen alle Generatoren aus, so übernehmen die beiden 24 V Ni-Cd Batterien mit je 44 Ah die Notversorgung, wobei über HOT BUS 1+2 die beiden ESSENTIAL DC BUS 1+2 für mindestens 40 Minuten versorgt werden.
Die Umschaltungen werden vom Verteilungssystem überwiegend automatisch vorgenommen. Auf weitere Details wollen wir hier nicht eingehen.

Typische DC-Verbraucher

Als typische DC-Verbraucher sind an vorderster Stelle die Bordbatterien zu nennen, die in jedem Fall nur mit Gleichstrom geladen werden können. Ferner benötigen prinzipiell alle Bordcomputer, Mikroprozessor gesteuerten Controller, Halbleiterdisplays (Glascockpit), kurz, sämtliche Halbleiterschaltungen sowie Anzeigeinstrumente, Kontrollleuchten usw. intern Gleichspannung. Viele der genannten Verbraucher sind allerdings neben der 28 V Gleichspannungsversorgung zusätzlich mit internen Netzteilen für 115 V 400 Hz Wechselspannung ausgestattet und können daher sowohl AC- als auch DC-seitig angeschaltet werden.
Aus diesem Grund folgt die tatsächliche Aufteilung der Verbraucher heutiger Bordsysteme in DC- und AC-Verbraucher scheinbar keiner besonderen Logik mehr. Im nächsten Abschnitt ist die Aufteilung bei einem Airbus A320 dargestellt.

09 04 03 Drehstromverteilung

Bei großen Transportflugzeugen der Zulassungsklasse CS25 ist das primäre elektrische Bordsystem auf der Basis von 115 V 400 Hz Drehstromversorgung aufgebaut. Sämtliche elektrische Energie stammt im Normalbetrieb aus den zwei, drei oder vier Drehstromgeneratoren der Triebwerke (Prinzip: ein Generator pro Triebwerk), auch die Gleichspannung wird hieraus mittels TRUs gewonnen.

Drehstromverteilungssysteme

Prinzipiell lässt sich die Drehstromverteilung genauso wie bei der Gleichstromverteilung bereits beschrieben, als *Splitverteilung* oder als *Parallelverteilung* realisieren (bei den vorigen Abbildungen braucht man gedanklich lediglich DC durch AC ersetzen). Im Unterschied zu einem DC-Bus besteht der AC-Bus dabei allerdings aus drei Phasen, die wie in einem Haushaltsnetz ein- oder dreiphasig mit den Verbrauchern verbunden werden können.

AC-Splitsystem. Bei einer Wechselstrom-Splitverteilung oder einem Wechselstrom-Splitsystem ist das System in zwei voneinander unabhängige Stromverteilungen aufgeteilt. Da aus der Drehstromverteilung auch die Gleichstromverteilung erzeugt wird, gilt die Trennung auch für den Gleichstromteil. Die Unabhängigkeit darf dabei natürlich nicht auf der Verbraucherseite durchbrochen werden, d.h. ein Verbraucher darf dabei nicht gleichzeitig galvanisch mit beiden Seiten der Teilsysteme verbunden werden. Im Folgenden schauen wird uns zwei gängige Systeme näher an.

> AC-Verteilung Beispiel 1: Splitsystem A320
> Abbildung 223 zeigt als Beispiel das elektrische Bussystem des Syllabus. Es handelt sich um eine Drehstromverteilung in Form eines Splitsystems mit zwei Triebwerksgeneratoren als Energiequellen, das von einem Airbus A320 stammt oder ihm zumindest sehr ähnlich ist.

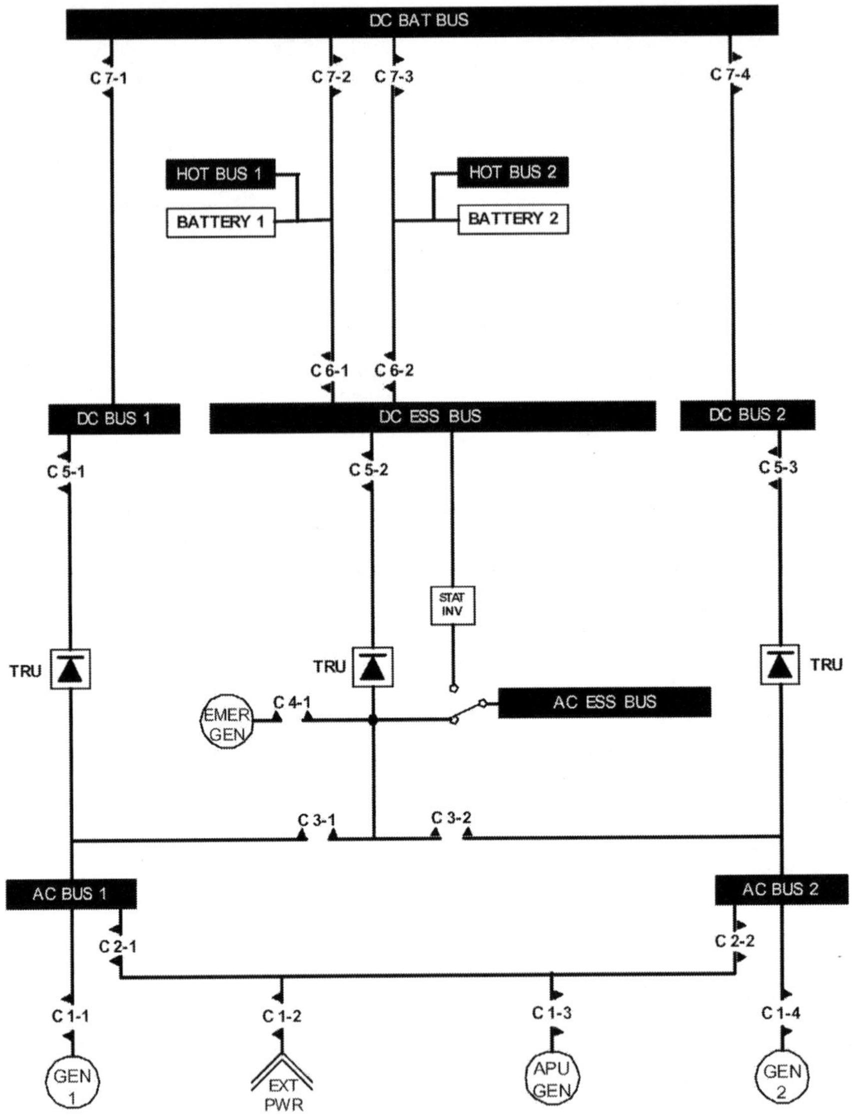

Abbildung 223: Beispielsystem des Syllabus. Es sind keine Verbraucher dargestellt.

Am unteren Ende befinden sich die einspeisenden Spannungsquellen. Links und rechts die beiden Triebwerksgeneratoren GEN1 und GEN2, dazwischen der Anschluss für eine externe Quelle z.B. von einer Ground Power Unit (GPU) und daneben der APU-Generator.
Jeder der beiden Triebwerksgeneratoren besitzt seinen eigenen AC BUS (AC BUS 1 uns 2), von dem aus die Standardverbraucher versorgt werden. Jeder der AC-Busse kann in den AC essential bus (AC ESS BUS) einspeisen, wobei im Normalfall der AC ESS BUS aus AC BUS 1

gespeist wird. Die sicherheitsrelevanten AC Verbraucher sind am AC ESS BUS angeschlossen. Über drei Transformer-Rectifier-Units (TRU) wird Gleichspannung erzeugt, die durch die Gleichstrombusse DC BUS 1, DC BUS ESS und DC BUS2 zur Verfügung gestellt wird. Die DC Standardverbraucher sind an den beiden DC Bussen (DC BUS 1+2) und die sicherheitsrelevanten Verbraucher am DC ESS BUS angeschlossen.
Zusätzlich gibt es den DC Batteriebus (DC BAT BUS), der im Normalfall vom DC BUS 1 gespeist wird. Vom DC BAT BUS werden die beiden Bordbatterien geladen.
Der Emergency Generator (EMER GEN) speist direkt in den AC Essential Bus ein und erzeugt über die dort verbundenen TRU auch die Gleichspannung am DC ESS BUS. Bei der battery only configuration kann über den Static Inverter aus DC ESS Wechselspannung am AC ESS BUS erzeugt werden (nach Schalten des Umschalters).

Notfallsituationen

(gilt für das obige Beispiel und größtenteils auch generell bei Zweigenerator-AC-Splitsystemen)
Beim Ausfall eines der beiden Drehstromgeneratoren fällt die komplette linke oder rechte Seite aus, inklusive der Gleichstromverteilung. Der schadhafte Generator wird in einem solchen Fall vom Netz getrennt. Die Last kann nun entweder vom intakten Generator übernommen werden, indem die Busse dort aufgeschaltet werden, oder man startet die APU und speist die nicht mehr versorgten Busse mit Hilfe des APU-Generators. Aus Gründen der Kompatibilität ist dieser dabei meistens von gleicher Leistung wie die Triebwerksgeneratoren.
Im Fall, dass alle Generatoren ausgefallen sind, was eigentlich nur bei leeren Tanks wahrscheinlich ist, besteht die Möglichkeit durch Ausfahren des Staudruckgenerators (RAT) elektrische Energie durch den Notstromgenerator zu bekommen.
Im Fall eines Kurzschlusses an einem Bus (bus failure), lässt sich dieser in der Regel nur vom Netz trennen. Solange der betroffene Bus nicht einer der Essential Busse ist, fallen einzelne Verbraucher aus, die aber nicht überlebenswichtig sind. Im Fall, dass es einer der Essential Busse ist, hat die Crew in der Regel ein ernstes Problem, wobei der AC Essential Bus im Vergleich die weniger wichtigen Komponenten versorgt. Am kritischsten ist der Ausfall des DC Essential Bus, da von dort die Versorgung aller Basisinstrumente für den absoluten Notfall erfolgt.
Welche Notfallverfahren es in einem solchen Fall noch gibt bzw. welche Restmöglichkeiten für die Flugdurchführung bestehen, ist je nach Flugzeugtyp verschieden und kann nur aus den jeweiligen Manuals erfahren werden.

<u>AC-Verteilung Beispiel 2:</u> Splitsystem B737
Als zweites Splitsystem sehen wir uns das der Boeing B737 NG etwas näher an.

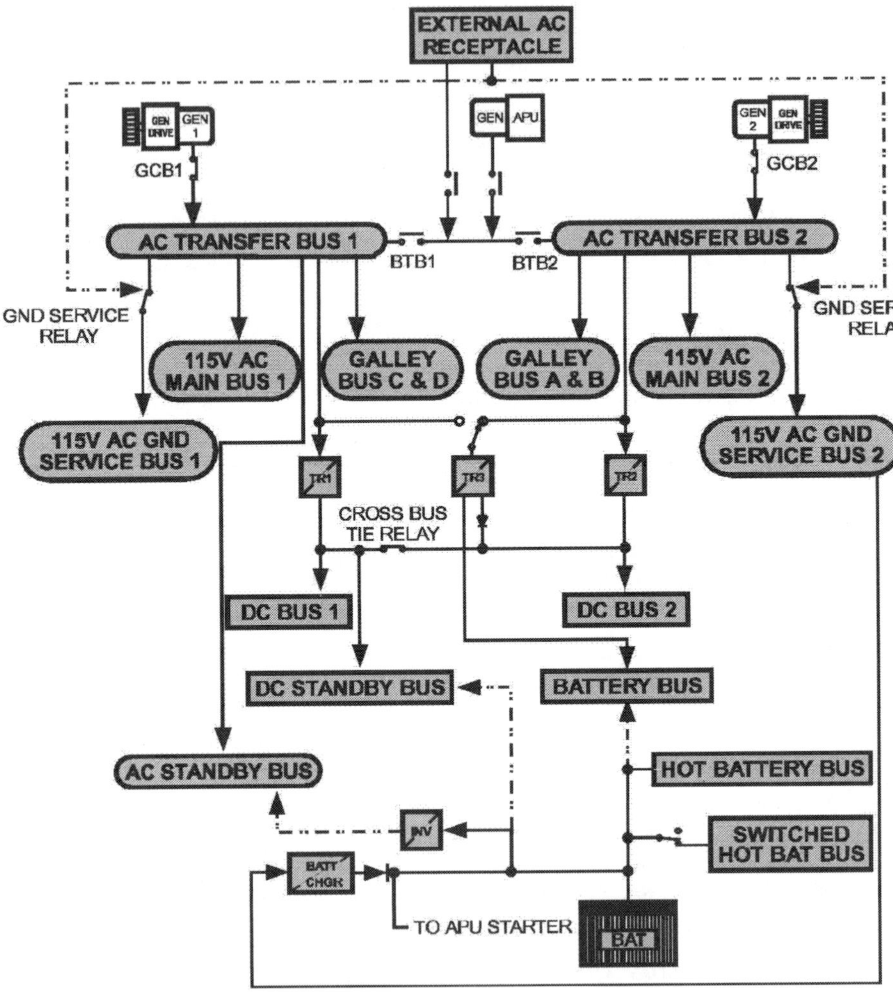

Abbildung 224: Elektrisches System der B737 NG (Grafik: Boeing Manual)

Beim Boeing-System gibt es wie beim A320 keinerlei Parallelschaltung von Drehstromquellen. Im System werden die beiden Busse, die direkt mit den Generatoren verbunden sind, als Transferbusse (AC TRANSFER BUS 1/2) bezeichnet. Sie lassen sich bei Bedarf vom Generator trennen. Die Transferbusse speisen jeweils einen Hauptbus und einen Galley-Bus. Am Hauptbus sind die Standardwechselstromverbraucher angeschlossen, am Galleybus, jeweils lastseitig auf die beiden Seiten verteilt, die Bordküche.

Die Transferbusse werden im Fall der externen Stromversorgung (EXTERNAL AC RECEPTABLE) nach der Umschaltung (siehe im Abschnitt Monitoring) von den beiden Generatoren getrennt und über ein Relais mit dem externen Drehstrom verbunden, allerdings nur dann, wenn die Prüfung des Qualität des Drehstroms positiv verläuft. Mit zwei weiteren Schaltern lässt sich der APU-Generator auf einen oder beide Transferbusse aufschalten und versorgt damit die gesamte Bordelektrik.

Aus dem Drehstrom der beiden Transferbusse wird über zwei TRUs Gleichspannung erzeugt, die zwei DC-Busse (DC BUS 1+2) speisen, an denen die DC-Verbraucher angeschlossen sind. Über eine dritte TRU wird der Batteriebus versorgt. Im Normalfall wird ein weiterer Bus, der DC Standby Bus über ein Cross Bus Tie Relais versorgt. Da diese Verbindung die Unabhängigkeit der DC Busse zerstört, wird sie beim ILS-Capture automatisch getrennt, um für den Anflug keinen Totalausfall der Navigationsanzeigen zu riskieren. Die Batterie wird über den AC Transfer Bus 2 und eine eigene Lade-TRU aufgeladen.

Notfallsituationen. Fällt einer der Triebwerksgeneratoren aus, übernimmt der zweite Generator automatisch die Last, indem die beiden elektronischen Bus Tie Bridges (BTB) schalten. Der APU Generator kann in diesem Fall die Last des ausgefallenen Generators übernehmen. Im Fall des Ausfalls aller Generatoren kann die Batterie folgende Busse versorgen:

- Battery Bus
- DC Standby Bus
- Hot Battery Bus
- Switched Hot Battery Bus
- AC Standby Bus, mittels Inverter

Auf weitere Details des Systems wollen wir hier nicht eingehen. Monitoring und Schalter des Overheadpanels werden unter Monitoring besprochen.

AC-Parallelsystem. Wechselspannungsquellen lassen sich nicht so einfach wie Gleichspannungsquellen parallel schalten. Beim parallelen Zusammenschalten von zwei AC-Bussen müssen dabei die Basisspannung, Frequenz und die Phasenlage inkl. Phasenrotation der beiden Wechselspannungen synchron sein[1].
Hinzu kommt, dass bei der Parallelschaltung von nur zwei Drehstromgeneratoren die Unabhängigkeit des Verteilungssystems fehlt, was bedeutet, dass solche Systeme eigentlich heute nicht mehr zulassungsfähig sind. Parallelsysteme tauchen nur bei Flugzeugen mit mindestens vier Triebwerksgeneratoren auf, als reine Parallelsysteme oder als Teilsysteme innerhalb der Verteilung. Hierbei lassen sich jeweils zwei Generatoren parallel schalten und man erhält ein System mit zwei getrennten SYNC-Bussen wie in der folgenden Abbildung schematisch dargestellt. Schaltet man die beiden SYNC-Busse auch noch zusammen, erhält man ein reines Parallelsystem.

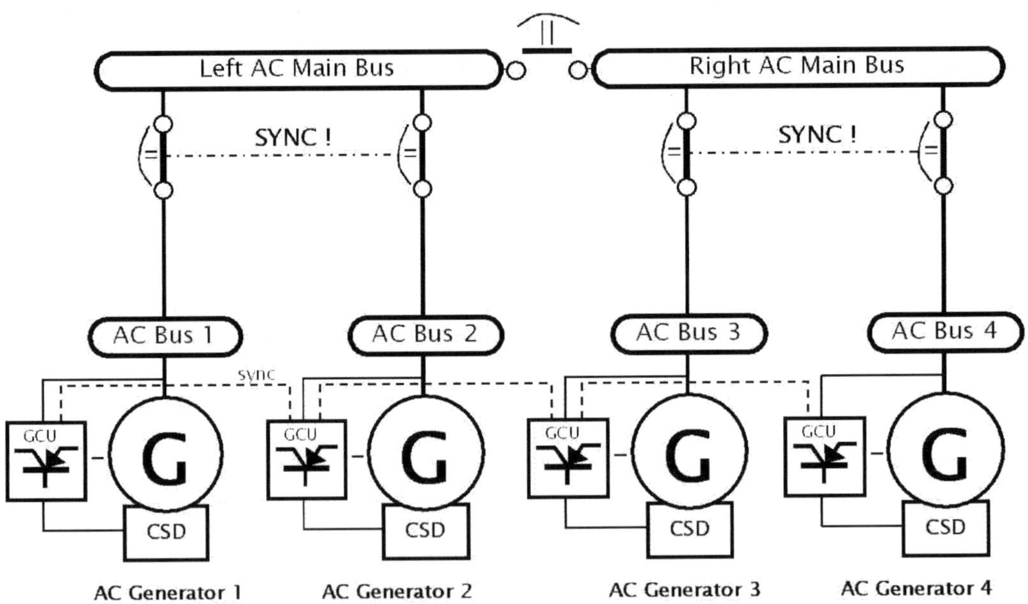

Abbildung 225: Viergenerator AC-System mit zwei SYNC-Bussen (Grafik: KLSP)

Wegen der technologischen Schwierigkeiten beim Synchronisieren der Wechselspannungen werden solche Systeme nur selten ausgeführt. So wurde beispielsweise beim Airbus A340 auf Parallelschaltung der Generatoren verzichtet.

[1] In der Ära, als noch Flugzeugingenieure im Cockpit arbeiteten, führten diese die Synchronisation manuell anhand einer Lampe durch, welche die Differenzspannung anzeigte. Waren beide Outputs gleich, erlosch die Lampe und der Sync-Schalter wurde umgelegt (lamp dark synchronisation).

<u>AC-Verteilung Beispiel 3</u>: Parallelsystem B747-400 (1988)
Ergänzend dargestellt ist ein Beispiel mit vier Triebwerkgeneratoren (IDG1-4) und Parallelschaltung (siehe SYNCH BUS).

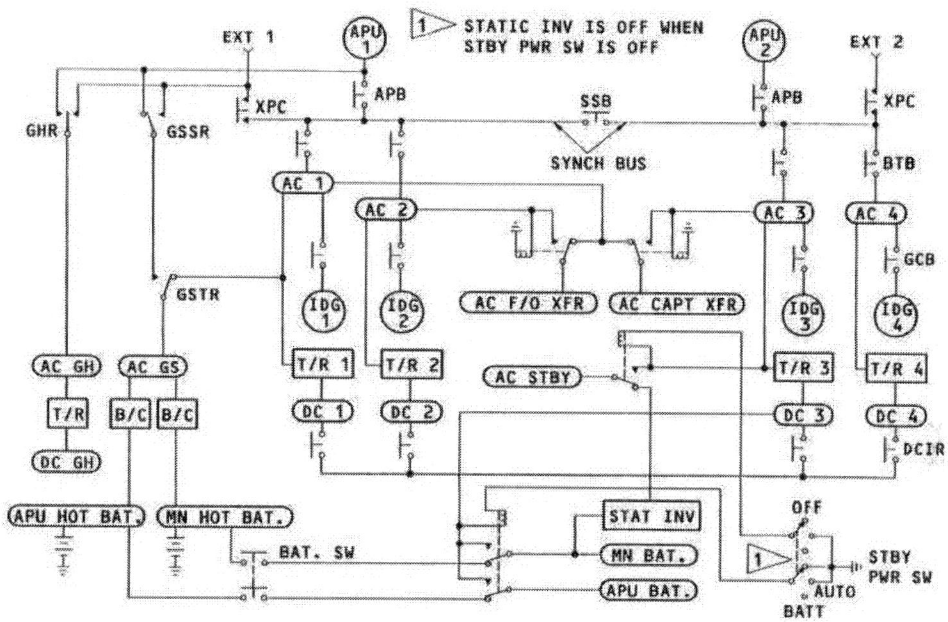

ELECTRICAL POWER SYSTEM (SIMPLIFIED)

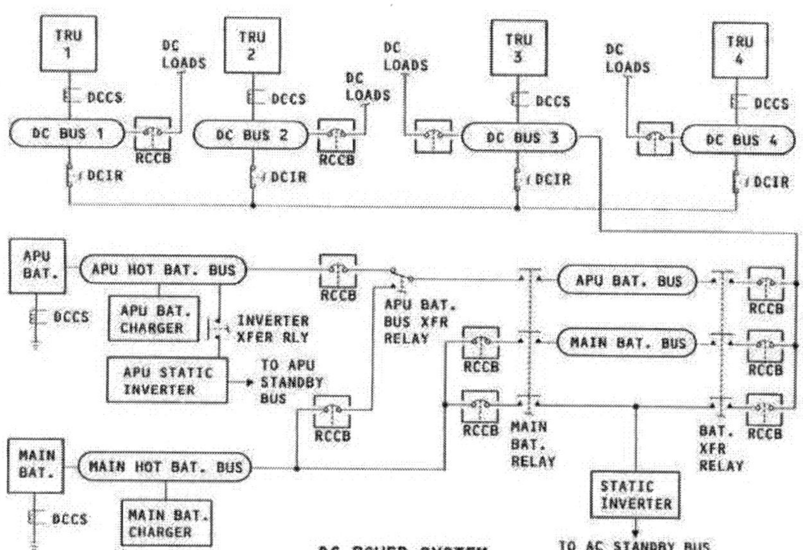

DC POWER SYSTEM

Abbildung 226: Elektrisches Bordsystem einer Boeing 747-400 (Quelle: Boeing Manual)

Typische AC-Verbraucher

Die größten AC-Verbraucher der Drehstromverteilung sind, wie bereits erwähnt, die Küchengeräte der Bordküche wie Herde, Heißwasserzubereitungsgeräte usw., die allesamt mit Drehstrom, also dreiphasig mit 200 V, betrieben werden. Hinzu kommen die Entertainmentgeräte und die Beleuchtung im Passagierraum.
Als weitere Großverbraucher gelten Klimaanlage und Hydraulikpumpen (kurzzeitig). Die Bordanlagen wie Computer, Bildschirme, Navigationselektronik usw. werden heutzutage ebenfalls vorwiegend an 115 V betrieben.

Im Folgenden ist exemplarisch die Aufteilung der Verbraucher auf die einzelnen Busse bei einem Airbus A320 dargestellt, aus dem weitere Details zu entnehmen sind. Die Zuordnung ist nicht vollständig und soll lediglich einen Überblick geben.

AC BUS 1/2	Cockpitscheibenheizung, Hydraulikmengenanzeigen, AoA-Anzeige, Air Data Inertial Reference Unit (ADIRU), Multipurpose Control Display Unit 3 (MCDU 3), Flight Augmentation Computer 2 (FAC 2), Triebwerkzündsysteme B, ACARS Management, elektr. Kompass des RMI, TAT-Heizung, TCAS u.w.	Küchen, Passagierleselampen, Lüfter, Klimaanlagenzonenkontrolle,
AC ESS BUS	Pitotrohrheizungen, Zündsysteme A, ILS, VOR, DME, RMI u.w.	
AC SHED ESS BUS	ATC 1, MCDU 1, DME 1, ADF 1, Cockpit Voice Recorder CVR, Captain Nav. Display (ND) u.w.	
AC GRND/FLT BUS		Kabinenbeleuchtung, Vereisungsschutz Wassersystem, Heißwasseraufbereitung Toiletten, Staubsaugeranschlüsse, Vakuumsystem für die Toiletten
DC 1/2 BUS	Radio Management Panel (RMP) 2+ 3, Klimanlagenzonenkontrolle, Spannungsversorgung für hydraulisches Brems- und Lenksystem, VHF 2+3, GPWS, Licht für Laderaum und APU-Sektion, Flight Control Data Computer 2 (FCDC 2), Teile der Cockpitbeleuchtung	
DC ESS BUS	VHF 1, RMP 1, Standby Horizont, ECAM Control Panel, Klimaanlagen-Staudruckeinlass, Landing Gear Control Interface Unit (LGCIU), Elevator & Aileron Control (ELAC), Trimmable Horizontal Stabilizer (THS), Flight Control Unit (FCU), Triebwerke FADEC A, Feuerwarnschleifen für Triebwerke, Lautsprecher Capt., Uhr,	
DC SHED ESS BUS	Notbeleuchtung in der Kabine, Sauerstoffsystem für Passagiere, Standby-Altimeter, FAC 1, Flight Management and Guidance Computer (FMGC 1), Kraftstofftransferpumpen, Anti-Icing-System u.w.	
DC GRND/FLT BUS		Cabin Intercommunication Data System (CIDS) - alle Komponenten, Überwachung der Küchenelektrik, Deckenhalogenlicht im Cockpit, Beleuchtung Avionikkompartment u.w.
DC BAT BUS	Ladestromversorgung der Bordbatterien, APU Electronic Control Box, APU Feuerwarnschleife, künstlicher Ruderdruck, FADEC B Triebwerke	
HOT BUS 1/2	ADIRU 2, Slats und Flaps System 2, CIDS-Batterien	

Abbildung 227: Zuordnung Verbraucher zu Bussen beim A320 (Quelle: Engmann [1])

09 04 04 Elektrisches Lastmanagement[1]

Der Bedarf an elektrischer Leistung an Bord eines Transportflugzeuges hat in den letzten Jahrzehnten immer weiter zugenommen. Der Leistungsanteil für den Passagierbereich ist beispielsweise bei einem A320 mit maximal 90 kVA beziffert, was der gesamten Leistung eines einzelnen Generators und damit ca. 50 % der Generatorgesamtleistung entspricht. Beim A380 lassen sich etwa 300 kVA dem Passagierbereich zuordnen, was auch hier etwa 50 % der Generatorgesamtleistung (0,6 MW) entspricht. Des Weiteren entfällt statistisch auf die Klimaanlage etwa 12 %, hydraulische Pumpen und Beleuchtung schlagen mit ca. 15 % zu Buche.

Um die übergroße Stromlast auf die Generatoren gleichmäßig zur verteilen, wird ein elektrisches Lastmanagement durchgeführt. Es besteht prinzipiell aus zwei Teilen und zwar

- aus gleichmäßiger Verteilung (statisch oder dynamisch) der Verbraucherlast (Load Sharing) und
- aus automatischer Lastreduzierung oder Abschaltung in besonderen Fällen (Load Shedding).

Bei einfachen Verteilsystemen beschränkt sich die gleichmäßige Verteilung auf die statische Zuordnung der Verbraucher zu den Bussen und es wird dynamisch lediglich Load Shedding durchgeführt. So wird beispielsweise bei der B737 als erstes der Galley Bus A&B am Transfer Bus 2 von der Versorgung abgeschaltet, danach Galley Bus C&D am Transfer Bus 1.
Beim Ausfall eines Generators findet die Übertragung der Last auf den anderen Generator und ggf. notwendiges Load Shedding zusammen mit einer Warnanzeige bei vielen Systemen automatisch statt. Beim Ausfall von GEN 1 würde der AC BUS1 beispielsweise beim A320-System automatisch vom AC BUS 2 mitgespeist. Dies ist allerdings je nach Flugzeugtyp unterschiedlich, auch rein manuell umzuschaltende Systeme existieren.

Dynamisches Load Sharing erfolgt beim AC-Parallelsystem bzw. bei einem parallelen AC-Teilsystem aufgrund der Parallelschaltung automatisch. Allerdings ist die Regelung der Generatoren bei Drehstrom wesentlich komplexer als bei Gleichstrom. Die

[1] 09 04 04 wurde aus didaktischen Gründen thematisch in zwei Abschnitte aufgeteilt

Wechselstromlast eines Drehstromgenerators besteht aus *Wirk- und Blindlast*. Die Wirklast ist dabei die Generatorlast von Verbrauchern, bei denen Spannung und Strom keine Phasenverschiebung haben (ohmsche Verbraucher), die Blindlast ist die Generatorlast der Verbraucher mit Phasenverschiebung (kapazitive, induktive Verbraucher).
Um gleichmäßige Auslastung der Drehstromgeneratoren zu erreichen, werden beim Load Sharing sowohl Wirk- als auch Blindlast durch die jeweilige GCU geregelt. Die Wirklast wird beim IDG bzw. CSD/GEN über das Drehmoment des Konstantdrehzahlgetriebes ermittelt, die Blindlast über die Erregerfeldstärke. Der Erregerstrom dient wie immer als Stellgröße. Wie man in Abbildung 225 erkennen kann, teilen sich die parallelen Generatoren die Last und die GCUs stimmen sich mit ihrer Regelaufgabe untereinander ab.

Bei neueren Systemen wie beispielsweise dem des Airbus A380 kommen Generatoren mit variabler Frequenz (VSCF-Generatoren) zum Einsatz, die sich über den in der GCU integrierten Wechselrichter elektronisch steuern lassen (beim A380 sind es vier Generatoren zu je 150 kVA). Die Stromverteilung ist über ein primäres (PEPDS) und sekundäres Verteilsystem (SEPDS) realisiert. Beide arbeiten dabei mit Power Distribution Assemblies (PDA), in denen die Verbraucher statt über konventionelle Sicherungen mittels sogenannter Solid State Power Controller (SSPC) angeschaltet sind. Über die SSPC lassen sich die einzelnen Verbraucher sowohl gegen Überstrom absichern als auch intelligent auf einen Bus aufschalten bzw. von diesem trennen. Durch Mikroprozessor gesteuerte Programme lässt sich so die Lastverteilung intelligent optimieren. Wie das im Detail technisch umgesetzt ist, wird hier nicht weiter beschrieben, da es den Rahmen des Lehrbuchs sprengen würde.

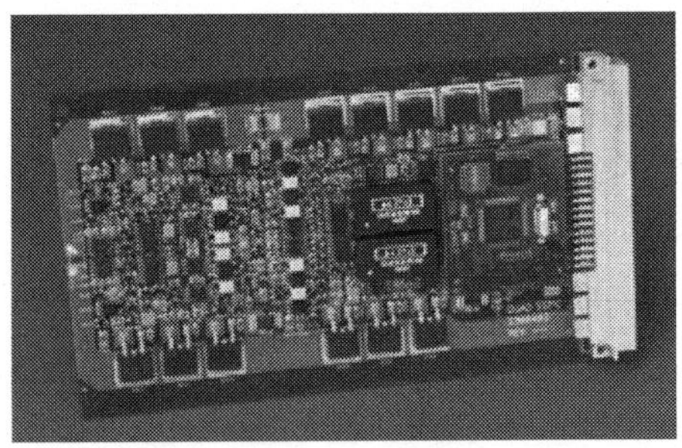

Abbildung 228: Teledyne Quad SSPC
(Foto: Teledyne Microelectronics)

09 04 04 Monitoringsysteme

Airbus A320

Betrachten wir im Folgenden als Beispiel das Monitoringsystem eines Airbus A320. Abbildung 229 zeigt das Overhead Panel des elektrischen Systems. Die Ähnlichkeit mit dem Syllabusbeispiel ist leicht zu erkennen.

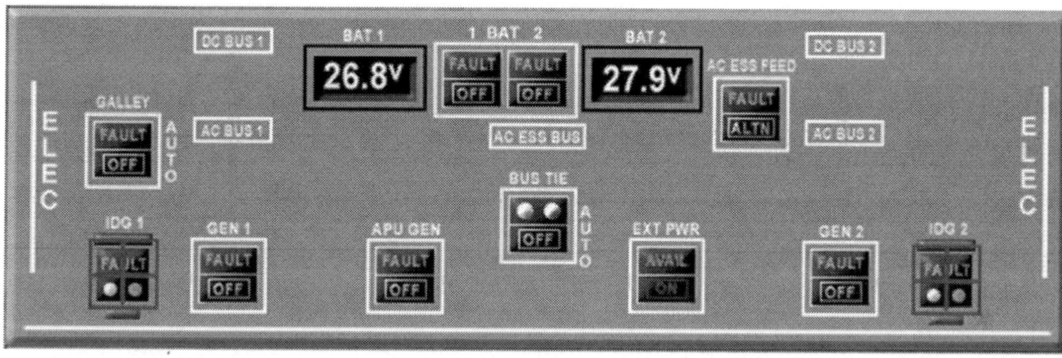

Abbildung 229: Overhead Panel des elektrischen Systems beim A320 (Quelle: www.meriweather.com)

Batterie-Monitoring. Die beiden Digitalanzeigen geben Auskunft über die jeweilige Spannung der beiden Bordbatterien. Mit den daneben befindlichen Schaltern lassen sich die Batterien manuell vom DC Batteriebus trennen. Die Schaltflächen dienen auch zur Anzeige eines Fehlerfalls (FAULT leuchtet auf) beim Aufladen durch die Battery Charge Limiter (BCL) Schaltkreise. Beide Ni-Cd Batterien werden gegen Überhitzung (thermal runaway) überwacht.

Monitoring und Schaltoptionen der Verteilung. Wie man sieht, ist das Schaltschema der Verteilung auf dem Panel abgebildet. Die Anzeigephilosophie entspricht dem‚all-grey-all-ok-Prinzip', d.h. solange alles in Ordnung ist, sind alle Anzeigelampen dunkel.

Im Normalfall speisen die beiden Generatoren jeweils in ihren eigenen AC-Bus ein, woraus auch der jeweilige DC-Bus seine Power bezieht. Die Generatoren lassen sich manuell mittels der Schalter GEN 1 bzw. GEN 2 vom Netz trennen. Die Schaltflächen dienen wieder gleichzeitig als Fehleranzeige, in diesem Fall sind es die Fehleranzeigen der GCUs.

Links und rechts neben den Schaltern für die Triebwerksgeneratoren sind zwei mit IDG 1 und IDG 2 beschriftete Schalter zu sehen, die zudem mit Schutzkappen versehen sind. Mit diesen Schaltern lassen sich die Gleichdrehzahlgetriebe mechanisch von der

Auxiliary Gear Box trennen. Wird ein Generator so mechanisch abgetrennt, lässt er sich im Flug nicht mehr reaktivieren.
In der Mitte unterhalb der Batterieanzeigen erkennt man, dass standardmäßig der AC Essentialbus vom AC BUS 1 gespeist wird. Diese Schaltung lässt sich bei Bedarf durch den AC ESS FEED Schalter ändern. Wird er gedrückt, wird der AC Essentialbus von AC BUS 2 gespeist und auf dem Schalter leuchtet die Anzeige ALTN (für alternate).
Hinter dem BUS TIE Schalter verbergen sich zwei elektronische Leistungsschalter, die bei Bedarf den APU-Generator oder die externe Drehstromversorgung ins Netz einspeisen.
Durch Drücken des APU GEN Button wird der Drehstrom der APU ins Netz eingespeist, sofern die APU korrekt arbeitet. Im anderen Fall (z.B. APU Drehzahl Overspeed o.Ä.) wird die Schaltfläche wiederum als Fehleranzeige genutzt und es leuchtet FAULT auf. Beim EXT PWR Button leuchtet AVAIL auf, sobald eine externe Drehstromversorgung verbunden wurde und das Drücken des Buttons verbindet das externe System, wobei die untere weiße Anzeige auf ON wechselt.
Der BUS TIE erfüllt außerdem die Funktion der automatischen Aufschaltung bei Ausfall eines Generators auf den jeweils anderen AC Bus. In einem solchen Fall verbindet der BUS TIE den nicht mehr versorgten Bus mit dem noch intakten Generator. Nach dem Anlassen der APU lässt sich dann der APU GEN als Ersatz für den ausgefallenen Generator aufschalten.
Der BUS TIE Schalter ist standardmäßig gedrückt und erfüllt die beschriebenen Funktionen nur in dieser Stellung. Drückt man den BUS TIE Schalter heraus, sind die beiden Bussysteme getrennt und APU und EXT PWR lassen sich nicht einspeisen.
Bei Bedarf lässt sich mittels des Galley Buttons die Bordküche, die standardmäßig automatisch gesteuert wird, vom Netz trennen.

Abbildung 230: A320 Emergency Panel des Elektrischen Systems
(Quelle: www.meriweather.com)

Abbildung 230 zeigt das Emergency Panel des Elektrischen Systems beim A320.
Der EMER GEN TEST Schalter links unter der schwarzen Schutzkappe dient zu Testzwecken am Boden, wobei der Staudruckgenerator (RAT) nicht ausgefahren wird. Wir wollen das hier nicht weiter beschreiben.
Im Normalfall fährt die RAT automatisch aus unter folgenden Bedingungen:

- IAS > 100 kts
- beide AC-Busse ausgefallen
- Bugradfahrwerk nicht ausgefahren

Hierbei ist der RAT & EMER GEN in der Automatikstellung. Im Bedarfsfall kann die RAT mittels rechtem Schalter MAN ON z.B. bei Testflügen manuell ausgefahren werden. Die RAT treibt hydraulisch einen Notstromgenerator an, bei Airbus CSM/G (Constant Speed Motor Generator) genannt. Er versorgt nun den AC ESS BUS mit 115 V 400 Hz Einphasenwechselspannung und über eine TRU den DC ESS BUS.
Der Status des elektrischen Systems kann unter anderem auf dem ECAM-Display angezeigt werden, wobei der jeweilige Status farblich codiert erscheint.

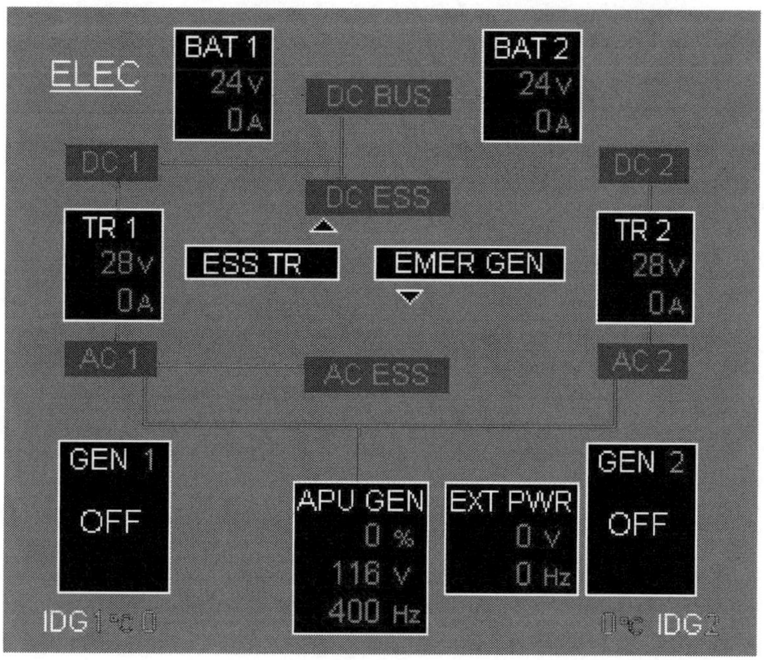

Abbildung 231: A320 ECAM Anzeige des elektrischen Systems
(Grafik: KLSP nach Vorlage)

Boeing B737

Zum Vergleich betrachten wir die Monitoringmöglichkeiten und Schaltpanel des elektrischen Systems einer B737.

Batterie-Monitoring. Wir haben bereits im vorigen Kapitel im Abschnitt Frequenzstabilisierung das AC-DC Metering Panel abgebildet. Neben der Frequenz, die uns dort interessierte, lässt sich mit Hilfe dieser Anzeige nahezu alle Batterie- Gleich und Wechselspannungen anzeigen.

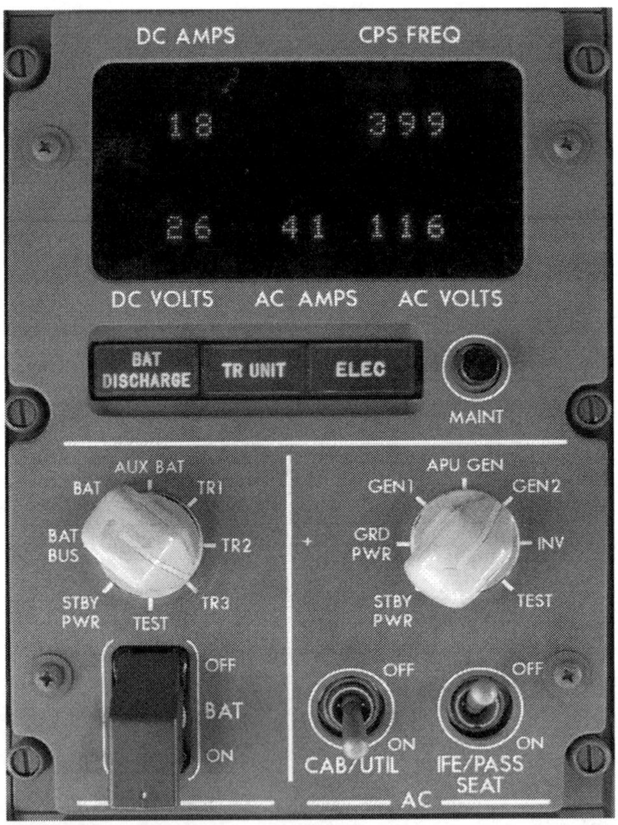

Abbildung 232: B737 AC-DC Metering Panel (Foto: Chris Brady)

Mit den Drehschaltern muss hierzu die gewünschte Messgröße gewählt werden und es wird Spannung und Strom im Display angezeigt. Links befindet sich die Gleichstromseite, rechts die Drehstromseite.

In der Mitte des Instruments sieht man drei Warnleuchten. BAT DISCHARGE leuchtet bei sehr hohem Entladestrom. TR UNIT zeigt im Flug an, dass einer der TRU-

Überwachungsschaltkreise einen Funktionsfehler festgestellt hat (jede TRU liefert max. 75 A). ELEC leuchtet nur am Boden, sofern das DC-System oder Stand-by-System einem Fehler hat. Die ELEC-Warnleuchte ist im Flug nicht operativ. Mit dem linken der beiden Schalter lässt sich die Stromversorgung der Galley und der Poweroutlets der Kabine schalten, mit dem rechten die Versorgung der Unterhaltungselektronik.

Monitoring und Schaltoptionen der Verteilung. Abgebildet ist das Overhead Panel der B737 für das elektrische Bordsystem. Der obere Teil dient zur Anschaltung der externen Stromversorgung. Bei eingesteckter Versorgungsspannung leuchtet die blaue Leuchte GRD POWER AVAILABLE, sofern die Qualitätsprüfung der Quelle positiv war (nur NG). Der untere Teil (linker und rechter Schalter) dient zum Anschalten der Generatoren auf den jeweiligen Transferbus. Mit den mittleren Schaltern lässt sich der APU-Generator auf den linken, rechten oder auf beide (nur am Boden) Transferbusse aufschalten.

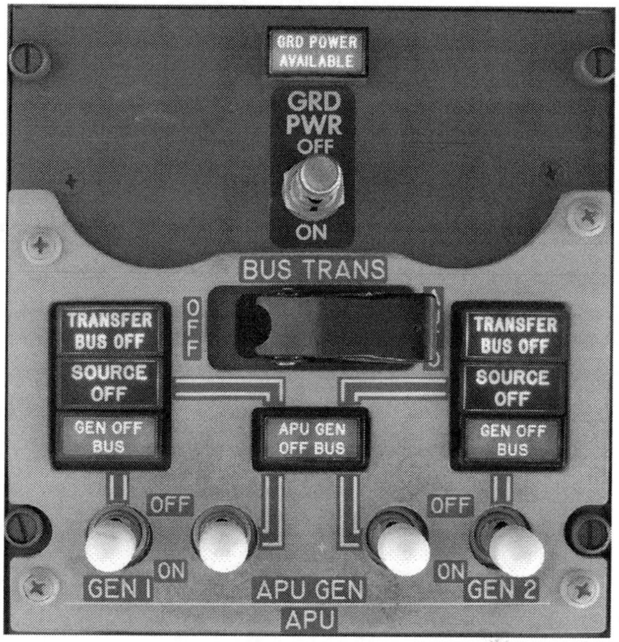

Abbildung 233: B737 Electrical Panel (Foto: Chris Brady)

Der mittlere Schalter (mit Schutz) gehört zu den Bus Tie Bridges, die in der Stellung AUTO dafür sorgen, dass der nicht mehr versorgte Transferbus mit dem noch versorgten Transferbus verbunden wird.

Die unteren drei blauen OFF BUS Leuchten zeigen an, wenn die Generatoren CSD/GEN bzw. IDG keinen Strom bereitstellen. TRANSFER BUS OFF zeigt an, dass der Transferbus nicht versorgt wird. SOURCE OFF bedeutet, dass entweder keine Quelle auf den Transferbus geschaltet wurde oder diese Quelle nicht funktioniert hat und die Bus Tie Bridges umgeschaltet haben.

09 05 00 Elektromotor

09 05 01 Grundlagen

Beim Elektromotor wird elektrische Arbeit in mechanische Arbeit umgewandelt. Der Elektromotor stellt sozusagen die zum Generator umgekehrte Anwendung dar, denn beim Generator wird, wie wir bereits gesehen haben, mechanische Energie in elektrische Energie umgewandelt.

09 05 02 Funktionsweise

Die *Funktionsweise eines Elektromotors* basiert - wie der Generator auch - auf dem Induktionsgesetz. Fließt ein Strom durch eine geschlossene Leiterschleife, die sich in einem magnetischen Feld befindet, so erfährt sie durch die elektromotorische Kraft eine Wirkung. Die Leiterschleife dreht sich, bis der magnetische Fluss durch die Oberfläche der Leiterschleife gleich Null ist d.h. sie richtet sich im Feld aus. Auf dieser Funktionsweise lassen sich elektrisch angetriebene Motoren bauen und zwar mit Gleichstrom und auch mit Wechsel- oder Drehstrom.

Gleichstrommotor

Der *Gleichstrommotor* hat denselben Aufbau wie der Gleichstromgenerator. Jedoch werden die Rotorwicklungen über die Bürsten und den Kollektor mit Gleichstrom versorgt, so dass hier eine Umkehrung der Wirkungsweise des Gleichstromgenerators eintritt (vgl. Abbildung 201). Fließt Gleichstrom durch die Spule, so entsteht ein Drehmoment, das die Spule in Bewegung setzt. Dieses Drehmoment verschwindet im so genannten Totpunkt, d.h. wenn die Windungsfläche senkrecht zum Statorfeld steht. Aufgrund der Trägheit der Spule wird der Totpunkt überwunden. Wird zu diesem Zeitpunkt die Stromrichtung in der Spule umgekehrt, so entsteht ein gleichsinniges Drehmoment, der Anker dreht sich weiter. Dieser Motor läuft etwas ruckelig. Nimmt man anstelle einer einzigen Spule eine ganze Reihe von Spulen, die man auf einen Anker wickelt und lässt den Strom durch den bereits bekannten Kommutator jeweils durch die nächste Spule fließen, so erhält man einen Gleichstrommotor, der seine Aufgabe wesentlich besser erfüllt. Die Frequenz des leerlaufenden Motors ist proportional zur angelegten Spannung. Wenn der Anker sich nicht dreht, kann die Stromstärke sehr hoch werden, wobei die Spulenwicklung durchbrennen kann. Daher schaltet man einen sogenannten Anlasswiderstand im Reihe, der die maximale Stromstärke begrenzt.

Genau wie beim Gleichstromgenerator auch, lässt sich das Statorfeld durch den zugeführten Strom auf dreierlei Art erzeugen (vgl. Abbildung 203).
Im Fall der Parallelschaltung spricht man vom Nebenschlussmotor, bei der Reihenschaltung von einem Haupt- oder Reihenschlussmotor und bei der gemischten Stromführung von einem Doppelschlussmotor.
Der Gleichstrom-Reihenschlussmotor kommt vielfach als Anlassermotor für Triebwerke zum Einsatz, da er ein großes Anfangsdrehmoment hat.

Drehstrommotor

Das Prinzip des Drehstromgenerators, bei beim ein mechanisch angetriebenes, rotierendes Rotorfeld in den Windungen des Stators Wechselspannungen erzeugt, lässt sich genau umkehren. Im diesem Fall lässt man den Wechselstrom durch die drei um 120° versetzten Statorwindungen (bei Drehstrom) fließen und erzeugt im Rotor durch Gleichstrom ein statisches Magnetfeld. Im diesem Fall wird der Rotor vom rotierenden Drehfeld des Stators mitgenommen. Er läuft synchron, weshalb er auch als *Synchronmotor* bezeichnet wird.

Abbildung 234: Drehstrommotor (Quelle: Wikipedia Commons)

Bei einem *Asynchronmotor* besitzt der Rotor ebenfalls eine Drehstromwicklung, was ihn insgesamt zu einer Art Drehstromtransformator macht, wenn man den Rotor einmal gedanklich festhält. Die Wicklungsenden sind im Normalfall kurzgeschlossen. Dies erzeugt dort einen Stromfluss und damit ein elektromagnetisches Feld. Dieses Feld muss sich nun zwangsläufig mit dem äußeren Feld des Stators mitdrehen. Allerdings wird es immer etwas hinterherhinken, da ansonsten die induzierte Spannung verschwinden würde. Wegen dieses Schlupfes zum äußeren Drehfeld, wird dieser Motor als Asynchronmotor bezeichnet.

09 05 03 Bestandteile

Die Bestandteile des Elektromotors sind dieselben wie bei Generatoren. Als Rotor oder Anker bezeichnet man allgemein den rotierenden Teil des Elektromotors. Bei Drehstrommotoren wird er auch gern als Läufer bezeichnet.
Kommutator (oder Polwender) heißt beim Gleichstrommotor der Teil auf dem Rotor für die Strom zuführenden Schleifkontakte (Bürsten).
Der äußere statische Teil eines Elektromotors wird als Stator bezeichnet. Bei Drehstrommotoren wird dieser Teil auch Ständer oder Drehständer genannt.

12 00 00
Schutz- und Überwachungssysteme

12 01 00 Rauchmeldesystem

Rauchmeldesysteme werden bei großen Flugzeugen dort eingesetzt, wo die Crew bestimmte Bereiche nicht oder zumindest nicht kontinuierlich überwachen kann, also beispielsweise bei Laderäumen (cargo compartments), den Bereichen für die Bordelektronik (electrical equipment bays) und den Toilettenräumen.

12 01 01 Typen, Bauweise, Betrieb, Warnanzeigen

Rauchmelder arbeiten nach einer Reihe von Funktionsprinzipien. Zwei Methoden wollen wir genauer betrachten, die Methode mittels optischer Sensoren und jene mittels Ionenstrommessung.

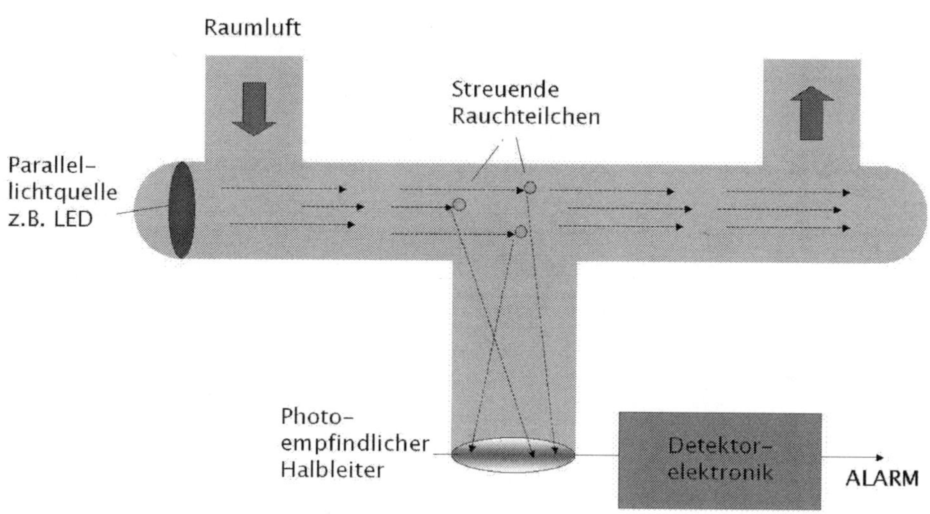

Abbildung 235: Optischer Streulicht-Rauchmelder (Grafik: KLSP)

Rauchmeldung mittels optischer Sensoren. Bei der Methode der Rauchmeldung mittels optischer Sensoren ist der Detektor mit einer Lichtquelle und einer lichtempfindlichen

Photozelle (Photowiderstand, Phototransistor) ausgerüstet. Im einfachsten Fall sendet die Lichtquelle ihr Licht auf eine direkt gegenüberliegende Photozelle. Der Lichtstrahl genormter Lichtstärke sorgt bei der Photozelle für eine bestimmte Leitfähigkeit. Sie bzw. ein daraus abgeleiteter Messwert dient im Fall des Fehlens von Rauch als Eichgröße (100 %). Dieser Normwert wird durch Streuung an Rauchteilchen in seiner Größe reduziert. Bei einer bestimmten Abweichung vom Normwert löst die Detektorelektronik den Alarm aus.

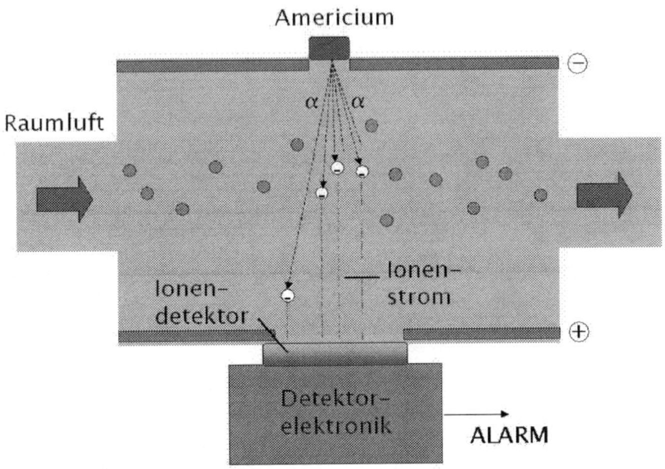

Abbildung 236: Rauchmelder durch Ionenstrommessung (Grafik: KLSP)

Rauchmeldung mittels Ionenstrommessung. Beim Rauchmelder mittels Ionenstrommessung durchströmt die Umgebungsluft eine Ionenkammer. Diese besteht aus zwei Metallplatten, zwischen denen durch die angelegte Gleichspannung ein elektrisches Feld besteht. Am negativen Pol erzeugt schwach radioaktives Material (Americium) einen Strom von Alphateilchen, der einen Teil der Sauerstoff- und Stickstoffmoleküle ionisiert. Durch das elektrische Feld entsteht auf diese Weise ein Ionenstrom, der wiederum bei rauchfreier Luft zu einem 100 %-Wert normiert wird. Bei rauchbeladener Luft heftet sich ein Teil der Ionen an die Rauchteilchen, was den Ionenstrom in seiner Größe reduziert. Bei einer bestimmten Abweichung vom Normwert löst auch hier die Detektorelektronik den Alarm aus.
Ein besonderes Problem der Rauchmelder liegt, unabhängig von ihrer Bauweise, in der Möglichkeit von Falschmeldungen.

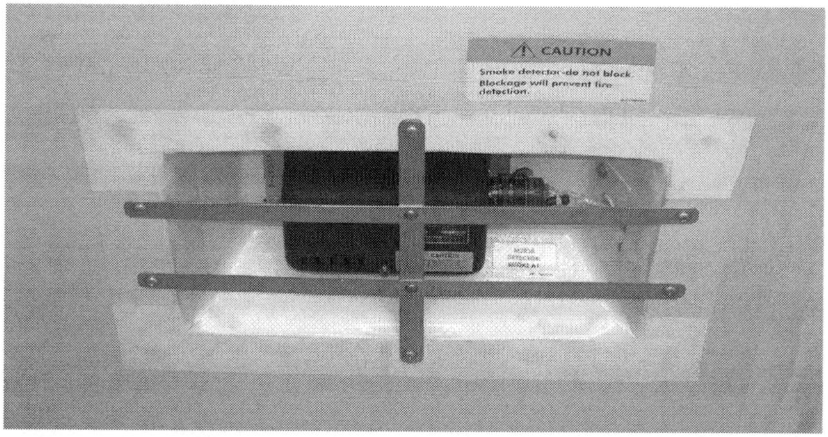

Abbildung 237: Rauchmelder Im Cargobereich einer B737 (Foto: Chris Brady)

Beispiel Rauchmeldung beim A320. Wir wollen als Beispiel das Rauchwarnsystem für die Cargo Abteile des A320 beschreiben. Aussparungen in der Decke der Abteile beherbergen Rauchmelder, die jeweils pro Position paarweise installiert sind. Das vordere Cargo Abteil hat eine, das hintere Abteil zwei Positionen mit Rauchmeldern. Die Meldungen der Rauchmelder gehen über zwei voneinander unabhängige Schleifen (dual loop) an die Smoke Detection Control Unit (SDCU). Die SDCU meldet ggf. Rauch an ECAM, von wo es im Cockpit angezeigt wird.

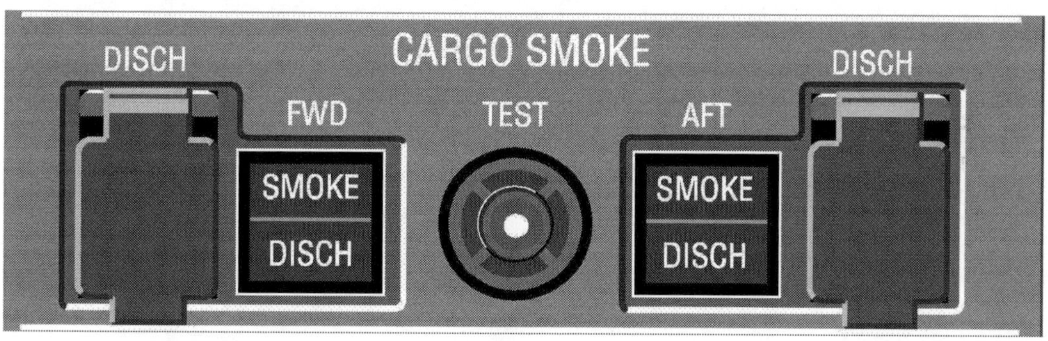

Abbildung 238: A320 Cargo Rauchmelder (Quelle: smartcockpit.com (Ausschnitt))

Die Anzeige (SMOKE in rot) im Panel (siehe Abb. oben) und gleichzeitig die Meldung auf dem ECAM Display erfolgen nur im Fall, dass

- beide Rauchmelder einer Position Rauch melden,
- ein Rauchmelder Rauch meldet und der andere funktionsuntüchtig ist.

Bei Bedarf kann die Crew nach Öffnen der jeweiligen Schutzkappe die Feuerlöscheinrichtung aktivieren (vgl. weiter unten). In dem Fall der Aktivierung leuchtet spätestens 60 Sekunden danach die DISCHARGED (DISCH in gelb), womit angezeigt wird, dass der (die) Feuerlöscher entladen wurde(n).
Durch Drücken des TEST Buttons (mindestens 3 sec.) lässt sich die Funktion der Meldungsübermittlung testen.

12 02 00 Brandschutzsystem

12 02 01 Feuerlöscheinrichtungen

Zur Brandbekämpfung sind an Bord eines Transportflugzeuges an etlichen Stellen Feuerlöscheinrichtungen fest montiert und zwar meistens wie folgt:

- an allen Triebwerken
- im Bereich der APU (hinteres Rumpfsegment)
- in den Laderäumen
- in den Toiletten

Zusätzlich sind tragbare Feuerlöscher für Kabine und Cockpit an Bord.
Die Feuerlöscher für die Triebwerke und der APU enthalten vorwiegend Halone (halogenierte Kohlenwasserstoffe), meistens Halon 1301. Sie funktionieren prinzipiell nach der Methode, den Verbrennungsprozess zu unterbinden, in dem ihr Einsatz zu einer Kettenabbruchreaktion führt. An anderen Stellen kommen $C0_2$-Feuerlöscher zum Einsatz, die das Feuer durch Verhinderung der Sauerstoffzufuhr löschen.

Gemäß Zulassungsvorschrift für große Transportflugzeuge (CS 25) müssen an allen feuergefährdeten Orten wie Triebwerke und Laderäume jeweils mindestens zwei Feuerlöscher bzw. zwei Löschladungen installiert sein. Zitat:

CS 25.1195 (b) The fire-extinguishing system, the quantity of the extinguishing agent, the rate of discharge, and the discharge distribution must be adequate to extinguish fires. It must be shown by either actual or simulated flight tests that under critical airflow conditions in flight the discharge of the extinguishing agent in each designated fire zone specified in sub-paragraph (a) of this paragraph will provide an agent concentration capable of extinguishing fires in that zone and of minimising the probability of re-ignition. An individual 'one-shot' system may be used for fuel burning heaters, and other combustion equipment. For each other designated fire zone, two discharges must be provided each of which produces adequate agent concentration. (See AMC 25.1195 (b).)

Abbildung 239: Feuerlöschbehälter eines Triebwerks bei einer B737 (Foto: Chris Brady)

12 02 02 Feuermeldesystem

Im Unterschied zu Rauchmeldern gilt es bei Feuermeldern, Feuer fest zu stellen. Dies geschieht in der Regel durch Ausnutzen bzw. Feststellen einer Übertemperatur ggf. verbunden mit einer überschnellen Temperaturerhöhung ($\Delta T/\Delta t$) durch äußere Verbrennung von Kerosin mit Luftsauerstoff. Prinzipiell gäbe es hierfür eine ganze Reihe von technischen Möglichkeiten, es werden aber nur wenige genutzt.

1. **Schmelzmelder.** Beim Schmelzmelder dient ein Metall mit bestimmten Schmelzeigenschaften als Detektor. Wird eine bestimmte Temperatur überschritten, schmilzt das Metall und trennt so die elektrische Verbindung, was den Alarm auslöst. Schmelzmelder kommen heutzutage bei Triebwerken nicht mehr zum Einsatz, da sie sich nicht automatisch zurücksetzen können.
2. **Fire Wire Detektor.** Der Fire Wire Detektor nutzt die Temperaturabhängigkeit bestimmter Widerstände oder Kondensatoren aus. Eine erste Bauform besteht aus einem Heißleiter, der durch ein besonderes Halbleitermaterial gebildet ist. Die Erhöhung der Leitfähigkeit bei erhöhtem Temperatur wird durch eine Elektronik ausgewertet und löst bei extremen Werten Alarm aus. Eine zweite Bauform nutzt die Erhöhung der Kapazität einer Art Koaxialdraht zwischen der

äußeren Stahlhülle und einem inneren Draht (Zylinderkondensator) bei höherer Temperatur aus.

3. **Gasdruckmesser.** Beim Gasdruckmesser verwendet man ein Rohr mit Metallhydrid als Sensor. Das Gas ist bei normalen Temperaturen im Metall gebunden. Bei Temperaturerhöhung wird es frei und erhöht damit den Druck im Detektorrohr. Dieser wird über einen Drucksensor kontinuierlich gemessen und von einer Elektronik bewertet, die ggf. einen Alarm auslöst.
4. **Differenzielle Längenausdehnung.** Bei dieser Methode werden zwei Metallstäbe mit unterschiedlichen Ausdehnungskoeffizienten verwendet. Die zylindrische Anordnung ist so getroffen, dass sich im Innern bei einer bestimmten Temperatur durch die unterschiedliche Ausdehnung ein Kontakt schließt. Detektoren dieser Art werden überwiegend nicht als Feueralarmmelder verwendet, sondern dienen zur Anzeige einer Triebwerksüberhitzung (ENG OVERHEAT Anzeige).

Wie bei Rauchmeldern besteht auch bei Feuermeldern die Möglichkeit von Falschpositivmeldungen. Zum Beispiel wird ein Hot Start eines Triebwerkes möglicherweise einen falschpositiven Feueralarm auslösen.

Die Abbildung unten zeigt die typische Anordnung eines Feuermeldesystems, in diesem Fall für ein Triebwerk des A320. Die Messung erfolgt für jeden Überwachungs-

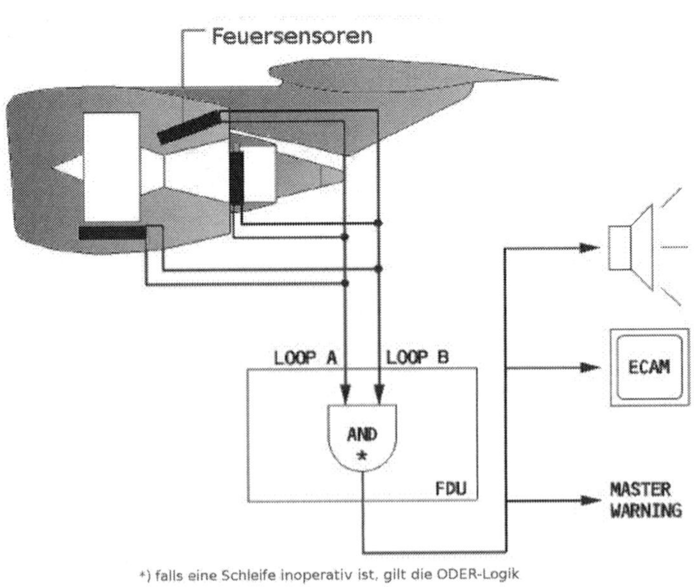

Abbildung 240: Feuersensorik eines Triebwerks beim A320 (Grafik: KLSP nach Vorlage A320 Manual)

punkt in zwei unabhängigen Messschleifen. Bei Triebwerken werden zudem mehrere Sensoren an verschiedenen Orten verwendet. Eine Feuermeldung hat nur dann Gültigkeit, falls Feuer in beiden Messschleifen ermittelt wird. Diese Maßnahme ist notwendig, um nicht auf Falschmeldungen eines defekten Sensors zu reagieren. Ist eine Messschleife inoperativ, gilt bereits die einzelne Meldung der noch intakten Messschleife als positiv.

Einsatz der Feuerlöscheinrichtungen im Cockpit. Die Aktivierung der Feuerlöscheinrichtungen erfolgt je nach Flugzeugtyp unterschiedlich.

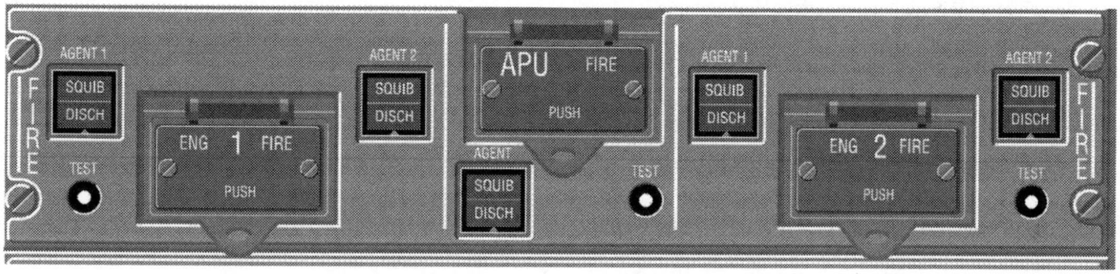

Abbildung 241: Engine Fire Panel des A320
(Quelle: smartcockpit.com (Ausschnitt))

Beim A320 erfolgt die Aktivierung der Feuerlöscher am abgebildeten Overhead Panel. Die Pushbuttons sind im Normalzustand im Zustand EIN und geschützt. Bei erfolgter Feuermeldung leuchtet der betroffene Pushbuttons in rot. Durch Drücken des ENG FIRE Buttons wird dieser gelöst und aktiviert damit die Feuerlösch-Logik-Schaltkreise. Dabei werden folgende Aktivitäten auf der betroffenen Seite automatisch durchgeführt:

- Stummschaltung der akustischen Feuerwarnmeldung
- aktiviert die Agent-Buttons
- schließt das low-pressure Treibstoffventil
- schließt das hydraulische Feuerventil
- schließt das Ventil für die Zapfluft
- schließt das Ventil der Klimaanlage (pack flow control)
- trennt die Stromversorgung der FADEC-Einheit
- deaktiviert den Generator (IDG bzw. CSD/GEN Kombination)

Bei erfolgter Feuermeldung und nach aktiviertem ENG FIRE Button werden beide Agentbuttons aktiv und die Aufschrift SQUIB (engl. „abfeuern") leuchtet in weiß. Drücken eines der SQUIB-Buttons feuert die jeweilige Löschladung (Agent 1, Agent 2) ab. Das Abfeuern wird dabei elektrisch ausgelöst. Nach erfolgreicher Entladung erscheint DISCHARGED (DISCH in gelb).
Mit den drei Testbuttons lassen sich die Meldekanäle überprüfen. Nach Drücken passiert folgendes:

- Die akustische Feuerwarnmeldung ertönt.
- Das MASTER WARN Licht blinkt.
- ENGINE FIRE Warnmeldung erschient im ECAM-Display.
- Auf dem Overhead Firepanel leuchtet ENGINE FIRE auf, gefolgt vom Aufleuchten von SQUIB und DISCH.
- Auf dem Enginepanel leuchtet die FIRE Warnleuchte auf.

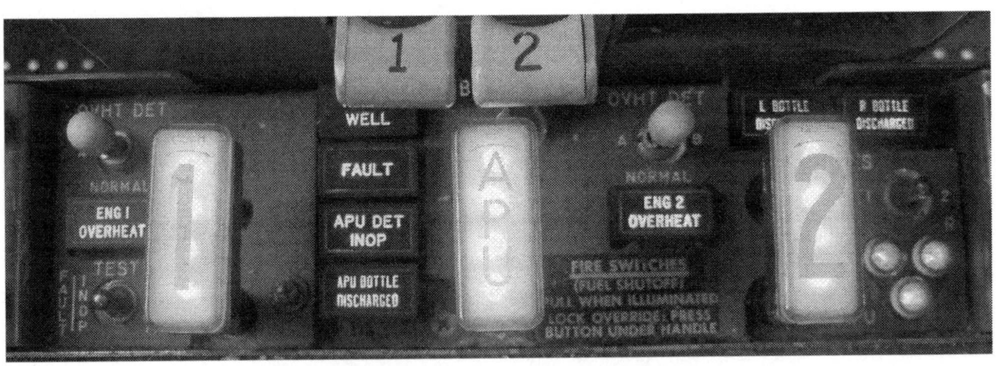

Abbildung 242: Engine Fire Panel der B737 (Foto: Chris Brady)

Abbildung 242 zeigt die Konsole der Boeing B737. Bei der B737 aktiviert das Herausziehen des Hebels zum betroffenen Triebwerk die Feuerlösch-Logik-Schaltkreise. Dabei wird die Treibstoffversorgung zum Triebwerk unterbrochen, der Generator vom Netz getrennt und etliche weitere Um- oder Abschaltungen (ähnlich der obigen Liste beim A320) vorgenommen. Der Feuerlöscher wird durch Drehen des Hebels aktiviert. Nach links „feuert" die erste Ladung ab, nach rechts die zweite, wobei der Hebel für mindestens eine Sekunde am Anschlag gehalten werden muss. Schubhebel und Start

Lever des betroffenen Triebwerks sollten zusätzlich geschlossen werden (es gilt wie immer vorrangig das Operating Manual).

Einsatz der Feuerlöscheinrichtungen in der Kabine. Die Feuerlöscheinrichtungen der Kabine bestehen aus fest eingebauten Feuerlöschern in den Toiletten und weiteren Handfeuerlöschern an etlichen Stellen in der Kabine. So sind beispielsweise im A380 insgesamt 17 Handfeuerlöscher an Bord.

Feuerlöscher gibt es mit unterschiedlichen Befüllungen und Farbcodierungen.

Halon-Feuerlöscher sind nur noch für die Luftfahrt zugelassen:

1. *Feuerlöscher mit BCF* (Bromochloridfluormethan = Halon 1211) sind grün (oder signalrot, purpurfarben, braun). Das Löschmittel Halon 1211 zerstört den Verbrennungsprozess.
2. *Feuerlöscher mit BTM* (Bromotrifluormethan = Halon 1301) sind grau. Sie werden für Triebwerke, APU und Laderäume genutzt. Das Löschmittel Halon 1301 zerstört den Verbrennungsprozess.

Abbildung 243: Halon-Löscher

Standard-Feuerlöscher sind für den universellen Einsatz geeignet:

1. *Feuerlöscher mit Wasser* oder Wasserglykolmischung sind rot. Sie sollten nicht zur Bekämpfung von Kabelbränden verwendet werden.
2. *Feuerlöscher mit ABC-Pulver* sind rot mit weißem Band. ABC-Pulver besteht überwiegend aus feinst vermahlenem Ammoniumphosphat und Ammoniumsulfat. Der Löschvorgang basiert auf der Verhinderung des chemischen Verbrennungsprozesses.
3. *Feuerlöscher mit Löschschaum* sind rot mit blauem Band. Sie funktionieren durch Erstickung der Flamme, die durch den Schaum abgedeckt wird.
4. *Feuerlöscher mit CO_2* sind rot mit schwarzem Band. Ihre Wirkungsweise besteht in der Erstickung der Flamme durch Verdrängung des Sauerstoffs.

Die Zulassungsvorschriften bei Feuerlöschern sind in CS 25.841ff geregelt. Hiernach gelten unter anderem folgende Bestimmungen:

25.841(5) Each hand fire extinguisher must be approved.
25.841(8) Each extinguisher intended for use in a personnel compart-

ment must be designed to minimise the hazard of toxic gas concentration.

Nach CS 25.841 und JAR-OPS 1.790 sind unter anderem folgende Mindestanzahlen bei Handfeuerlöschern vorgeschrieben.

Maximum approved passenger seating configuration	Number of Extinguishers
7 to 30	1
31 to 60	2
61 to 200	3
201 to 300	4
301 to 400	5
401 to 500	6
501 to 600	7
601 or more	8

Tabelle 13: Vorgeschriebene Anzahl Feuerlöscher (Quelle: EASA CS 25)

Bei einer zugelassenen maximalen Passagiergröße von 31-60 muss mindestens 1 Feuerlöscher, darüber müssen mindestens 2 Feuerlöscher mit BCF (Halon 1211) befüllt sein.
Für jede Galley muss mindestens ein Handfeuerlöscher in direktem Zugriff sein.
Die Feuerlöscher in den Toiletten müssen automatisch z.B. über eine Schmelzsicherung auslösen und so angebracht sein, dass sie ihre Löschladung in die Papieraufnahmebehälter entladen (CS 25.854).
Für die Laderäume gelten je nach Klasse A-E besondere Vorschriften, auf die wir hier nicht eingehen wollen CS 25.855-858.

Der Einsatz von Feuerlöschern in Cockpit und Kabine hat Nebenwirkungen. Bei gasförmigen Löschmitteln (Halon, CO_2) reduziert sich der Sauerstoffgehalt der Luft. Pulver- und Schaumlöschungen behindern stark die Sicht. Bei Wasser als Löschmittel besteht die Gefahr von Kurzschlüssen in der Elektrik.

12 03 00 Schlechtwettersichtschutz

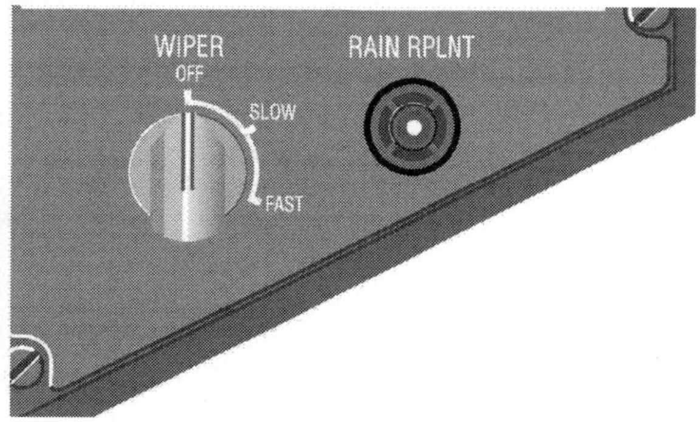

Abbildung 244: Scheibenwischer Panel B737 (links) und Scheibenwischer Panel A320, nur rechte Seite abgebildet (rechts), (Foto links: Chris Brady, Grafik rechts: smartcockpit.com)

An anderer Stelle, nämlich im Abschnitt zum Thema Anti-Icing, De-Icing, haben wir bereits die Cockpitscheibenheizung besprochen. An dieser Stelle geht es nur noch um den Rest der Schlechtwettersichtschutzmaßnahmen: Scheibenwischer und wasserabweisende Scheibenflüssigkeit (engl. rain repellent).

Die vorderen Cockpitscheiben sind bei den meisten Flugzeugen der Transportklasse mit Scheibenwischern ausgestattet, die im Schlechtwetterfall beim Landeanflug die Sicht bessern helfen. Vielfach sind die Scheibenwischer mit einer besonderen Parkposition versehen, wo sie bei Nichtgebrauch aerodynamisch günstiger positioniert sind (siehe Abb. oben links). Ansonsten lassen sich die beiden Scheibenwischer ähnlich wie beim Auto in mehreren Geschwindigkeitsstufen regeln.

Abbildung 245: Scheibenwischer mit Rain Repellent B737 (alt) (Foto: Chris Brady)

Der Einsatz einer wasserabweisenden Scheibenflüssigkeit ist aus Umweltschutzgründen umstritten und wird daher nicht mehr überall eingesetzt. So hat Boeing auf den Einsatz der „Rainbow"-Scheibenflüssigkeit, die CFC enthält und zudem giftig ist, beim Modell NG verzichtet. Die Cockpitscheiben sind ab 1994 zudem versiegelt, was Regen und schmelzenden Schnee/Eis besser abfließen lässt.

Beim Airbus A320 lässt sich bei jedem Drücken des RAIN RPLNT Buttons (siehe Abbildung 244 rechts) eine feste Dosis Scheibenflüssigkeit auf die Cockpitscheibe sprühen. Diese Funktion ist im Stand nicht operativ.

13 00 00
Sauerstoffsysteme

Jeder Pilot muss wissen, wie äußerst kritisch die Sauerstoffversorgung an Bord eines Luftfahrzeuges ist, das regelmäßig in Höhen oberhalb von 13.000 ft operiert. Wir wollen an dieser Stelle nicht das Thema Hypoxia und verwandte Themen (vgl. dazu Band 040 Menschliches Leistungsvermögen) rekapitulieren, nur soviel sei in Erinnerung gerufen: Bei 22.000 ft (6.700 m) liegt die kritische Zone, welche in der Atmosphäre – ohne zusätzliche Sauerstoffversorgung – die Grenze zur tödlichen Zone darstellt.
Wie schnell eine Crew oberhalb der kritischen Zone handlungsunfähig und bewusstlos wird, zeigt eindrucksvoll das Beispiel des Helios-Unfalls aus dem Jahr 2005. Die Crew war mit einer falschen Einstellung der Regelung des Kabinendrucks – die Schalterstellung stand auf manuell bei geöffnetem Regelventil – gestartet und stieg innerhalb weniger Minuten und unter Missachtung der Warnmeldungen ohne Sauerstoffversorgung in die tödliche Zone auf. Die Crew (6) und alle Passagiere (115) wurden innerhalb kurzer Zeit bewusstlos und kamen am Ende allesamt ums Leben[1].

Alle Passagierflugzeuge sind mit zwei Sauerstoffsystemen ausgerüstet, erstens mit dem Sauerstoffsystem im Cockpit und zweitens mit dem Sauerstoffsystem für den Passagierbereich.

Sauerstoffsysteme im Cockpit

Das Sauerstoffsystem im Cockpit zur Versorgung der Crew ist vollkommen unabhängig vom Sauerstoffsystem für die Passagierversorgung. Es besteht aus einer Sauerstoffdruckflasche, die den Druck des Sauerstoffs reduziert und unter geringem Druck an die Schnellanlegemasken (engl. quick donning masks) für Pilot und Copilot abgibt.

---

[1] Eine genauere Darstellung befindet sich im Band 040 Menschliches Leistungsvermögen. Vgl. auch HELIOS AIRWAYS FLIGHT HCY522 BOEING 737-31S AT GRAMMATIKO, HELLAS ON 14 AUGUST 2005, AAIASB Unfallbericht von 11 / 2006

Der normale Druck einer vollen Flasche beträgt ca. 1.850 psi (ca. 128 bar). Der Druck wird am Oxygen Panel angezeigt und lässt sich dort kontrollieren.
Die Reduzierung des Drucks geschieht mittels nachgeschalteten Reduzierventil, das den Druck auf 5-7 bar reduziert. Das System hat in der Regel auf der Niederdruckseite ein Hauptventil, mit dem man bei längeren Standzeiten des Flugzeugs den Zufluss auf- und zudrehen kann (siehe Abbildung 246 rechts).

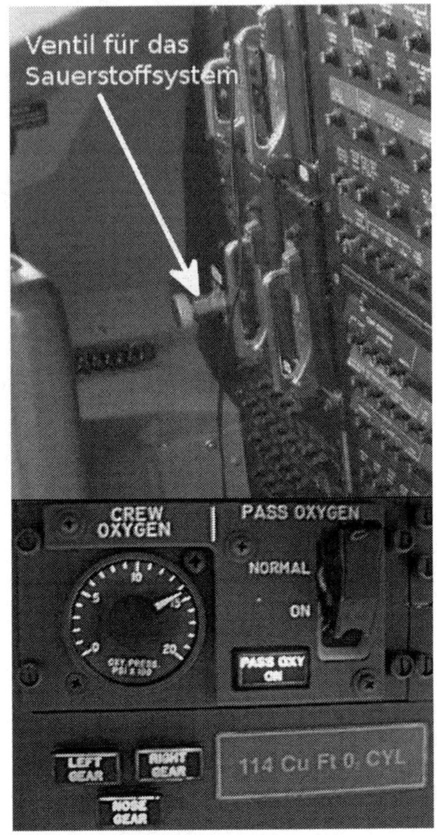

Abbildung 246: Hauptventil und Oxygen Panel bei einer B737 (Fotos: Chris Brady)

Die Crewmasken lassen sich in unmittelbarer Nähe der jeweiligen Cockpitsitze dem jeweiligen Spender (Oxygen Mask Panel) entnehmen, was nichts anderes ist als ein intelligenter Stauraum. Durch Drücken der beiden seitlichen Grifftasten (rot) beim Entnehmen der Maske werden die Kopfhaltebügel und die vorderen Dichtungselemente automatisch aufgeblasen und das Crewmitglied kann die Maske über seinen Kopf ziehen.

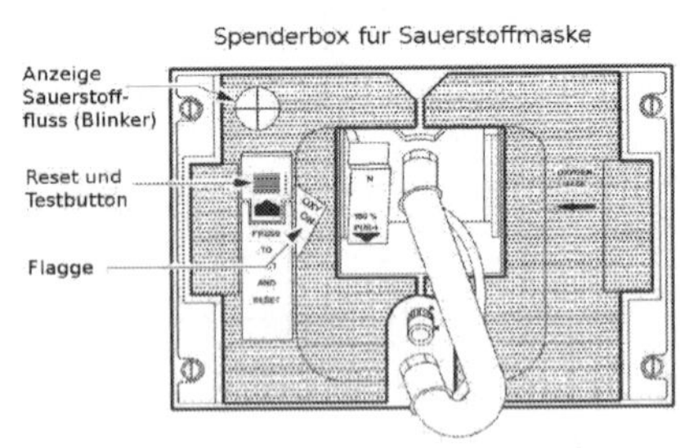

Abbildung 247: Spenderbox (Grafik: KLSP)

Die Sauerstoffzufuhr kennt drei Betriebsmodi:

- Sauerstoffbeimischung (diluter demand)
- 100 % Sauerstoff
- Emergency

Im Normalmodus wird der Kabinenluft Sauerstoff beigemischt, wobei die Sauerstoffzufuhr dem Einatemzyklus folgt (on-demand). Die Menge des zugeführten Sauerstoffs ist Altitude abhängig, ab einer Altitude von 32.000 ft wird reiner Sauerstoff zugeführt. Im Modus 100 % Sauerstoff findet keine Mischung mit der Kabinenluft statt, der Anwender atmet hundert Prozent Sauerstoff ein. Im Modus Emergency wird dem Anwender als Atemluft hundert Prozent Sauerstoff unter Überdruck angeboten.

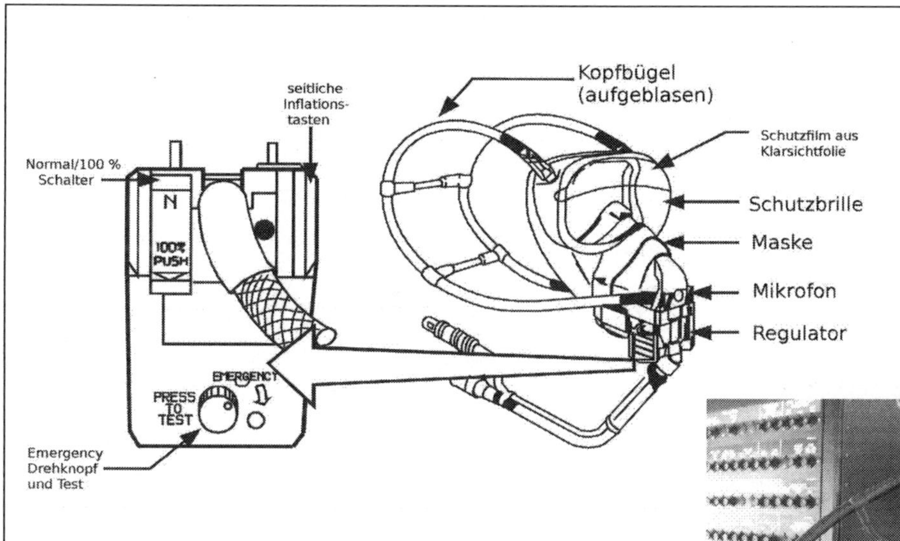

Abbildung 248: Maske einer B737 NG
(Grafik: KLSP nach Vorlage B737 Manual)

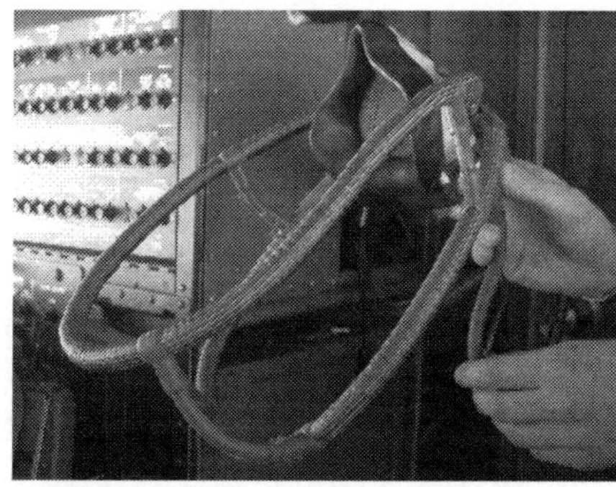

Die Modi lassen sich bei heutigen Masken direkt an der Maske selbst einstellen (siehe Abbildung 248). Drücken der Normal/100 %-Taste stellt die Zufuhr auf 100 % Sauerstoff. Der Emergency Modus lässt sich im gezeigten Beispiel durch Drehen eines Drehknopfes aktivieren. Mit Hilfe der Testbuttons an Spender und Maske lässt sich die korrekte Funktion der Sauerstoffzufuhr testen. Im Betrieb zeigt eine Kontrollanzeige im Spender den Sauerstofffluss kontinuierlich an.

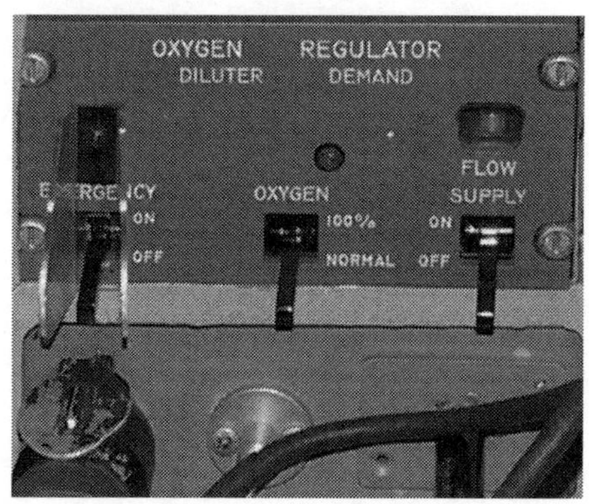

Abbildung 249: Oxygen Regulator B737-200 (Fotos: Chris Brady)

Bei älteren Systemen werden die Modi oft in einem separaten Regulator eingestellt, wobei an den Masken selbst keinerlei Einstellmöglichkeiten vorhanden sind.

Tragbares Cockpit-Sauerstoffsystem. Im Cockpit gibt es zusätzlich ein tragbares Sauerstoffsystem. Es besteht aus einer tragbaren Sauerstoffflasche, dem Hauptventil, der Druckregelung (constant-flow system) und einer Druckanzeige. Zum Tragen ist eine Trageschlaufe vorhanden. Bei der B737 ist das System hinter dem Sitz des Copiloten angebracht.

Das System hat einen Anschluss für eine Vollgesichtsmaske, die als Rauchhaube (engl. smoke hood) verwendet werden kann. Ebenso sind für die normalen Sauerstoffmasken der Crew spezielle Brillen (siehe Abbildung 248 weiter oben) zum Schutz vor Rauch im Cockpit vorhanden.

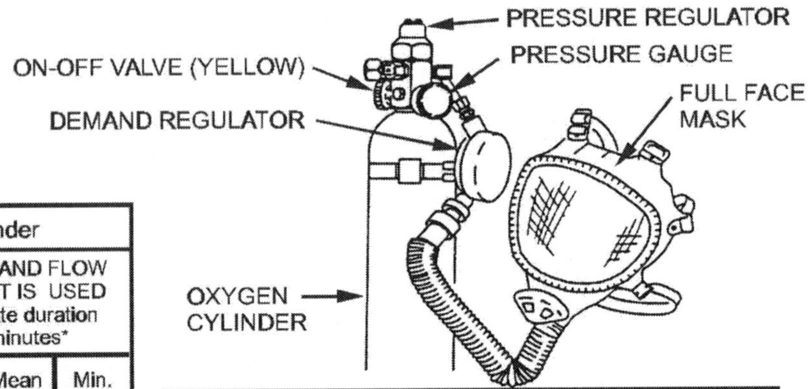

11 Cu. Ft. Cylinder			
Alt (Feet) or Cabin Alt. Equiv.	IF DEMAND FLOW OUTLET IS USED Estimate duration in minutes*		
	Max.	Mean	Min.
0	21	12	7
5,000	25	15	9
10,000	31	18	11
15,000	37	22	13
20,000	46	27	16
25,000	57	33	20
30,000	71	41	25

* Estimated duration based on an assumed use rate of 14 LPM-ATPD (sedentary), 24 LPM-ATPD (normal activity), 40 LPM-ATPD (severe activity).

FOR 100% OXYGEN (DEMAND FLOW) USE FULL FACE MASK	1. TURN YELLOW KNOB OPEN 2. ATTACH FULL FACE MASK TO LARGE OUTLET. 3. APPLY MASK TO FACE (TIGHTEN LOWER STRAPS FIRST)
FOR SUPPLEMENTAL OXYGEN (CONSTANT FLOW) USE REBREATHER TYPE MASK	1. TURN YELLOW KNOB OPEN 2. ATTACH MASSK HOSE TO SMALL CONSTANT FLOW OUTLET 3. APPLY REBREATHER TYPE MASK TO FACE

Abbildung 250: Tragbares Sauerstoffsystem im B737 Cockpit (Quelle: Boeing Manual)

Sauerstoffsysteme für die Passagiere

Die Hauptversorgung der Passagiere mit Sauerstoff für den Fall, dass die Druckkabine durch eine plötzliche oder schleichende Dekompression ihren Druck verliert, geschieht durch ein fest eingebautes Sauerstoffnotversorgungssystem, das den Sauerstoff entweder

(i) durch sogenannte chemische Generatoren erzeugt

(ii) oder durch Sauerstoffdruckflaschen und ein Leitungssystem zu den PSU zur Verfügung stellt.

Bei Systemen der ersten Art sind die Sauerstoffgeneratoren Bestandteil der Personal Service Units (PSU), die im Passagierraum im Überkopfbereich angebracht sind. Zusätzliche Service Units (SU) sind in der Galley, im Cabin Crew Bereich und in den Toiletten installiert. Beim Sauerstoffgenerator wird der Sauerstoff aus einer chemischen Reaktion von Natriumsodiumchlorat ($NaClO_3$) und Eisen (Fe) gewonnen. Jeder Generator in einer PSU/SU erzeugt dabei genügend Sauerstoff für zwei, drei oder vier Personen, je nach Auslegung und Einsatzort.

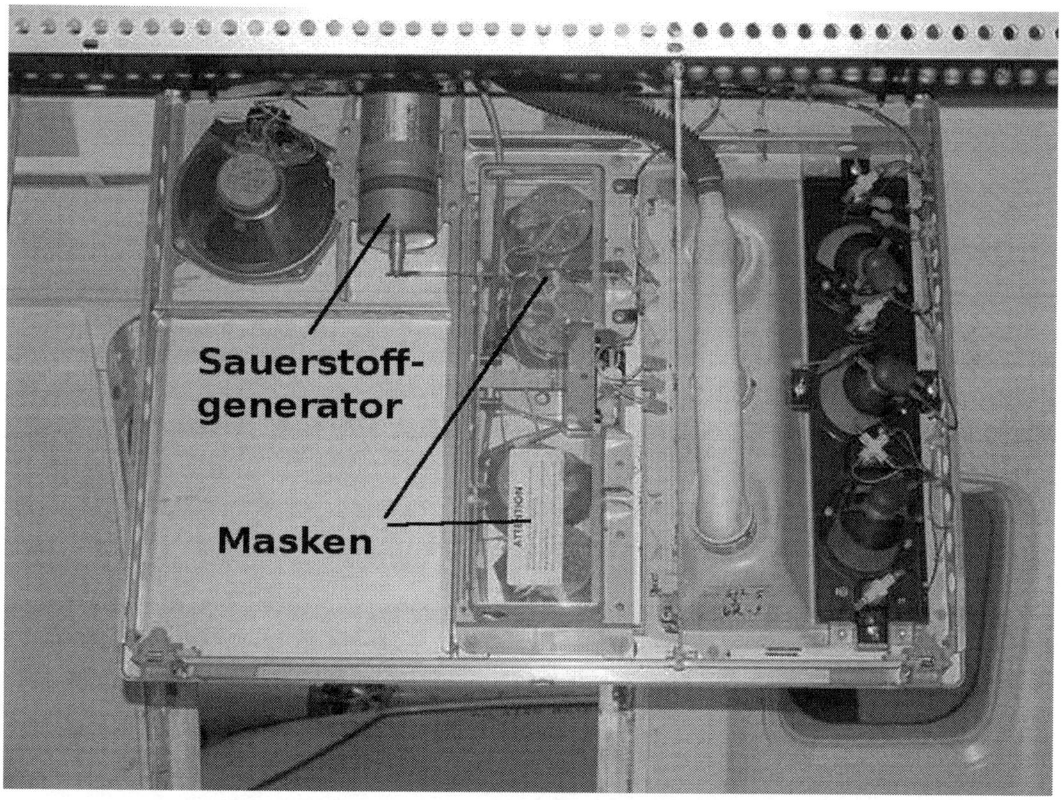

Abbildung 251: Geöffnete Personal Service Unit (Foto: Chris Brady)

Das Passagier-Sauerstoffsystem wird automatisch aktiviert, sobald die Kabinendruckhöhe 14.000 ft übersteigt. In einem solchen Fall fallen automatisch alle Masken aus den PSU heraus. Parallel dazu erfolgt eine Anzeige im Cockpit (bei der B737 leuchtet z.B. die PASS OXY ON Lampe im Oxygen Panel auf, siehe Abb. 244). Alternativ lässt sich das Sauerstoffsystem vom Cockpit aus aktivieren (bei der B737 durch den geschützten Schalter im Oxygen Panel).

Die Sauerstoffmaske für Passagiere ist aus Kunststoff hergestellt und von einfacher Bauart. Im Notfall fallen die Masken „halb" herunter, wobei der Sauerstofffluss noch nicht aktiviert ist. Das Heranziehen aktiviert über ein eingebautes Ventil den Sauerstofffluss. Die Maske muss im Notfall über Mund und Nase gepresst werden und kann durch ein Gummiband hinter dem Kopf in Position gehalten werden. Ob Sauerstoff geliefert wird, kann an einer grünen Anzeige im Zuführungsschlauch abgelesen werden. Der Sauerstoff wird in einen Reservoirbereich hinein erzeugt, aus dem der Passagier einatmet. Der chemische Prozess, einmal aktiviert, ist nicht mehr abschaltbar. Der Sauerstoff aus den Chemogeneratoren bzw. dem Reservoir reicht für maximal 15-20 Minuten.

Die Verwendung der Sauerstoffmasken im Passagierbereich verhindert nicht das Einatmen von Rauch, da der zugeführte Sauerstoff immer mit der Kabinenluft gemischt wird.

Bei Passagiersauerstoffsystemen, die den Sauerstoff in Gasdruckflaschen mitführen, ist das Handling für den Passagier unverändert. Der einzige Unterschied besteht in der Konstruktion. Die Sauerstoffdruckflaschen sind in der Regel im Cargobereich an geeigneter Stelle untergebracht, von wo aus Leitungen zu den einzelnen PSU‘s führen.
Das System auf der Basis von Sauerstoffdruckflaschen hat etliche Vorteile. Die Kapazi-

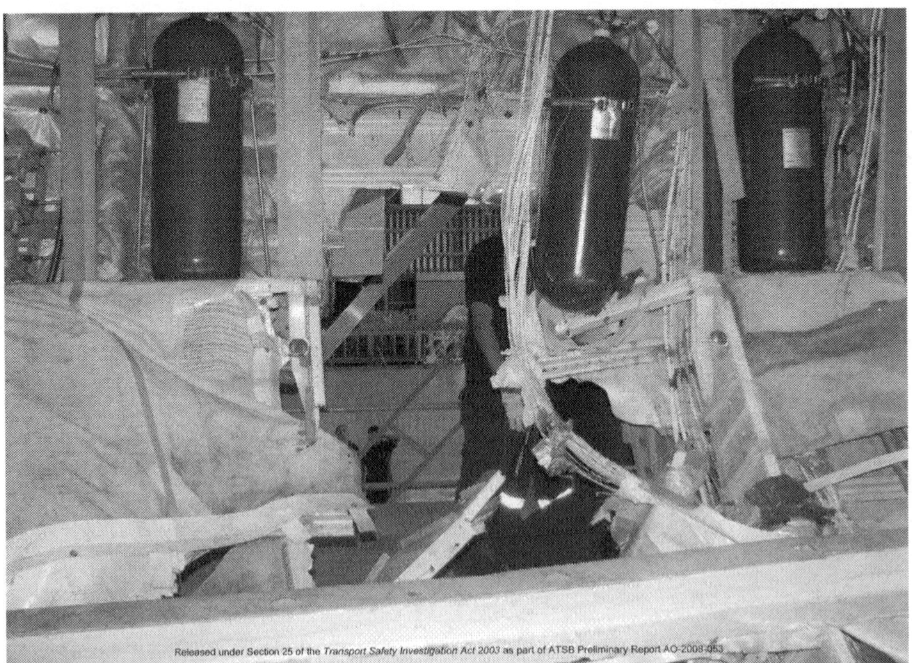

Abbildung 252: Die Explosion einer Sauerstoffflasche reißt im Juli 2008
bei einer B747 der Qantas Airlines ein Loch in den Rumpf (Quelle: ATSB Australien)

tät ist flexibler anpassbar und die Flusskontrolle kann ggf. an den Atemzyklus (on-demand) angepasst werden, was die Nutzungsdauer erhöht. Bei den Chemogeneratoren wird der Sauerstoff kontinuierlich erzeugt (continuous flow), eine Flusskontrolle ist nicht möglich. Außerdem entsteht bei der chemischen Reaktion Hitze, sodass die Temperatur der angebotenen Atemluft über der Kabinentemperatur liegt. Ein Nachteil der Systems mit Sauerstoffflaschen liegt in der potenziellen Gefahr, die generell bei Flaschen unter hohem Druck besteht.
Die mitzuführende *Menge an Sauerstoff* ist in den Zulassungsvorschriften und in JAR-OPS1 geregelt. Die abgebildete Tabelle gibt einen Überblick (JAR-OPS 1.770).

Appendix 1 to JAR–OPS 1.770
Oxygen – Minimum Requirements for Supplemental Oxygen for Pressurised Aeroplanes (Note 1)

(a) SUPPLY FOR:	(b) DURATION AND CABIN PRESSURE ALTITUDE
1. All occupants of flight deck seats on flight deck duty	Entire flight time when the cabin pressure altitude exceeds 13 000 ft and entire flight time when the cabin pressure altitude exceeds 10 000 ft but does not exceed 13 000 ft after the first 30 minutes at those altitudes, but in no case less than: (i) 30 minutes for aeroplanes certificated to fly at altitudes not exceeding 25 000 ft (Note 2) (ii) 2 hours for aeroplanes certificated to fly at altitudes more than 25 000 ft (Note 3).
2. All required cabin crew members	Entire flight time when cabin pressure altitude exceeds 13 000 ft but not less than 30 minutes (Note 2), and entire flight time when cabin pressure altitude is greater than 10 000 ft but does not exceed 13 000 ft after the first 30 minutes at these altitudes.
3. 100% of passengers (Note 5)	Entire flight time when the cabin pressure altitude exceeds 15 000 ft but in no case less than 10 minutes.(Note 4)
4. 30% of passengers (Note 5)	Entire flight time when the cabin pressure altitude exceeds 14 000 ft but does not exceed 15 000 ft.
5. 10% of passengers (Note 5)	Entire flight time when the cabin pressure altitude exceeds 10 000 ft but does not exceed 14 000 ft after the first 30 minutes at these altitudes.

Note 1: The supply provided must take account of the cabin pressure altitude and descent profile for the routes concerned.

Note 2: The required minimum supply is that quantity of oxygen necessary for a constant rate of descent from the aeroplane's maximum certificated operating altitude to 10 000 ft in 10 minutes and followed by 20 minutes at 10 000 ft.

Note 3: The required minimum supply is that quantity of oxygen necessary for a constant rate of descent from the aeroplane's maximum certificated operating altitude to 10 000 ft in 10 minutes and followed by 110 minutes at 10 000 ft. The oxygen required in JAR–OPS 1.780(a)(1) may be included in determining the supply required.

Note 4: The required minimum supply is that quantity of oxygen necessary for a constant rate of descent from the aeroplane's maximum certificated operating altitude to 15 000 ft in 10 minutes.

Note 5: For the purpose of this table 'passengers' means passengers actually carried and includes infants.

Abbildung 253: Mitzuführende Sauerstoffmenge
(Quelle: JAR-OPS 1)

Tragbares Passagier-Sauerstoffsystem. Zusätzlich zur automatischen Sauerstoffnotversorgung gibt es im Passagierbereich ein oder mehrere Sauerstoffdruckflaschen (1.800 psi) für Erste-Hilfe-Zwecke, die standardmäßig eine Kapazität von 120 Litern haben.

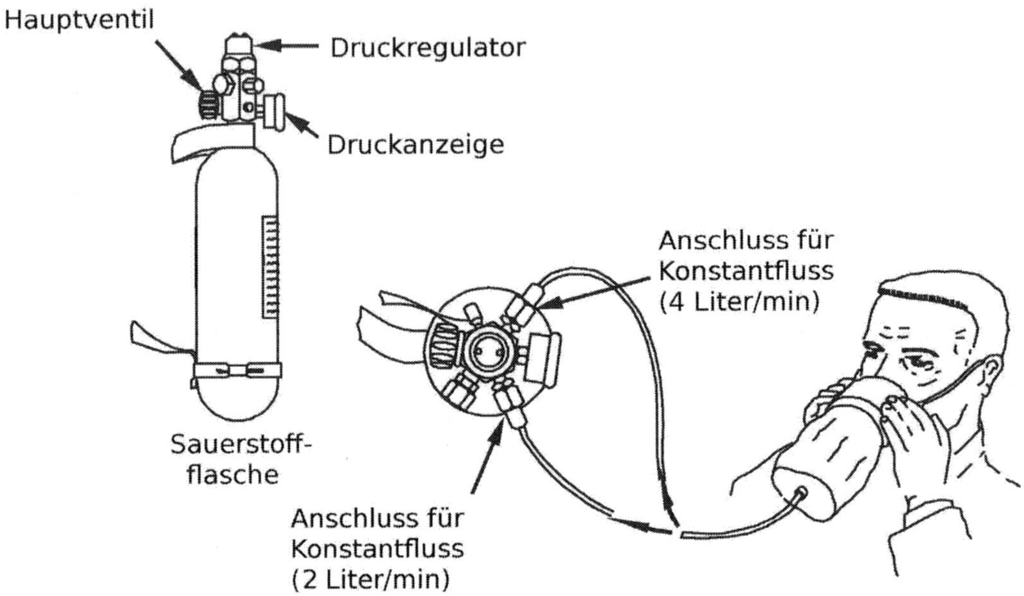

Abbildung 254: Tragbare Sauerstoffflasche im Passagierbereich
(Quelle: Boeing Manual)

Es gibt zwei verschiedene Anschlüsse, die einen Konstantfluss von zwei bzw. vier Liter Sauerstoff pro Minute liefern. Die Flaschen müssen manuell in Betrieb genommen werden. Der Sauerstoff beginnt zu strömen, sobald das Hauptventil geöffnet und eine portable Maske angeschlossen ist.

Bedienpanel der Sauerstoffsysteme

Die Bedienpanel der Sauerstoffsysteme an Bord funktionieren nahezu bedienungslos. Exemplarisch sei im Folgenden des Oxygen Panel des A320 gezeigt:

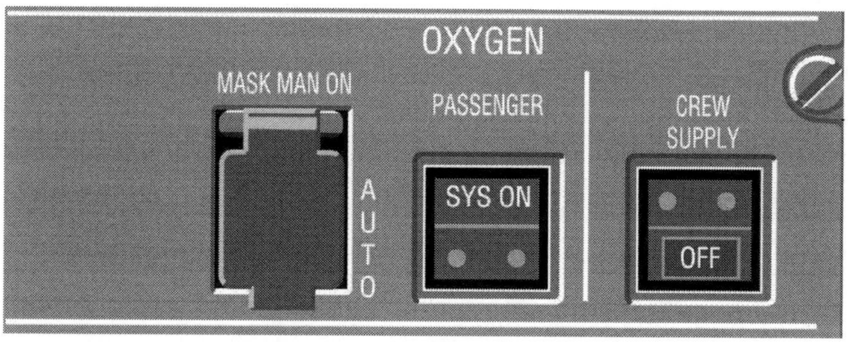

Abbildung 255: Oxygen Panel A320

Der geschützte Pushbutton links erlaubt das manuelle Aktivieren der Drop-Down-Masken im Passagierbereich (Standardstellung: AUTO).
SYS ON leuchtet in weiß auf, sobald die automatische Aktivierung der Drop-Down-Masken erfolgt ist. Dies erfolgt bei einer Kabinendruckhöhe > 14.000 ft. Bei der High Altitude Option ist das Panel auf der linken Seite um den High Altitude Button erweitert. Ist dieser aktiviert, erfolgt die automatische Aktivierung der Drop-Down-Masken erst bei 16.000 ft.
Mit dem rechten Pushbutton wird das Magnetventil an der Sauerstoffflasche für die Sauerstoffversorgung des Cockpits geschaltet. Der Normalzustand im Flug ist ON. Ist das Magnetventil geschlossen, leuchtet OFF in der Tastenbeschriftung in weiß.

Gefahren beim Handling von Sauerstoffsystemen und Sauerstoffdruckflaschen

Sauerstoff ist die Grundlage für jeden Verbrennungsprozess. Das Vorhandensein von Sauerstoff und insbesondere reinem Sauerstoff intensiviert jede Verbrennung auf rasante Weise. Folgende Sicherheitsüberlegungen und -maßnahmen sollten daher beim Umgang mit Sauerstoff beachtet werden:

- Absolutes Rauchverbot!
- Brennbares Material möglichst fernhalten.

- Kein Öl oder Fett sollte mit reinem Sauerstoff in Verbindung kommen, da die Gefahr der Selbstentzündung besteht!
- Feuchtigkeit in Verbindung mit Sauerstoff verstärkt Korrosion mit der Gefahr der Ventilblockierung. Das Sauerstoffsystem inklusive der Sauerstoffflaschen muss daher trocken bleiben.
- Beim Nachfüllen von Sauerstoff muss die Umgebung gut gelüftet sein. Sauerstoff ist schwerer als Luft, er könnte sich sonst in bestimmten Bereichen des Flugzeugs anreichern. Es bestünde dann erhöhte Gefahr von Korrosion und Entzündung.
- Wartungsarbeiten sind ausschließlich strikt nach Handbuch durchzuführen.

Nachfüllen der Sauerstoffflaschen

Die Sauerstoffdruckflaschen an Bord werden im Rahmen des normalen Bodenservice bei Bedarf wieder aufgefüllt. Die folgende Abbildung zeigt die Serviceklappe für das Bodenpersonal bei einer B737.

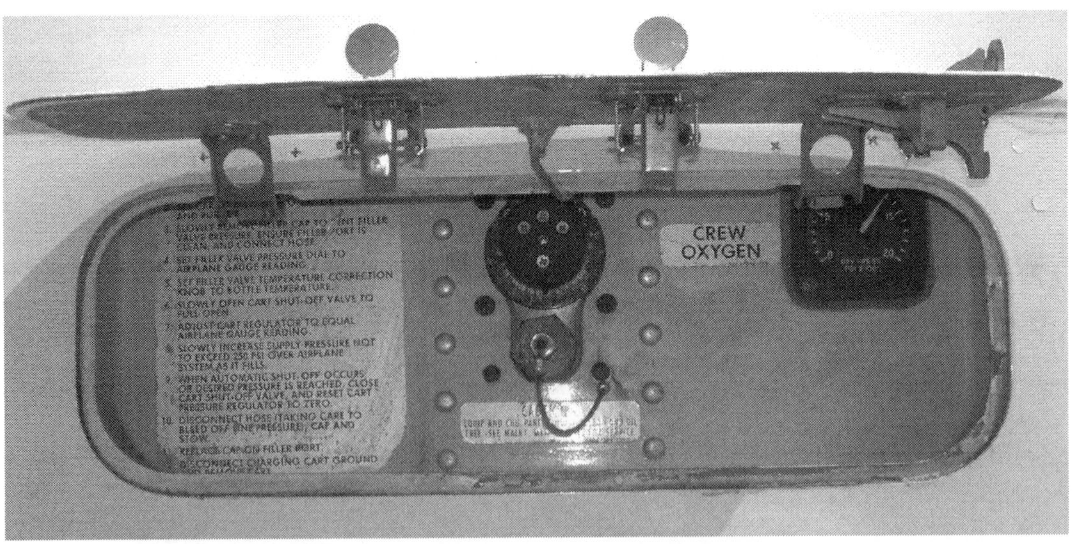

Abbildung 256: Serviceklappe zum Nachfüllen von Sauerstoff (Foto: Chris Brady)

Sauerstoffsysteme bei Flugzeugen ohne Druckkabine[1]

Wir wollen noch kurz auf die Sauerstoffsysteme bei Flugzeugen ohne Druckkabine eingehen. Für Flugzeuge, die nach CS23 zugelassen sind und die nicht nach JAR OPS1 betrieben werden, ist der Einsatz von portablen Sauerstoffsystemen zugelassen. Bei Flugzeugen, die bis maximal 25.000 ft operieren, ist ein Constant-Flow-System ausreichend. Sofern das Flugzeug für den Betrieb oberhalb von 25.000 ft zugelassen werden soll, ist für die Flightcrew ein Demand-Flow-system vorgeschrieben. Oberhalb von 40.000 ft ist ein Überdrucksystem vorgeschrieben.

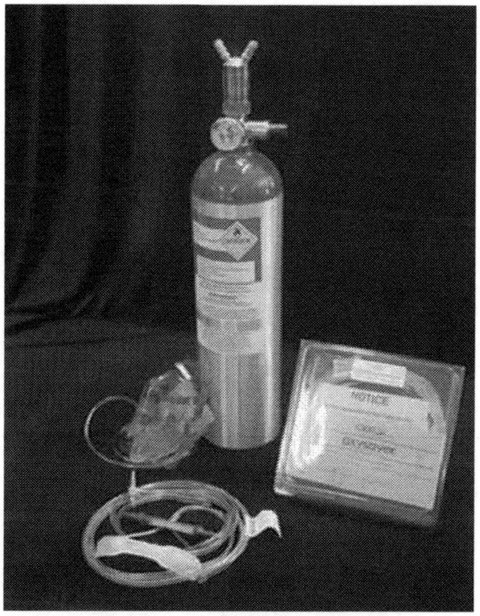

Abbildung 257: Portables Sauerstoffsystem Aerox 2D (Foto: Aerox Aviation)

Portable Systeme werden bei den Flugzeugen der Allgemeinen Luftfahrt allerdings vorwiegend im Bereich unterhalb von 25.000 ft eingesetzt. Für dieses Segment gibt es eine Reihe von Herstellern und Systemen, welche die Anforderungen auf relativ einfache Art und Weise erfüllen. Die Systeme bestehen in der Regel aus einer Sauerstoffdruckflasche, die mittels Halter an geeigneter Stelle im Cockpit (z.B. hinter dem Sitz) montiert wird, wobei die Flasche dem Halter zwecks Nachfüllen entnommen werden kann. Vorgeschrieben ist neben einem Hauptabsperrhahn die Möglichkeit für die Crew, die aktuelle Vorratsmenge an einer Anzeige jederzeit ablesen zu können. Die Sauerstoffzufuhr erfolgt mittels Kanülen aus Kunststoff.

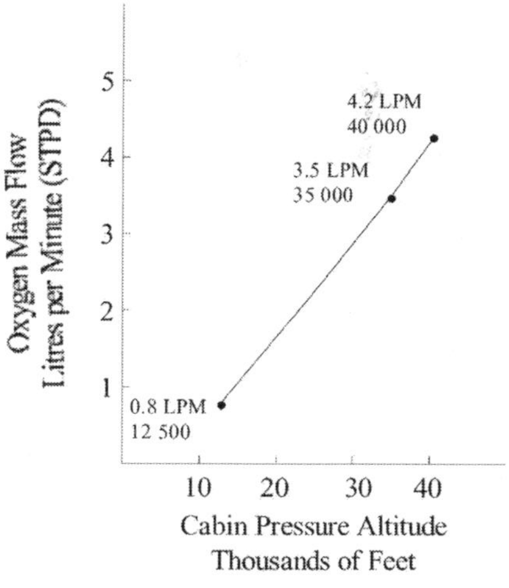

Abbildung 258: Sauerstoffflussrate (Quelle: CS23)

[1] dieses Thema ist nicht Bestandteil des Syllabus

In CS 23.1443 ist die Mindestsauerstoffzufuhr für Crew und Passagiere geregelt. Wir wollen an dieser Stelle nicht auf die einzelnen minimalen trachealen Sauerstoffpartialdrücke eingehen und stellen stattdessen nur die Grafik in Abbildung 258 dar, die für die jeweilige Altitude die erforderliche Sauerstoffflussrate bei einer Constant-Flow-Ausrüstung angibt.
Sauerstoffkanülen dürfen bis einschließlich 18.000 ft verwendet werden, wobei jeder Nutzer zusätzlich eine Maske im Zugriff haben muss, die Mund und Nase abdeckt.

Für die Zertifizierung oberhalb von 18.000 ft muss die Maske in jedem Fall Mund und Nase bedecken (CS23.1448 (c)).

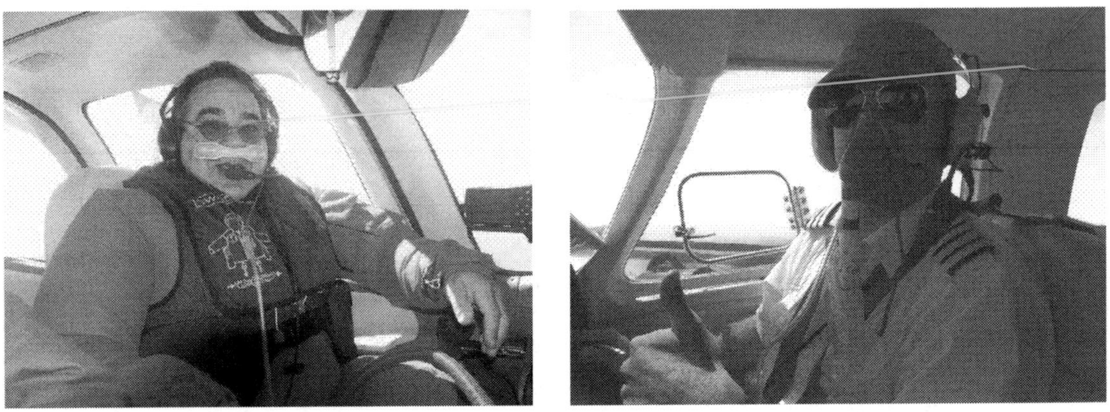

Abbildung 259: links: Ferrypilot im Überlebensanzug mit Oxysaver-Sauerstoffkanüle bei der Nordatlantiküberführung einer SR22 (Quelle: mike.microminutes.com, 2005)
rechts: Feste Sauerstoffmaske für Flüge oberhalb 18.000 ft (Quelle: Dirk Farsch)

Auch bei diesen einfachen Systemen besteht neben der relativ verschwenderischen Constant-Flow-Methode die Möglichkeit, den verfügbaren Sauerstoff effizienter durch Verwendung einer sogenannten Oxysaver-Kanüle zu nutzen.
Dabei wird in einem Schnurrbart-ähnlichen Gummibehälter während des Ausatmens eine Membrane geschlossen und der Sauerstoff dahinter gesammelt. Atmet der Insasse wieder ein, erhält er den angesammelten Sauerstoff in einem Zug. Dieses System erlaubt die Reduktion der Gesamtdurchflussmenge um bis zu 70 %.

AIRFRAME AND SYSTEMS
(Syllabus)

Hinweise zum englischen Original-Syllabus

Für dieses Buch wurde der vollständige Lerninhalt des englischen JAA Syllabus in der Fassung von 2008 (identisch LBA-Fassung 2009) zugrunde gelegt.

Im Folgenden ist der Original-Syllabus 2008 abgedruckt, der auch die Basis für Inhalt und Struktur dieses Lehrbuchs darstellt. Nicht enthalten sind die Abschnitte 021 10 und 021 11 (Powerplant), diese sind im Band 021.2 ‚Triebwerkkunde' behandelt. Abgedruckt sind auch die reinen Helikopter Kapitel und Learning Objectives. Diese sind in diesem Band jedoch nicht behandelt (siehe auch Seite 18).

Die Nummerierung der Kapitel und Themen entspricht genau derjenigen des Syllabus. Die Behandlung der einzelnen Learning Objectives (LO) in den jeweiligen Unterabschnitten ist aus didaktischen Gründen nicht immer in derselben Reihenfolge wie im Syllabus ausgeführt. Abweichungen dieser Art sind gekennzeichnet.

CHAPTER 19: DETAILED THEORETICAL KNOWLEDGE SYLLABUS AND LEARNING OBJECTIVES
Subject – 021 – Aircraft General Knowledge
See Appendix 1 to JAR-FCL 1.470 and JAR-FCL 2.470

INTRODUCTION (Issue n°5, according to SET reference):
List of the changes:
021 01 01 01 Design concepts : Reference is now made to 'load path'.
021 02 03 03 Loads, stresses and aero-elastic vibrations ("flutter") : Insertion of 'flutter damping and resonance'
021 02 04 00 Fuselage, landing gear, doors, floor, wind-screen and windows : Insertion of 'Firewall'.
021 04 01 02 System components, design, operation, indications and warnings, etc. : insertion of 'bogie beam' and of the relevant applicability for the different licences regarding emergency gear extension methods.
021 04 01 02 Landing gear : Insertion of a diagram of a landing gear used as a reference for the JAR MCQ database (Aeroplane only).
021 04 03 02 System components, design, operation, indications and warnings : one line has been rephrased, one line has been added.
021 04 03 04 Auto-brake : Definitions of the three different levels of operation for an auto-brake system.
021 08 02 02 Fuel system : Insertion of a diagram of a typical fuel system used as a reference for the JAR MCQ database (only for turbine engines).
021 09 01 02 Electrics - General, definitions, basic applications, etc. - : Insertion of 'Electro Motive Force : EMF'
021 09 03 02 AC Generation : Insertion of 'Gearbox'.
021 09 04 01 Distribution : Insertion of 4 lines to introduce 'Load sharing' and 'Load shedding'
021 09 04 01 Distribution : Insertion of a reference to an appended document describing a generic electrical system. This system is used as a reference for the JAR MCQ database (Aeroplane and Helicopter).
021 09 05 02 Electrical motors - Operating principle : Insertion of 'EMF'.
021 10 01 02 Piston engine : reference is now made to the Otto cycle.
021 10 03 00 Piston engine – Fuel pumps : A list of the different types of engine driven fuel pumps is now given.
021 10 04 01 Piston engine – Carburettor/Injection system : One line has been rephrased. Insertion of 'Priming' and of 'Carburettor fire'.
021 10 10 02 Piston engine – Engine handling : Introduction of 'Hydraulicing'.
021 11 03 05 Turbine engines – Ignition : Introduction of 'vibrator'
021 11 03 06 Turbine engines – Starter : The typical start sequence must now be described on ground and in flight.
021 13 00 00 Oxygen systems : the different actuation methods are mentioned.

The SET has also introduced in the LOs, as appended documents, typical systems used as references for the JAA MCQ database. These systems are:
- Landing gear
- Hydraulic (to be introduced at a latter date)
- Fuel
- Pneumatic (to be introduced at a latter date)
- Electrical

No JAR OPS reference are used, CS/EASA references are mentioned as appropriate.

CHAPTER 19: DETAILED THEORETICAL KNOWLEDGE SYLLABUS AND LEARNING OBJECTIVES
Subject – 021 – Aircraft General Knowledge
See Appendix 1 to JAR-FCL 1.470 and JAR-FCL 2.470

Syllabus Reference	**Syllabus details and associated Learning Objectives**	*Aeroplane*		*Helicopter*			*IR*
		ATPL	CPL	ATPL/ IR	ATPL	CPL	
021 00 00 00	**AIRCRAFT GENERAL KNOWLEDGE – AIRFRAME AND SYSTEMS, ELECTRICS, POWERPLANT, EMERGENCY EQUIPMENT**						
021 01 00 00	**SYSTEM DESIGN, LOADS, STRESSES, MAINTENANCE**						
021 01 01 00	**System design**						
021 01 01 01	**Design concepts**						
LO	Describe the following structural design philosophy: - safe life - fail-safe (multiple load paths) - damage-tolerant	x	x	x	x	x	
LO	Describe the following system design philosophy: - redundancy	x	x	x	x	x	
021 01 01 02	**Level of certification**						
LO	Explain and state the safety objectives associated with failure conditions (AMC 25.1309 Fig. 2).	x					
LO	Explain the relationship between the probability of a failure and the severity of the failure effects.	x		x	x		
LO	Explain why some systems are duplicated or triplicated.	x		x	x		
021 01 02 00	**Loads and stresses**						

CHAPTER 19: DETAILED THEORETICAL KNOWLEDGE SYLLABUS AND LEARNING OBJECTIVES
Subject – 021 – Aircraft General Knowledge
See Appendix 1 to JAR-FCL 1.470 and JAR-FCL 2.470

Syllabus Reference	**Syllabus details and associated Learning Objectives**	*Aeroplane*		*Helicopter*			*IR*
		ATPL	CPL	ATPL/ IR	ATPL	CPL	
LO	Explain the following terms: - stress - strain - tension - compression - buckling - bending - torsion - static loads - dynamic loads - cyclic loads - elastic and plastic deformation	x	x	x	x	x	
	Remark: Stress is the internal force per unit area inside a structural part as a result of external loads. Strain is the deformation caused by the action of stress on a material. It si normally given as the change in dimension expressed in a percentage of the original dimensions of the object.						
LO	Describe the relationship between stress and strain for a metal.	x	x	x	x	x	
021 01 03 00	**Fatigue**						
LO	Describe the phenomenon of fatigue.	x	x	x	x	x	
LO	Explain the relationship between the magnitude of the alternating stress and the number of cycles (S/N diagram or Wöhler curve).	x	x	x	x	x	

CHAPTER 19: DETAILED THEORETICAL KNOWLEDGE SYLLABUS AND LEARNING OBJECTIVES
Subject – 021 – Aircraft General Knowledge
See Appendix 1 to JAR-FCL 1.470 and JAR-FCL 2.470

Syllabus Reference	**Syllabus details and associated Learning Objectives**	*Aeroplane*		*Helicopter*			*IR*
		ATPL	CPL	ATPL/ IR	ATPL	CPL	
LO	Explain the implication of stress concentration factor.	x	x	x	x	x	
021 01 04 00	**Corrosion**						
LO	Describe the following types of corrosion: - oxidation - electrolytic.	x	x	x	x	x	
LO	Describe the interaction between fatigue and corrosion (stress corrosion).	x	x	x	x	x	
021 01 05 00	**Maintenance**						
021 01 05 01	**Maintenance methods: hard time and on condition**						
LO	Explain the following terms: - hard time maintenance - on condition maintenance.	x	x	x	x	x	
021 02 00 00	**AIRFRAME**						
021 02 01 00	**Construction and attachment methods**						
LO	Describe the principles of the following construction methods: - monocoque - semi-monocoque - cantilever - sandwich, including honey comb. - truss	x	x	x	x	x	

Syllabus Reference	Syllabus details and associated Learning Objectives	Aeroplane		Helicopter			IR
		ATPL	CPL	ATPL/ IR	ATPL	CPL	
LO	Describe the following attachment methods: - riveting - welding - bolting - pinning - adhesives (bonding)	x	x	x	x	x	
LO	State that sandwich structural parts need additional provisions to carry concentrated loads.	x	x	x	x	x	
021 02 02 00	**Materials**						
LO	Explain the following material properties: - elasticity - plasticity - stiffness - strength - strength to density ratio	x	x	x	x	x	
LO	Compare the above properties as they apply to aluminium alloys, magnesium alloys, titanium alloys, steel and composites.	x	x	x	x	x	
LO	Explain the need to use alloys rather than pure metals.	x	x	x	x	x	
LO	Explain the principle of a composite material.	x	x	x	x	x	

CHAPTER 19: DETAILED THEORETICAL KNOWLEDGE SYLLABUS AND LEARNING OBJECTIVES
Subject – 021 – Aircraft General Knowledge
See Appendix 1 to JAR-FCL 1.470 and JAR-FCL 2.470

Syllabus Reference	**Syllabus details and associated Learning Objectives**	*Aeroplane*		*Helicopter*			*IR*
		ATPL	CPL	ATPL/ IR	ATPL	CPL	
LO	Describe the function of the following components: - matrix, resin or filler - fibres	x	x	x	x	x	
LO	State the advantages and disadvantages of composite materials compared with metal alloys considering the following: - strength to weight ratio - capability to tailor the strength to the direction of the load - stiffness - electrical conductivity (lightning) - resistance to fatigue - resistance to corrosion and cost.	x	x	x	x	x	
LO	State that the following are composite fibre materials: - carbon - glass - aramide (Kevlar)	x	x	x	x	x	
021 02 03 00	**Aeroplane: Wings, tail surfaces and control surfaces**						
021 02 03 01	**Design and construction**						
LO	Describe the following types of construction: - cantilever - non cantilever (braced)	x	x				

CHAPTER 19: DETAILED THEORETICAL KNOWLEDGE SYLLABUS AND LEARNING OBJECTIVES
Subject – 021 – Aircraft General Knowledge
See Appendix 1 to JAR-FCL 1.470 and JAR-FCL 2.470

Syllabus Reference	Syllabus details and associated Learning Objectives	*Aeroplane*		*Helicopter*			*IR*
		ATPL	CPL	ATPL/ IR	ATPL	CPL	
021 02 03 02	**Structural components**						
LO	Describe the function of the following structural components: - spar and its components (web and girder or cap). - rib - stringer - skin - torsion box	x	x				
021 02 03 03	**Loads, stresses and aero-elastic vibrations (“flutter”)**						
LO	Describe the vertical and horizontal loads on the ground.	x	x				
LO	Describe the loads in flight for symmetrical and asymmetrical conditions, considering both vertical and horizontal loads and loads due to engine failure.	x	x				
LO	Describe the principle of flutter, flutter damping and resonance for the wing and the control surfaces.	x	x				
LO	Explain the significance on stress relief and flutter of the following: - chord wise and span wise position of masses (e.g. engines, fuel and balance masses, control balance masses). - torsional stiffness - bending flexibility	x	x				
LO	Describe the following design configurations: - conventional (low or mid set) tailplane - T-tail	x	x				

CHAPTER 19: DETAILED THEORETICAL KNOWLEDGE SYLLABUS AND LEARNING OBJECTIVES
Subject – 021 – Aircraft General Knowledge
See Appendix 1 to JAR-FCL 1.470 and JAR-FCL 2.470

Syllabus Reference	Syllabus details and associated Learning Objectives	*Aeroplane*		*Helicopter*			*IR*
		ATPL	CPL	ATPL/ IR	ATPL	CPL	
021 02 04 00	**Fuselage, landing gear, doors, floor, wind-screen and windows**						
LO	Describe the following types of fuselage construction: - monocoque - semi-monocoque	x	x	x	x	x	
LO	Describe the construction and the function of the following structural components of a fuselage: - frames - bulkhead - stiffeners, stringers, longerons - skin, doublers - floor suspension (crossbeams) - floor panels - firewall	x	x	x	x	x	
LO	Describe the loads on the fuselage due to pressurisation.	x	x				
LO	Describe the following loads on a main landing gear: - touch down loads (vertical and horizontal) - taxi loads on bogie gear (turns)	x	x				
LO	Describe the structural danger of a nose wheel landing with respect to: - Fuselage loads - Nose wheel strut loads	x	x				

CHAPTER 19: DETAILED THEORETICAL KNOWLEDGE SYLLABUS AND LEARNING OBJECTIVES
Subject – 021 – Aircraft General Knowledge
See Appendix 1 to JAR-FCL 1.470 and JAR-FCL 2.470

Syllabus Reference	Syllabus details and associated Learning Objectives	Aeroplane		Helicopter			IR
		ATPL	CPL	ATPL/ IR	ATPL	CPL	
LO	Describe the structural danger of a tail strike with respect to: - fuselage and aft bulkhead damage (pressurisation)	x	x				
LO	Describe door and hatch construction for pressurised and unpressurised aeroplanes including: - door and frame (plug type) - hinge location - locking mechanism	x	x				
LO	Explain the advantages and disadvantages of the following fuselage cross sections: - circular - double bubble (two types) - oval - rectangular	x	x				
LO	State that flight deck windows are constructed with different layers.	x	x				
LO	Explain the function of window heating for structural purposes.	x	x				
LO	Explain the implication of a direct vision window (see CS 25.773 (b) (3))	x	x				
LO	State the need for an eye reference position.	x	x				
LO	Explain the function of floor venting (blow out panels)	x	x				
LO	Describe the construction and fitting of sliding doors.			x	x	x	
021 02 05 00	**Helicopter : Flight controls structural aspects**						
021 02 05 01	**Design and construction**						

CHAPTER 19: DETAILED THEORETICAL KNOWLEDGE SYLLABUS AND LEARNING OBJECTIVES
Subject – 021 – Aircraft General Knowledge
See Appendix 1 to JAR-FCL 1.470 and JAR-FCL 2.470

Syllabus Reference	Syllabus details and associated Learning Objectives	*Aeroplane*		*Helicopter*			*IR*
		ATPL	CPL	ATPL/ IR	ATPL	CPL	
LO	List the functions of flight controls			x	x	x	
LO	Describe and explain the different flight control design concepts for conventional, tandem, coaxial, side by side, NOTAR and fenestron equipped helicopters.			x	x	x	
LO	Explain the advantages, disadvantages and limitations of the respective designs above.			x	x	x	
LO	Explain the function of the synchronised elevator.			x	x	x	
LO	Describe the construction methods and alignment of vertical and horizontal stabilisers.			x	x	x	
021 02 05 02	**Structural components and materials**						
LO	Name the main components of flight and control surfaces.			x	x	x	
LO	Describe the fatigue life and methods of checking for serviceability of flight and control surface components and materials.			x	x	x	
021 02 05 03	**Loads, Stresses and aero-elastic vibrations**						
LO	Describe and explain where the main stresses are applied to components.			x	x	x	
LO	Describe the dangers and stresses regarding safety and serviceability in flight when the manufacturers design envelope is exceeded.			x	x	x	
LO	Explain the procedure for: - static chord wise balancing - static span wise balancing - blade alignment - dynamic chord wise balancing - dynamic span wise balancing			x	x	x	

CHAPTER 19: DETAILED THEORETICAL KNOWLEDGE SYLLABUS AND LEARNING OBJECTIVES
Subject – 021 – Aircraft General Knowledge
See Appendix 1 to JAR-FCL 1.470 and JAR-FCL 2.470

Syllabus Reference	**Syllabus details and associated Learning Objectives**	*Aeroplane*		*Helicopter*			*IR*
		ATPL	CPL	ATPL/ IR	ATPL	CPL	
LO	Explain the process of blade tracking including: - the pre-track method of blade tracking - the use of delta incidence numbers - aircraft configuration whilst carrying out tracking - factors affecting blade flying profile - ground tracking and in-flight trend analysis - use of pitch link and blade trim tab adjustments - tracking techniques, including stroboscopic and electronic			x	x	x	
LO	Describe the early indications and vibrations which are likely to be experienced when the main rotor blades and tail rotor are out of balance and/or tracking, including the possible early indications due to possible fatigue and overload.			x	x	x	
LO	Explain how a vibration harmonic can be set up in other components which can lead to their early failure.			x	x	x	
LO	Describe the three planes of vibration measurement i.e.: vertical, lateral, fore and aft			x	x	x	
021 02 06 00	**Structural limitations**						

CHAPTER 19: DETAILED THEORETICAL KNOWLEDGE SYLLABUS AND LEARNING OBJECTIVES
Subject – 021 – Aircraft General Knowledge
See Appendix 1 to JAR-FCL 1.470 and JAR-FCL 2.470

Syllabus Reference	**Syllabus details and associated Learning Objectives**	*Aeroplane*		*Helicopter*			*IR*
		ATPL	CPL	ATPL/ IR	ATPL	CPL	
LO	Define and explain the following maximum structural masses: - Maximum ramp mass - Maximum take off mass - Maximum zero fuel mass - Maximum landing mass *Remark: These limitations may also be found in the relevant part of subjects 031, 032 and 034.*	x	x				
LO	Explain that airframe life is limited by fatigue, created by alternating stress and the number of load cycles.	x	x				
LO	Explain the maximum structural masses: - Maximum take off mass			x	x	x	
LO	Explain that airframe life is limited by fatigue, created by the load cycles.			x	x	x	
021 03 00 00	**HYDRAULICS**						
021 03 01 00	**Hydro-mechanics: basic principles**						
LO	Explain the concept and basic principles of hydro-mechanics including: - Hydrostatic pressure - Pascal's law - The relationship between pressure, force and area - Transmission of power: Multiplication of force, decrease of displacement	x	x	x	x	x	
021 03 02 00	**Hydraulic systems**						
021 03 02 01	**Hydraulic fluids: types, characteristics, limitations**						

Syllabus Reference	Syllabus details and associated Learning Objectives	*Aeroplane*		*Helicopter*			*IR*
		ATPL	CPL	ATPL/ IR	ATPL	CPL	
LO	List and explain the desirable properties of a hydraulic fluid: - thermal stability - corrosiveness - flashpoint and flammability - volatility - viscosity	x	x	x	x	x	
LO	State that hydraulic fluids are irritating for skin and eyes	x	x	x	x	x	
LO	List the two different types of hydraulic fluids: - synthetic - mineral	x	x	x	x	x	
LO	State that different types of hydraulic fluids cannot be mixed.	x	x	x	x	x	
LO	State that at the pressures being considered hydraulic fluid is considered incompressible.	x	x	x	x	x	
021 03 02 02	**System components: design, operation, degraded modes of operation, indications and warnings**						
LO	Explain the working principle of a hydraulic system.	x	x	x	x	x	
LO	Describe the difference in principle of operation between a constant pressure system and a system pressurised only on specific demand (open-centre).	x	x	x	x	x	
LO	State the differences in principle of operation between a passive hydraulic system (without a pressure pump) and an active hydraulic system (with a pressure pump).	x	x	x	x	x	

CHAPTER 19: DETAILED THEORETICAL KNOWLEDGE SYLLABUS AND LEARNING OBJECTIVES
Subject – 021 – Aircraft General Knowledge
See Appendix 1 to JAR-FCL 1.470 and JAR-FCL 2.470

Syllabus Reference	**Syllabus details and associated Learning Objectives**	*Aeroplane*		*Helicopter*			*IR*
		ATPL	CPL	ATPL/ IR	ATPL	CPL	
LO	List the main advantages and disadvantages of system actuation by hydraulic or purely mechanical means with respect to: - weight - size - force	x	x	x	x	x	
LO	List the main users of hydraulic systems.	x	x	x	x	x	
LO	State that hydraulic systems can be classified as either high pressure (typically 3000 psi or higher) and low pressure (typically up to 2000 psi).	x	x	x	x	x	
LO	State that the normal hydraulic pressure of most large transport aircraft is 3000 psi.	x	x	x	x	x	
LO	Explain the working principle of a low pressure (0-2000 psi) open centred system using an off loading valve and an RPM dependent pump.	x	x	x	x	x	
LO	Explain the advantages and disadvantages of a high pressure system over a low pressure system.	x	x	x	x	x	
LO	Describe the working principle and functions of pressure pumps including: - constant pressure pump (swashplate or camplate) - pressure pump whose output is dependent on pump RPM (gear type)	x	x	x	x	x	

CHAPTER 19: DETAILED THEORETICAL KNOWLEDGE SYLLABUS AND LEARNING OBJECTIVES
Subject – 021 – Aircraft General Knowledge
See Appendix 1 to JAR-FCL 1.470 and JAR-FCL 2.470

Syllabus Reference	Syllabus details and associated Learning Objectives	*Aeroplane*		*Helicopter*			*IR*
		ATPL	CPL	ATPL/ IR	ATPL	CPL	
LO	State that for an aeroplane, the power sources of a hydraulic pressure pump can be: - manual - engine gearbox - electrical - air (pneumatic and Ram Air Turbine) - hydraulic (Power Transfer Unit) or reversible motor pumps	x	x				
LO	State that for a helicopter, the power sources of a hydraulic pressure pump can be: - manual - engine - gearbox - electrical			x	x	x	

CHAPTER 19: DETAILED THEORETICAL KNOWLEDGE SYLLABUS AND LEARNING OBJECTIVES
Subject – 021 – Aircraft General Knowledge
See Appendix 1 to JAR-FCL 1.470 and JAR-FCL 2.470

Syllabus Reference	**Syllabus details and associated Learning Objectives**	*Aeroplane*		*Helicopter*			*IR*
		ATPL	CPL	ATPL/ IR	ATPL	CPL	
LO	Describe the working principle and functions of the following hydraulic system components: - reservoir (pressurised and unpressurised) - accumulators - case drain lines and fluid cooler - return lines - piston actuators (single and double acting) - hydraulic motors - filters - non-return (check) valves - relief valves - restrictor valves - selector valves (linear and basic rotary selectors, two and four ports) - by-pass valves - shuttle valves - fire shut-off valves - priority valves - fuse valves - pressure and return pipes	x	x	x	x	x	
LO	Explain why many transport aeroplanes have “demand” hydraulic pumps.	x	x				
LO	Explain how redundancy is obtained by giving examples.	x	x	x	x	x	

CHAPTER 19: DETAILED THEORETICAL KNOWLEDGE SYLLABUS AND LEARNING OBJECTIVES
Subject – 021 – Aircraft General Knowledge
See Appendix 1 to JAR-FCL 1.470 and JAR-FCL 2.470

Syllabus Reference	**Syllabus details and associated Learning Objectives**	*Aeroplane*		*Helicopter*			*IR*
		ATPL	CPL	ATPL/ IR	ATPL	CPL	
LO	Interpret the hydraulic system schematic appended to these LOs (to be introduced at a latter date).	x	x	x	x	x	
LO	Explain the implication of a high system demand.	x	x	x	x	x	
LO	Explain the implication of a system internal leakage including hydraulic lock of piston actuators.	x	x	x	x	x	
LO	List and describe the instruments and alerts for monitoring a hydraulic system.	x	x	x	x	x	
LO	State the indications and explain the implications of the following malfunctions: - system leak or low level - low pressure - high temperature	x	x	x	x	x	
021 04 00 00	**LANDING GEAR, WHEELS, TYRES, BRAKES**						
021 04 01 00	**Landing gear**						
021 04 01 01	**Types**						
LO	Name, for an aeroplane, the following different landing gear configurations: - nose-wheel - tail-wheel	x	x				
LO	Name, for a helicopter, the following different landing gear configurations: - nose-wheel - tail-wheel - skids			x	x	x	

CHAPTER 19: DETAILED THEORETICAL KNOWLEDGE SYLLABUS AND LEARNING OBJECTIVES
Subject – 021 – Aircraft General Knowledge
See Appendix 1 to JAR-FCL 1.470 and JAR-FCL 2.470

Syllabus Reference	**Syllabus details and associated Learning Objectives**	*Aeroplane*		*Helicopter*			*IR*
		ATPL	CPL	ATPL/ IR	ATPL	CPL	
021 04 01 02	**System components, design, operation, indications and warnings, on ground/in flight protections, emergency extension systems**						
LO	Explain the function of the following components of a landing gear - oleo leg/shock strut - axles - bogies and bogie beam - drag struts - side stays/struts - torsion links - locks (over centre) - gear doors and retraction mechanisms (normal and emergency operation).	x	x				
LO	Explain the function of the following components of a landing gear - oleo leg/shock strut - axles - drag struts - side stays/struts - torsion links - locks (over centre) - gear doors and retraction mechanisms (normal and emergency operation).			x	x	x	
LO	Name the different components of a landing gear, using the diagram appended to these LOs.	x	x				

CHAPTER 19: DETAILED THEORETICAL KNOWLEDGE SYLLABUS AND LEARNING OBJECTIVES
Subject – 021 – Aircraft General Knowledge
See Appendix 1 to JAR-FCL 1.470 and JAR-FCL 2.470

Syllabus Reference	Syllabus details and associated Learning Objectives	*Aeroplane*		*Helicopter*			*IR*
		ATPL	CPL	ATPL/ IR	ATPL	CPL	
LO	Describe the sequence of events during normal operation of the landing gear.	x	x	x	x	x	
LO	State how landing gear position indication and alerting is implemented.	x	x	x	x	x	
LO	Describe the various protection devices to avoid inadvertent gear retraction on the ground: - ground lock (pins), - protection devices in the gear retraction mechanism.	x	x	x	x	x	
LO	Explain the speed limitations for gear operation (VLO and VLE).	x	x				
LO	Describe the sequence for emergency gear extension: - unlocking - operating - down locking	x	x	x	x	x	
	Describe some methods for emergency gear extension including: - gravity/free fall - air or nitrogen pressure - manually/mechanically	x	x	x	x	x	
021 04 02 00	**Nose wheel steering: design, operation**						
LO	Explain the operating principle of nose-wheel steering	x	x	x	x	x	
LO	Explain for a helicopter the functioning of differential braking with free castoring nose wheel.			x	x	x	

Syllabus Reference	Syllabus details and associated Learning Objectives	*Aeroplane*		*Helicopter*			*IR*
		ATPL	CPL	ATPL/ IR	ATPL	CPL	
LO	Describe for an aeroplane the functioning of the following systems: - differential braking with free castoring nose wheel - tiller or hand wheel steering - rudder pedal nose wheel steering	x	x				
LO	Explain the centering mechanism of the nose wheel.	x	x				
LO	Define the term 'shimmy' and the possible consequences for the nose and the main wheel system.	x	x	x	x	x	
LO	Explain the purpose of main wheel (body) steering.	x	x				
021 04 03 00	**Brakes**						
021 04 03 01	**Types and materials**						
LO	Describe the basic operating principle of a disk brake.	x	x	x	x	x	
LO	State the different materials used in a disc brake (steel, carbon).	x	x	x	x	x	
LO	Describe their characteristics plus advantages and disadvantages such as: - weight - temperature limits - internal friction coefficient. - wear	x	x	x	x	x	
021 04 03 02	**System components, design, operation, indications and warnings**						
LO	State the limitation of brake energy and describe the operational consequences.	x	x				
LO	Explain how brakes are actuated.	x	x	x	x	x	

CHAPTER 19: DETAILED THEORETICAL KNOWLEDGE SYLLABUS AND LEARNING OBJECTIVES
Subject – 021 – Aircraft General Knowledge
See Appendix 1 to JAR-FCL 1.470 and JAR-FCL 2.470

Syllabus Reference	Syllabus details and associated Learning Objectives	*Aeroplane*		*Helicopter*			*IR*
		ATPL	CPL	ATPL/ IR	ATPL	CPL	
LO	Identify the task of an auto retract or in flight brake system.	x	x				
LO	State that brakes can be torque limited.	x	x				
LO	Describe the function of a brake accumulator.	x	x	x	x	x	
LO	Describe the function of the parking brake.	x	x	x	x	x	
LO	Explain the function of wear indicators.	x	x				
LO	Explain the reason for the brake temperature indicator.	x	x				
LO	State that the main power source for brakes in normal operation and for alternate operation for large transport aeroplanes is hydraulic.	x	x				
021 04 03 03	**Anti-skid**						
LO	Describe the operating principle of an anti-skid system where the brake performance is based on maintaining the optimum wheel slip value.	x	x				
LO	Explain the purpose of the wheel speed signal (tachometer) and of the aeroplane reference speed signal to the anti-skid computer, considering: - slip ratio for maximum braking performance. - locked wheel prevention (protection against deep skid on one wheel)- touchdown protection (protection against brake pressure application during touch down) - hydroplane protection	x	x				
LO	Give examples of the impact of an anti-skid system on performance.	x	x				
021 04 03 04	**Auto-brake**						
LO	Describe the operating principle of an auto-brake system.	x	x				
LO	State that the anti-skid system must be available when using auto-brakes.	x	x				

Syllabus Reference	Syllabus details and associated Learning Objectives	*Aeroplane*		*Helicopter*			*IR*
		ATPL	CPL	ATPL/ IR	ATPL	CPL	
LO	Explain the difference between the three possible levels of operation of an auto-brake system: - OFF (system off or reset) - Arm/Disarm (ARM : the system is ready to operate under certain conditions) - Operative/Inoperative or Activated/De-activated (application of pressure on brakes).	x	x				
021 04 04 00	**Wheels, rims and tyres**						
021 04 04 01	**Types, structural components and materials, operational limitations, thermal plugs**						
LO	Describe the different types of tyres such as: - tubeless - diagonal (cross ply) - radial (circumferential bias)	x	x	x	x	x	
LO	Define the following terms - ply rating - tyre tread - tyre creep - retread (cover)	x	x	x	x	x	
LO	Explain the function of thermal/fusible plugs.	x	x				
LO	Explain the implications of tread separation and tyre burst.	x	x				
LO	State that the ground speed of tyres is limited.	x	x				
LO	Describe material and basic construction of the rim of an aeroplane wheel.	x	x				

Syllabus Reference	Syllabus details and associated Learning Objectives	*Aeroplane*		*Helicopter*			*IR*
		ATPL	CPL	ATPL/ IR	ATPL	CPL	
021 04 05 00	**Helicopter equipment**						
LO	Explain flotation devices and how they are operated.			x	x	x	
LO	Explain the IAS limitations, before, during and after flotation device deployment.			x	x	x	
021 05 00 00	**FLIGHT CONTROLS**						
021 05 01 00	**Aeroplane: Primary Flight Controls**						
	Remark: The manual, irreversible and reversible flight control systems as discussed in 021 05 01 01, 05 01 02 and 05 01 03 are all considered to be mechanical flight control systems. Fly by Wire flight control systems are discussed in 021 05 04 00.						
LO	Define a primary flight control.	x	x				
LO	List the following primary flight control surfaces: - elevator - aileron, roll spoilers - rudder	x	x				
LO	List the various means of control surface actuation including: - manual - fully powered (irreversible) - partially powered (reversible)	x	x				
021 05 01 01	**Manual controls**						
LO	Explain the basic principle of a fully manual control system.	x	x				
021 05 01 02	**Fully powered controls (irreversible)**						

CHAPTER 19: DETAILED THEORETICAL KNOWLEDGE SYLLABUS AND LEARNING OBJECTIVES
Subject – 021 – Aircraft General Knowledge
See Appendix 1 to JAR-FCL 1.470 and JAR-FCL 2.470

Syllabus Reference	**Syllabus details and associated Learning Objectives**	*Aeroplane*		*Helicopter*			*IR*
		ATPL	CPL	ATPL/ IR	ATPL	CPL	
LO	Explain the basic principle of a fully powered control system.	x					
LO	Explain the concept of irreversibility in a flight control system.	x					
LO	Explain the need for a 'feel system' in a fully powered control system.	x					
LO	Explain the operating principle of a stabiliser trim system in a fully powered control system.	x					
LO	Explain the operating principle of rudder and aileron trim in a fully powered control system.	x					
021 05 01 03	**Partially powered controls (reversible)**						
LO	Explain the basic principle of a partially powered control system.	x	x				
LO	Explain why a 'feel system' is not necessary in a partially powered control system.	x	x				
021 05 01 04	**System components, design, operation, indications and warnings, degraded modes of operation, jamming**						
LO	List and describe the function of the following components of a flight control system: - actuators - control valves - cables or electrical wiring - control surface position sensors.	x	x				
LO	Explain how redundancy is obtained in primary flight control systems of large transport aeroplanes.	x	x				
LO	Explain the danger of control jamming and the means of retaining sufficient control capability.	x	x				

CHAPTER 19: DETAILED THEORETICAL KNOWLEDGE SYLLABUS AND LEARNING OBJECTIVES
Subject – 021 – Aircraft General Knowledge
See Appendix 1 to JAR-FCL 1.470 and JAR-FCL 2.470

Syllabus Reference	**Syllabus details and associated Learning Objectives**	*Aeroplane*		*Helicopter*			*IR*
		ATPL	CPL	ATPL/ IR	ATPL	CPL	
LO	Explain the methods of locking the controls on the ground and describe “gust or control lock“ warnings	x	x				
LO	Explain the concept of a rudder deflection limitation (rudder limiter) system and the various means of implementation (rudder ratio changer, variable stops, blow-back).	x	x				
021 05 02 00	**Aeroplane: Secondary Flight Controls**						
021 05 02 01	**System components, design, operation, degraded modes of operation, indications and warnings**						
LO	Define a secondary flight control.	x	x				
	List the following secondary flight control surfaces: - lift augmentation devices (flaps and slats) - speed brakes - flight and ground spoilers - trimming devices such as trim tabs, trimmable horizontal stabiliser.	x	x				
LO	Describe secondary flight control actuation methods and sources of actuating power.	x	x				
LO	Explain the function of a mechanical lock when using hydraulic motors driving a screw jack.	x	x				
LO	Describe the requirement for limiting speeds for the various secondary flight control surfaces.	x	x				
LO	For lift augmentation devices, explain the load limiting (relief) protection devices and the functioning of an auto-retraction system.	x	x				
LO	Explain how a flap/slat asymmetry protection device functions.	x	x				
LO	Describe the function of an auto-slat system.	x	x				

CHAPTER 19: DETAILED THEORETICAL KNOWLEDGE SYLLABUS AND LEARNING OBJECTIVES
Subject – 021 – Aircraft General Knowledge
See Appendix 1 to JAR-FCL 1.470 and JAR-FCL 2.470

Syllabus Reference	**Syllabus details and associated Learning Objectives**	*Aeroplane*		*Helicopter*			*IR*
		ATPL	CPL	ATPL/ IR	ATPL	CPL	
LO	Explain the concept of control surface blow-back (aerodynamic forces overruling hydraulic forces).	x	x				
021 05 03 00	**Helicopter: Flight Controls**						
LO	Explain the methods of locking the controls on the ground.			x	x	x	
LO	Describe main rotor droop stops and how static rotor flapping is restricted.			x	x	x	
LO	Describe the need for linear and rotary control input/ output.			x	x	x	
LO	Explain the principle of phase lag and advance angle.			x	x	x	
LO	Describe the following four axis of control operation, their operating principle and their associated cockpit controls: - collective control - cyclic fore and aft (pitch axis) - cyclic lateral (roll axis) - yaw			x	x	x	

CHAPTER 19: DETAILED THEORETICAL KNOWLEDGE SYLLABUS AND LEARNING OBJECTIVES
Subject – 021 – Aircraft General Knowledge
See Appendix 1 to JAR-FCL 1.470 and JAR-FCL 2.470

Syllabus Reference	**Syllabus details and associated Learning Objectives**	*Aeroplane*		*Helicopter*			*IR*
		ATPL	CPL	ATPL/ IR	ATPL	CPL	
LO	Describe the swashplate or azimuth star control system including the following: - swashplate inputs - the function of the non-rotating swashplate - the function of the rotating swashplate - how swashplate tilt is achieved - swashplate pitch axis - swashplate roll axis - balancing of pitch/roll/collective inputs to the swashplate to equalise torsional loads on the blades.			x	x	x	
LO	Describe the main rotor spider control system including the following: - the collective beam - pitch/roll/collective inputs to the collective beam - spider drive			x	x	x	
LO	Describe the need for control system interlinks, in particular: - collective/yaw - collective/throttle - cyclic/stabilator - interaction between cyclic controls and horizontal/stabilator.			x	x	x	
LO	State the need for "feel systems" in the hydraulic actuated flight control system.			x	x	x	
LO	Describe the purpose of a trim system			x	x	x	

CHAPTER 19: DETAILED THEORETICAL KNOWLEDGE SYLLABUS AND LEARNING OBJECTIVES
Subject – 021 – Aircraft General Knowledge
See Appendix 1 to JAR-FCL 1.470 and JAR-FCL 2.470

Syllabus Reference	Syllabus details and associated Learning Objectives	*Aeroplane*		*Helicopter*			*IR*
		ATPL	CPL	ATPL/ IR	ATPL	CPL	
LO	Describe the purpose of a cyclic beep trim system that utilises Parallel Trim Actuators to enable the pilot to control the aircraft.			x	x	x	
LO	List and describe the different types of trim system.			x	x	x	
LO	Explain the basic components of a trim system in particular: - force trim switch - force gradient - parallel trim actuator - cyclic 4-way trim switch - interaction of trim system with a SAS/SCAS/ASS stability system - trim motor indicators			x	x	x	
LO	Describe the different types of control runs			x	x	x	
LO	Explain the use of control stops			x	x	x	
021 05 04 00	**Aeroplane: Fly-by-Wire (FBW) control systems**						

CHAPTER 19: DETAILED THEORETICAL KNOWLEDGE SYLLABUS AND LEARNING OBJECTIVES
Subject – 021 – Aircraft General Knowledge
See Appendix 1 to JAR-FCL 1.470 and JAR-FCL 2.470

Syllabus Reference	**Syllabus details and associated Learning Objectives**	*Aeroplane*		*Helicopter*			*IR*
		ATPL	CPL	ATPL/ IR	ATPL	CPL	

LO	Explain that a FBW flight control system is composed of the following:
	- pilot's input command (control stick/column)
	- electrical signalling including:
	  - pilot input to computer
	  - computer to flight control surfaces
	  - feedback from aircraft response to computer
	- flight control computers
	- actuators
	- control surfaces
		x	x				

LO	State the advantages and disadvantages of a FBW system in comparison with a conventional flight control system including: - weight - pilot workload - flight envelope protection	x	x				
LO	Explain why a FBW system is always irreversible.	x	x				
LO	State the existence of degraded modes of operation.	x	x				
021 05 05 00	**Helicopter: Fly-by-Wire (FBW) control systems.**						
LO	To be introduced at a later date.			x	x	x	
021 06 00 00	**PNEUMATICS – PRESSURISATION AND AIR CONDITIONING SYSTEMS**						
021 06 01 00	**Pneumatic/Bleed air supply**						

CHAPTER 19: DETAILED THEORETICAL KNOWLEDGE SYLLABUS AND LEARNING OBJECTIVES
Subject – 021 – Aircraft General Knowledge
See Appendix 1 to JAR-FCL 1.470 and JAR-FCL 2.470

Syllabus Reference	**Syllabus details and associated Learning Objectives**	*Aeroplane*		*Helicopter*			*IR*
		ATPL	CPL	ATPL/ IR	ATPL	CPL	
021 06 01 01	**Piston engine air supply**						
LO	State the method of supplying air for the pneumatic systems for piston engine aircraft.	x	x	x	x	x	
LO	State that an air supply is required for the following systems: - instrumentation - heating - de-icing	x	x	x	x	x	
021 06 01 02	**Gas turbine engine: bleed air supply**						
LO	State that the possible bleed air sources for gas turbine engine aircraft are the following: - engine - APU - ground supply	x	x	x	x	x	
LO	State that for an aeroplane a bleed air supply can be used for the following systems or components: - anti-icing - engine air starter - pressurisation of a hydraulic reservoir - air driven hydraulic pumps - pressurisation and air conditioning.	x	x				

Syllabus Reference		Syllabus details and associated Learning Objectives	*Aeroplane*		*Helicopter*			*IR*
			ATPL	CPL	ATPL/ IR	ATPL	CPL	
	LO	State that for a helicopter a bleed air supply can be used for the following systems or components: - anti-icing - engine air starter - pressurisation of a hydraulic reservoir			x	x	x	
	LO	State that the bleed air supply system can comprise the following: - pneumatic ducts - isolation valve - pressure regulating valve - engine bleed valve (HP/IP valves) - fan air pre-cooler - temperature and pressure sensors	x	x	x	x	x	
	LO	Interpret the pneumatic system schematic appended to these LOs (to be introduced at a latter date).	x	x	x	x	x	
	LO	Describe the cockpit indications for bleed air systems.	x	x	x	x	x	
	LO	State how the bleed air supply system is controlled and monitored.	x	x	x	x	x	
	LO	List the following air bleed malfunctions: - over temperature - over pressure - low pressure - overheat/duct leak	x	x	x	x	x	

CHAPTER 19: DETAILED THEORETICAL KNOWLEDGE SYLLABUS AND LEARNING OBJECTIVES
Subject – 021 – Aircraft General Knowledge
See Appendix 1 to JAR-FCL 1.470 and JAR-FCL 2.470

Syllabus Reference	Syllabus details and associated Learning Objectives	*Aeroplane*		*Helicopter*			*IR*
		ATPL	CPL	ATPL/ IR	ATPL	CPL	
021 06 02 00	**Helicopter: Air conditioning systems**						
021 06 02 01	**Types, system components, design, operation, degraded modes of operation, indications and warnings**						
LO	Describe the purpose of an air conditioning system.			x	x	x	
LO	Explain how an air conditioning system is controlled.			x	x	x	
LO	Describe the vapour cycle air conditioning system including systems components, design, operation, degraded modes of operation and system malfunction indications.			x	x	x	
LO	Identify the following components from a diagram of an air conditioning system and describe the operating principle and function: - air cycle machine (pack, bootstrap system) - pack cooling fan - water separator - mixing valves - flow control valves - isolation valves - re-circulation fans - filters for re-circulation - temperature sensors			x	x	x	
LO	List and describe the controls, indications and warnings related to an air conditioning system.			x	x	x	
021 06 03 00	**Aeroplane: Pressurisation and air conditioning system**						

CHAPTER 19: DETAILED THEORETICAL KNOWLEDGE SYLLABUS AND LEARNING OBJECTIVES
Subject – 021 – Aircraft General Knowledge
See Appendix 1 to JAR-FCL 1.470 and JAR-FCL 2.470

Syllabus Reference	**Syllabus details and associated Learning Objectives**	*Aeroplane*		*Helicopter*			*IR*
		ATPL	CPL	ATPL/ IR	ATPL	CPL	
021 06 03 01	**System components, design, operation, degraded modes of operation, indications and warnings**						
LO	State that a pressurisation and an air conditioning system of an aeroplane controls: - ventilation - temperature - pressure	x	x				
LO	State that in general humidity is not controlled.	x	x				
LO	Explain that the following components constitute a pressurisation system: - pneumatic system as the power source - outflow valve - outflow valve actuator - pressure controller - excessive differential pressure relief valve - negative differential pressure relief valve	x	x				

CHAPTER 19: DETAILED THEORETICAL KNOWLEDGE SYLLABUS AND LEARNING OBJECTIVES
Subject – 021 – Aircraft General Knowledge
See Appendix 1 to JAR-FCL 1.470 and JAR-FCL 2.470

Syllabus Reference	**Syllabus details and associated Learning Objectives**	*Aeroplane*		*Helicopter*			*IR*
		ATPL	CPL	ATPL/ IR	ATPL	CPL	
LO	Explain that the following components constitute an air-conditioning system and describe their operating principles and function: - air cycle machine (pack, bootstrap system) - pack cooling fan - water separator - mixing valves - flow control valves (outflow valve) - isolation valves - ram air valve - re-circulation fans - filters for re-circulated air - temperature sensors *Remark: The bootstrap system is the only air conditioning system considered for JAR-FCL aeroplane examinations.*	x	x				
LO	Describe the use of hot trim air.	x	x				
LO	Define the following terms: - cabin altitude - cabin vertical speed - differential pressure - ground pressurisation	x	x				
LO	Describe the operating principle of a pressurisation system.	x	x				

Syllabus Reference	**Syllabus details and associated Learning Objectives**	*Aeroplane*		*Helicopter*			*IR*
		ATPL	CPL	ATPL/ IR	ATPL	CPL	
LO	Describe the emergency operation by manual setting of the outflow valve position.	x	x				
LO	Describe the working principle of an electronic cabin pressure controller.	x	x				
LO	State how the maximum operating altitude is determined.	x	x				
LO	State: - the maximum allowed value of cabin altitude - state a typical value of maximum differential pressure for large transport aeroplane (8 to 9 psi) - the relation between cabin altitude, the maximum differential pressure and maximum aeroplane operating altitude.	x	x				
LO	Identify the aural warning when cabin altitude exceeds 10,000 ft.	x	x				
LO	List the indications of the pressurisation system.	x	x				
021 07 00 00	**ANTI-ICING AND DE-ICING SYSTEMS**						
021 07 01 00	**Types, design, operation, indications and warnings, operational limitations**						
LO	Explain the concepts of de-icing and anti-icing.	x	x	x	x	x	
LO	Name the components of an aircraft which can be protected from ice accretion.	x	x	x	x	x	
LO	State that on some aeroplanes the tail does not have an ice protection system.	x	x				
LO	State the different types of anti-icing/de-icing systems (hot-air, electrical, fluid).	x	x	x	x	x	
LO	Describe the operating principle of these systems.	x	x	x	x	x	
LO	Describe the operating principle of the inflatable boot de-icing system.	x	x				
021 07 02 00	**Ice warning systems: types, operation, and indications**						

CHAPTER 19: DETAILED THEORETICAL KNOWLEDGE SYLLABUS AND LEARNING OBJECTIVES
Subject – 021 – Aircraft General Knowledge
See Appendix 1 to JAR-FCL 1.470 and JAR-FCL 2.470

Syllabus Reference	**Syllabus details and associated Learning Objectives**	*Aeroplane*		*Helicopter*			*IR*
		ATPL	CPL	ATPL/ IR	ATPL	CPL	
LO	Describe the different operating principles of the following ice detectors: - mechanical systems using air pressure. - electro-mechanical systems using resonance frequencies.	x	x				
LO	Describe the principle of operation of ice warning systems.	x	x				
021 07 03 00	**Helicopter blade heating systems**						
LO	Describe main and tail rotor blade heating systems.			x	x	x	
LO	Explain the limitations on blade heating and the fact that on some helicopters, the heating does not heat all the main rotor blades at the same time.			x	x	x	
021 08 00 00	**FUEL SYSTEM**						
021 08 01 00	**Piston engine**						
021 08 01 01	**Fuel: Types, characteristics, limitations**						
LO	State the types of fuel used by piston engine (diesel, AVGAS, MOGAS) and their associated limitations.	x	x	x	x	x	
LO	State the main characteristics of these fuels and give typical values regarding their flash points, freezing points and density.	x	x	x	x	x	
021 08 01 02	**Design, operation, system components, indications.**						
LO	State the tasks of the fuel system.	x	x	x	x	x	

CHAPTER 19: DETAILED THEORETICAL KNOWLEDGE SYLLABUS AND LEARNING OBJECTIVES
Subject – 021 – Aircraft General Knowledge
See Appendix 1 to JAR-FCL 1.470 and JAR-FCL 2.470

Syllabus Reference	Syllabus details and associated Learning Objectives	Aeroplane		Helicopter			IR
		ATPL	CPL	ATPL/ IR	ATPL	CPL	
LO	Name the following main components of a fuel system, state their location and state their function. - lines - boost pump - pressure valves - filter, strainer - tanks (wing, tip, fuselage) - vent system - sump - drain - fuel quantity sensor - temperature sensor	x	x	x	x	x	
LO	Describe a gravity fuel feed system and a pressure feed fuel system.	x	x	x	x	x	
LO	Describe the construction of the different types of fuel tank and state their advantages and disadvantages: - drum tank - bladder tank - integral tank	x	x	x	x	x	
LO	Explain the function of cross-feed.	x	x	x	x	x	
LO	Define the term 'unusable fuel'.	x	x	x	x	x	

CHAPTER 19: DETAILED THEORETICAL KNOWLEDGE SYLLABUS AND LEARNING OBJECTIVES
Subject – 021 – Aircraft General Knowledge
See Appendix 1 to JAR-FCL 1.470 and JAR-FCL 2.470

Syllabus Reference	Syllabus details and associated Learning Objectives	*Aeroplane*		*Helicopter*			*IR*
		ATPL	CPL	ATPL/ IR	ATPL	CPL	
LO	List the following parameters that are monitored for the fuel system: - fuel quantity (low level warning) - fuel temperature	x	x	x	x	x	
021 08 02 00	**Turbine engine**						
021 08 02 01	**Fuel: Types, characteristics, limitations**						
LO	State the types of fuel used by gas turbine engine (JET-A, JET-A1, JET-B).	x	x	x	x	x	
LO	State the main characteristics of these fuels and give typical values regarding their flash points, freezing points and density.	x	x	x	x	x	
LO	State the existence of additives for freezing.	x	x	x	x	x	
021 08 02 02	**Design, operation, system components, indications**						
LO	State the tasks of the fuel system.	x	x	x	x	x	

CHAPTER 19: DETAILED THEORETICAL KNOWLEDGE SYLLABUS AND LEARNING OBJECTIVES
Subject – 021 – Aircraft General Knowledge
See Appendix 1 to JAR-FCL 1.470 and JAR-FCL 2.470

Syllabus Reference	**Syllabus details and associated Learning Objectives**	*Aeroplane*		*Helicopter*			*IR*
		ATPL	CPL	ATPL/ IR	ATPL	CPL	
LO	Name the main components of a fuel system, state their location and state their function. - lines - centrifugal boost pump - pressure valves - fuel shut off valve - filter, strainer - tanks (wing, tip, fuselage, tail) - bafflers - sump - vent system - drain - fuel quantity sensor - temperature sensor - re/defuelling system - fuel dump/jettison system	x	x	x	x	x	
LO	Interpret the fuel system schematic appended to these LOs.	x	x				
LO	Explain the limitations in the event of loss of booster pump fuel pressure.	x	x	x	x	x	

CHAPTER 19: DETAILED THEORETICAL KNOWLEDGE SYLLABUS AND LEARNING OBJECTIVES
Subject – 021 – Aircraft General Knowledge
See Appendix 1 to JAR-FCL 1.470 and JAR-FCL 2.470

Syllabus Reference	Syllabus details and associated Learning Objectives	*Aeroplane*		*Helicopter*			*IR*
		ATPL	CPL	ATPL/ IR	ATPL	CPL	
LO	Describe the construction of the different types of fuel tank and state their advantages and disadvantages: - drum tank - bladder tank - integral tank	x	x	x	x	x	
LO	Explain the function of cross-feed and transfer.	x	x	x	x	x	
LO	Define the term 'unusable fuel'.	x	x	x	x	x	
LO	Describe the use and purpose of drip sticks (manual magnetic indicators)	x	x	x	x	x	
LO	Explain the considerations for fitting a fuel dump/jettison system.	x	x	x	x	x	
LO	List the following parameters that are monitored for the fuel system: - fuel quantity (low level warning) - fuel temperature	x	x	x	x	x	
021 09 00 00	**ELECTRICS**						
021 09 01 00	**General, definitions, basic applications: circuit-breakers, logic circuits.**						
021 09 01 01	**Static electricity**						
LO	Explain static electricity.	x	x	x	x	x	
LO	Describe a static discharger and explain its purpose.	x	x	x	x	x	
LO	Explain why an aircraft must first be grounded before refuelling/defuelling.	x	x	x	x	x	
LO	Explain the reason for electrical bonding.	x	x	x	x	x	
021 09 01 02	**Direct Current**						

CHAPTER 19: DETAILED THEORETICAL KNOWLEDGE SYLLABUS AND LEARNING OBJECTIVES
Subject – 021 – Aircraft General Knowledge
See Appendix 1 to JAR-FCL 1.470 and JAR-FCL 2.470

Syllabus Reference		Syllabus details and associated Learning Objectives	*Aeroplane*		*Helicopter*			*IR*
			ATPL	CPL	ATPL/ IR	ATPL	CPL	
	LO	State that a current can only flow in a closed circuit.	x	x	x	x	x	
	LO	Explain the basic principles of conductivity and give examples of conductors, semiconductors and insulators.	x	x	x	x	x	
	LO	State the operating principle of mechanical (toggle, rocker, push and pull), thermo, time and proximity switches.	x	x	x	x	x	
	LO	Define voltage, current and resistance and state their unit of measurement.	x	x	x	x	x	
	LO	Explain Ohm's law in qualitative terms.	x	x	x	x	x	
	LO	Explain the effect on total resistance when resistors are connected in series or in parallel.	x	x	x	x	x	
	LO	State that resistances can have a positive or a negative temperature coefficient (PTC/NTC) and state their use.	x	x	x	x	x	
	LO	Define electrical work and power in qualitative terms and state the unit of measurement.	x	x	x	x	x	
	LO	Define the term "electrical field" and "magnetic field" in qualitative terms and explain the difference with the aid of the Lorentz Force (Electro Motive Force : EMF).	x	x	x	x	x	
	LO	Explain the term capacitance and explain the use of a capacitor as a storage device.	x	x	x	x	x	
021 09 01 03		**Alternating Current**						
	LO	Explain the term alternating current (AC)	x	x	x	x	x	
	LO	Define the term phase	x	x	x	x	x	
	LO	Explain the principle of single phase and three phase AC and state its use in the aircraft.	x	x	x	x	x	
	LO	Define frequency in qualitative terms and state the unit of measurement.	x	x	x	x	x	
	LO	Explain the use of a particular frequency in aircraft.	x	x	x	x	x	
	LO	Define phase shift in qualitative terms.	x	x	x	x	x	

CHAPTER 19: DETAILED THEORETICAL KNOWLEDGE SYLLABUS AND LEARNING OBJECTIVES
Subject – 021 – Aircraft General Knowledge
See Appendix 1 to JAR-FCL 1.470 and JAR-FCL 2.470

Syllabus Reference	Syllabus details and associated Learning Objectives	*Aeroplane*		*Helicopter*			*IR*
		ATPL	CPL	ATPL/ IR	ATPL	CPL	
021 09 01 04	**Resistors, capacitors, inductance coil**						
LO	Describe the relation between voltage and current of an ohmic resistor in an AC/DC circuit.	x	x	x	x	x	
LO	Describe the relation between voltage and current of a capacitor in an AC/DC circuit.	x	x	x	x	x	
LO	Describe the relation between voltage and current of a coil in an AC/DC circuit.	x	x	x	x	x	
021 09 01 05	**Permanent magnets**						
LO	Explain the term magnetic flux.	x	x	x	x	x	
LO	State the pattern and direction of the magnetic flux outside the magnetic poles and inside the magnet.	x	x	x	x	x	
021 09 01 06	**Electromagnetism**						
LO	State that an electrical current produces a magnetic field and define the direction of that field.	x	x	x	x	x	
LO	Describe how the strength of the magnetic field changes if supported by a ferromagnetic core.	x	x	x	x	x	
LO	Explain the purpose and the working principle of a solenoid.	x	x	x	x	x	
LO	Explain the purpose and the working principle of a relay.	x	x	x	x	x	
LO	Explain the principle of electromagnetic induction.	x	x	x	x	x	
LO	List the parameters affecting the inductance of a coil.	x	x	x	x	x	
LO	List the parameters affecting the induced voltage in a coil.	x	x	x	x	x	
021 09 01 07	**Circuit breakers**						
LO	Explain the operating principle of a fuse and a circuit breaker.	x	x	x	x	x	

Syllabus Reference		Syllabus details and associated Learning Objectives	*Aeroplane*		*Helicopter*			*IR*
			ATPL	CPL	ATPL/ IR	ATPL	CPL	
	LO	Explain how a fuse is rated.	x	x	x	x	x	
	LO	State the difference between a "trip-free" and "non-trip-free" circuit breaker.	x	x	x	x	x	
	LO	List the following different types of circuit breakers: - thermal circuit breakers - magnetic circuit breaker	x	x	x	x	x	
021 09 01 08		**Semiconductors and logic circuits:**						
	LO	State the differences between semiconductor materials and conductors and explain how the conductivity of semiconductors can be altered.	x	x	x	x	x	
	LO	State the principal function of diodes such as rectification, voltage limiting.	x	x	x	x	x	
	LO	State the principal function of transistors such as switching and amplification.	x	x	x	x	x	
	LO	Explain the following four basic functions: AND, OR, NOT, NOR and NAND.	x	x	x	x	x	
	LO	Describe their associated symbols.	x	x	x	x	x	
	LO	Interpret logic diagrams using a combination of these functions.	x	x	x	x	x	
021 09 02 00		**Batteries**						
021 09 02 01		**Types, characteristics and limitations**						
	LO	State the function of an aircraft battery.						
	LO	Name the types of rechargeable batteries used in aircraft.	x	x	x	x	x	
	LO	Compare lead-acid and nickel-cadmium (Ni-Cd) batteries with respect to weight, voltage, load behaviour, self-discharge, charging characteristics, thermal runaway and storage life.	x	x	x	x	x	
	LO	Explain the term "cell voltage".	x	x	x	x	x	

CHAPTER 19: DETAILED THEORETICAL KNOWLEDGE SYLLABUS AND LEARNING OBJECTIVES
Subject – 021 – Aircraft General Knowledge
See Appendix 1 to JAR-FCL 1.470 and JAR-FCL 2.470

Syllabus Reference	Syllabus details and associated Learning Objectives	*Aeroplane*		*Helicopter*			*IR*
		ATPL	CPL	ATPL/ IR	ATPL	CPL	
LO	State that a battery is composed of several cells.	x	x	x	x	x	
LO	Explain the difference between battery voltage and charging voltage.	x	x	x	x	x	
LO	State the charging voltage that corresponds with different battery voltages.	x	x	x	x	x	
LO	Define the term "capacity of batteries" and state the unit of measurement used.	x	x	x	x	x	
LO	State the effect of temperature on battery capacity.	x	x	x	x	x	
LO	State the relationship between voltage and capacity when batteries are connected in series or in parallel.	x	x	x	x	x	
LO	State that in the case of loss of all generated power (Battery power only) the remaining electrical power is time limited.	x	x	x	x	x	
021 09 03 00	**Generation**						
	Remark: For standardisation, the SET uses the following standard expressions: *- DC generator: produces DC output.* *- DC alternator: produces internal AC, rectified by integrated rectifying unit, the output is DC.* *- AC generator: produces AC output.* *- Starter generator: integrated combination of a DC generator with DC output and a starter motor using battery DC.* *- Permanent magnet alternator/generator: produces AC output without field excitation using a permanent magnet.*	x	x	x	x	x	
021 09 03 01	**DC Generation**						
LO	Describe the working principle of a simple DC alternator and name its main components.	x	x	x	x	x	

CHAPTER 19: DETAILED THEORETICAL KNOWLEDGE SYLLABUS AND LEARNING OBJECTIVES
Subject – 021 – Aircraft General Knowledge
See Appendix 1 to JAR-FCL 1.470 and JAR-FCL 2.470

Syllabus Reference	Syllabus details and associated Learning Objectives	Aeroplane		Helicopter			IR
		ATPL	CPL	ATPL/ IR	ATPL	CPL	
LO	State in qualitative terms how voltage depends on the number of windings, field strength, rpm and load.	x	x	x	x	x	
LO	List the differences between a DC generator and a DC alternator with regard to voltage response at low rpm, power/weight ratio, brush sparking.	x	x	x	x	x	
LO	Explain the principle of voltage control.	x	x	x	x	x	
LO	Explain why reverse current flow from the battery to the generator must be prevented.	x	x	x	x	x	
LO	Describe the operating principle of a starter generator and state its purpose.	x	x	x	x	x	
021 09 03 02	**AC Generation**						
LO	Describe the components of a three-phase AC generator and the operating principle.	x	x	x	x	x	
LO	State that the generator field current is used to control the voltage.	x	x	x	x	x	
LO	State in qualitative terms the relation between frequency, number of pole pairs, and RPM of a three-phase generator.	x	x	x	x	x	
LO	Explain the term wild frequency generator.	x	x	x	x	x	
LO	Describe how a three phase AC generator can be connected to the electrical system.	x	x	x	x	x	
LO	Describe the purpose and the working principle of a permanent magnet alternator/generator.	x	x	x	x	x	
LO	List the following different power sources that can be used for an aeroplane to drive an AC generator: - engine - APU - RAT - Hydraulic	x	x				

CHAPTER 19: DETAILED THEORETICAL KNOWLEDGE SYLLABUS AND LEARNING OBJECTIVES
Subject – 021 – Aircraft General Knowledge
See Appendix 1 to JAR-FCL 1.470 and JAR-FCL 2.470

Syllabus Reference	Syllabus details and associated Learning Objectives	*Aeroplane*		*Helicopter*			*IR*
		ATPL	CPL	ATPL/ IR	ATPL	CPL	
LO	List the following different power sources that can be used for a helicopter to drive an AC generator: - engine - APU - gearbox			x	x	x	
021 09 03 03	**Constant Speed Drive (CSD) and Integrated Drive Generator (IDG) systems.**						
LO	Describe the function and the working principle of a constant speed drive (CSD).	x	x				
LO	Explain the parameters of a CSD that are monitored.	x	x				
LO	Describe the function and the working principle of an Integrated Drive Generator (IDG).	x	x				
LO	Explain the consequences of a mechanical disconnect during flight for a CSD and an IDG.	x	x				
021 09 03 04	**Transformers, transformer rectifier units, static inverters**						
LO	State the function of a transformer and its operating principle.	x	x	x	x	x	
LO	State the function of a Transformer Rectifier Unit (TRU), its operating principle and the voltage output.	x	x	x	x	x	
LO	State the function of static inverters, its operating principle and the voltage output.	x	x	x	x	x	
021 09 04 00	**Distribution**						
021 09 04 01	**General**						
LO	Explain the function of a bus (bus bar).	x	x	x	x	x	

CHAPTER 19: DETAILED THEORETICAL KNOWLEDGE SYLLABUS AND LEARNING OBJECTIVES
Subject – 021 – Aircraft General Knowledge
See Appendix 1 to JAR-FCL 1.470 and JAR-FCL 2.470

Syllabus Reference		Syllabus details and associated Learning Objectives	*Aeroplane*		*Helicopter*			*IR*
			ATPL	CPL	ATPL/ IR	ATPL	CPL	
	LO	Describe the function of the following buses: - main bus - tie bus - essential bus - emergency bus - ground bus - battery bus - hot (battery) bus	x	x	x	x	x	
	LO	State that the aircraft structure can be used as a part of the electrical circuit (common earth) and explain the implications for electrical bonding.	x	x	x	x	x	
	LO	Explain the function of external power.	x	x	x	x	x	
	LO	State that a priority sequence exists between the different sources of electrical power on ground and in flight.	x	x	x	x	x	
	LO	Introduce the term 'load sharing' .	x	x	x	x	x	
	LO	Explain that load sharing is always achieved during parallel operations.	x	x	x	x	x	
	LO	Introduce the term 'load shedding'.	x	x	x	x	x	
	LO	Explain that an AC load can be shed in case of generator overload.	x	x	x	x	x	
	LO	Interpret an electrical system schematic (appended to these LOs). N.B: The system described is a split system	x	x	x	x	x	
021 09 04 02		**DC distribution**						
	LO	Describe a simple DC electrical system of a single engine aircraft.	x	x	x	x	x	

CHAPTER 19: DETAILED THEORETICAL KNOWLEDGE SYLLABUS AND LEARNING OBJECTIVES
Subject – 021 – Aircraft General Knowledge
See Appendix 1 to JAR-FCL 1.470 and JAR-FCL 2.470

Syllabus Reference	Syllabus details and associated Learning Objectives	*Aeroplane*		*Helicopter*			*IR*
		ATPL	CPL	ATPL/ IR	ATPL	CPL	
LO	Describe a DC electrical system of a multi-engine aircraft (CS 23/CS 27) including the distribution consequences of loss of generator(s) or bus failure.	x	x	x	x	x	
LO	Describe the DC part of an electrical system of a transport aircraft (CS 25/CS 29) including the distribution consequences of loss of DC supply or bus failure.	x	x	x	x	x	
LO	Give examples of DC consumers.	x	x	x	x	x	
021 09 04 03	**AC distribution**						
LO	Describe the AC electrical system of a transport aircraft for split and parallel operation.	x	x	x	x	x	
LO	Describe the distribution consequences of: - APU electrical supply and external power priority switching - loss of (all) generator(s) - bus failure	x	x	x	x	x	
LO	Give examples of AC consumers.	x	x	x	x	x	
LO	Explain the conditions to be met for paralleling AC generators.	x	x	x	x	x	
LO	Explain the terms real and reactive loads.	x	x	x	x	x	
LO	State that real/reactive loads are compensated in the case of paralleled AC generators.	x	x	x	x	x	
021 09 04 04	**Electrical load management and monitoring systems: Automatic generators and bus switching during normal and failure operation, indications and warnings**						
LO	Give examples of system control, monitoring and annunciators.	x	x	x	x	x	

Syllabus Reference	Syllabus details and associated Learning Objectives	*Aeroplane*		*Helicopter*			*IR*
		ATPL	CPL	ATPL/ IR	ATPL	CPL	
LO	Describe, for normal (on ground/in flight) and degraded modes of operation, the following functions of an electrical load management system: - distribution - monitoring - protection (overloading, over/undervoltage, incorrect frequency)	x	x	x	x	x	
LO	State which parameters are used to monitor an electrical system for parallel and split system operation.	x	x	x	x	x	
LO	Describe how batteries are monitored.	x	x	x	x	x	
LO	State that Ni-Cd batteries are monitored to avoid damage resulting from excessive temperature increase (thermal runaway).	x	x	x	x	x	
LO	Interpret various different ammeter indications of an ammeter which monitors the charge current of the battery.	x	x	x	x	x	
021 09 05 00	**Electrical motors**						
021 09 05 01	**General**						
LO	State that the purpose of an electric motor is to convert electrical energy into mechanical energy.	x	x	x	x	x	
021 09 05 02	**Operating principle**						
LO	Explain the operating principle of an electric motor as being an electrical current carrying conductor inside a magnetic field that experiences a (Lorentz/EMF) force.	x	x	x	x	x	
LO	State that electrical motors can be AC or DC type.	x	x	x	x	x	
021 09 05 03	**Components**						

CHAPTER 19: DETAILED THEORETICAL KNOWLEDGE SYLLABUS AND LEARNING OBJECTIVES
Subject – 021 – Aircraft General Knowledge
See Appendix 1 to JAR-FCL 1.470 and JAR-FCL 2.470

Syllabus Reference	**Syllabus details and associated Learning Objectives**	*Aeroplane*		*Helicopter*			*IR*
		ATPL	CPL	ATPL/ IR	ATPL	CPL	
LO	Name the following components of an electric motor and explain their function: - rotor (rotating part of an electric motor), - stator (stationary part of an electric motor).	x	x	x	x	x	

CHAPTER 19: DETAILED THEORETICAL KNOWLEDGE SYLLABUS AND LEARNING OBJECTIVES
Subject – 021 – Aircraft General Knowledge
See Appendix 1 to JAR-FCL 1.470 and JAR-FCL 2.470

Syllabus Reference	Syllabus details and associated Learning Objectives	*Aeroplane*		*Helicopter*			*IR*
		ATPL	CPL	ATPL/ IR	ATPL	CPL	
021 12 00 00	**PROTECTION AND DETECTION SYSTEMS**						
021 12 01 00	**Smoke detection**						
021 12 01 01	**Types, design, operation, indications and warnings**						
LO	Explain the operating principle of the following types of smoke detection sensors: - optical - ionising	x	x				
LO	Give an example of warnings, indications and function tests.	x	x				
021 12 02 00	**Fire protection systems**						
021 12 02 01	**Fire extinguishing (engine and cargo compartments)**						
LO	Explain the operating principle of a built-in fire extinguishing system and describe its components.	x	x	x	x	x	
LO	State that two discharges must be provided for each engine (see CS 25 1195 (c)).	x	x				
021 12 02 02	**Fire detection**						
LO	Explain the following principles involved in fire detection: - resistance and capacitance - gas pressure.	x	x	x	x	x	

CHAPTER 19: DETAILED THEORETICAL KNOWLEDGE SYLLABUS AND LEARNING OBJECTIVES
Subject – 021 – Aircraft General Knowledge
See Appendix 1 to JAR-FCL 1.470 and JAR-FCL 2.470

Syllabus Reference	Syllabus details and associated Learning Objectives	*Aeroplane*		*Helicopter*			*IR*
		ATPL	CPL	ATPL/ IR	ATPL	CPL	
LO	Explain fire detection applications such as : - bi-metallic - continuous loop - gaseous loop (gas filled detectors)	x	x	x	x	x	
LO	Explain why generally double loop systems are used.	x	x	x	x	x	
LO	Give an example of warnings, indications and function test of a fire protection system.	x	x	x	x	x	
021 12 03 00	**Rain protection system**						
LO	Explain the principle and method of operation of the following windshield rain protecting systems for an aeroplane: - wipers - liquids (rain repellent) - coating	x	x				
LO	Explain the principle and method of operation of wipers for a helicopter.			x	x	x	
021 13 00 00	**OXYGEN SYSTEMS**						
LO	Describe the basic operating principle of a cockpit oxygen system and describe the following different modes of operation: - normal (diluter demand) - 100% - emergency	x	x				

CHAPTER 19: DETAILED THEORETICAL KNOWLEDGE SYLLABUS AND LEARNING OBJECTIVES
Subject – 021 – Aircraft General Knowledge
See Appendix 1 to JAR-FCL 1.470 and JAR-FCL 2.470

Syllabus Reference	Syllabus details and associated Learning Objectives	*Aeroplane*		*Helicopter*			*IR*
		ATPL	CPL	ATPL/ IR	ATPL	CPL	
LO	Describe the operating principle and the purposes of the following two portable oxygen systems: - smoke hood - portable bottle	x	x				
LO	Describe the following two oxygen systems that can be used to supply oxygen to passengers: - fixed system (chemical oxygen generator or gaseous) - portable	x	x				
LO	Describe the actuation methods (automatic and manual) and the functioning of a passenger oxygen mask.	x	x				
LO	Compare chemical oxygen generators to gaseous systems with respect to: - capacity - flow regulation	x	x				
LO	State the dangers of grease or oil related to the use of oxygen systems.	x	x				
021 14 00 00	**HELICOPTER: MISCELLANEOUS SYSTEMS**						
021 14 01 00	**Variable rotor speed**						
LO	Explain the system when pilots can' beep' the N_R an additional amount when manoeuvring, landing and taking-off, normally at higher altitudes to obtain extra tail rotor thrust, which makes manoeuvring more positive and safer.			x	x	x	
LO	Explain the system for 'beeping' the NR to its upper limit to enable safer take-off			x	x	x	
021 14 02 00	**Active vibration suppression**						

CHAPTER 19: DETAILED THEORETICAL KNOWLEDGE SYLLABUS AND LEARNING OBJECTIVES
Subject – 021 – Aircraft General Knowledge
See Appendix 1 to JAR-FCL 1.470 and JAR-FCL 2.470

Syllabus Reference	**Syllabus details and associated Learning Objectives**	*Aeroplane*		*Helicopter*			*IR*
		ATPL	CPL	ATPL/IR	ATPL	CPL	
LO	Explain and describe how the active vibration suppression system works through high speed actuators and accelerometer inputs.			x	x	x	
021 14 03 00	**Night Vision Goggles**						
LO	To be introduced at a later date.			x	x	x	
021 15 00 00	**HELICOPTER: ROTOR HEADS**						
021 15 01 00	**Main rotor**						
021 15 01 01	**Types**						
LO	Describe the following rotor head systems: - Teetering, - articulated, - hingeless, - bearingless.			x	x	x	
LO	Describe the following configuration of rotor systems and their advantages and disadvantages: - tandem - coaxial - side by side			x	x	x	
LO	Explain how flapping, dragging and feathering is achieved in each rotor head systems.			x	x	x	
021 15 01 02	**Structural components and materials, stresses, structural limitations**						
LO	Identify from a diagram the main structural components of the main types of rotor head system.			x	x	x	

Syllabus Reference	Syllabus details and associated Learning Objectives	*Aeroplane*		*Helicopter*			*IR*
		ATPL	CPL	ATPL/ IR	ATPL	CPL	
LO	List and describe the methods used how to detect damage and cracks.			x	x	x	
LO	Explain and describe the structural limitations to respective rotor systems, including the dangers of negative G inputs to certain rotor head systems.			x	x	x	
LO	Describe the various rotor head lubrication methods.			x	x	x	
021 15 01 03	**Design and construction**						
LO	Describe the material technology used in rotor head design, including construction using the following materials or mixture of materials: - composites - fibreglass - alloys - elastomerics			x	x	x	
021 15 01 04	**Adjustment**						
LO	Describe and explain the methods of adjustment which are possible on various helicopter rotor head assemblies.			x	x	x	
021 15 02 00	**Tail rotor**						
021 15 02 01	**Types**						

Syllabus Reference	**Syllabus details and associated Learning Objectives**	*Aeroplane*		*Helicopter*			*IR*
		ATPL	CPL	ATPL/ IR	ATPL	CPL	
LO	Describe the following tail rotor systems - delta 3 hinge - multi bladed delta 3 effect - fenestron or ducted fan tail rotor - No Tail Rotor (NOTAR) High velocity air jet flows from adjustable nozzles (Coanda effect)			x	x	x	
LO	Identify from a diagram the main structural components of the four main types of tail rotor system.			x	x	x	
LO	Explain and describe the methods to detect damage and cracks on the tail rotor and assembly.			x	x	x	
LO	Explain and describe the structural limitations to the respective tail rotor systems and possible limitations regarding the turning rate of the helicopter.			x	x	x	
LO	Explain and describe the following methods that helicopter designers use to minimise tail rotor drift and roll. - reducing the couple arm (tail rotor on a pylon) - off setting the rotor mast - use of "bias" in cyclic control mechanism			x	x	x	
LO	Explain pitch input mechanisms			x	x	x	
LO	Explain the relationship between tail rotor thrust and engine power.			x	x	x	
LO	Describe how the vertical fin on some helicopters reduces the power demand of the fenestron.			x	x	x	
021 15 02 02	**Design and construction**						

CHAPTER 19: DETAILED THEORETICAL KNOWLEDGE SYLLABUS AND LEARNING OBJECTIVES
Subject – 021 – Aircraft General Knowledge
See Appendix 1 to JAR-FCL 1.470 and JAR-FCL 2.470

Syllabus Reference	Syllabus details and associated Learning Objectives	Aeroplane		Helicopter			IR
		ATPL	CPL	ATPL/IR	ATPL	CPL	
LO	List and describe the various tail rotor designs and construction methods used on current helicopters in service.			x	x	x	
021 15 02 03	**Adjustment**						
LO	Describe the rigging and adjustment of the tail rotor system to obtain optimum position of the pilots' yaw pedals			x	x	x	
021 16 00 00	**HELICOPTER: TRANSMISSION**						
021 16 01 00	**Main gear box**						
021 16 01 01	**Different types, design, operation, limitations**						
LO	Describe the following main principles of helicopter transmission systems for single and twin engine helicopters: - drive for the main and tail rotor - accessory drive for the generator/s alternator/s, hydraulic and oil pumps, oil cooler/s and tachometers			x	x	x	
LO	Describe the reason for limitations on multi engine helicopter transmissions in various engine out situations.			x	x	x	
LO	Describe how the passive vibration control works with gearbox mountings.			x	x	x	
021 16 02 00	**Rotor brake**						
LO	Describe the main function of the disc type of rotor brake			x	x	x	
LO	Describe both hydraulic and cable operated rotor brake systems.			x	x	x	
LO	Describe the different options for the location of the rotor brake.			x	x	x	

CHAPTER 19: DETAILED THEORETICAL KNOWLEDGE SYLLABUS AND LEARNING OBJECTIVES
Subject – 021 – Aircraft General Knowledge
See Appendix 1 to JAR-FCL 1.470 and JAR-FCL 2.470

Syllabus Reference		**Syllabus details and associated Learning Objectives**	*Aeroplane*		*Helicopter*			*IR*
			ATPL	CPL	ATPL/ IR	ATPL	CPL	
	LO	List the following operational considerations for the use of rotor brakes: - rotor speed at engagement of rotor brake - risk of blade sailing in windy conditions - risk of rotor brake over heating and possible fire when brake is applied above the maximum limit, particularly when spilled hydraulic fluid is present. - avoid stopping blades over jet pipe exhaust with engine running - cockpit annunciation of rotor brake operation			x	x	x	
021 16 03 00		**Auxiliary systems**						
	LO	Explain how the hoist/ winch can be driven by an off-take from the auxiliary gear box.			x	x	x	
	LO	Explain how power for the air-conditioning system is taken from the auxiliary gear box.			x	x	x	
021 16 04 00		**Drive shaft and associated installation**						
	LO	Describe how power is transmitted from the engine to the main rotor gearbox.			x	x	x	
	LO	Describe the material and construction of the drive shaft.			x	x	x	
	LO	Explain the need for alignment between the engine and the main rotor gearbox.			x	x	x	
	LO	Identify how temporary misalignment occurs between driving and driven components.			x	x	x	

Syllabus Reference	Syllabus details and associated Learning Objectives	*Aeroplane*		*Helicopter*			*IR*
		ATPL	CPL	ATPL/ IR	ATPL	CPL	
LO	Explain the use of: - flexible couplings - Thomas couplings - flexible disc packs - driveshaft support bearings and temperature measurement - subcritical and supercritical driveshafts.			x	x	x	
LO	Explain the relationship between the driveshaft speed and torque.			x	x	x	
LO	Describe the methods in which power is delivered to the tail rotor.			x	x	x	
LO	Describe and identify the construction and materials of tail rotor/Fenestron driveshafts.			x	x	x	
021 16 05 00	**Intermediate and tail gear box**						
LO	Explain and describe the various arrangements when the drive changes direction and the need for an intermediate or tail gear box.			x	x	x	
LO	Explain the lubrication requirements for intermediate and tail rotor gear boxes and methods of checking levels.			x	x	x	
LO	Explain how on most helicopters the tail rotor gear box contains gearing etc for the tail rotor pitch change mechanism.			x	x	x	
021 16 06 00	**Clutches**						
LO	Explain the purpose of a clutch.			x	x	x	
	Describe and explain the operation of a : - centrifugal clutch. - actuated clutch.			x	x	x	

CHAPTER 19: DETAILED THEORETICAL KNOWLEDGE SYLLABUS AND LEARNING OBJECTIVES
Subject – 021 – Aircraft General Knowledge
See Appendix 1 to JAR-FCL 1.470 and JAR-FCL 2.470

Syllabus Reference	**Syllabus details and associated Learning Objectives**	*Aeroplane*		*Helicopter*			*IR*
		ATPL	CPL	ATPL/ IR	ATPL	CPL	
LO	List the typical components of the various clutches.			x	x	x	
LO	Identify the following methods by which clutch serviceability can be ascertained : - brake shoe dust. - vibration. - main rotor run-down time. - engine speed at time of main rotor engagement. - belt tensioning. - start protection in a belt drive clutch system.			x	x	x	
021 16 07 00	**Freewheels**						
LO	Explain the purpose of a freewheel.			x	x	x	
LO	Describe and explain the operation of a : - cam and roller type freewheel. - sprag clutch type freewheel.			x	x	x	
LO	List the typical components of the various freewheels.			x	x	x	
LO	Identify the various locations of freewheels in power plant and transmission systems.			x	x	x	
LO	Explain the implications regarding the engagement and disengagement of the freewheel.			x	x	x	
021 17 00 00	**HELICOPTER: BLADES**						
021 17 01 00	**Main rotor blade**						
021 17 01 01	**Design, construction**						
LO	Describe the different type of blade construction and the need for torsional stiffness.			x	x	x	
LO	Describe the principles of heating systems/pads on some blades for anti/de-icing.			x	x	x	

CHAPTER 19: DETAILED THEORETICAL KNOWLEDGE SYLLABUS AND LEARNING OBJECTIVES
Subject – 021 – Aircraft General Knowledge
See Appendix 1 to JAR-FCL 1.470 and JAR-FCL 2.470

Syllabus Reference	Syllabus details and associated Learning Objectives	*Aeroplane*		*Helicopter*			*IR*
		ATPL	CPL	ATPL/ IR	ATPL	CPL	
021 17 01 02	**Structural components and materials**						
LO	List the materials used in the construction of main rotor blades.			x	x	x	
LO	List the main structural components of a main rotor blade and their function.			x	x	x	
021 17 01 03	**Stresses**						
LO	Describe main rotor blade loading on the ground and in flight.			x	x	x	
LO	Describe where the most common stress areas are on rotor blades.			x	x	x	
021 17 01 04	**Structural limitations**						
LO	Explain the structural limitations in terms of bending and rotor RPM.			x	x	x	
021 17 01 05	**Adjustment**						
LO	Explain the use of trim tabs.			x	x	x	
021 17 01 06	**Tip shape**						
LO	Describe the various blade tip shapes used by different manufacturers and compare their advantages and disadvantages.			x	x	x	
LO	Describe how on some rotor blade tips, static and dynamic balancing weights are attached to threaded rods and screwed into sockets in the leading edge spar and others in a support embedded into the blade tip.						
021 17 02 00	**Tail rotor blade**						
021 17 02 01	**Design, construction**						
LO	Describe the most common design of tail rotor blade construction, consisting of stainless steel shell reinforced by a honeycomb filler and stainless steel leading abrasive strip.			x	x	x	

CHAPTER 19: DETAILED THEORETICAL KNOWLEDGE SYLLABUS AND LEARNING OBJECTIVES
Subject – 021 – Aircraft General Knowledge
See Appendix 1 to JAR-FCL 1.470 and JAR-FCL 2.470

Syllabus Reference	**Syllabus details and associated Learning Objectives**	*Aeroplane*		*Helicopter*			*IR*
		ATPL	CPL	ATPL/ IR	ATPL	CPL	
LO	Explain that ballast weights are located at the inboard trailing edge and tip of blades, the weights used are determined when the blades are manufactured.			x	x	x	
LO	Describe how anti-icing/de-icing systems are designed into the blade construction of some helicopters.			x	x	x	
021 17 02 02	**Structural components and materials**						
LO	List the materials used in the construction of tail rotor blades.			x	x	x	
LO	List the main structural components of a tail rotor blade and their function.			x	x	x	
021 17 02 03	**Stresses**						
LO	Describe the tail rotor blade loading on the ground and in flight.			x	x	x	
021 17 02 04	**Structural limitations**						
LO	Describe the structural limitations of tail rotor blades.			x	x	x	
LO	Describe the method of checking the strike indicators placed on the tip of some tail rotor blades			x	x	x	
021 17 02 05	**Adjustment**						
LO	Describe the adjustment of yaw pedals in the cockpit, to obtain full control authority of the tail rotor.			x	x	x	

nose landing gear

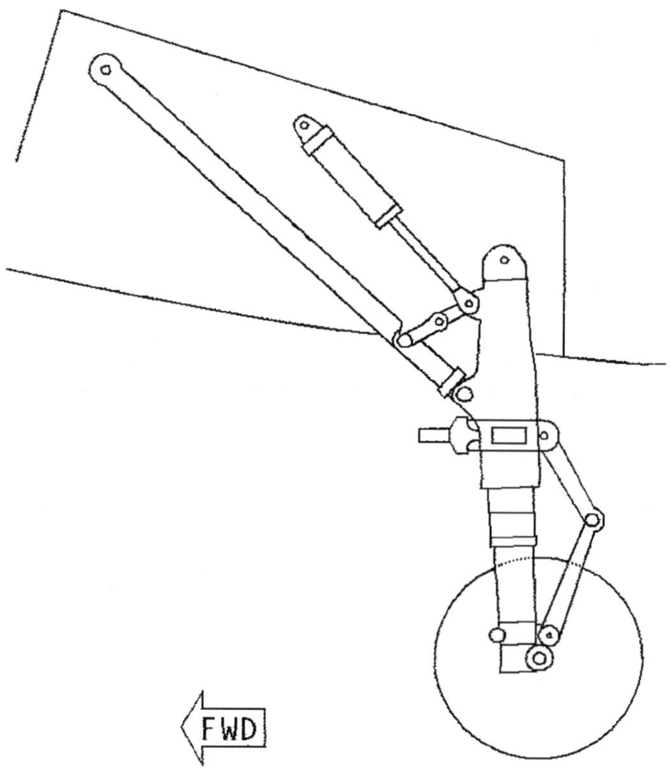

main landing gear

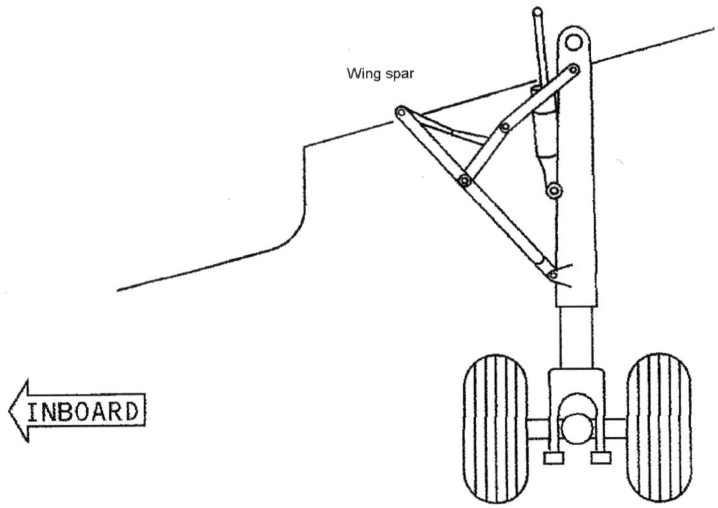

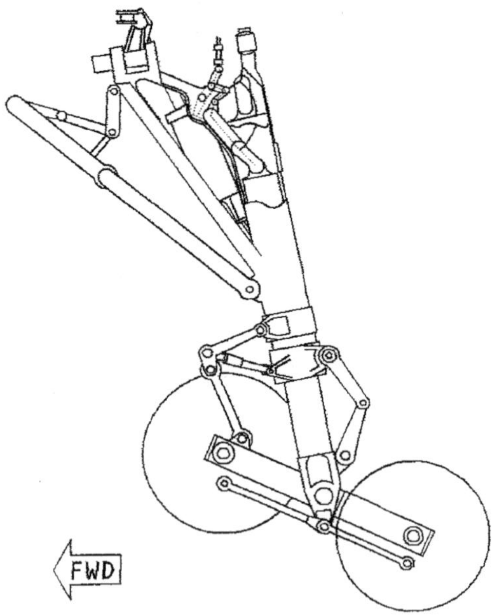

sample fuel system

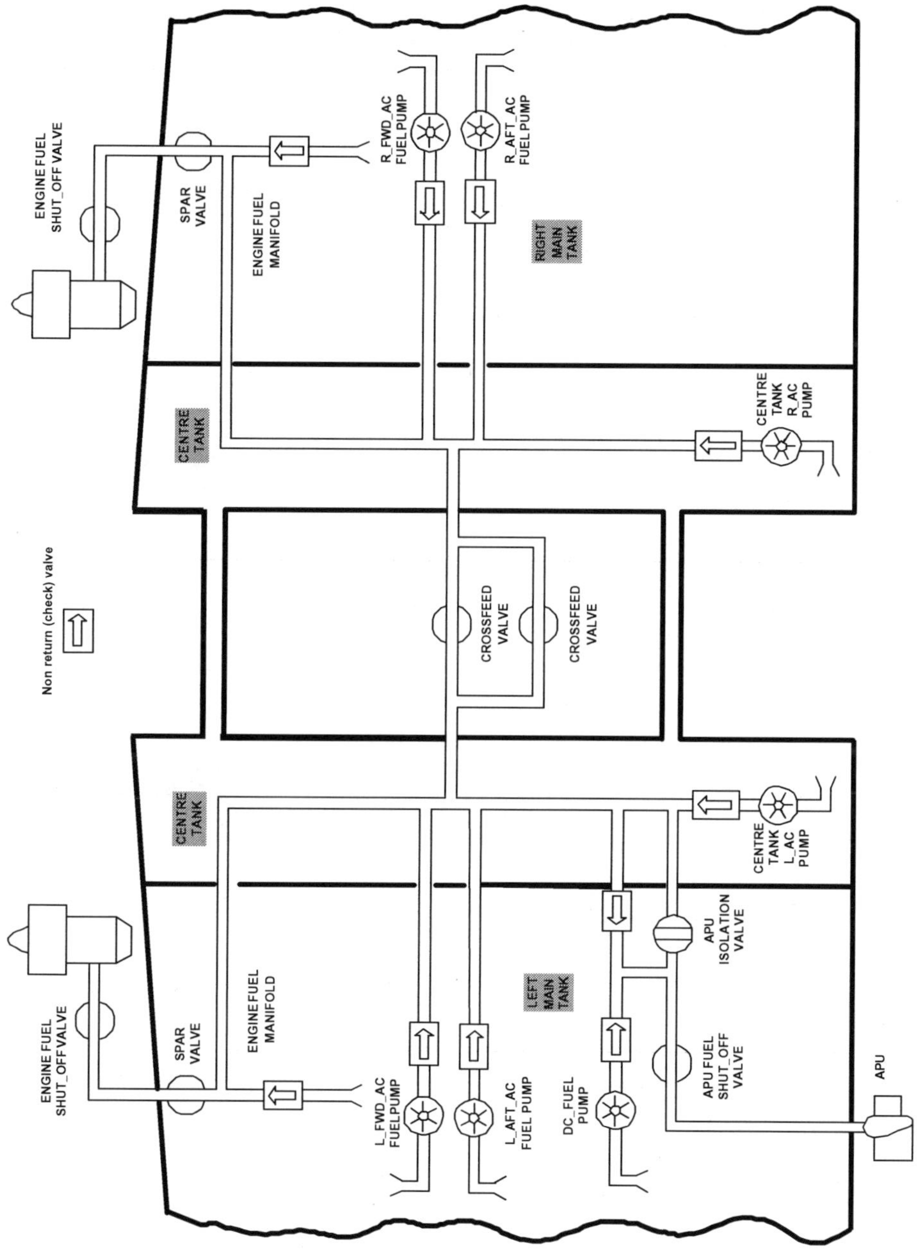

sample electrical system

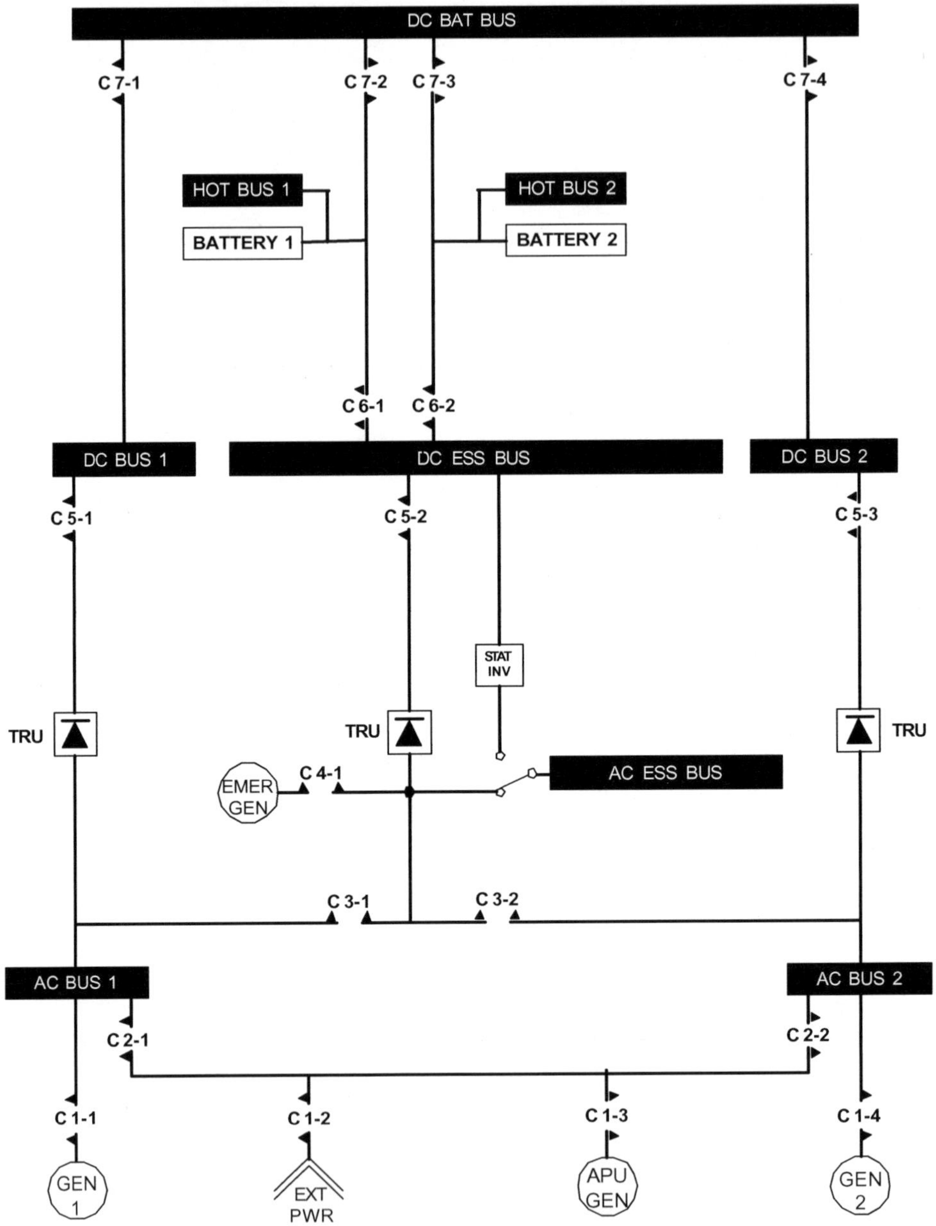

This electrical system cannot be operated in parallel under normal conditions

END

Verteilung der Prüfungsfragen gemäß PART.ARA

Subject: 021 - AIRCRAFT GENERAL KNOWLEDGE - AIRFRAME/SYSTEMS/POWER PLANT
Theoretical knowledge examination
Exam length, total number of questions and distribution of questions

	ATPL(A)	CPL(A)	ATPL(H)/IR	ATPL(H)	CPL(H)	IR(A) & (H)
Time allowed (hours)	2:00	1:30	2:00	2:00	1:30	XX
Distribution of questions with regard to the topics of the syllabus						
021 01	04	02	04	04	02	XX
021 02	04	04	04	04	02	XX
021 03	05	02	04	04	03	XX
021 04	05	06	04	04	02	XX
021 05	07	04	06	06	03	XX
021 06	05	04	04	04	02	XX
021 07	04	04	02	02	02	XX
021 08	06	04	04	04	04	XX
021 09	06	06	06	06	04	XX
021 10	06	14	06	06	08	XX
021 11	20	06	20	20	13	XX
021 12	04	02	02	02	02	XX
021 13	04	02	XX	XX	XX	XX
021 14	XX	XX	01	01	01	XX
021 15	XX	XX	04	04	03	XX
021 16	XX	XX	06	06	05	XX
021 17	XX	XX	03	03	04	XX
Total questions	80	60	80	80	60	XX

Fachbearbeitungszeiten für Prüfungen (Time frame for examination)

	ATPL(A) MPL(A)	CPL(A)	ATPL(H)/IR	ATPL(H)	CPL(H)	IR(A IR(H)	EIR CB-IR
010 Luftrecht (Air Law)	1:00	0:45	1:00	0:45	0:45	0:45	0:30
021 Allgemeine Luftfahrzeugkenntnisse -Zelle/Systeme /Triebwerk (Airframe/Systems /Power plant)	2:00	1:30	2:00	2:00	1:30	-	-
022 Allgemeine Luftfahrzeugkenntnisse -Instrumentierung (Instrumentation)	1:30	1:00	1:30	1:30	1:00	0:30	0:20
031 Masse und Schwerpunktlage (Mass and Balance)	1:00	1:00	1:00	1:00	1:00	-	-
032 Flugleistung (Flugzeuge) (Performance A)	1:00	0:45	-	-	-	-	-
033 Flugplanung und Überwachung des Flugverlaufes (Flight Planning)	2:00	1:30	2:00	1:30	1:30	1:30	0:40
034 Flugleistung (Hubschrauber) (Performance H)	-	-	1:00	1:00	0:45	-	-
040 Menschliches Leistungsvermögen (Human Performance)	1:00	0:45	1:00	1:00	0:45	0:45	0:20
050 Meteorologie (Meteorology)	2:00	1:30	2:00	2:00	1:30	1:30	0:50
061 Allgemeine Navigation (General Navigation)	2:00	1:30	2:00	2:00	1:30	-	-
062 Funknavigation (Radio Navigation)	1:30	0:30	1:30	1:00	0:30	1:00	0:40
070 Betriebliche Verfahren (Operational Procedures)	1:15	0:45	1:00	1:00	0:45	-	-
081 Aerodynamik (Flugzeuge) (Principles of Flight A)	1:00	0:45	-	-	-	-	-
082 Aerodynamik (Hubschrauber) (Principles of Flight H)	-	-	1:00	1:00	1:00	-	-
091 VFR-Sprechfunkverkehr (Communications VFR)	0:30	0:30	0:30	0:30	0:30	-	-
092 IFR-Sprechfunkverkehr (Communications IFR)	0:30	-	0:30	-	-	0:30	0:30
Gesamt:	**18:15**	**13:15**	**18:00**	**16:15**	**13:30**	**7:00**	**3:50**

Anhang

Hintergrundinformation zu Sicherheitsvorgaben nach CS 25.1309

Im Folgenden ist der Ausschnitt des Originaltextes aus den EASA Zulassungsvorschriften CS 25 (siehe auch [4]) dargestellt, auf den in Kapitel 1 Sicherheitskonzepte Bezug genommen wird.

k. *Event.* An occurrence which has its origin distinct from the aeroplane, such as atmospheric conditions (e.g. gusts, temperature variations, icing and lightning strikes), runway conditions, conditions of communication, navigation, and surveillance services, bird-strike, cabin and baggage fires. The term is not intended to cover sabotage.

l. *Failure.* An occurrence, which affects the operation of a component, part, or element such that it can no longer function as intended, (this includes both loss of function and malfunction). Note: Errors may cause Failures, but are not considered to be Failures.

m. *Failure Condition.* A condition having an effect on the aeroplane and/or its occupants, either direct or consequential, which is caused or contributed to by one or more failures or errors, considering flight phase and relevant adverse operational or environmental conditions, or external events.

n. *Installation Appraisal.* This is a qualitative appraisal of the integrity and safety of the installation. Any deviations from normal, industry-accepted installation practices, such as clearances or tolerances, should be evaluated, especially when appraising modifications made after entry into service.

o. *Latent Failure.* A failure is latent until it is made known to the flight crew or maintenance personnel. A significant latent failure is one, which would in combination with one or more specific failures, or events result in a Hazardous or Catastrophic Failure Condition.

p. *Qualitative.* Those analytical processes that assess system and aeroplane safety in an objective, non-numerical manner.

q. *Quantitative.* Those analytical processes that apply mathematical methods to assess system and aeroplane safety.

r. *Redundancy.* The presence of more than one independent means for accomplishing a given function or flight operation.

s. *System.* A combination of components, parts, and elements, which are inter-connected to perform one or more functions.

6. *BACKGROUND*

a. *General.*

For a number of years aeroplane systems were evaluated to specific requirements, to the "single fault" criterion, or to the fail-safe design concept. As later-generation aeroplanes developed, more safety-critical functions were required to be performed, which generally resulted in an increase in the complexity of the systems designed to perform these functions. The potential hazards to the aeroplane and its occupants which could arise in the event of loss of one or more functions provided by a system or that system's malfunction had to be considered, as also did the interaction between systems performing different functions. This has led to the general principle that an inverse relationship should exist between the probability of a Failure Condition and its effect on the aeroplane and/or its occupants (see Figure 1). In assessing the acceptability of a design it was recognised that rational probability values would have to be established. Historical evidence indicated that the probability of a serious accident due to operational and airframe-related causes was approximately one per million hours of flight. Furthermore, about 10 percent of the total were attributed to Failure Conditions caused by the aeroplane's systems. It seems reasonable that serious accidents caused by systems should not be allowed a higher probability than this in new aeroplane designs. It is reasonable to expect that the probability of a serious accident from all such Failure Conditions be not greater than one per ten million flight hours or 1×10^{-7} per flight hour for a newly designed aeroplane. The difficulty with this is that it is not possible to say whether the target has been met until all the systems on the aeroplane are collectively analysed numerically. For this reason it was assumed, arbitrarily, that there are about one hundred potential Failure Conditions in an aeroplane, which could be Catastrophic. The target allowable Average Probability per Flight Hour of 1×10^{-7} was thus apportioned equally among these Failure

Conditions, resulting in an allocation of not greater than 1 x 10^{-9} to each. The upper limit for the Average Probability per Flight Hour for Catastrophic Failure Conditions would be 1 x 10^{-9} , which establishes an approximate probability value for the term "Extremely Improbable". Failure Conditions having less severe effects could be relatively more likely to occur.

b. *Fail-Safe Design Concept.*

The Part 25 airworthiness standards are based on, and incorporate, the objectives and principles or techniques of the fail-safe design concept, which considers the effects of failures and combinations of failures in defining a safe design.

(1) The following basic objectives pertaining to failures apply:

(i) In any system or subsystem, the failure of any single element, component, or connection during any one flight should be assumed, regardless of its probability. Such single failures should not be Catastrophic.

(ii) Subsequent failures during the same flight, whether detected or latent, and combinations thereof, should also be assumed, unless their joint probability with the first failure is shown to be extremely improbable.

(2) The fail-safe design concept uses the following design principles or techniques in order to ensure a safe design. The use of only one of these principles or techniques is seldom adequate. A combination of two or more is usually needed to provide a fail-safe design; i.e. to ensure that Major Failure Conditions are Remote, Hazardous Failure Conditions are Extremely Remote, and Catastrophic Failure Conditions are Extremely Improbable:

(i) *Designed Integrity and Quality,* including *Life Limits*, to ensure intended function and prevent failures.

(ii) *Redundancy* or *Backup Systems* to enable continued function after any single (or other defined number of) failure(s); e.g., two or more engines, hydraulic systems, flight control systems, etc.

(iii) *Isolation and/or Segregation of Systems, Components, and Elements* so that the failure of one does not cause the failure of another.

(iv) *Proven Reliability* so that multiple, independent failures are unlikely to occur during the same flight.

(v) *Failure Warning or Indication* to provide detection.

(vi) *Flight crew Procedures* specifying corrective action for use after failure detection.

(vii) *Checkability:* the capability to check a component's condition.

(viii) *Designed Failure Effect Limits*, including the capability to sustain damage, to limit the safety impact or effects of a failure.

(ix) *Designed Failure Path* to control and direct the effects of a failure in a way that limits its safety impact.

(x) *Margins or Factors of Safety* to allow for any undefined or unforeseeable adverse conditions.

(xi) *Error-Tolerance* that considers adverse effects of foreseeable errors during the aeroplane's design, test, manufacture, operation, and maintenance.

c. *Highly Integrated Systems.*

(1) A concern arose regarding the efficiency and coverage of the techniques used for assessing safety aspects of highly integrated systems that perform complex and interrelated functions, particularly through the use of electronic technology and software based techniques. The concern is that design and analysis techniques traditionally applied to deterministic risks or to conventional, non-complex systems may not

provide adequate safety coverage for more complex systems. Thus, other assurance techniques, such as development assurance utilising a combination of process assurance and verification coverage criteria, or structured analysis or assessment techniques applied at the aeroplane level, if necessary, or at least across integrated or interacting systems, have been applied to these more complex systems. Their systematic use increases confidence that errors in requirements or design, and integration or interaction effects have been adequately identified and corrected.

(2) Considering the above developments, as well as revisions made to the CS 25.1309, this AMC was revised to include new approaches, both qualitative and quantitative, which may be used to assist in determining safety requirements and establishing compliance with these requirements, and to reflect revisions in the rule, considering the whole aeroplane and its systems. It also provides guidance for determining when, or if, particular analyses or development assurance actions should be conducted in the frame of the development and safety assessment processes. Numerical values are assigned to the probabilistic terms included in the requirements for use in those cases where the impact of system failures is examined by quantitative methods of analysis. The analytical tools used in determining numerical values are intended to supplement, but not replace, qualitative methods based on engineering and operational judgement.

a. *Classifications.* Failure Conditions may be classified according to the severity of their effects as follows:

(1) *No Safety Effect:* Failure Conditions that would have no effect on safety; for example, Failure Conditions that would not affect the operational capability of the aeroplane or increase crew workload.

(2) *Minor:* Failure Conditions which would not significantly reduce aeroplane safety, and which involve crew actions that are well within their capabilities. Minor Failure Conditions may include, for example, a slight reduction in safety margins or functional capabilities, a slight increase in crew workload, such as routine flight plan changes, or some physical discomfort to passengers or cabin crew.

(3) *Major:* Failure Conditions which would reduce the capability of the aeroplane or the ability of the crew to cope with adverse operating conditions to the extent that there would be, for example, a significant reduction in safety margins or functional capabilities, a significant increase in crew workload or in conditions impairing crew efficiency, or discomfort to the flight crew, or physical distress to passengers or cabin crew, possibly including injuries.

(4) *Hazardous:* Failure Conditions, which would reduce the capability of the aeroplane or the ability of the crew to cope with adverse operating, conditions to the extent that there would be:

(i) A large reduction in safety margins or functional capabilities;

(ii) Physical distress or excessive workload such that the flight crew cannot be relied upon to perform their tasks accurately or completely; or

(iii) Serious or fatal injury to a relatively small number of the occupants other than the flight crew.

(5) *Catastrophic:* Failure Conditions, which would result in multiple fatalities, usually with the loss of the aeroplane. (Note: A "Catastrophic" Failure Condition was defined in previous versions of the rule and the advisory material as a Failure Condition which would prevent continued safe flight and landing.)

b. *Qualitative Probability Terms.*

When using qualitative analyses to determine compliance with CS 25.1309(b), the following descriptions of the probability terms used in CS 25.1309 and this AMC have become commonly accepted as aids to engineering judgement:

(1) Probable Failure Conditions are those anticipated to occur one or more times during the entire operational life of each aeroplane.

(2) Remote Failure Conditions are those unlikely to occur to each aeroplane during its total life, but which may occur several times when considering the total operational life of a number of aeroplanes of the type.

(3) Extremely Remote Failure Conditions are those not anticipated to occur to each aeroplane during its total life but which may occur a few times when considering the total operational life of all aeroplanes of the type.

(4) Extremely Improbable Failure Conditions are those so unlikely that they are not anticipated to occur during the entire operational life of all aeroplanes of one type.

c. *Quantitative Probability Terms.*

When using quantitative analyses to help determine compliance with CS 25.1309(b), the following descriptions of the probability terms used in this requirement and this AMC have become commonly accepted as aids to engineering judgement. They are expressed in terms of acceptable ranges for the Average Probability Per Flight Hour.

(1) Probability Ranges.

(i) Probable Failure Conditions are those having an Average Probability Per Flight Hour greater than of the order of 1×10^{-5}.

(ii) Remote Failure Conditions are those having an Average Probability Per Flight Hour of the order of 1×10^{-5} or less, but greater than of the order of 1×10^{-7}.

(iii) Extremely Remote Failure Conditions are those having an Average Probability Per Flight Hour of the order of 1×10^{-7} or less, but greater than of the order of 1×10^{-9}.

(iv) Extremely Improbable Failure Conditions are those having an Average Probability Per Flight Hour of the order of 1×10^{-9} or less.

8. *SAFETY OBJECTIVE.*

a. The objective of CS 25.1309 is to ensure an acceptable safety level for equipment and systems as installed on the aeroplane. A logical and acceptable inverse relationship must exist between the Average Probability per Flight Hour and the severity of Failure Condition effects, as shown in Figure 1, such that:

(1) Failure Conditions with No Safety Effect have no probability requirement.

(2) Minor Failure Conditions may be Probable.

(3) Major Failure Conditions must be no more frequent than Remote.

(4) Hazardous Failure Conditions must be no more frequent than Extremely Remote.

(5) Catastrophic Failure Conditions must be Extremely Improbable.

Figure 1: Relationship between Probability and Severity of Failure Condition Effects

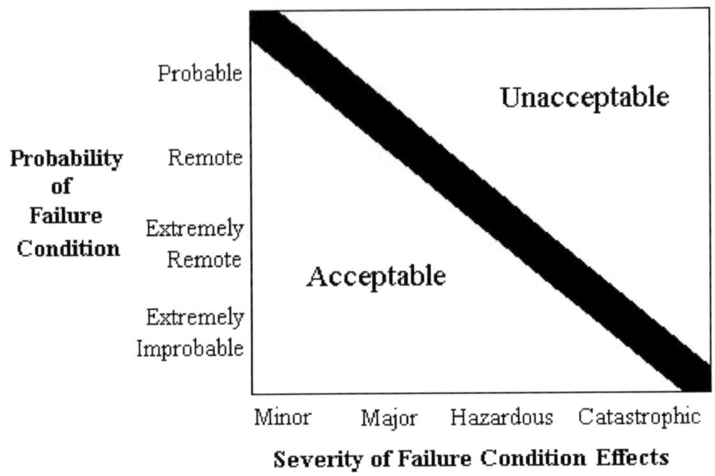

b. The safety objectives associated with Failure Conditions are described in Figure 2.

INTENTIONALLY LEFT BLANK

Figure 2: Relationship Between Probability and Severity of Failure Condition

Effect on Aeroplane	No effect on operational capabilities or safety	Slight reduction in functional capabilities or safety margins	Significant reduction in functional capabilities or safety margins	Large reduction in functional capabilities or safety margins	Normally with hull loss
Effect on Occupants excluding Flight Crew	Inconvenience	Physical discomfort	Physical distress, possibly including injuries	Serious or fatal injury to a small number of passengers or cabin crew	Multiple fatalities
Effect on Flight Crew	No effect on flight crew	Slight increase in workload	Physical discomfort or a significant increase in workload	Physical distress or excessive workload impairs ability to perform tasks	Fatalities or incapacitation
Allowable Qualitative Probability	No Probability Requirement	<---Probable---->	<----Remote---->	Extremely <-----------------> Remote	Extremely Improbable
Allowable Quantitative Probability: Average Probability per Flight Hour on the Order of:	No Probability Requirement	<-----------------> $<10^{-3}$ Note 1	<-----------------> $<10^{-5}$	<-----------------> $<10^{-7}$	$<10^{-9}$
Classification of Failure Conditions	No Safety Effect	<-----Minor------>	<-----Major------>	<--Hazardous-->	Catastrophic

Note 1: A numerical probability range is provided here as a reference. The applicant is not required to perform a quantitative analysis, nor substantiate by such an analysis, that this numerical criteria has been met for Minor Failure Conditions. Current transport category aeroplane products are regarded as meeting this standard simply by using current commonly-accepted industry practice.

c. The safety objectives associated with Catastrophic Failure Conditions, may be satisfied by demonstrating that:

(1) No single failure will result in a Catastrophic Failure Condition; and

(2) Each Catastrophic Failure Condition is Extremely Improbable.

d. Exceptionally, for paragraph 8c(2) above of this AMC, if it is not technologically or economically practicable to meet the numerical criteria for a Catastrophic Failure Condition, the safety objective may be met by accomplishing all of the following:

(1) Utilising well proven methods for the design and construction of the system; and

(2) Determining the Average Probability per Flight Hour of each Failure Condition using structured methods, such as Fault Tree Analysis, Markov Analysis, or Dependency Diagrams; and

(3) Demonstrating that the sum of the Average Probabilities per Flight Hour of all Catastrophic Failure Conditions caused by systems is of the order of 10^{-7} or less (See paragraph 6a for background).

9. *COMPLIANCE WITH CS 25.1309.*

This paragraph describes specific means of compliance for CS 25.1309. The applicant should obtain early concurrence of the certification authority on the choice of an acceptable means of compliance.

a. *Compliance with CS 25.1309(a).*

(1) Equipment covered by 25.1309(a)(1) must be shown to function properly when installed. The aeroplane operating and environmental conditions over which proper functioning of the equipment, systems, and installation is required to be considered includes the full normal operating envelope of the aeroplane as defined by the Aeroplane Flight Manual together with any modification to that envelope associated with abnormal or emergency procedures. Other external environmental conditions such as atmospheric turbulence, HIRF, lightning, and precipitation, which the aeroplane is reasonably expected to encounter, should also be considered. The severity of the external environmental conditions which should be considered are limited to those established by certification standards and precedence.

(2) In addition to the external operating and environmental conditions, the effect of the environment within the aeroplane should be considered. These effects should include vibration and acceleration loads, variations in fluid pressure and electrical power, fluid or vapour contamination, due either to the normal environment or accidental leaks or spillage and handling by personnel. Document referenced in paragraph 3b(1) defines a series of standard environmental test conditions and procedures, which may be used to support compliance. Equipment covered by (CS) Technical Standard Orders containing environmental test procedures or equipment qualified to other environmental test standards can be used to support compliance. The conditions under which the installed equipment will be operated should be equal to or less severe than the environment for which the equipment is qualified.

(3) The required substantiation of the proper functioning of equipment, systems, and installations under the operating and environmental conditions approved for the aeroplane may be shown by test and/or analysis or reference to comparable service experience on other aeroplanes. It must be shown that the comparable service experience is valid for the proposed installation. For the equipment systems and installations covered by CS 25.1309(a)(1), the compliance demonstration should also confirm that the normal functioning of such equipment, systems, and installations does not interfere with the proper functioning of other equipment, systems, or installations covered by CS 25.1309(a)(1).

(4) The equipment, systems, and installations covered by CS 25.1309(a)(2) are typically those associated with amenities for passengers such as passenger entertainment systems, in-flight telephones, etc., whose failure or improper functioning in itself should not affect the safety of the aeroplane. Operational and environmental qualification requirements for those equipment, systems, and installations are reduced to the tests that are necessary to show that their normal or abnormal functioning does not adversely affect the proper functioning of the equipment, systems, or installations covered by CS 25.1309(a)(1) and does not otherwise adversely influence the safety of the aeroplane or its occupants. Examples of adverse influences are: fire, explosion, exposing passengers to high voltages, etc.

b. *Compliance with CS 25.1309(b).*

Paragraph 25.1309(b) requires that the aeroplane systems and associated components, considered separately and in relation to other systems must be designed so that any Catastrophic Failure Condition is Extremely Improbable and does not result from a single failure. It also requires that any Hazardous

Failure Condition is extremely Remote, and that any Major Failure Condition is Remote. An analysis should always consider the application of the Fail-Safe design concept described in paragraph 6b, and give special attention to ensuring the effective use of design techniques that would prevent single failures or other events from damaging or otherwise adversely affecting more than one redundant system channel or more than one system performing operationally similar functions.

(1) *General.* Compliance with the requirements of CS 25.1309(b) should be shown by analysis and, where necessary, by appropriate ground, flight, or simulator tests. Failure Conditions should be identified and their effects assessed. The maximum allowable probability of the occurrence of each Failure Condition is determined from the Failure Condition's effects, and when assessing the probabilities of Failure Conditions appropriate analysis considerations should be accounted for. Any analysis must consider:

(i) Possible Failure Conditions and their causes, modes of failure, and damage from sources external to the system.

(ii) The possibility of multiple failures and undetected failures.

(iii) The possibility of requirement, design and implementation errors.

(iv) The effect of reasonably anticipated crew errors after the occurrence of a failure or Failure Condition.

(v) The effect of reasonably anticipated errors when performing maintenance actions.

(vi) The crew alerting cues, corrective action required, and the capability of detecting faults.

(vii) The resulting effects on the aeroplane and occupants, considering the stage of flight and operating and environmental conditions.

(2) *Planning.* This AMC provides guidance on methods of accomplishing the safety objective. The detailed methodology needed to achieve this safety objective will depend on many factors, in particular the degree of systems complexity and integration. For aeroplanes containing many complex or integrated systems, it is likely that a plan will need to be developed to describe the intended process. This plan should include consideration of the following aspects:

(i) Functional and physical interrelationships of systems.

(ii) Determination of detailed means of compliance, which may include the use of Development Assurance techniques.

(iii) Means for establishing the accomplishment of the plan.

(3) *Availability of Industry Standards and Guidance Materials.* There are a variety of acceptable techniques currently being used in industry, which may or may not be reflected in Documents referenced in paragraphs 3b(3) and 3b(4). This AMC is not intended to compel the use of these documents during the definition of the particular method of satisfying the objectives of this AMC. However, these documents do contain material and methods of performing the System Safety Assessment. These methods, when correctly applied, are recognised by the Agency as valid for showing compliance with CS 25.1309(b). In addition, Document referenced in paragraph 3b(4) contains tutorial information on applying specific engineering methods (e.g. Markov Analysis, Fault Tree Analysis) that may be utilised in whole or in part.

(4) *Acceptable Application of Development Assurance Methods.* Paragraph 9b(1)(iii) above requires that any analysis necessary to show compliance with CS 25.1309(b) must consider the possibility of requirement, design, and implementation errors. Errors made during the design and development of systems have traditionally been detected and corrected by exhaustive tests conducted on

the system and its components, by direct inspection, and by other direct verification methods capable of completely characterising the performance of the system. These direct techniques may still be appropriate for simple systems which perform a limited number of functions and which are not highly integrated with other aeroplane systems. For more complex or integrated systems, exhaustive testing may either be impossible because all of the system states cannot be determined or impractical because of the number of tests which must be accomplished. For these types of systems, compliance may be shown by the use of Development Assurance. The level of Development Assurance should be determined by the severity of potential effects on the aeroplane in case of system malfunctions or loss of functions. Guidelines, which may be used for providing Development Assurance, are described for systems in Document referenced in paragraph 3b(3), and for software in Documents referenced in paragraphs 3a(3) and 3b(2). (There is currently no agreed Development Assurance standard for hardware.) Because these documents were not developed simultaneously, there are differences in the guidelines and terminology that they contain. A significant difference is the guidance provided on the use of system architecture for determination of the appropriate development assurance level for hardware and software. EASA recognises that consideration of system architecture for this purpose is appropriate. Where apparent differences exist between these documents on this subject, the guidance contained in Appendix D of Document referenced in paragraph 3b(3) should be followed. If the criteria of Document referenced in paragraph 3b(3) are not satisfied by a particular development assurance process the development assurance levels may have to be increased using the guidance of Document referenced in paragraph 3b(2).

(5) *Crew and Maintenance Actions.*

(i) Where an analysis identifies some indication to, and/or action by, the flight crew, cabin crew, or maintenance personnel, the following activities should be accomplished:

1 Verify that any identified indications are actually provided by the system.

2 Verify that any identified indications will, in fact, be recognised.

3 Verify that any actions required have a reasonable expectation of being accomplished successfully and in a timely manner.

(ii) These verification activities should be accomplished by consulting with engineers, pilots, flight attendants, maintenance personnel and human factors specialists as appropriate, taking due consideration of the consequences if the assumed action is not performed or mis-performed.

(iii) In complex situations, the results of the review by specialists may need to be confirmed by simulator or flight tests. However, quantitative assessments of the probabilities of crew or maintenance errors are not currently considered feasible. If the failure indications are considered to be recognisable and the required actions do not cause an excessive workload, then for the purposes of the analysis, the probability that the corrective action will be accomplished, can be considered to be one. If the necessary actions cannot be satisfactorily accomplished, the tasks and/or the systems need to be modified.

c. *Compliance with CS 25.1309(c).*

CS 25.1309(c) requires that information concerning unsafe system operating conditions must be provided to the crew to enable them to take appropriate corrective action. Compliance with this requirement is usually demonstrated by the analysis identified in paragraph 9b(1) above, which also includes consideration of crew alerting cues, corrective action required, and the capability of detecting faults. CS 25.1309(c) requires that a warning indication must be provided if immediate corrective action is required. Paragraph 25.1309(c) also requires that systems and controls, including indications and annunciations, must be designed to minimise crew errors, which could create additional hazards.

(1) The required information will depend on the degree of urgency for recognition and corrective action by the crew. It should be in the form of :

(i) a warning, if immediate recognition and corrective or compensatory action by the crew is required;

(ii) a caution if immediate crew awareness is required and subsequent crew action will be required;

Literaturverzeichnis

Im Folgenden sind ausschließlich die im Buchtext referenzierten Werke gelistet.

[1] Klaus Engmann (Hrsg.); *Technologie des Flugzeuges*; 4. Auflage 2008, Vogel Buchverlag, ISBN 978-3-8343-3074-4

[2] Chris Brady; *The Boeing 737 Technical Guide*; Tech Pilot Services Ltd. Version 50, Nov. 2008.

[3] EASA - *Certification specifications, including airworthiness codes and acceptable means of compliance, for large aeroplanes (« CS-23 »)*; DECISION NO. 2003/14 /RM, Nov. 2003

[4] EASA - *Certification specifications, including airworthiness codes and acceptable means of compliance, for large aeroplanes (« CS-25 »)*; DECISION NO. 2003/2/RM, Oct. 2003

[5] *A319-A320-A321-Manuals*; veröffentlicht als PDF-Dateien auf Smartcockpit.com

[6] *Boeing 737 Flight Manuals*; Continental Rev. 11/15/02

[7] G.Pommeranz, U.Lutter; *Composite Materials - Verbundwerkstoffe in der Luft- und raumfahrttechnik*; PDF-Datei

[8] Heimbs, Middendorf, Maier; *Honeycomb Sandwich Material Modeling for Dynamic Simulations of Aircraft Interior Components*, EADS und IVW, 9th LS-DYNA Users Conference

[9] Michael Lagemann; *Dichtung und Wahrheit, Passagiertüren in Verkehrsflugzeugen*; Flug-Revue August 2007, S.78-83

[10] Goodyear, AIRCRAFT TIRE CARE AND MAINTENANCE, Rev. 10/04, PDF (52 Seiten)

[11] Chevron, *Aviation Fuels Technical Review*, 2006, PDF (96 Seiten)

[12] Universität Erlangen; *Gleichstromgenerator und Gleichstrommotor*, Praktikumsskript (PDF).

[13] Meckler, Altdorf, von der Fecht, Kurrat, Wilkening, Lindmayer, *Schalten in Bordnetzen mit variabler Frequenz bis 800 Hz*, VDE Fachbericht 61, 2005.

Internetlinks

Chris Brady's B737 Website	www.b737.org.uk
EASA Zulassungsdokumente	www.easa.europa.eu/ws_prod/g/rg_certspecs.php
Grundlagen Flugzeugbau	www.aviation4u.de
JAA Behörde	www.jaa.nl
Smartcockpit Website (Airliner Manuals)	www.smartcockpit.com

Bildnachweis

Der Verlag hat sich bemüht, sämtliche Rechteinhaber zu allen in diesem Buch verwendeten Fremdabbildungen (Fotos und Grafiken) ausfindig zu machen. Die jeweiligen Credits sind unmittelbar unter oder neben der jeweiligen Abbildung zu finden.

Ergänzend die Angaben zu den Fotos von Vorder- und Rückseite des Buches und der Trennblätter:
Vorderseite: Bildcollage (KLSP)
Rückseite:
Bild oben: A380 Rumpfbau (Quelle: EADS/Airbus Nr. 42002555)
Bild unten: A380 Touchdown (Quelle: EADS/Airbus Nr. 42002591, Ausschnitt)
Umwandlung in schwarz-weiß durch KLSP.

Trennbild 1: (A380 Fahrwerk): Foto: Florian Lindner, übernommen von wikipedia.de
Trennbild 2: (EASA Gebäude) Foto: Klaus L.Schulte
Trennbild 3: (A380 im Landeanflug) Quelle: wikipedia.de, public domain

Dort, wo die Zuordnung zum jeweiligen Rechteinhaber nicht gelungen ist, sind die Abbildungen ggf. mit ‚Quelle unbekannt' und/oder mit ‚Urheber unbekannt' gekennzeichnet, je nachdem, ob die Quelle und/oder der Urheber nicht ermittelt werden konnte. Solche Abbildungen werden – sofern es sich nicht um fotografische Kunstwerke handelt – mangels besserer Information zugunsten der Verfügbarkeit für Studenten der Kategorie gemeinfrei (public domain) zugeordnet. Hinweise zu diesen Abbildungen werden dankend entgegen genommen.

Autor dieses Bandes

Autor *Dipl.-Mathematiker Klaus L. Schulte* lebt in Köln. Nach dem Studium der Mathematik und Physik war er bei verschiedenen namhaften Unternehmen in der Softwarebranche tätig, als Systemprogrammierer, Projektleiter, Marketing- und Produkt-Manager, zwei Jahre arbeitete er in San Francisco, USA. Als Privatpilot ist er Autor weiterer Bücher zu Themen der Allgemeinen Luftfahrt und hat ferner über einhundert Fachbeiträge in Luftfahrtmagazinen veröffentlicht.

Übersicht der ATPL-Lehrbuchreihe nach PART-FCL

Die Lehrbuchreihe für Verkehrs- und Berufspiloten (ATPL, CPL) sowie Privatpiloten (PPL/IR, EIR, CB-IR) streng nach dem englischen FCL Syllabus (2009/2014) und in deutscher Sprache.

Luftrecht

010 Air Law
478 Seiten, Format 18,9 x 24,6 cm
mit 176 Abbildungen u. 32 Tabellen
ISBN 978-3-942095-34-1 (Budgetversion, SW)
ISBN 978-3-942095-27-3 (Farbdruckversion)
ISBN 978-3-942095-54-9 (PC-PDF e-Book)

Flugzeugkunde

021.1 Aircraft General Knowledge
404 Seiten, Format 18,9 x 24,6 cm
mit 267 Abbildungen u. Tabellen
ISBN 978-3-942095-04-4 (Budgetversion, SW)
ISBN 978-3-942095-05-1 (Farbdruckversion)
ISBN 978-3-942095-53-2 (PC-PDF e-Book)

Triebwerkkunde

021.2 Aircraft General Knowledge - Powerplant
308 Seiten, Format 18,9 x 24,6 cm
mit 215 Abbildungen u. Tabellen
ISBN 978-3-9811404-8-4 (Budgetversion, SW)
ISBN 978-3-942095-03-7 (Farbdruckversion)
ISBN 978-3-942095-51-8 (PC-PDF e-Book)

Instrumentenkunde

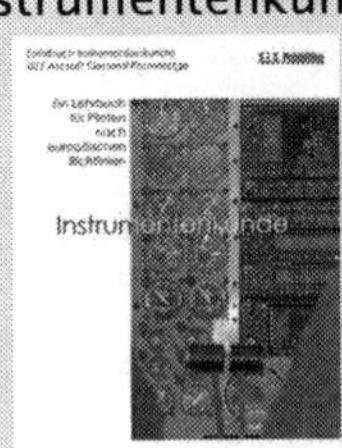

022 Aircraft General Knowledge - Instrumentation
366 Seiten, Format 18,9 x 24,6 cm
mit 218 Abbildungen u. 8 Tabellen
ISBN 978-3-942095-16-7 (Budgetversion, SW)
ISBN 978-3-942095-17-4 (Farbdruckversion)
ISBN 978-3-942095-59-4 (PC-PDF e-Book)

Masse + Schwerpunktlage

031 Mass and Balance
196 Seiten, Format 18,9 x 24,6 cm
mit 87 Abbildungen. u. 10 Tabellen
ISBN 978-3-942095-08-2 (Budgetversion, SW)
ISBN 978-3-942095-09-9 (Farbdruckversion)
ISBN 978-3-942095-55-6 (PC-PDF e-Book)

Flugleistung von Flugzeugen

032 Performance of Aeroplanes
340 Seiten, Format 18,9 x 24,6 cm
mit 117 Fotos, Abb. u. 12 Tabellen
ISBN 978-3-942095-10-5 (Budgetversion, SW)
ISBN 978-3-942095-11-2 (Farbdruckversion)
ISBN 978-3-942095-56-3 (PC-PDF e-Book)

Flugplanung und Monitoring

033 Flight Planning and Monitoring
300 Seiten, Format 18,9 x 24,6 cm
mit 117 Abbildungen und Tabellen
ISBN 978-3-942095-12-9 (Budgetversion, SW)
ISBN 978-3-942095-13-6 (Farbdruckversion)
ISBN 978-3-942095-57-0 (PC-PDF e-Book)

Menschliches Leistungsvermögen

040 Human Performance
368 Seiten, Format 18,9 x 24,6 cm
mit 133 Abbildungen u. Tabellen
ISBN 978-3-942095-00-6 (Budgetversion, SW)
ISBN 978-3-942095-01-3 (Farbdruckversion)
ISBN 978-3-942095-52-5 (PC-PDF e-Book)

Meteorologie

050 Meteorology
374 Seiten, Format 18,9 x 24,6 cm
mit 220 Abbildungen u. Tabellen
ISBN 978-3-9811404-9-1 (Budgetversion, SW)
ISBN 978-3-942095-02-0 (Farbdruckversion)
ISBN 978-3-942095-50-1 (PC-PDF e-Book)

Allgemeine Navigation 	061 General Navigation 270 Seiten, Format 18,9 x 24,6 cm mit 115 Abbildungen und Fotos ISBN 978-3-942095-18-1 (Budgetversion, SW) ISBN 978-3-942095-19-8 (Farbdruckversion) ISBN 978-3-942095-60-0 (PC-PDF e-Book)
Funknavigation 	062 Radio Navigation 360 Seiten, Format 18,9 x 24,6 cm mit 162 Fotos, Abb. und 31 Tabellen ISBN 978-3-942095-20-4 (Budgetversion, SW) ISBN 978-3-942095-21-1 (Farbdruckversion) ISBN 978-3-942095-61-7 (PC-PDF e-Book)
Kommerzieller Flugbetrieb 	070 Operational Procedures (OPS) 430 Seiten, Format 18,9 x 24,6 cm mit 77 Abbildungen, Fotos u. 39 Tabellen ISBN 978-3-942095-14-3 (Budgetversion, SW) ISBN 978-3-942095-15-0 (Farbdruckversion) ISBN 978-3-942095-58-7 (PC-PDF e-Book)
Grundlagen des Fluges 	081 Principles of Flight 442 Seiten, Format 18,9 x 24,6 cm mit 247 Abbildungen, Fotos u. 8 Tabellen ISBN 978-3-942095-22-8 (Budgetversion, SW) ISBN 978-3-942095-23-5 (Farbdruckversion) ISBN 978-3-942095-62-4 (PC-PDF e-Book)

Weitere Detailinformationen zu einzelnen Bänden sowie weiterer Bücher des Verlags sind unter http://klspublishing.de/ zu finden.

Made in the USA
Monee, IL
24 October 2026

66036561R10223